U0803485

“十四五”职业教育国家规划教材

国家示范性高职院校建设规划教材

高等职业教育教材

SENIOR VOCATIONAL EDUCATION

化工原理（上）
流体输送与传热技术

第三版

李 薇　崔芙红　主编

化学工业出版社

·北 京·

内 容 简 介

本教材重点介绍了化工流体输送、传热、蒸发、结晶和非均相混合物的分离过程的基本理论、基本原理、基本计算方法，典型设备的构造、工作原理、开停车操作方法、典型事故调控方法、设备选型等有关工程实践知识。全书分为流体输送技术、传热技术、蒸发操作、结晶操作和非均相混合物的分离五大部分。在教材编写过程中，力求体现工学结合、项目化教学等现代教育教学改革方向，本着理论必需、够用为度，强化应用能力培养的编写原则，将操作问题分析、解决的能力训练渗透到整个教学过程。

全书以“产教融合、科教融汇”为指引，将专业课程与大思政工作融合设计，落实了党的二十大报告中“培养造就大批德才兼备的高素质人才”等要求。教材（第三版）内容增加了与石油、化工类各专业密切相关的扩展知识，并联合智慧职教线上教学平台、东方仿真名校资源库，增加了数字化、信息化教学资源。

本书可作为化工及相关专业的高等职业教育、成人教育教材，也可供相关技术人员参考。

图书在版编目（CIP）数据

化工原理．上，流体输送与传热技术/李薇，崔芙红主编．—3版．—北京：化学工业出版社，2021.7（2026.2重印）

国家示范性高职院校建设规划教材

ISBN 978-7-122-39128-5

Ⅰ.①化…　Ⅱ.①李…②崔…　Ⅲ.①化工原理-高等职业教育-教材②流体输送-化工过程-高等职业教育-教材③传热-化工过程-高等职业教育-教材　Ⅳ.①TQ02

中国版本图书馆CIP数据核字（2021）第088760号

责任编辑：窦　臻　林　媛　　　　文字编辑：李　瑾

责任校对：宋　玮　　　　装帧设计：张　辉

发行：化学工业出版社（北京市东城区青年湖南街13号　邮政编码100011）

装：大厂回族自治县聚鑫印刷有限责任公司

×1092mm　1/16　印张18　字数433千字　　2026年2月北京第3版第6次印刷

010-64518888　　　　售后服务：010-64518899

tp://www.cip.com.cn

有缺损质量问题，本社销售中心负责调换。

前言

兰州石化职业技术学院的石油化工技术专业群2019年入选教育部中国特色高水平高职学校和专业建设计划专业群（A档）。2019年在主编学校校企合作理事会的指导下，由企业工程技术人员、现场专家和专业骨干教师组成专业群建设指导委员会，深入企业进行调研，了解石油化工产业链岗位群岗位工作流程，通过分析、整合和提炼，确定典型工作任务；分析工作流程各岗位所需的知识、技能、核心能力等，并融入国家职业标准，紧跟产业升级及产业链的岗位需求，构建基于生产过程的“平台共享，基础互选，核心分立，拓展互融，岗证融通”的专业群课程体系。实践教学项目岗位设置与企业现场内操、外操、设备维修工、化学检验工、仪表工等一致，校企联合开发新课程、新项目，充实岗位知识技能，提高学生的岗位工作能力、就业竞争力和可持续发展能力。

“化工原理——流体输送与传热技术”课程是根据石油化工技术专业群高技能人才培养需要而设置的一门专业知识类课程。它将原“化工原理”“化工单元操作”“化工单元仿真”“化工设备使用与维修”“化工仪表及自动化”等课程中相关知识点按照化工生产岗位职业技能要求进行整合，构建成一门基于生产过程理实一体化、模块化的课程。本教材是该课程的配套教材，教材第三版进一步将知识体系颗粒化，同时整合数字化教学资源，以信息化教学资源平台为辅助，以更加丰富、直观、便捷的方式呈现给读者，达到易学辅教、突出教材的实用性。技能训练部分以“化工单元操作”“化工单元仿真”为主，重新设计实训内容，充分利用实训设备，强化技能训练，将“教、学、做”融为一体。主要编写思路：感性认识—理论提升—现场操作—仿真操作。能在现场结合设备讲解的内容尽量放在实践内容中，在“做”中“学”，在“学”中“做”。本书在讲授专业知识的同时，有机融入了“思政铸魂”“文化育人”，将育人与专业课程学习有机结合，落实党的二十大报告“培养造就大批德才兼备的高素质人才”的要求。“文化窗”加入新中国石油化学工业的发展历史、中国石油的铁人精神等，坚定文化自信；新增了中国科学名人、技术延伸等知识片段，丰富学生的专业文化知识，培养学生的职业精神和职业素养。

本教材项目一由兰州石化职业技术学院李薇编写，项目二、项目三由兰州石化职业技术学院崔芙红编写，项目四、项目五由兰州石化职业技术学院左婧文编写；全书实验、仿真操作、综合实训、知识窗、文化窗、名人窗、安全窗由崔芙红编写。全书由李薇统稿。兰州汇丰石化有限公司董事长蔺有雄为教材编写提供技术指导意见。

前言

教材在编写过程中得到了化学工业出版社、北京东方仿真软件技术有限公司、兰州汇丰石化有限公司、兰州石化职业技术学院、辽宁石化职业技术学院、抚顺职业技术学院等单位的大力支持与协助，在此一并表示衷心感谢。

高等职业教育已经进入快速发展的新时代，专业课程体系重构、课程改革和与之相配套的教材建设需要在实践中不断地探索完善。由于笔者水平有限，书中疏漏之处在所难免，望各位教学同仁和学生批评指正！

编　者

第一版前言

根据国家示范性院校建设任务的要求，为了落实石油化工高技能人才培养目标，我们联合校内外专家及化工技术类专业指导委员会，分析石油化工职业岗位基本能力与技能要求，对石油化工生产技术专业课程体系进一步进行整合，构建了基于化工生产过程的课程体系。根据新课程体系要求，编写适合的教材，对确保人才培养质量至关重要。《流体输送与传热技术》教材是重点建设的核心教材之一，其内容紧紧围绕高技能人才培养特色，将化工原理、化工单元操作、化工单元仿真、化工设备使用与维修、化工仪表及自动化等课程中相关知识点按照生产岗位职业技能要求进行整合。教材编写为了充分体现“工学结合”，“项目化”教学过程，调动学生学习的能动性，促进学生实践操作能力的培养，将知识点尽可能与实践操作相互融合，形成若干个课题来讨论学习，突出教材的实用性、技术性、创新性。

本教材共分为流体输送技术和传热技术两部分，主要介绍了化工流体输送与传热过程的基本理论、基本原理、基本计算方法，典型设备的构造，工作原理、操作调控方法、设备选型等有关工程实践知识，侧重工程应用能力的培养。完成本教材教学一般需要 120 学时，可根据具体情况选择教学课题进行。教学过程为理论学习与仿真操作、现场设备操作练习穿插进行，“学”和“做”一体化，能结合现场设备教学的内容尽量放在现场教学。针对高职教育的特色，课后复习与思考、练习题避免了难、繁的计算，以基本知识点的填空、选择、问答为主，侧重联系生产实际的操作型讨论、分析与练习，重在学生化工职业岗位基本素质与技能的训练。

本教材由兰州石化职业技术学院李薇主编。其中流体输送技术部分的课题一、二、六、八、十一、十二由辽宁石化职业技术学院的尤景红编写；传热技术部分的课题一、二、五由抚顺职业技术学院的陈娆编写；其余课题由李薇编写并统稿。

本教材在编写过程中得到了化学工业出版社、北京东方仿真软件技术有限公司、兰州石化职业技术学院、辽宁石化职业技术学院、抚顺职业技术学院等单位和专家的大力支持与协助，在此表示衷心的感谢。

高等职业教育的课程体系改革和课程改革是一个不断探索的课题，由于编者水平有限，时间仓促，疏漏与不妥之处还望各位同仁批评指正。

编　者

2009 年 1 月

第二版前言

根据国家示范性院校建设任务的要求，2009 年 1 月化学工业出版社出版了《流体输送与传热技术》（第一版）教材。该教材紧紧围绕高技能人才培养特色，将化工原理、化工单元操作、化工单元仿真、化工设备使用与维修、化工仪表及自动化等课程中相关知识点按照生产岗位职业技能要求进行整合。教材编写为了充分体现“工学结合”“项目化”教学过程，调动学生学习的能动性，促进学生实践操作能力的培养，将知识点尽可能与实践操作相互融合，形成若干个任务来讨论学习，突出教材的实用性、技术性、创新性。5 年多的教学使用，该教材受到了普遍关注，对石油化工类专业的课程改革与建设发挥了积极的作用，得到广大读者的好评，2010 年该教材被评为中国石油和化学工业优秀出版物奖（教材奖）二等奖。

5 年来，高等职业教育的专业和课程建设在不断发展，新的办学理念和思想不断融入，为了适应工业生产技术发展和高等职业教育新要求，同时考虑到毕业生就业拓展需求，我们在第一版基础上组织编写了《化工原理（上）：流体输送与传热技术》第二版教材。本教材分为流体输送技术、传热技术、蒸发操作、结晶操作和非均相混合物的分离五部分，主要介绍了化工流体输送、传热、蒸发、结晶和非均相混合物分离过程的基本理论、基本原理、基本计算方法，典型设备的构造，工作原理、操作调控方法、设备选型等有关工程实践知识，侧重工程应用能力的培养。完成本教材一般需要 60 学时理论教学和 60 学时实训操作，可根据具体专业要求选择教学内容进行。教学过程为理论学习与仿真操作、现场设备操作练习穿插进行，“学”和“做”一体化，能结合现场设备教学的内容尽量放在现场教学。针对高职教育的特色，课后复习与思考、练习题删除了难、繁的计算，以基本知识点的填空、选择、问答为主，侧重联系生产实际的操作型讨论、分析与练习，重在学生进行化工职业岗位基本素质与技能的训练。

为了适应教育信息化发展的趋势，已经制作了与本教材配套的课堂教学 PPT 课件，使用本教材的学校，可以与化学工业出版社联系（cipedu@163. com），免费索取。以本教材为基础建设的课程“流体输送技术”被评为甘肃省 2010 年省级精品课程，课程网址：http://jpkc. lzpcc. edu. cn/10/ltshsjsh_liw/index. htm，欢迎广大读者登录使用。

本教材由兰州石化职业技术学院李薇主编。辽宁石化职业技术学院尤景红参编流体输送技术部分内容；抚顺职业技术学院陈娆参编传热技术部分内容；项目四和项目五由兰州石化职业技术学院左婧文编写。

第二版前言

教材在编写过程中得到了化学工业出版社、北京东方仿真软件技术有限公司、兰州石化职业技术学院、辽宁石化职业技术学院、抚顺职业技术学院等单位和专家的大力支持与协助，在此表示衷心的感谢。

高等职业教育的课程体系改革和课程改革是一个不断探索的课题，由于笔者水平有限，时间仓促，不妥之处在所难免，还望各位教学同仁和学生批评指正。

编者

2014 年 3 月

目录

目录

目录

目录

项目一
流体输送技术

在炼油、化工等生产过程中，不论是所处理的原料，还是中间产品或终产品，大多都是流体，其生产过程都是在流体流动下进行。在炼油和化工厂，纵横交错的管道和众多的机泵，完成了物料在各个生产设备之间的流动输送。流体流动状况与生产过程的正常高效运行、能量消耗、设备投资等密切相关，流体流动是炼油、化工等生产过程中一个很重要的单元操作。

任务一　认识流体输送过程

任务目标

- 了解化工生产过程及单元操作的特点；
- 了解流体输送过程的化工应用；
- 认识化工管路及主要附属部件；
- 掌握化工管路的基本构成。

技能要求

- 能认知化工生产过程，建立感观印象；
- 能认识管材、管件、阀门、流量计、压力表等，并能说明其主要作用；
- 能了解各种阀门的基本结构与特点。

一、化工生产过程与单元操作

1. 化工的生产过程

化学工业是指以工业规模对原料进行加工处理，使其发生物理和化学变化而成为生产资料或生活资料的加工业。化学工业及其产品不仅是工业、农业和国防部门的重要生产资料，同时也是人们日常生产和生活中的重要生活资料。特别是近年来，传统化学工业已经向石油化工、精细化工、生物化工、环境、医药、冶金等领域或工业部门延伸、结合。毋庸置疑，它们已成为国民经济中十分重要的组成部分。

化工生产过程是指化学工业的一个个具体的生产过程，或者简单地说，就是一个产品的加工过程。显然，化工生产过程的核心是化学变化。

化工产品种类繁多，生产过程十分复杂，每种产品的生产过程也不尽相同。但总体上可归纳为由原料预处理过程、反应过程和反应产物后处理过程几个基本环节组成。为使化学反应过程得以经济有效地进行，反应器内必须保持某些适宜的或是较佳的条件，如适当的温度、压强及物料的组成等。因此，原料必须经过一系列的预处理或称为原料的制备以达到必要的纯度、粒度、温度和压强，这些过程统称为前处理。反应产物同样需要经过分离、精制等各种后处理过程，以获得符合质量标准的最终产品（或中间产品）。

例如，聚氯乙烯树脂的生产是以乙炔和氯化氢为原料进行合成反应以制取氯乙烯单体，然后在 8.104×10^5Pa、55℃左右进行聚合反应获得聚氯乙烯。在进行加成反应前，必须将乙炔和氯化氢中所含各种有害物除去，以免反应器中催化剂中毒失效。反应生成物（氯乙烯单体）中含有未反应的氯化氢及其他副反应物，未反应的氯化氢必须首先除去，以免对管道、设备造成腐蚀，然后将反应后的气体压缩、冷凝并除去其他杂质，达到聚合反应所需的纯度和聚集状态。聚合所得的树脂颗粒和水的悬浮液经脱水、干燥后为产品。这一生产过程可简要地图示为图 1-1。

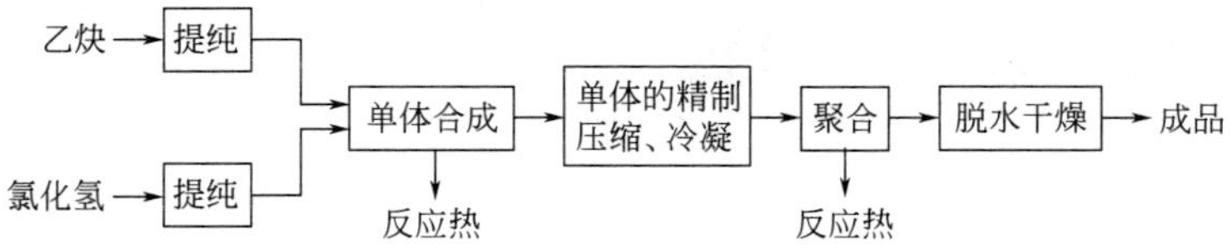

图 1-1 聚氯乙烯树脂的生产过程

此生产过程中除单体合成、聚合属化学反应过程（即反应过程）外，原料和反应后产物的提纯、精制等前、后处理过程，多数为纯的物理过程，但都是化工生产所不可缺少的单元操作过程，它在不同程度上影响化工生产的结果。

从此例可推广至任何一种化工产品的生产过程，都是由若干物理加工过程（即单元操作）和化学反应过程（即反应过程）组合而成，称为化工生产的基本过程，如图 1-2 所示。

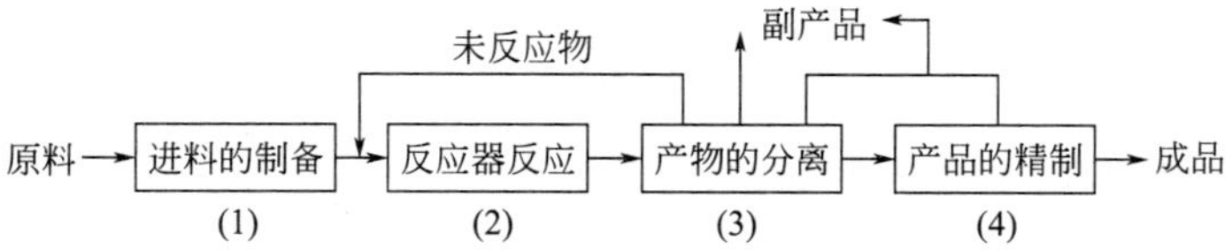

图 1-2 化工生产的基本过程

图中，(1)(3)(4) 为物理加工过程，(2) 为化学反应过程。(3) 中分离出来的未反应物，循环回反应器继续反应，使原料得到充分利用；副产品可能也是一种产品，而“三废”指的是分离出来的“废气”“废渣”“废水”，可进一步处理或利用。(4) 是根据对产品的质量要求进一步提纯精制，若 (3) 中分离后即可达到质量标准的话，此步可省去。

2. 单元操作

一种产品从原料到成品的生产过程中，往往需要几个、十几个甚至几十个加工过程。其中除了化学反应过程外，还有大量的物理加工过程。物理加工过程虽然形态各异，但根据它们的工作原理，可以归纳为若干个基本单元操作过程，如流体的输送、搅拌、沉降、过滤、热交换、蒸发、结晶、干燥、吸收、蒸馏、萃取等。例如，合成氨、硝酸和硫酸的生产过程中，都是采用吸收操作分离气体混合物，而且都遵循亨利定律及相平衡原理，所以吸收是一个基本单元操作过程，且都是在吸收塔内进行的。又如尿素、聚氯乙烯的生产过程中，都采用干燥操作除去固体中的水分，所以干燥也是一个基本单元操作过程，且均是在干燥器内进行的。再如乙醇、乙烯及石油加工等生产过程中，都采用蒸馏操作分离液体混合物，达到提纯产品的目的，所以蒸馏也为一基本操作过程，其原理都遵循相平衡和两相间扩散传质规律，且都是在蒸馏设备中进行。

这些包含在不同化工产品生产过程的，发生同样的物理变化，遵循共同的规律，使用相似设备，具有相同作用的基本物理操作，称为单元操作。由于各单元操作均遵循自身的规律和原理，并在相应的设备中进行，因此，单元操作包括过程原理和设备两部分内容。

根据各单元操作遵循的基本规律，可把它们归纳为如下几类：

① 流体流动过程的操作：如流体输送、搅拌、沉降、过滤等。

② 传热过程的操作：如热交换、蒸发和冷凝等。

③ 传质过程的操作：如蒸馏、吸收、干燥、膜分离、萃取、结晶等。

④ 热力过程的操作：如冷冻等。

⑤ 机械过程的操作：如粉碎等。

实际生产中，在一个现代化的、设备林立的大型化工厂中，反应器为数并不多，绝大多数的设备中都进行着各种前、后处理操作。化学反应是整个化工生产过程的核心，起着主导作用，它的要求和结果决定着原料预处理的程度和产物分离的任务，直接影响到其他两部分的设备投资和操作费用。也就是说，现代化学工业中前、后处理工序占有着企业大部分的设备投资和操作费用。

二、流体输送在化工生产中的应用

流体是气体与液体的总称。化工生产中所处理的物料，大多数是流体。为满足生产工艺的要求，常需要将流体物料从一个工序输送至另一工序。例如硫酸工业生产中，从沸腾焙烧炉出来的炉气进入气体净化工序，再送入催化氧化工序，然后到吸收成酸工序，设备与设备、工序与工序之间的连接都是采用管道，无一不涉及流体的流动与输送。

此外，化工生产中的传热、传质以及化学反应等大多是在流体流动状态下进行的，这些过程的速率与流体流动的状况密切相关，所以研究流体流动问题也是研究其他化工单元操作的基础。所以流体的流动和输送在化工生产中占有非常重要的地位，是必不可少的单元操作之一。

研究流体的流动和输送主要是解决以下问题。

1. 流体的输送

在化工生产中为了满足工艺的要求，通常常见的流体输送方式有：高位槽送料、真空抽料、压缩空气送料和流体输送机械送料等。如何完成生产要求的流体输送任务，并做到科学、合理、有效，是流体输送的主要研究问题。

2. 压力和流量的测量

为了了解和控制生产过程，需要对设备和管道内的压力及流量等一系列参数进行测定，以便合理地选用和安装测量仪表。

3. 为提高设备生产强度选择适宜的操作条件

研究流体的流动形态，为强化设备和操作提供理论依据。流体的流动形态直接影响流体的流动和输送，并对传热、传质和化学反应等有着显著的影响。研究流体流动的规律对寻找设备的强化途径具有重要意义。

4. 流体输送设备的操作

研究流体输送设备的工作原理和操作性能，正确地选择和使用流体输送设备，掌握流体输送设备最基本的操作技能。

三、化工流体输送过程的主要设备

管路是化工生产中所涉及的各种管道形式的总称。随着化工生产日益朝着大型化、连续化和自动化方向发展，管路在整个工厂投资中的比重日趋增多。据统计，目前一个现代化工厂中的管路费用约占工厂总投资的 1/3 左右。管路的设计和施工水平对确保生产正常进行、降低基建费用和操作费用，都具有十分重要的意义。而保证流体沿管路系统从一个设备输送到另一个设备，或者从一个车间输送到另一个车间，常采用输送机械。人们也常常把流体输送机械比喻为使化工生产正常进行的“心脏”，流体输送机械用量既多，又要依靠各种能源（如电能、高压蒸汽等）来进行驱动，它是化工生产中动力消耗的大户，有的价格也比较昂贵。因此，了解管路的构成、输送机械的作用，学会合理布置和安装管路，选用合理的输送机械是非常重要的。

（一）管路的基本构成

1. 管路的分类

化工生产过程中的管路通常按是否分出支管来分类。凡无分支的管路称简单管路。简单管路又根据管路系统中的管径有无变化可分为单一管路与串联管路。单一管路是指直径不变、无分支的管路，如图 1-3(a) 所示；对于虽无分支但管径多变的管路，可视为由若干单一管路串联而成，故又称为串联管路，如图 1-3(b) 所示。

有分支的管路称为复杂管路。复杂管路实际上是由若干简单管路按一定方式连接而成的，根据其连接方式不同，可分为分支管路和并联管路两种。分支管路中，分支与总管之间不闭合形如树杈，故其管路系统又称为树状管网，如图 1-4(a) 所示；并联管路（又称环状管网）中，分支与总管之间成闭合态势，如同电工学上的并联电路，如图 1-4(b) 所示。

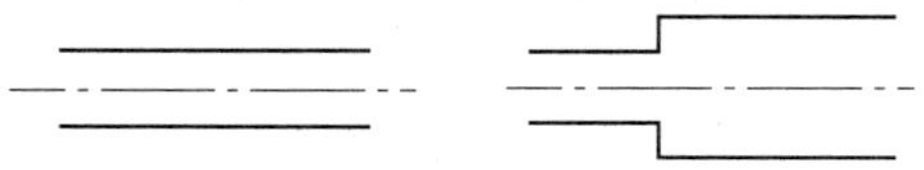

(a) 单一管路(等径)　(b) 串联管路(变径)

图 1-3　简单管路

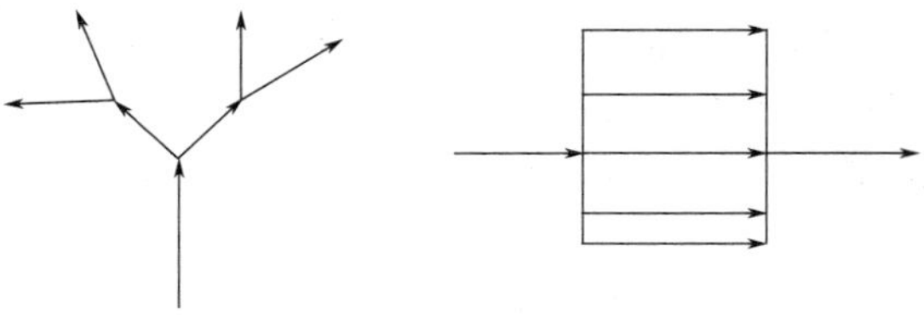

(a) 分支管路　(b) 并联管路

图 1-4　复杂管路

对于重要管路系统，如全厂或大型车间的动力管线（包括蒸汽、煤气、上水及其他循环管道等），一般均应按并联管路铺设，以有利于提高能量的综合利用、减少因局部故障所造成的影响。

2. 化工管路的基本构成

管路是由管子、管件和阀门等按一定的排列方式构成，也包括一些附属于管路的管架、管卡、管撑等辅件。由于生产中输送的流体是各种各样的，输送条件与输送量也各不相同，因此，管路也必然是各不相同的。工程上为了避免混乱，方便制造与使用，实现了管路的标准化。

管子是管路的主体，由于生产系统中的物料和所处工艺条件各不相同，所以用于连接设备和输送物料的管子除需满足强度和通过能力的要求外，还必须满足耐温（高温或低温）、耐压（高压或真空）、耐腐蚀（酸、碱等）以及导热等性能的要求。根据所输送物料的性质（如腐蚀性、易燃性、易爆性等）和操作条件（如温度、压力等）来选择合适的管材，是化工生产中经常遇到的问题之一。

（1）化工管材

管材通常按制造管子所使用的材料来进行分类。在化工生产上使用的管子按管材不同可分为金属管、非金属管和复合管，其中以金属管占绝大部分。复合管指的是金属与非金属两种材料复合得到的管子，最常见的形式是衬里。

1）钢管　钢管根据其材质的不同分为普通钢管、合金钢管、耐酸钢（不锈钢）管等。按制造方法不同可分为无缝钢管和有缝钢管两种。

① 有缝钢管　有缝钢管是用低碳钢焊接而成的钢管，又称为焊接管。有缝钢管主要有水管和煤气管。这类钢管的主要特点是易于加工制造、价格低，但因为有焊缝而不适宜在0.8MPa（表压）以上的压力条件下使用。水、燃气管分镀锌管和黑铁管（不镀锌管）两种，目前主要用于输送水、蒸汽、燃气、腐蚀性低的液体和压缩空气等。

② 无缝钢管　无缝钢管是用棒料钢材经穿孔热轧或冷拔制成的，它没有接缝。用于制造无缝钢管的材料主要有普通碳钢、优质碳钢、低合金钢、不锈钢和耐热铬钢等。无缝钢管的特点是质地均匀、强度高、管壁薄，少数特殊用途的无缝钢管的壁厚也可以很厚。工业生产中，无缝钢管能用于在各种压力和温度下输送流体，广泛用于输送高压、有毒、易燃易爆和强腐蚀性流体等。

无缝钢管的规格通常用“ϕ外径×壁厚”来表示，如ϕ38mm×2.5mm。水煤气管的规格目前仍多为英寸表示。但无论无缝钢管还是水煤气管，其规格往往还用公称直径表示。公称直径既不代表外径、也不代表内径，而是与其相近的某个整数。如公称直径为50mm的水煤气管，其外径为60mm，内径为53mm。管子的长度主要有3m、4m和6m，有些可达9m、12m，但以6m长的管子最为普遍。

2）铸铁管　铸铁管一般作为埋在地下的给水总管、煤气管及污水管等，也可以用来输送碱液及浓硫酸等。铸铁管价廉而耐腐蚀，但强度低，气密性也差，不能用于输送有压力的蒸汽、爆炸性及有毒气体等。铸铁管主要有普通铸铁管和硅铸铁管。

3）有色金属管　有色金属管是用有色金属制造的管子总称，主要有铜管、黄铜管、铅管和铝管。在工业生产上，有色金属管主要用于一些特殊用途场合。

① 铜管与黄铜管　由紫铜或黄铜制成。由于铜的导热性好，适用于制造换热器的管子；由于铜的延展性好，易于弯曲成型，故常用于油压系统、润滑系统来输送有压液体；铜管还适用于低温管路，黄铜管在海水管路中也广泛使用。

② 铅管　铅管因抗腐蚀性好，能抗硫酸及10%以下的盐酸，故工业生产上主要用于硫酸及稀盐酸的输送，但不适用于浓盐酸、硝酸和乙酸的输送。其最高工作温度是413K。由于铅管机械强度差、性软而笨重、导热能力小，目前正被合金管及塑料管所取代。

③ 铝管　铝管也有较好的耐酸性，其耐酸性主要由其纯度决定，但耐碱性差。工业生产上，铝管广泛用于输送浓硫酸、浓硝酸、甲酸和乙酸等。小直径铝管可以代替铜管来输送有压流体，但当温度超过433K时，不宜在较高的压力下使用。

4）非金属管　非金属管是用各种非金属材料制作而成的管子的总称，主要有陶瓷管、水泥管、玻璃管、塑料管和橡胶管等。

① 陶瓷管　陶瓷管的特点是耐腐蚀，除氢氟酸外，对其他物料均是耐腐蚀的，但性脆、机械强度低，不耐压及不耐温度剧变。因此，工业生产上主要用于输送压力小于 0.2MPa，温度低于 423K 的腐蚀性流体。

② 塑料管　是以树脂为原料经加工制成的管子，主要有聚乙烯管、聚氯乙烯管、酚醛塑料管、ABS 塑料管和聚四氟乙烯管等。塑料管的共同特点是抗腐蚀性强、质量轻、易于加工，有的塑料管还能任意弯曲和加工成各种形状。但都有强度低、不耐压和耐热性差的缺点。塑料管的用途越来越广，很多原来用金属管的场合逐渐被塑料管所代替，如下水管等。

③ 水泥管　水泥管主要用作下水道的排污水管，一般用于无压流体输送。

④ 玻璃管　用于工业生产中的玻璃管主要是由硼玻璃和石英玻璃制成的。玻璃管具有透明、耐腐蚀、易清洗、阻力小和价格低的优点。缺点是性脆、热稳定性差和不耐压，但玻璃管对氢氟酸、热浓磷酸和热碱外的绝大多数物料均具有良好的耐腐蚀性。

⑤ 橡胶管　主要是以橡胶为原料经加工制成的管子，每种橡胶都有其特性，因此在胶管选用材料上面尤为重要。丁腈橡胶广泛用于真空制动管，耐油性好，含胶量高，但耐臭氧相对较差；三元乙丙橡胶用于汽车散热器胶管、空调管等。橡胶管的主要特性有耐紫外线、耐臭氧、耐高低温（－80～300℃）、耐压缩、耐油、耐冲压、耐酸碱、耐磨、难燃、耐电压等。

（2）常用管件

管件是用来连接管子以达到延长管路、改变管路方向或直径、分支、合流或封闭管路的管路附件的总称。最基本的管件如图 1-5 所示，其用途有如下几种。

① 用以改变流向：90°弯头、45°弯头、180°回弯头等；

② 用以堵截管路：管帽、丝堵（堵头）、盲板等；

③ 用以连接支管：三通、四通，有时三通也用来改变流向，多余的一个通道接头用管帽或盲板封上，在需要时打开再连接一条分支管；

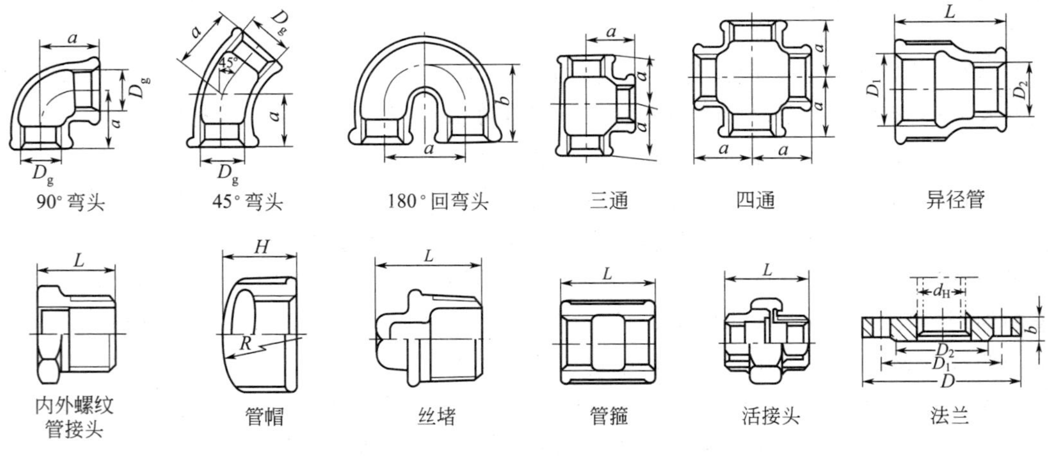

图 1-5　常用管件

④ 用以改变管径：异径管、内外螺纹接头（补芯）等；

⑤ 用以延长管路：管箍（束节）、螺纹短节、活接头、法兰等。法兰多用于焊接连接管路，而活接头多用于螺纹连接管路。在闭合管路上必须设置活接头或法兰，尤其是在需要经常维修或更换的设备、阀门附近必须设置，因为它们可以就地拆开，就地连接。

（3）常用阀门

阀门是用来启闭和调节流量及控制安全的部件。通过阀门可以调节流量、系统压力及流动方向，从而确保工艺条件的实现与安全生产。化工生产中阀门种类繁多，常用的有以下几种。

① 闸阀。主要部件为一闸板，通过闸板的升降以启闭管路。这种阀门全开时流体阻力小，全闭时较严密，多用于大直径管路上作启闭阀，在小直径管路中也有用作调节阀的。这种阀门不宜用于含有固体颗粒或物料易于沉积的流体，以免引起密封面的磨损和影响闸板的闭合。如图 1-6。

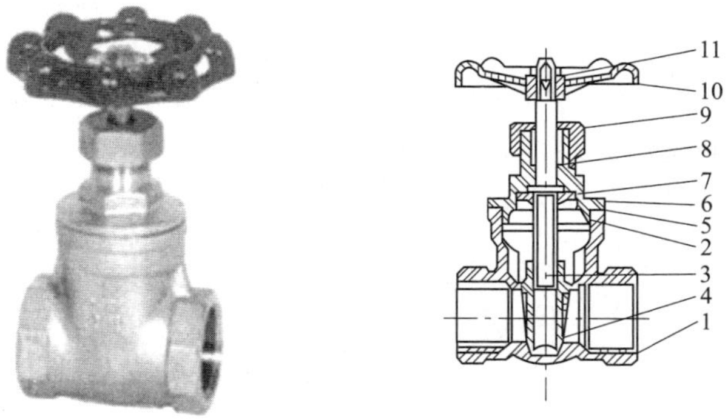

图 1-6 闸阀

1—阀体；2—阀盖；3—中轴；4—中塞；5—密封圈；6—厚垫片；
7—弹簧片；8—中口；9—六角帽；10—手轮；11—手轮螺帽

闸阀结构展示

动画扫一扫

② 截止阀。主要部件为阀盘与阀座，流体自下而上通过阀座，其构造比较复杂，流体阻力较大，但密闭性与调节性能较好，不宜用于黏度大且含有易沉淀颗粒的介质。如图 1-7。

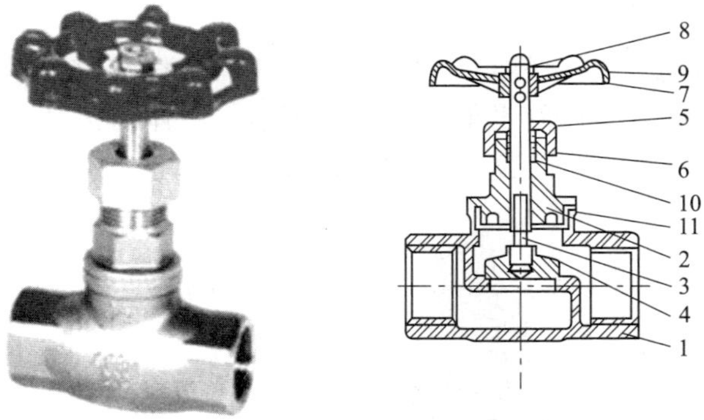

图 1-7 截止阀

1—阀体；2—阀盖；3—中轴；4—中塞；5—六角帽；6—中口；
7—手轮；8—中轴螺帽；9—铭牌；10—垫圈；11—密封圈

截止阀结构展示

动画扫一扫

如果将阀座孔径缩小配以长锥形或针状阀芯插入阀座，则在阀芯上下运动时，阀座与阀芯间的流体通道变化比较缓慢而均匀，即构成调节阀或节流阀，后者可用于高压气体管路的流量和压强调节。

③ 止回阀　止回阀是一种根据阀前、后的压力差自动启闭的阀门，其作用是使介质只做一定方向的流动，它分为升降式和旋启式两种。升降式止回阀密封性较好，但流动阻力大，旋启式止回阀用摇板来启闭。止回阀一般适用于清洁介质，安装时应注意介质的流向与

安装方向。如图 1-8。

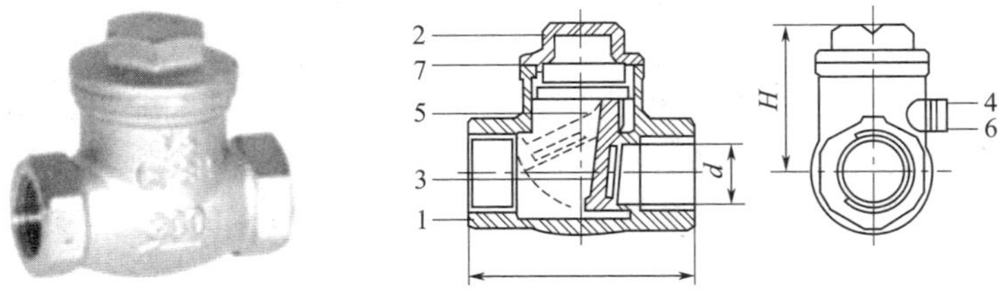

图 1-8 止回阀

1—阀体；2—阀盖；3—中塞；4—螺栓；5—插销；6—小薄片；7—大薄片

止逆阀结构展示 动画扫一扫

④ 球阀 阀芯呈球状，中间为一与管内径相近的连通孔，结构比闸阀和截止阀简单，启闭迅速，操作方便，体积小，重量轻，零部件少，流体阻力也小。适用于低温高压及黏度大的介质，但不宜用于调节流量。如图 1-9。

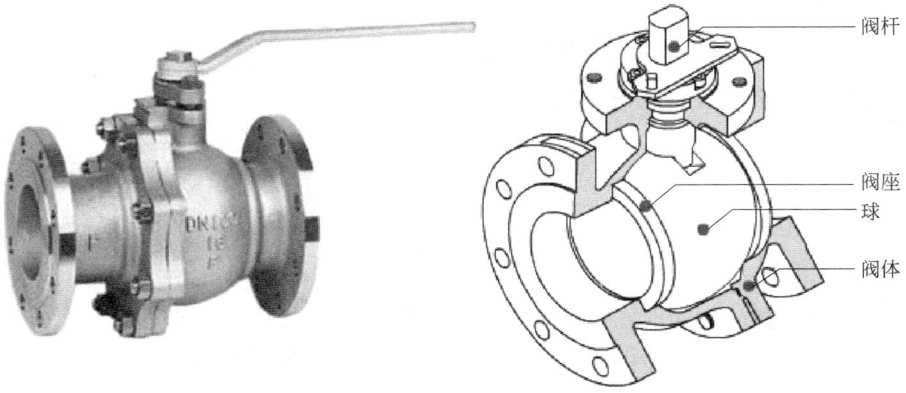

图 1-9 球阀

球阀结构展示 动画扫一扫

⑤ 旋塞阀 其主要部分为一可转动的圆锥形旋塞，中间有孔，当旋塞旋转至 90°时，流动通道即全部封闭。这种阀门的主要优点与球阀类似，但由于阀芯与阀体的接触面比球阀大，需要较大的转动力矩；温度变化大时容易卡死，也不能用于高压。如图 1-10。

(a) 法兰旋塞阀　(b) 丝口旋塞阀　(c) 美标旋塞阀

图 1-10 旋塞阀

旋塞阀 动画扫一扫

⑥ 隔膜阀 阀的启闭件是一块橡胶隔膜，位于阀体和阀盖之间，隔膜中间突出部分固定在阀杆上，阀体内衬有橡胶，由于介质不进入阀盖内腔，因此不需要填料箱。这种阀结构简单，密封性能好，便于维修，流体阻力小，可用于温度小于 200℃、压力小于 10MPa 的各种与橡胶膜无相互作用的介质和含悬浮物的介质。

⑦ 安全阀　是为了管道设备的安全保险而设置的自动泄压报警装置，它能根据工作压力而自动启闭，从而将管道设备的压力控制在某一数值以下，从而保证其安全。主要用在蒸汽锅炉及高压设备上。如图 1-11。

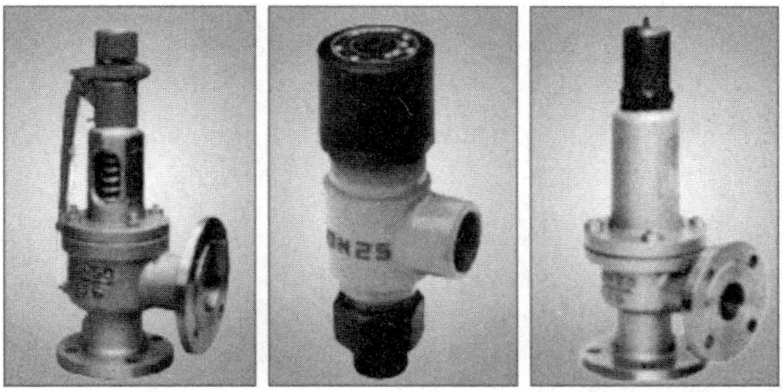

(a) 全启式安全阀　(b) 弹簧封闭式安全阀　(c) 弹簧封闭微启安全阀

图 1-11　安全阀

弹簧式安全阀结构展示

动画扫一扫

除此以外，还有减压阀、蝶阀、疏水阀等，它们都各有自己的特殊构造与作用。

蝶阀结构展示

动画扫一扫

（二）流体输送设备简介

在化工生产中，为了满足工艺条件的要求，常需把流体从一处送到另一处，这就需采用为流体提供能量的输送设备。这类输送设备统称为流体输送设备。流体输送设备是对流体做功，以增加其机械能的机械装置。在化工生产过程中的作用主要有两个方面：一是为流体提供动力，以满足输送要求；二是为工艺过程提供必要的压力条件。流体输送机械按输送的流体不同可分为液体输送机械（泵）和气体输送机械，如图 1-12 所示。按照工作原理不同可分为离心式、往复式、旋转式和流体作用式。

(a) 离心泵　(b) 多级离心高压鼓风机

图 1-12　流体输送机械

对于同一工作原理的气体输送机械与液体输送机械，它们的基本结构与主要特性都相似，但由于气体易于压缩，而液体难以压缩，因此，在设计与制造中，两种机械还是有一定差异性的，在以后的内容中常将两者分开讨论。

（三）流量计

在化工和炼油生产过程中，为了有效地进行生产操作和自动调节，都需要对工艺生产中各种参数进行测量。其中流体的流量是化工生产过程中的重要参数之一，为了控制生产过程稳定进行，就必须经常测定流体的流量，并加以调节和控制。进行科学实验时，也往往需要准确测定流体的流量。工业生产中使用的流量测量方法很多，测量流量的仪表也是多种多样的，如图 1-13 所示玻璃管转子流量计和椭圆齿轮流量计（普通式）。以后将介绍利用流体流经节流装置时产生的压力差来实现流量测量的孔板流量计、文氏流量计，利用节流面积的变化来测量流量的大小的转子流量计等几种根据流体流动时各种机械能相互转换关系而设计的流速计与流量计。

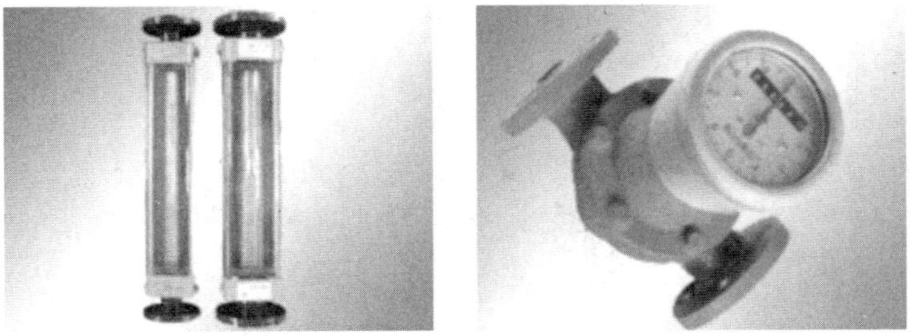

(a) 玻璃转子流量计　　(b) 椭圆齿轮流量计（普通式）

图 1-13　流量计

（四）压力表

在化工生产中，总是希望某一设备或某一系统中维持恒定的压力，以控制工艺过程。所采用的流体压力的测定方法有很多，所用测量仪表也有不同类型。

在化工行业所用测压仪表称为化工压力表系列，又称耐腐压力表，也称不锈钢压力表。其主要具有耐酸、耐碱、抗硫、耐氯等特点，根据选用不锈钢材料的不同，耐腐蚀性程度也不一样。其广泛应用于石油、化工、化纤、冶金、电力、食品、造纸等行业，测量具有一定腐蚀性的介质的压力和真空。如图 1-14 所示氨用压力表、真空压力表、隔膜压力表。

(a) 氨用压力表　　(b) 真空压力表　　(c) 隔膜压力表

图 1-14　压力表

仪表的测量系统由接头与弹簧管组成，由于被测压力的变化使弹簧管自由端产生位移，借连杆带动扇形传动齿轮端部的指针旋转，在度盘指示相应的压力数值。通常为了消除扇形齿轮转轴齿轮间的间隙活动，在转轴齿轮上装置了盘形游丝。其类型还有不锈钢压力表、膜片压力表、精密压力表等。

此外，根据流体静力学原理，将被测压力转换成液柱高度进行测量的液柱式压力计，如 U 形管压力计、单管压力计、双液柱微差计和斜管压力计等。这类压力计结构简单、使用方便，但测量范围较窄，一般用来测量较低压力或真空度。

名人窗：中国石油之父——孙健初

孙健初（1897—1952），河南濮阳人。1927 年被瑞典籍新常富吸收为“瑞华博物考察会”的第一批地质调查员，逐渐接受了新常富教授的“以纯正科学来救国”的思想。

20 世纪 30 年代，抗战爆发，“洋油”断绝。1938 年底，国民政府资源委员会增设甘肃油矿筹备处后，孙健初等到玉门老君庙进行石油地质勘察。1939 年 5 月，孙健初在老君庙主持玉门油田第一口油井的钻探。1939 年 10 月他写成《甘肃玉门油田地质报告》，后又两次修改。他以玉门油田的地质为对象，开始探索石油生成、运移、储集的规律。

1942 年，孙健初被派往美国考察学习，完成《美国地质概况及其寻究石油之方法》等论文。1944 年回国后，孙健初把大量精力和时间用于石油地质研究上，写成《西北油田地质说略》《发展中国油矿计划纲要》等调查报告和研究论文 30 多篇，填补了中国地质科研的空白。

1950 年 4 月，在全国石油工作会议上，孙健初领导制定了新中国第一个石油勘探方案——西北石油勘探计划。1951 年全国石油工业展览会上，毛泽东主席专门接见并听取他关于中国石油工业发展现状及大西北勘探开发远景的汇报。

孙健初立志科学救国，发现玉门油田，投身石油地质研究，兢兢业业、励精图治。他是新中国石油工业的奠基人，被称为“中国石油之父”。

任务二　学习流体流动的基本理论

任务目标

- 了解流体的密度、黏度、流量、流速和压强等基本物理量；
- 掌握流体静力学方程及其化工应用；
- 了解稳定流动和不稳定流动的特点；
- 掌握连续性方程、伯努利方程及其化工应用。

技能要求

- 能认识压力测量、液位测量、液封装置；
- 能根据流体输送任务选择合适的管子规格；
- 能确定稳定流动系统的流量、压强、流体输送机械的功率等。

一、流体的基本性质

（一）流体的密度

单位体积流体所具有的质量称为流体的密度。其数学表达式为

$$\rho=\frac{m}{V} \tag{1-1}$$

式中 ρ——流体的密度，kg/m^3；

m——流体的质量，kg；

V——流体的体积，m^3。

流体的密度与温度和压力有关。流体的密度通常可以从工程手册等文献查取，本书附录也列出了某些常见气体和液体的密度数值。

1. 液体的密度

压力对液体的密度影响很小，一般可以忽略，所以常称液体为不可压缩流体。温度对液体的密度有一定的影响，对大多数液体而言，温度升高，其密度下降。如纯水的密度在4℃时为$1000kg/m^3$，而在100℃时则为$958.4kg/m^3$。因此，在选用密度数据时，要注明该液体所处的温度。

（1）纯液体的密度 ρ

纯液体密度通常可以从《物理化学手册》或《化学工程手册》查取。本书附录中摘录了部分常见液体的密度数值，供练习时使用。

（2）液体混合物的密度 ρ_m

液体混合物的密度通常由实验测定，例如比重瓶法、韦氏天平法及波美度比重计法等，其中，前两者用于精确测量，多用于实验室；后者用于快速测量，在工业上广泛使用。

对于液体混合物，当混合前后的体积变化不大时，工程计算中其密度可由下式计算，即

$$\frac{1}{\rho_m}=\frac{x_{w1}}{\rho_1}+\frac{x_{w2}}{\rho_2}+\cdots+\frac{x_{wi}}{\rho_i}+\cdots+\frac{x_{wn}}{\rho_n} \tag{1-2}$$

式中 ρ_m——液体混合物的密度，kg/m^3；

ρ_1、ρ_2、ρ_i、ρ_n——构成液体混合物的各组分密度，kg/m^3；

x_{w1}、x_{w2}、x_{wi}、x_{wn}——混合物中各组分的质量分数。

【例 1-1】 已知20℃时水、甘油的密度分别为$998kg/m^3$、$1260kg/m^3$，求质量分数为50%甘油水溶液的密度。

解：

$$\frac{1}{\rho_m}=\frac{0.5}{998kg/m^3}+\frac{0.5}{1260kg/m^3}$$

$$\rho_m=1114kg/m^3$$

2. 气体的密度

气体是可压缩流体，其密度随压力和温度而变化，因此气体的密度必须标明其状态。从手册或附录中查得的气体密度往往是某一指定条件下的数值，使用时要将查得的密度值换算成操作条件下的密度。在工程计算中，当压力不太高、温度不太低时，可把气体（或气体混合物）按理想气体处理。

（1）纯气体的密度 ρ

在气体的温度不太低，压力不太高的情况下，气体的密度可按理想气体状态方程式计算：

$$\rho=\frac{pM}{RT} \tag{1-3}$$

式中 ρ——气体在压力 p、温度 T 时的密度，kg/m^3；

p——气体的压力，kPa；

M——气体的摩尔质量，kg/kmol；

R——通用气体常数，$R=8.314kJ/(kmol \cdot K)$；

T——气体的温度，K。

（2）气体混合物的密度 ρ_m

气体混合物的密度 ρ_m 的计算与纯气体的密度计算式类似，只不过将 M 改为 M_m 即可，而 M_m 为平均摩尔质量，而

$$M_m=M_1y_1+M_2y_2+M_iy_i+\cdots+M_ny_n \tag{1-4}$$

式中 M_1、M_2、M_i、M_n——构成气体混合物的各组分的摩尔质量，kg/kmol；

y_1、y_2、y_i、y_n——混合物中各组分的摩尔分数。

3. 相对密度

某液体的密度 ρ 与标准大气压下 4℃时纯水密度 $\rho_水$ 的比值，称为相对密度，无量纲，以 s 表示，即

$$s=\frac{\rho}{\rho_水} \tag{1-5}$$

水在标准大气压下 4℃时的密度为 $1000kg/m^3$。

4. 比容（比体积）

单位质量流体所具有的体积，称为流体的比容，用 v 表示，单位为 m^3/kg，即

$$v=\frac{1}{\rho} \tag{1-6}$$

显然，比容与密度互为倒数。

（二）流体的黏度

1. 黏性

流体的典型特征是具有流动性，在外力作用下，其内部产生相对运动。不同流体的流动性能不同，这主要是因为在运动状态下，流体内部质点间做相对运动时存在不同的内摩擦力。这种表示流体流动时产生一种抗拒内部运动的特性称为黏性。实际流体都是有黏性的，各种流体黏性大小相差很大。如常见的空气和水，黏性较小；而甘油的黏性则很大。黏性是流动性的反面，流体的黏性越大，其流动性越小。由于流体具有黏性，在流动时必须克服内摩擦力而做功，将流体的一部分机械能转变为热能而损耗，这是流体产生流动阻力的根源。

以流体在圆管内流动为例，由于流体对圆管壁面的附着力作用，在壁面上会黏附一层静止的流体膜层，同时又由于流体内部分子间的吸引力和分子热运动，壁面上静止的流体膜对相邻流体层的流动产生阻滞作用，使它的流速变慢，这种作用力随着离壁面距离的增加而逐渐减弱，也就是说，离壁面越远，流体的流速越快。管中心处流速为最大。由于流体内部这种作用力的关系，液体在圆管内流动时，实际上是被分割成了无数的同心圆筒层，一层套着一层，各层以不同的速度向前运

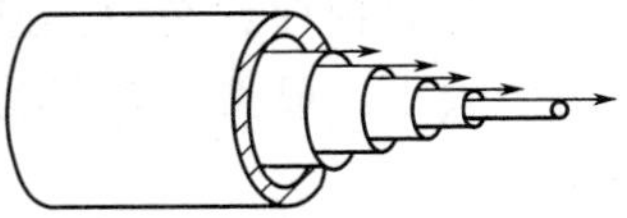

图 1-15 流体在圆管内分层流动

动，如图 1-15 所示。

由于各层速度不同，层与层之间发生了相对运动，速度快的流体层对与之相邻的速度较慢的流体层产生了一个拖动其向运动方向前进的力，而同时运动较慢的流体层对相邻的速度快的流体层也作用着一个大小相等、方向相反的力，从而阻碍较快的流体层向前运动。这种运动着的流体内部相邻两流体层间的相互作用力，称为流体的内摩擦力，是流体黏性的表现，所以又称为黏滞力或黏性摩擦力。

2. 牛顿黏性定律

如图 1-16 所示，有上下两块平行放置且面积很大而相距很近的平板，板间充满某种液体。若将下板固定，而对上板施加一个恒定的外力，上板就以恒定速度 u 沿 x 方向运动。此时，两板间的液体就会分成无数平行的薄层而运动，黏附在上板底面的一薄层液体也以速度 u 随上板运动，其下各层液体的速度依次降低，紧贴在下板表面的一层液体，因黏附在静止的下板上，其速度为零，两平板间流速呈线性变化。流体相邻层间的内摩擦力即为 F。实验证明，F 与上下两板间沿 y 方向的速度变化率 $\Delta u/\Delta y$ 成正比，与接触面积 A 成正比。流体在圆管内流动时，u 与 y 的关系是曲线关系，上述变化率应写成 $\mathrm{d}u/\mathrm{d}y$，称为速度梯度。

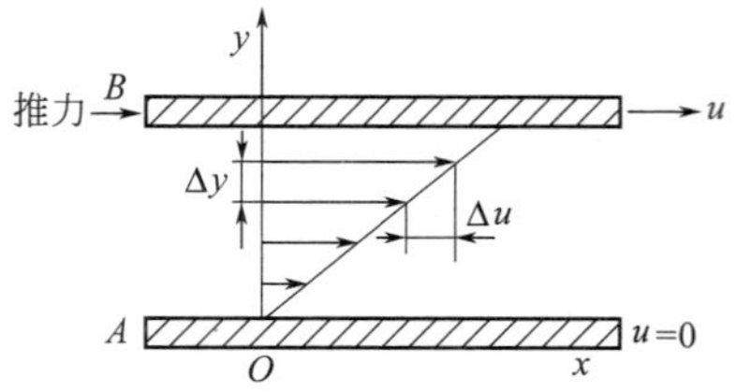

图 1-16 平板间液体速度变化

可以证明：对大多数流体，两流体层之间的内摩擦力 F 与层间的接触面积 A、相对速度 $\mathrm{d}u$ 成正比，与两流体层间的垂直距离 $\mathrm{d}y$ 成反比。即：

$$F \propto A\frac{\mathrm{d}u}{\mathrm{d}y}$$

若把上式写成等式，就需要引进一个比例系数 μ，即

$$F=\mu A\frac{\mathrm{d}u}{\mathrm{d}y} \tag{1-7}$$

这种内摩擦力通常以每单位面积上的力来计算，即力学中所谓的剪应力，用符号 τ 表示。由式(1-7) 剪应力 τ 可写成

$$\tau=\mu\frac{\mathrm{d}u}{\mathrm{d}y} \tag{1-8}$$

式中，τ 表示单位面积上的内摩擦力，称为内摩擦应力或剪应力，$\mathrm{N/m^2}$；$\mathrm{d}u/\mathrm{d}y$ 表示垂直于流体流动方向的速度变化率，称为速度梯度，1/s；比例系数 μ 称为黏性系数，或称动力黏度，简称黏度，Pa • s。

式(1-7)、式(1-8) 所显示的关系称为牛顿黏性定律。服从此定律的流体称为牛顿型流体。所有气体和大多数液体都属于这一类，不服从牛顿黏性定律的称为非牛顿型流体。如某些高分子溶液、胶体溶液、泥浆都属于这一类。本篇只限于对牛顿型流体进行讨论。

(1) 黏度

黏度是表征流体黏性大小的物理量，是流体的重要物理性质之一，其值由实验测定。

黏度的物理意义为：速度梯度为 1 时，在单位接触面积上，由流体的黏性所引起的内摩擦力的大小。显然，若流动条件相同，黏度越大的流体产生的内摩擦力也越大，即流体的阻力也越大。

流体的黏度是流体的种类及状态（温度、压力）的函数，液体的黏度随温度升高而减小，气体的黏度随温度升高而增大。压力变化时，液体的黏度基本不变，气体的黏度随压力

增加而增加得很少，一般工程计算中可以忽略。某些常用流体的黏度，可以从有关手册和本书附录中查得。

在 SI 制中，黏度的单位是 Pa·s；在工程手册中黏度的单位常用物理单位制，泊（P）或厘泊（cP）表示。它们之间的关系是

$$1Pa \cdot s = 10P = 1000cP$$

（2）运动黏度

流体的黏性还可用黏度 μ 与密度 ρ 的比值来表示，称为运动黏度，以 ν 表示，即

$$\nu = \frac{\mu}{\rho} \tag{1-9}$$

在 SI 制中，运动黏度的单位为 m^2/s；在物理单位制中，运动黏度的单位为 cm^2/s，称为斯托克斯，简称为沲，以 St 表示。它们之间的关系为

$$1St = 100cSt(厘沲) = 1 \times 10^{-4} m^2/s$$

（3）混合物黏度

在工业生产中常遇到各种流体的混合物。混合物的黏度，如缺乏实验数据时，可参阅有关资料，选用适当的经验公式进行估算。

二、流体静力学

（一）流体的静压强

1. 压强的定义

流体内部任一点处均会受到周围流体对它的作用力，该力的方向总是与界面垂直。流体垂直作用在单位面积上的力称为流体的压强，也称静压强，实际生产中常称其为压力。其定义式为

$$p = \frac{F}{A} \tag{1-10}$$

式中 p——流体的静压强，Pa；
F——垂直作用于面积 A 上的力，N；
A——力的作用面积，m^2。

流体压力的方向总是和所作用的面垂直，并指向所考虑的那部分流体的内部，即沿着作用面的内法线方向。这个特性不仅适用于流体内部，而且也适用于流体与固体接触的表面，即不论器壁的方向和形状如何，流体压力总是垂直于器壁。静止流体内部任何一点处的流体压力，在各个方向都是相等的。

2. 压力的单位

压力的单位除以 Pa（N/m^2）表示外，习惯上还常采用标准大气压（atm）、工程大气压（at）或以液柱高度来表示（如 mH_2O 或 mmHg 等）。这些单位在工程应用和手册文献中经常出现，因此要能够进行这些压力单位之间的换算。常见的换算关系如下。

$$1atm = 1.033kgf/cm^2 = 1.013 \times 10^5 N/m^2 = 760mmHg = 10.33mH_2O$$

$$1at = 1kgf/cm^2 = 9.807 \times 10^4 N/m^2 = 735.6mmHg = 10mH_2O$$

3. 压力的表示方法

流体压力的大小可以用不同的基准来度量，一是绝对真空，另一是大气压力。因此压力有不同的表示方法：以绝对真空为基准测得的压力称为绝对压力，它是流体的真实压力；以大气压力为基准测得的压力称为表压力或真空度。

当被测流体的绝对压力大于外界大气压力时，所用的测压仪表称为压力表。压力表上的读数表示被测流体的绝对压力比大气压力高出的数值，称为表压力。因此

表压力＝绝对压力－大气压力

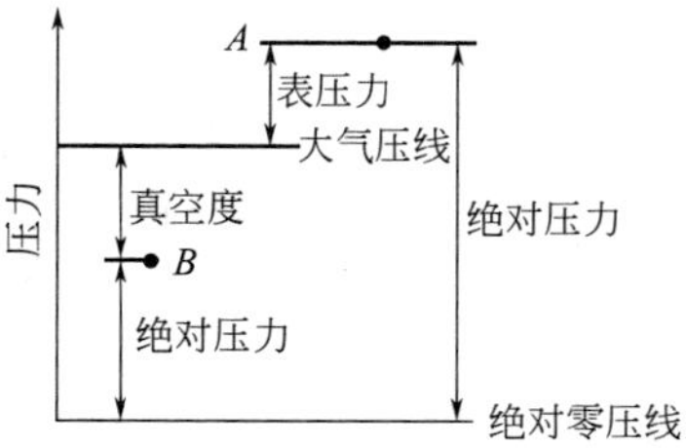

图 1-17 绝对压力、表压力、真空度之间的关系

当被测流体的绝对压力小于外界大气压力时，所用的测压仪表称为真空表。真空表上的读数表示被测流体的绝对压力低于大气压力的数值，称为真空度。因此

真空度＝大气压力－绝对压力

显然，真空度为表压的负值，并且设备内流体的真空度愈高，它的绝对压力就愈低。绝对压力、表压力与真空度之间的关系可用图 1-17 表示。

应该注意的是：①大气压力的数值不是固定不变的，它随大气的温度、湿度和所在地海拔高度而定，计算时应以当时、当地大气压为准。②为了避免绝对压力、表压力和真空度三者之间相互混淆，当压力以表压或真空度表示时，应用括号注明，如未加注明，则视为绝对压力。③压力计算时基准要一致。

【例 1-2】 如果蒸汽压力为 6kgf/cm^2，已知当地大气压力为 100kPa，那么压力表上的读数为多少?

解：

$$
\begin{aligned}
\text{表压力} &= \text{绝对压力}-\text{大气压力}\\
&= 6\times 9.807\times 10^4\,\text{Pa}-100\times 10^3\,\text{Pa}\\
&= 4.88\times 10^5\,\text{Pa}
\end{aligned}
$$

【例 1-3】 安装在某生产设备进口处的真空表读数为 60mmHg，出口处的压力表读数为 78.8kPa，试求该设备进出口的压力差。

解：

$$
\begin{aligned}
&\text{设备进出口的压力差}\\
&=\text{出口压力}-\text{进口压力}\\
&=(\text{大气压}+\text{表压})-(\text{大气压}-\text{真空度})\\
&=\text{表压}+\text{真空度}\\
&=78.8\text{kPa}+\frac{60}{760}\times 101.3\text{kPa}=86.8\text{kPa}
\end{aligned}
$$

（二）静力学基本方程及应用

1. 流体静力学方程

流体静力学方程，是反映流体相对静止时，在重力和压力作用下处于平衡状态的规律。流体静力学方程式，可通过下面的方法推导而得。

在一均质静止液体内，任取一段垂直液柱，如图 1-18 所示。

此液柱的底面积为 A，流体柱的高为 h，液体的密度为 ρ，体积为 V，质量为 m，液柱的顶面和底面与基准水平面（这里选取容器的底面为基准面）的垂直距离分别为 z_1 和 z_2。

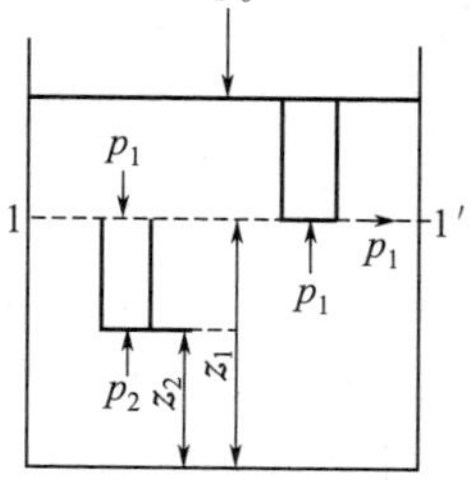

图 1-18 静止流体的压强

现分析液柱受力情况：

$$\text{作用于液柱上面的总压力}=p_1A$$

$$\text{液柱自身的重力}=mg=V\rho g=A(z_1-z_2)\rho g$$

$$\text{作用于液柱下底面的总压力}=p_2A$$

液柱处于平衡状态时，在垂直方向上各力的代数和为零，即

$$p_1A+A(z_1-z_2)\rho g-p_2A=0$$

以 ρA 除上式的各项，并整理得

$$gz_1+\frac{p_1}{\rho}=gz_2+\frac{p_2}{\rho}$$

或

$$p_2=p_1+(z_1-z_2)\rho g \tag{1-11}$$

如果将液柱的上底面取在容器的液面上，设液面上方的压强为 p_0 而液柱下底面的压强为 p，液柱的高度为 h，则式(1-11) 可改写为

$$p=p_0+\rho gh \tag{1-12}$$

式中 p——距液面距离为 h 处的压强，Pa；

p_0——液面上方的压强，Pa；

ρ——液体的密度，kg/m^3；

h——距液面的垂直高度，m。

式(1-11)、式(1-12) 称为流体静力学基本方程式。

为了加深对流体静力学方程式的理解和认识对式(1-12) 讨论如下：

① 在静止流体内，任一点的压强 p 的大小与该点的深度 h 有关，深度 h 越大，压强 p 越大。

② 当液面压强 p_0 有变化时，必将引起液体内各点压强发生同样大小的变化，这就是巴斯噶定律。根据这一定律，作用在器内液体上的压强，能以同样大小传递到液体内其他任何一点的各个方向。

③ 在静止的连通的同一液体内，处于同一水平面上的各点的压强都相等，该水平面称为等压面。

④ 将式(1-12) 移项可得：

$$h=\frac{p-p_0}{\rho g}$$

上式说明，压强（当 $p_0=0$ 时）或压差可用一定高度的液体柱表示，这与前面所述的压强的表示方式是一致的。

2. 流体静力学基本方程式的应用

在化工生产中测量压力和压力差的仪表很多，现仅介绍以流体静力学基本方程式为依据的测压仪器，这种仪器统称液柱压力计，其中最常用的是U形管压力计。

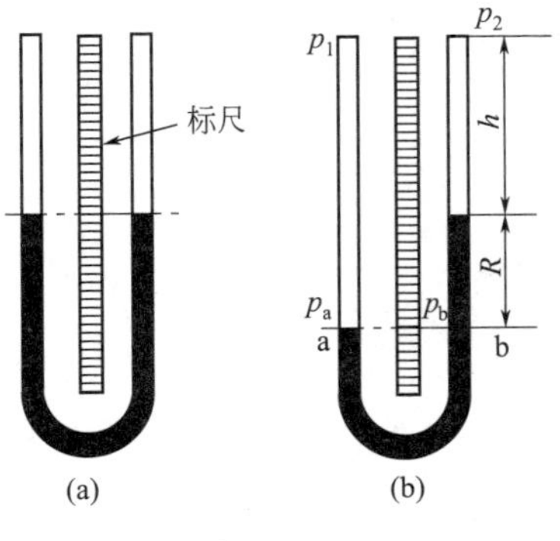

图 1-19 U形管压差计

(1) U形管压力计

① 结构 正U形管压差计是液柱式测压计中常用的一种，其结构如图 1-19 所示，它是一个两端开口的垂直U形玻璃管，中间配有读数标尺，管内装有液体作为指示液。要求指示液与被测流体不互溶，不起化学反应，而且其密度要大于被测流体的密度。通常采用的指示液有着色水、四氯化碳及水银等。

若U形管内的指示液上方和大气相通，即两支管内指示液液面的压力相等，由于U形管下面连通，所以两支管内指示液液面在同一水平面上。

② 测量公式　若在U形玻璃管内装有密度为ρ_A的指示液A（一般指示液装入量约为U形管总高的一半），U形管两端口与被测流体B的测压点相连接，连接管内与指示液液面上均充满流体B，a、b点取在同一水平面上。

若$p_1>p_2$，则左管内指示液液面下降，右管内指示液液面上升，直至在标尺上显示出读数R。R值的大小随压力差（p_1-p_2）的变化而变化，当（p_1-p_2）为一定值时，R值也为定值，即处于相对静止状态。因为a、b两点都在连通着的同一种静止流体内，并且在同一水平面上，所以这两点的压力相等，即$p_a=p_b$。根据流体静力学基本方程式，可得

$$p_a=p_1+\rho_B g(h+R)$$

$$p_b=p_2+\rho_B gh+\rho_A gR$$

因为

$$p_a=p_b$$

整理得

$$p_1-p_2=(\rho_A-\rho_B)gR \tag{1-13}$$

说明：从上式可以看出，p_1-p_2只与读数R、ρ_A及ρ_B有关，而U管的粗细、长短对所测结果并无影响。当压力差一定时，$\rho_A-\rho_B$越小，R值越大，读数误差越小，有利于提高测量精确度，所以，为提高U形管压差计的测量精度，应尽可能选择与被测流体的密度相差较小的指示剂。

若被测流体为气体，因为气体的密度要比液体的密度小得多，所以

$$\rho_A-\rho_B\approx\rho_A$$

式(1-13) 简化为

$$p_1-p_2\approx\rho_A gR \tag{1-14}$$

U形管压差计也可用来测量流体的表压力。若U形管的一端通大气，另一端与设备或管道的某一截面相连，测量值反映的是设备或管道内的绝对压力与大气压力之差，也就是表压力，即$p_{表}=(\rho_A-\rho_B)gR$。如将U形管压差计的一端通大气，另一端与负压部分接通，则可测得设备或管道内的真空度。

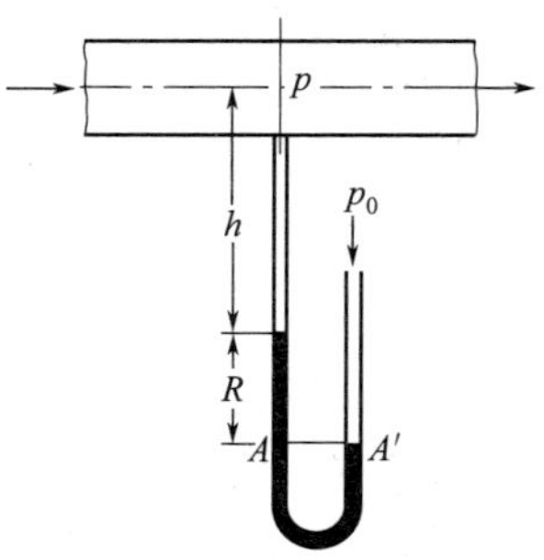

图1-20　例1-4附图

【例1-4】 水在图1-20所示的管道内流动。在管道某截面处连接一U形管压差计，指示液为水银，读数$R=200\text{mm}$，$h=1000\text{mm}$。当地大气压力为760mmHg，取水的密度为1000kg/m^3，水银的密度为13600kg/m^3，试求流体在该截面处的压力为多少？

解： 已知$p_0=760\text{mmHg}=1.013\times10^5\text{N/m}^2$，$\rho_{H_2O}=1000\text{kg/m}^3$

$$\rho_{Hg}=13600\text{kg/m}^3,\ h=1\text{m},\ R=0.2\text{m}$$

过U形管右侧的水银面作水平面$A—A'$，可得

$$p_A=p'_A=p_0$$

由流体静力学基本方程式可得

$$p_A=p+\rho_{H_2O}gh+\rho_{Hg}gR$$

整理得

$$\begin{aligned}p&=p_A-\rho_{H_2O}gh-\rho_{Hg}gR\\&=1.013\times10^5\text{Pa}-1000\times9.807\times1\text{Pa}-13600\times9.807\times0.2\text{Pa}\\&=6.482\times10^4\text{Pa}\end{aligned}$$

由计算结果可知,流体在该截面处的绝对压力小于大气压力,故真空度为

$$1.013\times10^5\,\mathrm{Pa}-6.482\times10^4\,\mathrm{Pa}=3.648\times10^4\,\mathrm{Pa}$$

(2) 液位的测量——液位计

化工生产中为了了解容器里物料的贮存量，需要使用液位计进行液位的测量。液位计的形式很多，大多数液位计是根据静止液体内部压强变化规律设计的。

最原始的液位计是在容器的底部及顶部器壁上各开一个小孔，两小孔间用玻璃管相连，如图 1-21(a) 所示。由于玻璃管和容器相通，因此，A、B 两点是在静止的同一流体内，并且在同一水平面上，故 A 点和 B 点的压力相等，$p_A=p_B$；因玻璃管上部与容器相通，故 $p_1=p_2$；由流体静力学基本方程得 $h_1=h_2$，即玻璃管内的液位与容器内液位等高。即玻璃管内所示液面高度为容器内液面高度。这种构造易于破损，不利于远处观测。

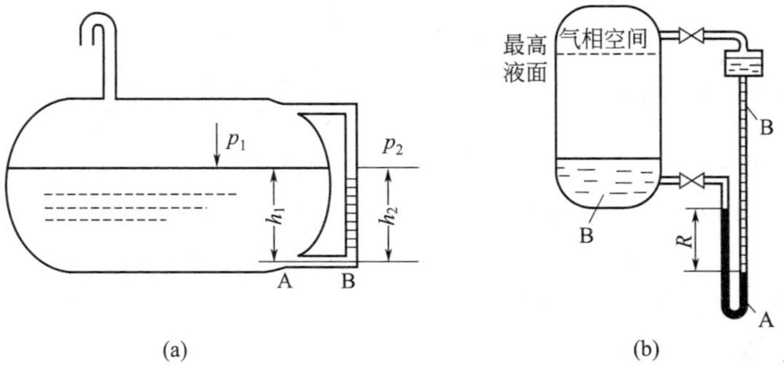

图 1-21 液位的测量图

图 1-21(b) 利用液柱压差计来测量液位，被测液体 B 的容器外接一扩大室（称平衡室），用装入指示液 A 的 U 形管压差计左端与容器底部相连（$\rho_A>\rho_B$），右端与容器液面上方的气相支管（称气相平衡管）相连。平衡室中装入一定量的液体 B，使其在扩大室内的液面高度维持在容器液面允许的最高位置。测量时，压差计中读数 R 就可指示容器内相应的液位高度。显然容器内达到最高允许液位时，压差计读数 R 应为零，随着容器内液位的降低，读数 R 愈大。

若容器离操作室较远或埋在地面以下，要测量其液位可采用一种用来进行远距离测量液位的装置，如图 1-22 所示。

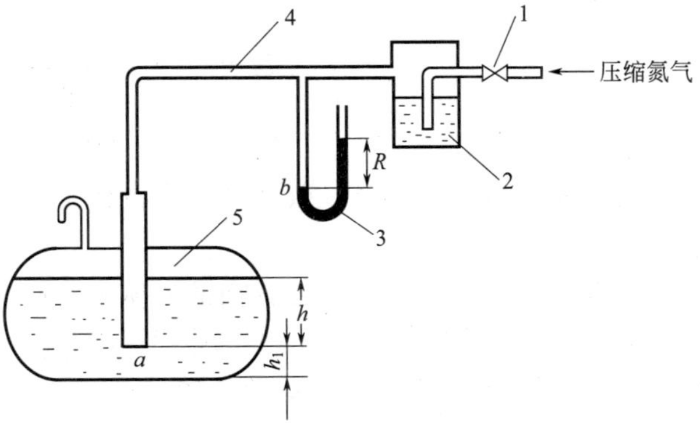

图 1-22 远距离测量液位

1—调节阀；2—鼓泡观察器；3—U 形管压差计；4—吹气管；5—贮槽

（3）液封

液封，是一种利用液体的静压来封闭气体的装置。在工业生产中为保证安全正常生产，液封在生产中应用很广，如在贮气柜或气体洗涤塔下面防止气体泄漏起密封作用，或在压力设备上防止超压起泄压作用，或者防止气体倒流起止逆作用等。由于通常使用的液体为水，因此液封常被称为水封或安全水封。

液封装置是根据流体静力学原理设计的，如图 1-23 所示。根据液封的作用不同，大体可分为三类。

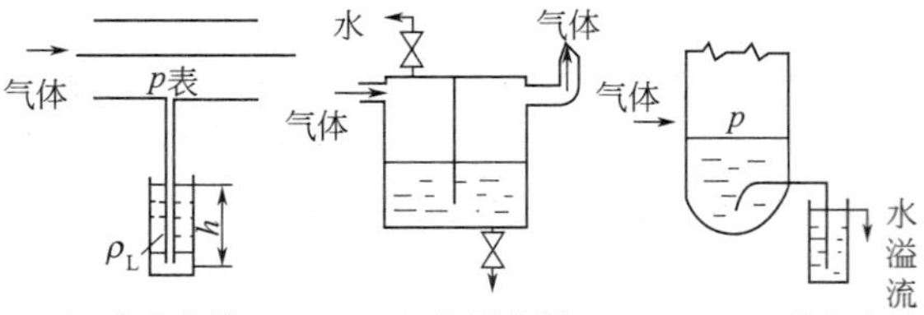

(a) 安全水封　(b) 切断水封　(c) 溢流水封

图 1-23　液封装置

① 安全水封　如图 1-23(a) 所示，从气体主管道上引出一根垂直支管，插到充满水的液封槽内，插入口以上的液面高度 h 应足以保证在正常操作压力下气体不会由支管逸出。当由于某种不正常原因，系统内气体压力突然升高时，气体可由此处冲破液封泄出并卸压，以保证设备和管道的安全。另外，这种水封还有排除气体管中冷凝液的作用。

② 切断水封　工业生产中，有时在常压可燃气体贮罐前后安装切断水封以代替笨重易漏的截止阀，如图 1-23(b) 所示。正常操作时，液封不充液，气体可以顺利绕过隔板出入贮罐。需要切断时（如检修），往液封内注入一定高度的液体，使隔板浸入水中的深度大于水封两侧最大可能的压差值即可。

③ 溢流水封　许多用水（或其他液体）洗涤气体的设备内，通常需维持在一定压力下操作，水在不断流入的同时必须不断排出，为了防止气体随水一起泄出设备，可采用图 1-23(c) 所示的溢流水封装置。

图 1-24 是乙炔发生器外的安全水封装置，当器内压强超过规定值时，气体便由水封管 2 通过水封排出，达到泄压目的。

如已知乙炔发生器内最大压强为 p，根据式 $p=p_a+\rho gh$ 即水封高度为

$$h=\frac{p-p_a}{\rho g}$$

但为了安全起见，h 应略小于计算值。

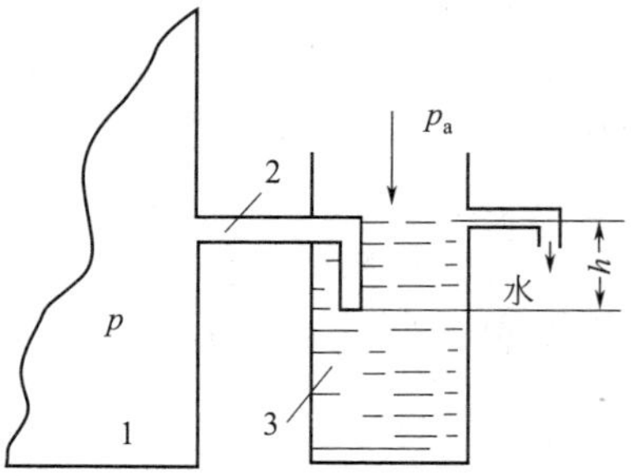

图 1-24　乙炔发生器水封

1—乙炔发生器；2—水封管；3—水封槽

三、流体动力学

（一）流量和流速

在化工生产中，流量与流速是描述流体流动规律的基本参数。

1. 流量

流体在管内流动时，单位时间内流经管道有效截面的流体量，称为流体的流量。

① 体积流量　单位时间内流经管道有效截面的流体的体积量，以 q_V 表示，单位为 m^3/s。

② 质量流量　单位时间内流经管道有效截面的流体的质量，以 q_m 表示，单位为 kg/s。

体积流量和质量流量的关系为

$$q_m=q_V\rho \tag{1-15}$$

应当注意，气体的体积随压力和温度变化，因此应用气体体积流量时，必须注明其

状态。

2. 流速

单位时间内流经单位管道有效截面的流体量，称为流体的流速。流速有体积流速（也称平均流速，简称流速）和质量流速。

平均流速以 u 表示，单位为 m/s。实际上，流体在管内流动时，管道任一截面上各点的流速沿管径而变化，在管道截面中心处最大，在管壁处为零。在工程计算上为方便起见，流体的流速通常是指整个管道截面上的平均流速。其表达式为

$$u=\frac{q_V}{A} \tag{1-16}$$

式中 A——与流体流动方向相垂直的管道截面积，m^2。

质量流速以 G 表示，单位为 $kg/(m^2 \cdot s)$，其表达式为

$$G=\frac{q_m}{A} \tag{1-16a}$$

3. 管子的选用

根据式(1-16) 计算圆形管道的内径，计算式为

$$d=\sqrt{\frac{4q_V}{\pi u}} \tag{1-17}$$

式中 d——管道的内径，m；

u——适宜流速，m/s，通过经济衡算，选择合理的流速。

流量一般为生产任务所决定，所以关键在于选择合适的流速。若流速选择过大，管径虽然可以减小，但流体流过管道的阻力增大，动力消耗高，操作费用随之增加。反之，流速选择过小，操作费用可以相应减小，但管径增大，管路的基建费用随之增加。所以需根据具体情况通过经济权衡来确定适宜的流速。某些流体在管路中的常用流速范围列于表 1-1 中。

表 1-1 某些流体在管道中的常用流速范围

流体的类别及情况	流速范围/(m/s)	流体的类别及情况	流速范围/(m/s)
水及低黏度液体(0.1～1.0MPa)	1.5～3.0	一般气体(常压)	10～20
工业供水(0.8MPa 以下)	1.5～3.0	离心泵排出管(水一类液体)	2.5～3.0
锅炉供水(0.8MPa 以下)	＞3.0	液体自流速度(冷凝水等)	0.5
饱和蒸汽	20～40	真空操作下气体流速	＜10

应用式(1-17) 算出管径后，还需从有关手册中选用标准管径。选用标准管径后，再核算流体在管内的实际流速。

【例 1-5】 用内径为 50mm 的管道输送 98％的硫酸（293K），要求输送量为 12t/h，试求该管路中硫酸的体积流量和流速。

解： 从手册查得 293K 时 98％硫酸的密度 $\rho=1836kg/m^3$。

$$q_V=\frac{q_m}{\rho}=\frac{12\times1000/3600}{1836}m^3/s=1.816\times10^{-3}m^3/s$$

$$u=\frac{q_V}{A}=\frac{q_V}{\frac{\pi}{4}d^2}=\frac{1.816\times10^{-3}}{0.785\times(50\times10^{-3})^2}m/s=0.93m/s$$

【例 1-6】 某厂精馏塔进料量为 50000kg/h，该料液的性质与水相近，其密度为 $960kg/m^3$，试选

择进料管的管径。

解： $$q_V=\frac{q_m}{\rho}=\frac{50000/3600}{960}\text{m}^3/\text{s}=0.0145\text{m}^3/\text{s}$$

因料液的性质与水相近，参考表 1-1，选取 $u=1.8\text{m/s}$。

得 $$d=\sqrt{\frac{4q_V}{\pi u}}=\sqrt{\frac{4\times0.0145}{3.14\times1.8}}\text{m}=0.101\text{m}$$

根据手册中的管子规格表，选用 $\phi108\text{mm}\times4\text{mm}$ 的无缝钢管，其内径为

$$d=(108-4\times2)\text{mm}=100\text{mm}$$

则实际流速为

$$u=\frac{q_V}{A}=\frac{q_V}{\frac{\pi}{4}d^2}=\frac{0.0145}{0.785\times(100\times10^{-3})^2}\text{m/s}=1.85\text{m/s}$$

流体在管内的实际流速为 1.85m/s，仍在适宜流速范围内，因此所选管子可用。

（二）稳定流动与不稳定流动

根据流体流动过程中各种参数的变化情况，可以将流体的流动状况分为稳定流动和不稳定流动。若流动系统中各物理量的大小仅随位置变化、不随时间变化，则称为稳定流动。若流动系统中各物理量的大小不仅随位置变化，而且随时间变化，则称为不稳定流动。

如图 1-25 所示恒位槽，上部不断地有水从进水管注入，不断地从下部排水管排出，由于进入恒位槽流体的流量大于流出流体的流量，多余的流体就会从溢流管流出，从而保证了恒位槽内液位的恒定。在流体流动过程中，任一截面上流体的压力、流量、流速等流动参数只与位置有关，而不随时间变化，这种情况属于稳定流动；若将图中进水管的阀门关闭，箱内的水仍由排水管不断排出，没有流体的补充，贮槽内的液位将随着流体流动的进行而不断下降，从而导致流体在流动时任一截面上的压力、流量、流速等流动参数不仅与位置有关，而且与时间有关，这种情况属于不稳定流动。

工业生产中的连续操作过程，如生产条件控制正常，则流体流动多属于稳定流动。连续操作的开车、停车过程及间歇操作过程属于不稳定流动。本篇所讨论的流体流动为稳定流动。

（三）连续性方程

当流体在简单管路系统中做稳定流动时，根据质量守恒定律，每单位时间内通过流动系统任一截面的流体质量（即质量流量）都应相等，这就是流体流动时的质量守恒。因为流体可被视为连续性介质，所以质量守恒原理又称为连续性原理，并把反映这个原理的物料衡算关系式称为连续性方程式。

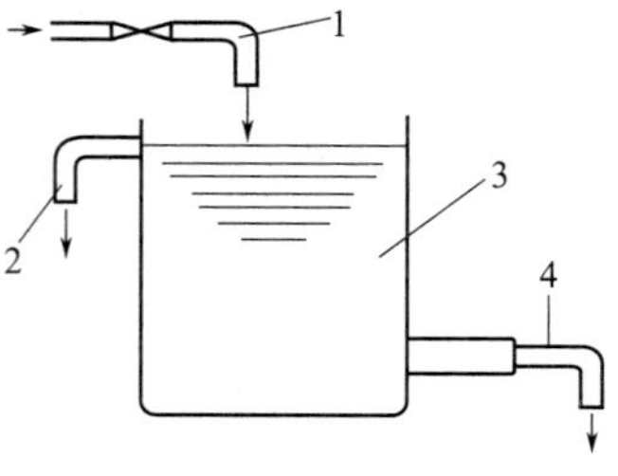

图 1-25 流动情况示意图

1—进水管；2—溢流管；3—水箱；4—排水管

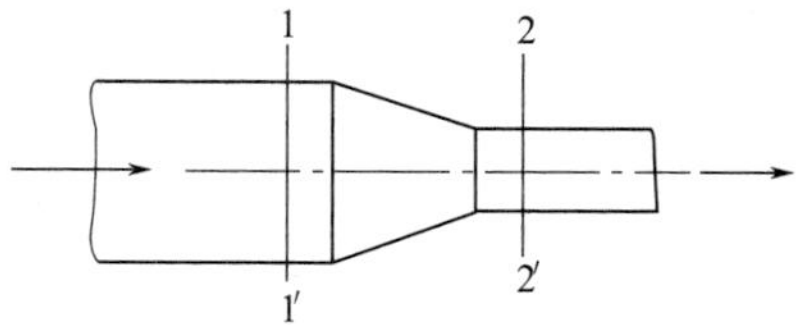

图 1-26 流体流动的连续性

在稳定流动系统中，对直径不同的管段做物料衡算，如图 1-26。把流体视为连续性介质，即流体充满管道，并连续不断地从截面 1—1′流入，从截面 2—2′流出。以管内壁、截面 1—1′与 2—2′为衡算范围。若在两截面间无流体的添加和漏损，以单位时间为衡算基准，依质量守恒定律，物料衡算的关系式为输入量等于输出量，即进入截面 1—1′的流体质量流量与流出截面 2—2′的流体质量流量相等。即

$$q_{m1}=q_{m2}$$

因为

$$q_m=uA\rho$$

若将上式推广到管路上任何一个截面，即

$$q_m=u_1A_1\rho_1=u_2A_2\rho_2=\cdots=u_nA_n\rho_n=\text{常数} \tag{1-18}$$

该方程式表示在稳定流动系统中，流体流经管道各截面的质量流量恒为常量，但各截面的流体流速则随管道截面积和流体密度的不同而变化。

若流体为不可压缩流体，即 $\rho=$常数，则

$$q_V=u_1A_1=u_2A_2=\cdots=u_nA_n=\text{常数} \tag{1-19}$$

上式说明不可压缩流体不仅流经各截面的质量流量相等，而且它们的体积流量也相等。而且管道截面积 A 与流体流速 u 成反比，截面积越小，流速越大。

若不可压缩流体在圆管内流动，因 $A=\frac{\pi}{4}d^2$，则

$$\frac{u_1}{u_2}=\frac{A_2}{A_1}=\left(\frac{d_2}{d_1}\right)^2 \tag{1-20}$$

上式说明不可压缩流体在管道内的流速 u 与管道内径的平方 d^2 成反比。

式(1-18) 和式(1-19) 称为流体在管道中做稳定流动的连续性方程。连续性方程反映了在稳定流动系统中，流量一定时管路各截面上流速的变化规律，而此规律与管路的安排以及管路上是否装有管件、阀门或输送设备等无关。

【例 1-7】 在串联变径管路中，已知小管规格为 ϕ57mm×3mm，大管规格为 ϕ89mm×3.5mm，均为无缝钢管，水在小管内的平均流速为 2.5m/s，水的密度可取为 1000kg/m³。试求：(1) 水在大管中的流速；(2) 管路中水的体积流量和质量流量。

解：(1) 小管直径 $d_1=(57-2\times3)\text{mm}=51\text{mm}$，$u_1=2.5\text{m/s}$

大管直径 $d_2=(89-2\times3.5)\text{mm}=82\text{mm}$

$$u_2=u_1\frac{A_1}{A_2}=u_1\left(\frac{d_1}{d_2}\right)^2=2.5\times\left(\frac{51}{82}\right)^2\text{m/s}=0.967\text{m/s}$$

(2)

$$q_V=u_1A_1=u_1\frac{\pi}{4}d_1^2=2.5\times0.785\times(0.051)^2\text{m}^3/\text{s}=0.0051\text{m}^3/\text{s}$$

$$q_m=q_V\rho=0.0051\times1000\text{kg/s}=5.1\text{kg/s}$$

（四）伯努利方程及应用

在稳定流动系统中，与流动有关的各物理量间的函数关系可用伯努利方程来描述。伯努利方程是解决稳定流动系统中各类流体力学问题的基本依据。因此伯努利方程及其应用极为重要。对稳定流动系统做能量衡算，即可得到伯努利方程。下面首先对流动系统中所涉及的能量做一介绍。

1. 流动系统的能量

流动系统中涉及的能量有多种形式，包括内能、机械能、功、热、损失能量，若系统不

涉及温度变化及热量交换，内能为常数，则系统中所涉及的能量只有机械能、功、损失能量。能量根据其属性分为流体自身所具有的能量及系统与外部交换的能量。

(1) 流体所具有的能量——机械能

① 位能　位能是流体处于地球重力场中而具有的能量。若质量为 m 的流体与基准水平面的垂直距离为 z，则位能等于将质量为 m 的流体在重力场中自基准水平面升举到高度为 z 时所做的功（J），即

$$位能=mgz$$

1kg 流体的位能（J/kg）则为

$$\frac{mgz}{m}=gz$$

位能是相对值，计算须规定一个基准水平面。

② 动能　动能是流体按一定速度流动而具有的能量。质量为 m(kg) 的流体，当其流速为 u(m/s) 时具有的动能（J）为

$$动能=\frac{1}{2}mu^2$$

1kg 流体所具有的动能（J/kg）为

$$\frac{1}{2}\times\frac{mu^2}{m}=\frac{1}{2}u^2$$

③ 静压能　静压能是由于流体具有一定的压力而具有的能量。

我们知道，静止流体内部任一点都有一定的压力，而流动着的流体内部也具有一定的压力。如果在内部有液体流动的管壁上开一小孔并接上一个垂直的细玻璃管，液体就会在玻璃管内升起一定的高度，此液柱高度即表示管内流体在该截面处的静压力值。

流体由于具有一定的压力而具有的能量称为静压能。质量为 m(kg) 的流体的静压能（J）为

$$静压能=pV$$

对 1kg 流体，所带入的静压能（J/kg）为

$$\frac{pV}{m}=\frac{p}{\rho}$$

(2) 系统与外界交换的能量

实际生产中的流动系统，系统与外界交换的能量主要有功和损失能量。

① 外加功　当系统中安装有流体输送设备时，它将对系统做功，即将外部的能量转化为流体的机械能。1kg 流体从输送机械中所获得的能量称为外加功，用 W_e 表示，其单位为 J/kg。外加功 W_e 是选择流体输送设备的重要数据，可用来确定输送设备的有效功率 P_e(W)，即

$$P_e=W_e q_m \tag{1-21}$$

泵的效率（η）是单位时间内流体从泵获得的机械能与泵的输入功率（N）之比，即

$$\eta=\frac{P_e}{N} \tag{1-22}$$

则泵的功率

$$N=\frac{P_e}{\eta} \tag{1-23}$$

② 损失能量　由于流体具有黏性，在流动过程中要克服各种阻力，所以流动中有能量损失。1kg 流体流动时为克服阻力而损失的能量，用 $\sum h_f$ 表示，其单位为 J/kg。

2. 伯努利方程式

(1) 伯努利方程的导出

如图 1-27 所示，不可压缩流体在系统中做稳定流动，流体从截面 1—1′经泵输送到截面 2—2′。根据稳定流动系统的能量守恒性，输入系统的能量应等于输出系统的能量。

输入系统的能量包括由截面 1—1′进入系统时带入的自身能量，以及由输送机械中得到的能量。输出系统的能量包括由截面 2—2′离开系统时带出的自身能量，以及流体在系统中流动时因克服阻力而损失的能量。

若以 0—0′面为基准水平面，两个截面中心距基准水平面的垂直距离分别为 z_1、z_2，两截面处的流速分别为 u_1、u_2，两截面处的压力分别为 p_1、p_2，流体在两截面处的密度为 ρ，1kg 流体从泵所获得的外加功为 W_e，1kg 流体从截面 1—1′流到截面 2—2′的全部能量损失为 $\sum h_f$。

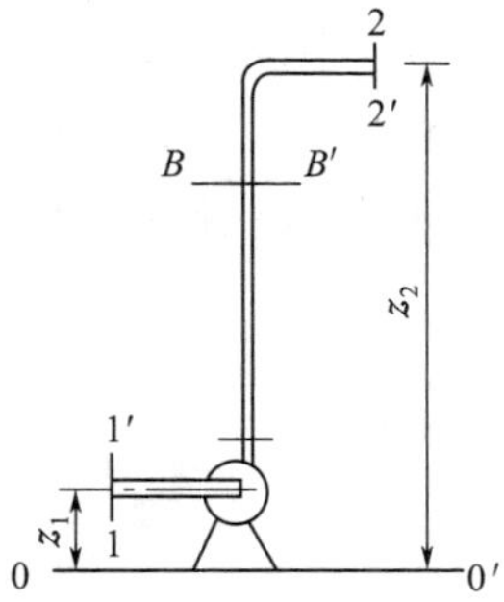

图 1-27 流体的管路输送系统

则根据能量守恒定律

$$gz_1+\frac{p_1}{\rho}+\frac{1}{2}u_1^2+W_e=gz_2+\frac{p_2}{\rho}+\frac{1}{2}u_2^2+\sum h_f \tag{1-24}$$

式中 gz_1、$\frac{1}{2}u_1^2$、$\frac{p_1}{\rho}$——分别为 1kg 流体在截面 1—1′上的位能、动能、静压能，J/kg；

gz_2、$\frac{1}{2}u_2^2$、$\frac{p_2}{\rho}$——分别为 1kg 流体在截面 2—2′上的位能、动能、静压能，J/kg。

式(1-24) 称为实际流体的伯努利方程，是以 1kg 流体为计算基准，式中各项单位均为 J/kg。它反映了流体流动过程中各种能量的转化和守恒规律，这一规律在流体流动和流体输送中具有重要意义。

(2) 伯努利方程式的适用条件

适用于稳定、连续的不可压缩系统。在流动过程中两截面间质量流量不变，满足连续性方程。

3. 伯努利方程式的讨论

(1) 理想流体的伯努利方程

无黏性、无压缩性，流动时无流动阻力的流体称为理想流体。当流动系统中无外功加入时（即 $W_e=0$），则

$$gz_1+\frac{1}{2}u_1^2+\frac{p_1}{\rho}=gz_2+\frac{1}{2}u_2^2+\frac{p_2}{\rho} \tag{1-25}$$

上式为理想流体的伯努利方程。说明理想流体稳定流动时，各截面上所具有的总机械能相等，总机械能为一常数，但每一种形式的机械能不一定相等，各种形式的机械能可以相互转换。

(2) 静止流体的伯努利方程

如果流体是静止的，则 $u_1=u_2=0$，$\sum h_f=0$，若无外加功加入，即 $W_e=0$。于是

$$gz_1+\frac{p_1}{\rho}=gz_2+\frac{p_2}{\rho}$$

上式即为流体静力学方程式。由此可见，伯努利方程式除了表示流体的流动规律外，还

表示了流体静止状态的规律，而静止流体是流体流动的一种特殊形式。

（3）对于可压缩流体，若流动系统两截面间的绝对压力变化较小时（常规定为$\frac{p_1-p_2}{p_1}<20\%$），仍可用伯式进行计算，但流体密度ρ应以两截面间流体的平均密度ρ_m来代替。

（4）以单位重量（1N）流体为计算基准的伯努利方程

工程上，常以单位重量（1N）流体为基准来衡量流体的各种能量，把相应的能量称为压头。

将以1kg流体为基准的伯式中的各项除以g，则可得

$$z_1+\frac{p_1}{\rho g}+\frac{u_1^2}{2g}+\frac{W_e}{g}=z_2+\frac{p_2}{\rho g}+\frac{u_2^2}{2g}+\frac{\sum h_f}{g}$$

令

$$H_e=\frac{W_e}{g} \qquad H_f=\frac{\sum h_f}{g}$$

则相应的伯努利方程式为

$$z_1+\frac{p_1}{\rho g}+\frac{u_1^2}{2g}+H_e=z_2+\frac{p_2}{\rho g}+\frac{u_2^2}{2g}+H_f \tag{1-26}$$

式中 z、$\frac{u^2}{2g}$、$\frac{p}{\rho g}$——分别称为位压头、动压头、静压头，1N流体所具有的机械能，m；

H_e——有效压头，1N流体在截面1—1′与截面2—2′间所获得的外加功，m；

H_f——压头损失，1N流体从截面1—1′流到截面2—2′的能量损失，m。

上式中各项均表示1N流体所具有的能量，单位为J/N，化简为J/N=N·m/N=m。m的物理意义是：1N流体所具有的机械能，可以把它自身从基准水平面升举的高度。

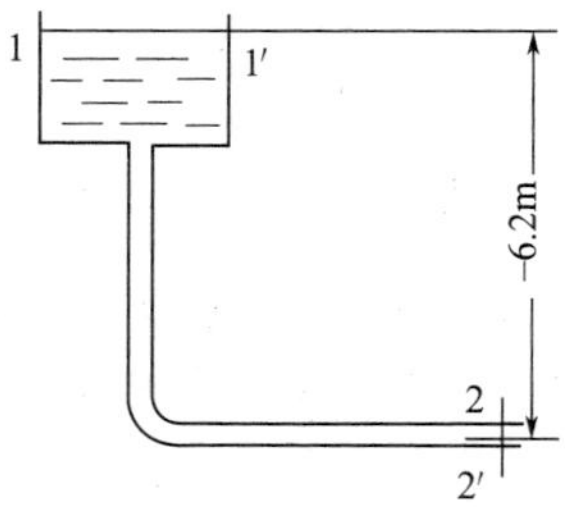

图1-28 例1-8附图

4. 伯努利方程式的应用

伯努利方程是流体流动的基本方程，其应用范围很广，下面通过实例加以说明。

（1）确定管道中流体的流量

【例1-8】 如图1-28所示，水槽液面至水出口管垂直距离保持在6.2m，水管全长330m，全管段的管径为106mm，若在流动过程中压头损失为6m水柱，试求导管中每小时之流量（m^3/h）。

解：取水槽的液面为截面1—1′，管路出口为截面2—2′并以出口管道中心线为基准水平面。在两截面间列伯努利方程式，即

$$gz_1+\frac{p_1}{\rho}+\frac{1}{2}u_1^2+W_e=gz_2+\frac{p_2}{\rho}+\frac{1}{2}u_2^2+\sum h_f$$

式中$z_1=6.2$m，$z_2=0$；$p_1=p_2=0$（表压）；$u_1\approx 0$；$\sum h_f=gH_f=9.807\times 6J/kg=58.84$J/kg；$W_e=0$。

将数值代入伯努利方程式，并简化得

$$9.807\times 6.2\text{J/kg}=\frac{1}{2}u_2^2+58.84\text{J/kg}$$

解得

$$u_2=1.98\text{m/s}$$

因此，水的流量为

$$q_V=\frac{\pi}{4}d^2u_2=3600\times 0.785\times(0.106)^2\times 1.98\text{m}^3/\text{h}=62.9\text{m}^3/\text{h}$$

(2) 确定设备的相对位置

【例 1-9】 如图 1-29 所示，为了能以均匀的速度向精馏塔中加料，而使料液从高位槽自动流入精馏塔中。高位槽液面维持不变，塔内压力为 $0.4kgf/cm^2$（表压）。问高位槽中的液面须高出塔的进料口多少，才能使液体的进料量维持在 $50m^3/h$。已知原料液密度为 $900kg/m^3$，管路阻力为 2.22m 液柱，连接管的规格为 $\phi108mm\times4.0mm$。

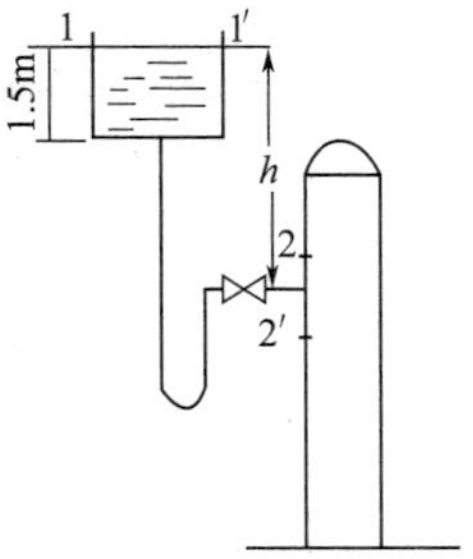

图 1-29 例 1-9 附图

解： 选高位槽的液面为截面 1—1′，精馏塔加料口的外侧为截面 2—2′，并取过精馏塔加料口中心线的水平面为基准水平面。在两截面间列伯努利方程式

$$z_1+\frac{u_1^2}{2g}+\frac{p_1}{\rho g}+H_e=z_2+\frac{u_2^2}{2g}+\frac{p_2}{\rho g}+H_f$$

式中 $z_1=h$，$z_2=0$；$p_1=0$(表压)；$p_2=0.4kgf/cm^2=39228N/m^2$(表压)；$u_1\approx0$；$u_2=0$；$\rho=900kg/m^3$；$H_e=0$；$H_f=2.22m$ 液柱。

将上述数值代入伯努利方程式得

$$h=\frac{39228}{900\times9.807}m+2.22m=6.66m$$

即高位槽的液面必须高出加料口 6.66m。

(3) 确定输送设备的有效功率

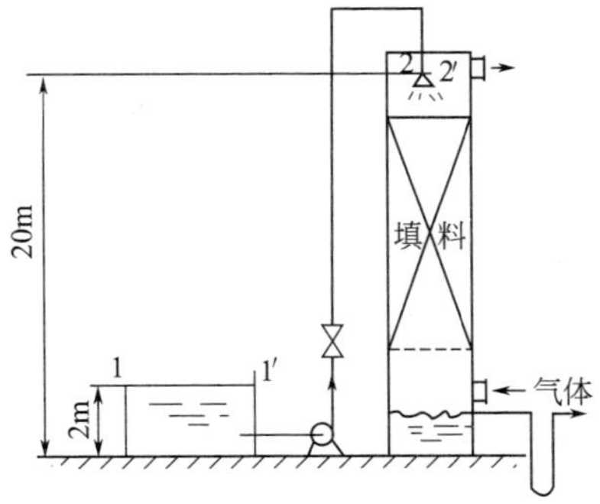

图 1-30 例 1-10 附图

【例 1-10】 如图 1-30 所示，有一用水吸收混合气中氨的常压逆流吸收塔，水由水池用离心泵送至塔顶经喷头喷出。泵入口管为 $\phi108mm\times4mm$ 无缝钢管，管中流体的流量为 $40m^3/h$，出口管为 $\phi89mm\times3.5mm$ 的无缝钢管。池内水深为 2m，池底至塔顶喷头入口处的垂直距离为 20m。管路的总阻力损失为 40J/kg，喷头入口处的压力为 120kPa（表压）。设泵的效率为 65%。试求泵所需的功率为多少千瓦？

解： 取水池液面为截面 1—1′，喷头入口处为截面 2—2′，并取截面 1—1′为基准水平面。在截面 1—1′和截面 2—2′间列伯努利方程，即

$$gz_1+\frac{p_1}{\rho}+\frac{1}{2}u_1^2+W_e=gz_2+\frac{p_2}{\rho}+\frac{1}{2}u_2^2+\sum h_f$$

其中 $z_1=0$；$z_2=20m-2m=18m$；$u_1\approx0$；$d_1=108mm-2\times4mm=100mm$；$\sum h_f=40J/kg$；$d_2=89mm-2\times3.5mm=82mm$；$p_1=0$(表压)，$p_2=120kPa$(表压)；

$$u_2=\frac{V_s}{\frac{\pi}{4}d_2^2}=\frac{40/3600}{0.785\times(0.082)^2}m/s=2.11m/s$$

代入伯努利方程得

$$\begin{aligned}W_e&=g(z_2-z_1)+\frac{p_2-p_1}{\rho}+\frac{u_2^2-u_1^2}{2}+\sum h_f\\&=9.807\times18J/kg+\frac{120\times10^3}{1000}J/kg+\frac{(2.11)^2}{2}J/kg+40J/kg\\&=338.75J/kg\end{aligned}$$

质量流量 $q_m=A_2u_2\rho=\frac{\pi}{4}d_2^2u_2\rho=0.785\times(0.082)^2\times2.11\times1000kg/s=11.14kg/s$

有效功率 $P_e = W_e \cdot q_m = 338.75 \times 11.14\text{W} = 3774\text{W}$

泵的功率 $N = \dfrac{P_e}{\eta} = \dfrac{3774 \times 10^{-3}}{0.65}\text{kW} = 5.81\text{kW}$

（4）确定管路中流体的压力

工业生产中，有些液体的腐蚀性很强，用泵输送时，这些液体对泵的腐蚀性很大，泵的寿命较短，所以有时可用压缩空气来输送。

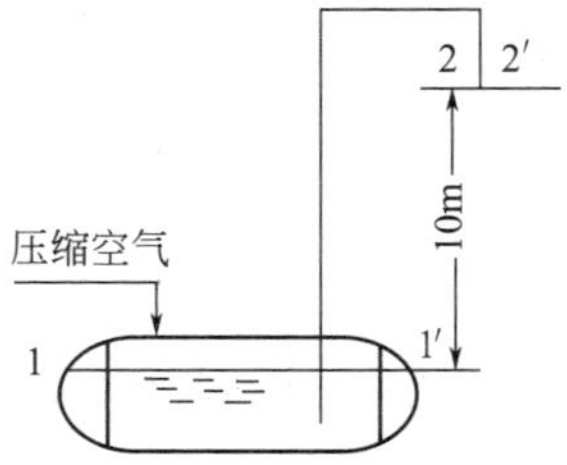

图 1-31　例 1-11 附图

【例 1-11】 某厂用压缩空气来压送 98% 的浓硫酸，压送装置如图 1-31 所示。采用分批间断操作，每批输送量为 0.4m^3，要求在 10min 内压送完毕。硫酸温度为 20℃，输送管为无缝钢管，规格为 $\phi 38\text{mm} \times 3\text{mm}$，管子出口在硫酸贮槽液面上垂直距离为 10m，设硫酸流经全部管路的能量损失为 15J/kg。试求开始压送时，所需压缩空气的压力。

解： 取硫酸罐内液面为截面 1—1′，硫酸出口管为截面 2—2′，并以截面 1—1′为基准水平面。在两截面间列伯努利方程，得

$$gz_1 + \frac{p_1}{\rho} + \frac{1}{2}u_1^2 + W_e = gz_2 + \frac{p_2}{\rho} + \frac{1}{2}u_2^2 + \sum h_f$$

式中 $z_1 = 0$，$z_2 = 10\text{m}$，$u_1 \approx 0$。

已知 $d = 38\text{mm} - 2 \times 3\text{mm} = 32\text{mm}$；$p_2 = 0$(表压)，$\sum h_f = 15\text{J/kg}$；查得 $\rho = 1836\text{kg/m}^3$

$$u_2 = \frac{q_V}{A} = \frac{0.4}{10 \times 60 \times 0.785 \times (0.032)^2}\text{m/s} = 0.83\text{m/s}$$

代入伯式得

$$\frac{p_1}{1836\text{kg/m}^3} = 10\text{m} \times 9.807\text{m/s}^2 + \frac{(0.83\text{m/s})^2}{2} + 15\text{J/kg}$$

得出 $$p_1 = 2.08 \times 10^5\text{Pa}(\text{表压})$$

即压送每一批料液时，压缩空气的压力在开始时最小为 $p_1 = 2.08 \times 10^5\text{Pa}$（表压）。

名人窗：伯努利与流体力学

丹尼尔·伯努利（Daniel Bernoulli，1700—1782），瑞士物理学家、数学家、医学家，1700 年 2 月 8 日生于荷兰格罗宁根，是伯努利家族中最杰出的一位。1738 年伯努利出版了《流体动力学》一书，提出用能量守恒定律解决流体的流动问题，即“伯努利方程”；提出了“流速增加、压强降低”的伯努利效应。他在天文测量、地球引力、潮汐、磁学、洋流、船体航行的稳定、土星和木星的不规则运动及振动理论等方面都颇有建树。

丹尼尔·伯努利最大的贡献之一就是建立了伯努利方程，伯努利方程的建立是流体动力学作为一个分支学科建立的标志，从此开始了用微分方程和实验测量进行流体运动定量研究的阶段。

流体力学是研究流体（液体和气体）的力学运动规律及其应

用的学科，按照研究对象的运动方式分为流体静力学和流体动力学，按照应用范围分为水力学、空气动力学等。20 世纪初，飞机的出现极大地促进了空气动力学的发展，航空航天事业的蓬勃发展与空气动力学、气体动力学的发展密切相连。

任务三　能量转换实验

任务目标

- 理解稳定流动系统的概念和形成条件；
- 观察流体流经非等径、非水平管路时，各截面上静压头之变化；
- 理解能量转换的基本关系，掌握伯努利方程；
- 认识流动过程的平均流速、最大流速，以及流动阻力的存在。

技能要求

- 能理解用液柱表示静压力，掌握压强的计算方法。
- 能掌握流量、流速的测量方法；
- 能利用伯努利方程进行计算，处理实验数据。

一、训练目的

1. 加深对流体的各种机械能相互转化概念的理解；
2. 观察流体流经非等径、非水平管路时，各截面上静压头之变化；
3. 学习测定管路某截面的最大流速、平均流速；
4. 理解流体流动阻力的表现（理解沿程阻力）。

二、设备示意（图 1-32）

三、训练要领

1. 实训准备（关闭流量调节阀，启动循环水泵，排除管路和测压管中的气泡，为高位槽注水，使高位槽液面稳定且有溢流）；

2. 训练操作（管中流体静止时，观察并记录各测压管中的液柱高度 H，旋转活动测压头，观察各测压管中的液柱高度有无变化；保持较小流量，旋转活动测压头，使测压孔分别正对和垂直水流方向，观察并记录各测压管中的液柱高度；保持较大流量，旋转活动测压头，使测压孔分别正对和垂直水流方向，观察并记录各测压管中的液柱高度；用量筒和秒表，测量两个流量下各截面平均流速和最大流速）。

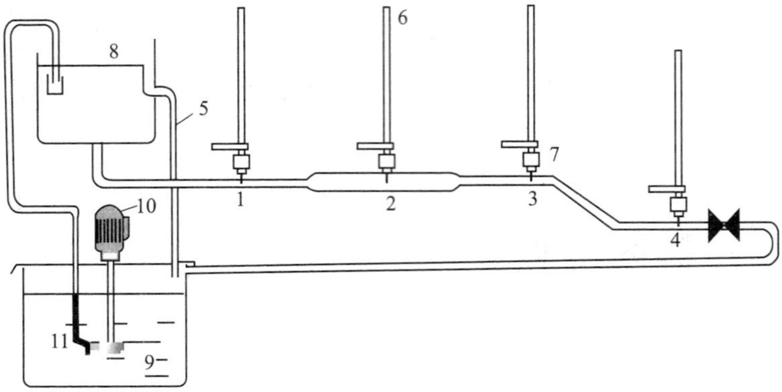

图 1-32 能量转换实验装置图

1，2，3，4—玻璃管测压点；5—溢流管；6—测压管；7—活动测压头；
8—高位槽；9—水槽；10—电机；11—循环水泵

任务四 雷诺实验与流体流动形态认知

任务目标

- 认识流体的流动形态；
- 掌握层流和湍流流体的基本特征；
- 掌握流动类型的判据——雷诺数；
- 了解圆管内流体流动的现象。

技能要求

- 能判断流体流动类型；
- 能掌握雷诺实验装置的基本操作；
- 能熟练使用液位计、流量计测量。

一、雷诺实验

（一）训练目标

1. 观察流体在管内流动的两种不同流动类型；
2. 测定临界雷诺准数；
3. 观察流体在管内层流流动时的速度分布；
4. 掌握雷诺准数与流动类型的关系；
5. 了解溢流装置的结构和作用，熟悉转子流量计的流量测量方法。

（二）设备示意（图 1-33）

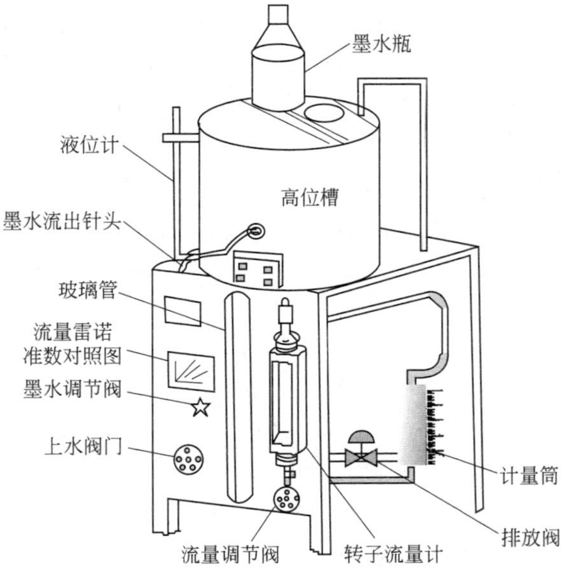

图 1-33 雷诺实验装置图

（三）训练要领

1. 实训准备（包括检查水源是否正常供给，检查转子流量计是否正常，高位槽注水并保持有溢流，检查墨水瓶液位等）；

2. 实训操作［包括调节墨水流速与水的流速基本一致，观察流动状况，记录观察到的现象和转子流量计的读数；关闭流量调节阀，打开墨水调节阀，向玻璃管中静止的水里注入墨水，使玻璃管上部的水染上颜色。慢慢打开流量调节阀，控制流量，使水做层流流动，观察层流时流体在管道横截面上各点的速度变化（速度分布）］。

二、流体的流动形态

雷诺实验揭示了流体有两种截然不同的流动形态，层流与湍流。

1. 层流

流体质点沿管轴方向做直线运动，分层流动。实验中墨水运动轨迹显示水只沿管中心轴做直线运动，质点无径向运动，与周围的流体间无宏观的碰撞和混合。管内流体如同一层层的同心薄圆筒平行地分层流动。由于这种情况主要发生在流速较小的时候，因此也称为滞流。

层流时，流体各薄层间依靠分子的微观随机运动传递动量、热量和质量。自然界和工程上会遇到许多层流流动的情况，如管内流体的低速流动、高黏度液体的流动、毛细管和多孔介质中的流体流动等。

2. 湍流

流体质点除沿轴线方向做主体流动外，还在各个方向有剧烈的随机运动，又称紊流。

在湍流流动状态下，流体不再是分层流动的，流体内部充满了大小不一的、在不断运动变化着的旋涡，因此流体质点的运动是杂乱无章的，运动速度的大小与方向时刻都在发生变化。在湍流条件下，既通过分子的微观随机运动，又通过流体质点的宏观随机运动来传递动量、热量和质量。它们的传递速率比层流时要高得多，所以实验中的墨水与水迅速混合。显然阻力损失也较层流时要大得多。工程上遇到的流动大多为湍流。

介于层流与湍流之间，可以看成是不完全的湍流，或不稳定的层流，或者是两者交替出现，通常称为过渡流，但注意，过渡状态不是一种独立的流动形态。

3. 流体流动形态的判据——雷诺准数

为了确定流体的流动形态，雷诺通过改变实验介质、管材及管径、流速等实验条件，做了大量的实验，并对实验结果进行了归纳总结。流体的流动形态主要与流体的密度 ρ、黏度 μ、流速 u 和管内径 d 等四个因素有关，并可以用这四个物理量组成一个数群，称为雷诺准数，用来判定流动形态。

$$Re=\frac{du\rho}{\mu} \tag{1-27}$$

雷诺准数简称雷诺数，无量纲。Re 大小反映了流体的湍动程度，Re 越大，流体流动湍动性越强。计算时只要采用同一单位制下的单位，计算结果都相同。

流体在管内流动时，若 $Re<2000$ 时，流体的流动形态总是层流；若 $Re>4000$ 时，流动为稳定的湍流；而 Re 在 2000～4000 范围内，为一种过渡状态，可能是层流也可能是湍流。在过渡区域，流动形态受外界条件的干扰而变化，如管道形状的变化、外来的轻微震动等都易促成湍流的发生，在一般工程计算中，$Re>2000$ 可作湍流处理。

【例 1-12】 在 20℃条件下，油的密度为 860kg/m^3，黏度为 3cP（$1\text{cP}=10^{-3}\text{Pa}\cdot\text{S}$），在圆形直管内流动，其流量为 $10\text{m}^3/\text{h}$，管子规格为 $\phi 89\text{mm}\times 3.5\text{mm}$，试判断其流动形态。

解： 已知 $\rho=860\text{kg/m}^3$，$\mu=3\text{cP}=3\times10^{-3}\text{Pa}\cdot\text{s}$，$d=89\text{mm}-2\times3.5\text{mm}=82\text{mm}=0.082\text{m}$

则
$$u=\frac{q_V}{\frac{\pi}{4}d^2}=\frac{10/3600}{0.785\times(0.082)^2}\text{m/s}=0.526\text{m/s}$$

$$Re=\frac{du\rho}{\mu}=\frac{0.082\times0.526\times860}{3\times10^{-3}}=1.236\times10^4$$

因为 $Re>4000$，所以该流动形态为湍流。

三、流体在圆管内的速度分布

1. 流体在圆管内的速度分布

流体在管内流动时，无论是层流还是湍流，在管道任意截面上各点的速度均随该点与管中心的距离而变。由于流体具有黏性，从而在管壁处速度为零，离开管壁以后速度渐增，到管中心处速度最大，这种变化关系称为速度分布。速度在管道截面上的分布规律因流体的流动类型而异。

层流时其速度分布曲线呈抛物线形。流体在圆形直管内做层流流动时，截面上各点的速度是轴对称的，如图 1-34 所示。管壁处速度为零，管中心处速度最大。截面上的平均流速 u 与管中心处最大流速 u_{max} 的关系式为 $u=0.5u_{max}$。

湍流时其速度分布曲线呈不严格抛物线形。管中心附近速度分布较均匀，由于湍流流动时流体质点的运动要复杂得多，目前还不能完全用理论分析方法得出湍流时的速度分布规律，所以其速度分布曲线一般通过实验测定。如图 1-35 所示，湍流流动时，流体靠近管壁处速度变化较大，管中心附近速度分布较均匀，这是由于湍流主体中质点的强烈碰撞和混合，大大加强了湍流核心部分的动量传递，于是各点的速度差别不大。管内流体的雷诺准数 Re 值越大，湍动程度越强，曲线顶部越平坦。在一般情况下，截面上的平均流速 u 与管中心处最大流速 u_{max} 的关系式为 $u \approx 0.82u_{max}$。

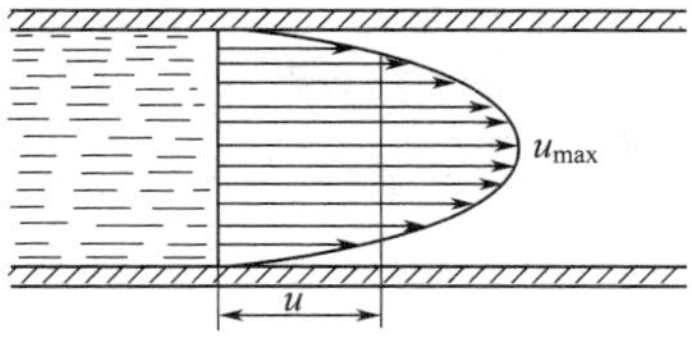

图 1-34　层流时圆管内的速度分布

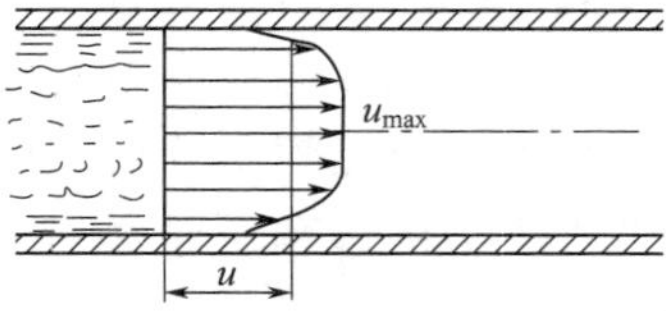

图 1-35　湍流时圆管内的速度分布

2. 湍流流体中的层流内层

当管内流体做湍流流动时，管壁处的流速也为零，靠近管壁处的流体薄层速度很低，仍然保持层流流动，这个薄层称为层流内层。层流内层的厚度随雷诺准数 Re 的增大而减薄，但不会消失。层流内层的存在，对传热与传质过程都有很大的影响。

湍流时，自层流内层向管中心推移，速度渐增，存在一个流动形态既非层流亦非完全湍流区域，这个区域称为过渡层或缓冲层。再往管中心推移才是湍流主体。可见，流体在管内作湍流流动时，由管壁到管中心的依次分为层流内层、过渡层和湍流主体三部分。

任务五　流动阻力计算与测量

任务目标

- 了解流动阻力产生的原因；
- 掌握直管阻力和局部阻力的计算方法；
- 掌握直管阻力和局部阻力的实验测定操作；
- 了解影响流动阻力的主要因素。

技能要求

- 从外观上认识管件、阀门、流量计、压差计、离心泵等；
- 能掌握直管阻力和局部阻力的测定方法；
- 能准确使用压差计、流量计，正确操作离心泵。

一、流体管内流动阻力计算

流体在流动时会产生流动阻力，为克服阻力必然要消耗一定的能量。在流动过程中如无外加能量加入时，流体阻力表现为流体自身的机械能降低。从伯努利方程可以看出，只有在能量损失已知的情况下，才能进行管路计算，因此流体流动阻力的计算是十分重要的。

流体在管路中流动时的阻力分为直管阻力和局部阻力两种。直管阻力是流体流经一定管径的直管时，由于流体的内摩擦而产生的阻力。局部阻力是流体流经管路中的管件、阀门及截面的突然扩大和突然缩小等局部地方所引起的阻力。总阻力等于通过直管阻力和各个局部障碍处的局部阻力的总和。

（一）直管阻力 h_f

1. 范宁公式

如图 1-36 所示，不可压缩流体以流速 u 在内径为 d、长为 l 的水平管内做稳定流动。在 1—1 和 2—2 截面间列伯努利方程，由于 $z_1=z_2$，$u_1=u_2=u$ 则有

$$\Delta p=p_1-p_2=\rho\sum h_f=\rho h_f \quad (1\text{-}28)$$

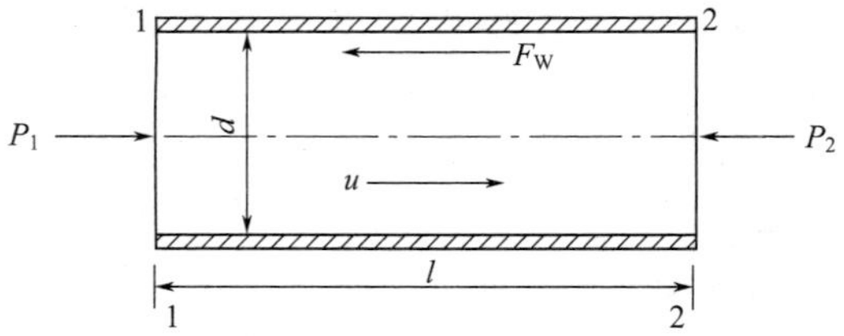

图 1-36 直管阻力计算式的推导

对整个水平管的流体柱进行瞬间受力分析：P_1 为垂直作用于 1—1 截面的总压力，其方向与流动方向相同，$P_1=p_1\left(\frac{\pi}{4}d^2\right)$；$P_2$ 为垂直作用于 2—2 截面的总压力，其方向与流动方向相反，$P_2=p_2\left(\frac{\pi}{4}d^2\right)$；$F_W$ 为管壁与流体柱表面间的摩擦力，其方向与流动方向相反，$F_W=\tau_W(\pi dl)$；τ_W 为管壁对流体的剪应力，在稳定流动时，其为一变值。

由于流体柱做稳定匀速运动，在流动方向受力处于平衡状态。若规定与流动方向同向的作用力为正，则在流动方向上列出力平衡方程有

$$P_1-P_2-F_W=0$$

经整理得

$$p_1-p_2=\frac{4l}{d}\cdot\tau_W \quad (1\text{-}29)$$

由式(1-28)、式(1-29) 可得

$$h_f=\frac{4l}{\rho d}\cdot\tau_W \quad (1\text{-}30)$$

实验证明，同种流体在管长和管径相同的条件下，流体与管壁间的摩擦阻力随管内流体的速度头$\left(\frac{1}{2}u^2\right)$的增大而增大，故可将式(1-30) 改写为

$$h_f=\frac{8\tau_W}{\rho u^2}\times\frac{l}{d}\times\frac{u^2}{2} \quad (1\text{-}30a)$$

令

$$\lambda=\frac{8\tau_W}{\rho u^2} \quad (1\text{-}31)$$

则得 $$h_f=\lambda\frac{l}{d}\times\frac{u^2}{2} \tag{1-32}$$

式中 h_f——直管阻力，J/kg；

λ——摩擦系数，也称摩擦因数，无量纲；

l——直管的长度，m；

d——直管的内径，m；

u——流体在管内的流速，m/s。

式(1-32) 为圆形直管阻力损失的计算通式，称为范宁公式。对层流和湍流均适用。

范宁公式中的摩擦因数是确定直管阻力损失的重要参数。λ 的值与反映流体湍动程度的 Re 及管内壁粗糙程度 ε 的大小有关。

2. 管壁粗糙程度

工业生产上所使用的管道，按其材料的性质和加工情况，大致可分为光滑管与粗糙管。通常把玻璃管、铜管和塑料管等列为光滑管，把钢管和铸铁管等列为粗糙管。实际上，即使是同一种材质的管子，由于使用时间的长短与腐蚀结垢的程度不同，管壁的粗糙度也会发生很大的变化。

(1) 绝对粗糙度

绝对粗糙度是指管壁突出部分的平均高度，以 ε 表示，如图 1-37 所示。表 1-2 中列出了某些工业管道的绝对粗糙度数值。在选取管壁的绝对粗糙度 ε 值时，必须考虑到流体对管壁的腐蚀性，流体中的固体杂质是否会黏附在管壁上以及使用情况等因素。

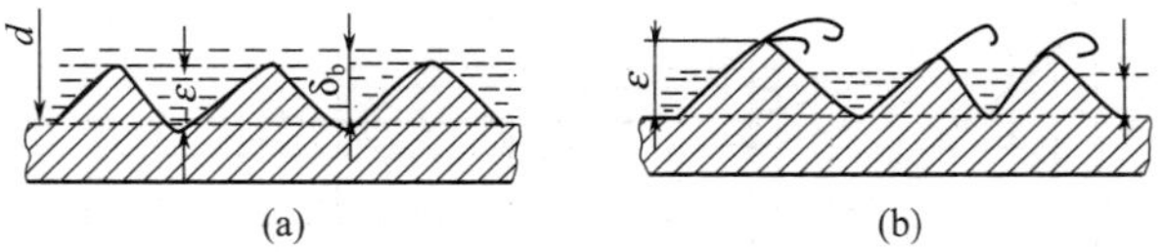

图 1-37 管壁粗糙程度对流体流动的影响

表 1-2 某些工业管道的绝对粗糙度

管道类别	绝对粗糙度 ε/mm	管道类别	绝对粗糙度 ε/mm
无缝黄铜管、铜管及铝管	0.01～0.05	具有重度腐蚀的无缝钢管	0.5 以上
新的无缝钢管或镀锌铁管	0.1～0.2	旧的铸铁管	0.85 以上
新的铸铁管	0.3	干净玻璃管	0.0015～0.01
具有轻度腐蚀的无缝钢管	0.2～0.3	很好整平的水泥管	0.33

(2) 相对粗糙度

相对粗糙度是指绝对粗糙度与管道内径的比值，即 ε/d。管壁粗糙度对摩擦系数 λ 的影响程度与管径的大小有关，所以在流动阻力的计算中，要考虑相对粗糙度的大小。

3. 摩擦系数

(1) 层流时摩擦系数

流体做层流流动时，管壁上凹凸不平的地方都被有规则的流体层所覆盖，如图 1-37(a)，λ 与 ε/d 无关，摩擦系数 λ 只是雷诺准数的函数，即

$$\lambda=\frac{64}{Re} \tag{1-33}$$

将 $\lambda=\dfrac{64}{Re}$ 代入范宁公式，则

$$h_f=32\frac{\mu ul}{\rho d^2} \tag{1-34}$$

上式为哈根-泊肃叶方程，是流体在圆直管内做层流流动时的阻力计算式。

(2) 湍流时摩擦系数

当流体湍流流动时，随层流内层的厚度减薄，壁面粗糙峰伸入湍流区与流体质点发生碰撞，加大了流体的湍动性，导致流体能量的额外损失，图 1-37(b)。此时摩擦因数除与 Re 有关以外，还与管壁的粗糙度有关，且 Re 值愈大，层流内层的厚度愈薄，这种影响就愈显著。

由于湍流时流体质点运动情况比较复杂，目前还不能完全用理论分析方法求算湍流时摩擦系数 λ 的公式，而是通过实验测定，获得经验的计算式。各种经验公式，均有一定的适用范围，可参阅有关资料。

为了计算方便，通常将摩擦系数 λ 对 Re 与 ε/d 的关系曲线标绘在双对数坐标上，如图 1-38 所示，该图称为穆迪（Moody）图。这样就可以方便地根据 Re 与 ε/d 值从图中查得各种情况下的 λ 值。

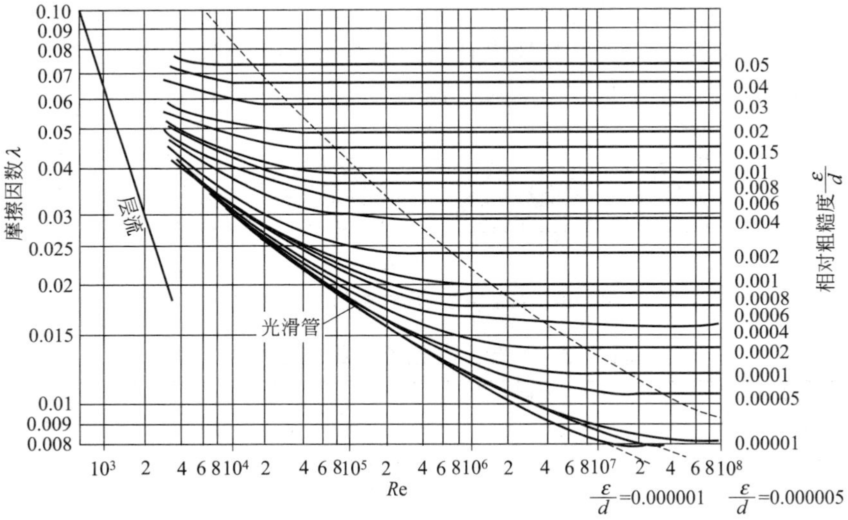

图 1-38 λ 与 Re、ε/d 的关系

根据雷诺准数的不同，可在图中分出四个不同的区域：

① 层流区 当 $Re<2000$ 时，λ 与 Re 为一直线关系，与相对粗糙度无关。

② 过渡区 当 $Re=2000\sim4000$ 时，管内流动类型随外界条件影响而变化，λ 也随之波动。工程上一般按湍流处理，λ 可从相应的湍流时的曲线延伸查取。

③ 湍流区 当 $Re>4000$ 且在图中虚线以下区域时，$\lambda=f(Re,\varepsilon/d)$。对于一定的 ε/d，λ 随 Re 数值的增大而减小。

④ 完全湍流区 即图中虚线以上的区域，λ 与 Re 的数值无关，只取决于 ε/d。λ-Re 曲线几乎成水平线，当管子的 ε/d 一定时，λ 为定值。在这个区域内，阻力损失与 u^2 成正比，故又称为阻力平方区。由图可见，ε/d 值越大，达到阻力平方区的 Re 值越低。

【例 1-13】 20℃时98%的硫酸在内径为50mm的铅管内流动，其流速为0.5m/s，已知硫酸密度为1836kg/m³，黏度为23×10⁻³Pa·s。试求其流过100m直管时的流动阻力。

解： 依题意知 $\rho=1836\text{kg/m}^3$，$\mu=23\times10^{-3}\text{Pa}\cdot\text{s}$，$d=0.05\text{m}$，$l=100\text{m}$，$u=0.5\text{m/s}$

得
$$Re=\frac{du\rho}{\mu}=\frac{0.05\times0.5\times1836}{23\times10^{-3}}=1996$$

$$\lambda=\frac{64}{Re}=\frac{64}{1996}=0.032$$

则
$$h_f=\lambda\frac{l}{d}\frac{u^2}{2}=0.032\times\frac{100}{0.05}\times\frac{0.5^2}{2}\text{J/kg}=8\text{J/kg}$$

【例 1-14】 20℃的水，以1m/s速度在钢管中流动，钢管规格为 $\phi60\text{mm}\times3.5\text{mm}$，试求水通过100m长的直管时，压头损失为多少？

解： 从本书附录中查得水在20℃时的 $\rho=998.2\text{kg/m}^3$，$\mu=1.005\times10^{-3}\text{Pa}\cdot\text{s}$

$$d=60\text{mm}-3.5\times2\text{mm}=53\text{mm},\ l=100\text{m},\ u=1\text{m/s}$$

$$Re=\frac{du\rho}{\mu}=\frac{0.053\times1\times998.2}{1.005\times10^{-3}}=5.26\times10^4$$

取钢管的管壁绝对粗糙度 $\varepsilon=0.2\text{mm}$，则

$$\frac{\varepsilon}{d}=\frac{0.2}{53}=0.004$$

据 Re 与 ε/d 值，可以从图1-38上查出摩擦系数 $\lambda=0.031$

则
$$h_f=\lambda\frac{l}{d}\times\frac{u^2}{2}=0.031\times\frac{100}{0.053}\times\frac{1^2}{2}\text{J/kg}=29.2\text{J/kg}$$

所以
$$H_f=\frac{h_f}{g}=\frac{29.2}{9.807}\text{mH}_2\text{O}=2.98\text{mH}_2\text{O}$$

（二）局部阻力

局部阻力是流体流经管路中的管件、阀门及截面的突然扩大和突然缩小等局部地方所引起的阻力。

流体在管路的进口、出口、弯头、阀门、突然扩大、突然缩小或流量计等局部流过时，必然发生流体的流速和流动方向的突然变化，流动受到干扰、冲击，产生旋涡并加剧湍动，使流动阻力显著增加。根据实验证明，即使管内流体的流动处于层流状态，在通过管件或阀门时也会因流动干扰极易转变为湍流。有时局部阻力损失在系统阻力损失中占的比重较大，不容忽视。局部阻力一般有两种计算方法，即阻力系数法和当量长度法。

1. 当量长度法

当量长度法是将流体通过局部障碍时的局部阻力计算转化为直管阻力损失的计算方法。所谓当量长度是与某局部障碍具有相同能量损失的同直径直管长度，用 l_e 表示，单位为m。

将流体流过局部障碍时所产生的局部阻力，折合成流体流过长度为 l_e 的同直径管道的直管阻力计算。这些局部障碍的流动阻力可按下式计算

$$h_f'=\lambda\frac{l_e}{d}\times\frac{u^2}{2} \tag{1-35}$$

u 表示管内流体的平均流速，应当注意，当局部部件发生截面变化时，u 应该采用较小

截面处的流体流速。如突然扩大和突然缩小等处，流速 u 均应采用小管中的流体流速。

当量长度值 l_e 通常由实验测定，表 1-3 列出了一些管件、阀门及流量计的 l_e/d 值。在湍流情况下，某些管件与阀门的当量长度也可以从图 1-39 查得。

表 1-3　各种管件阀件及流量计等以管径计的当量长度

名　　称	l_e/d	名　　称	l_e/d
45°标准弯头	15	截止阀(球心阀)(标准式)(全开)	300
90°标准弯头	30～40	角阀(标准式)(全开)	145
9°方形弯头	60	闸阀(全开)	7
180°回弯头	50～75	(3/4 开)	40
三通管(标准),流向为		(1/2 开)	200
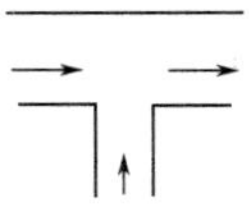	40	(1/4 开)	800
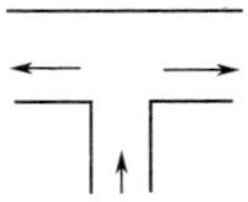	60	单向阀(摇板式)(全开)	135
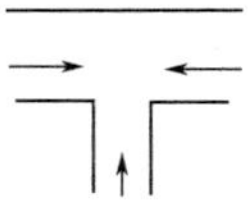	90	带有滤水器的底阀(全开)	420
		蝶阀(6 英寸以上)(全开)	20
		吸入阀或盘形阀	70
		盘式流量计(水表)	400
		文氏流量计	12
		转子流量计	200～300
		由容器入管口	20
		由管口进容器	40

2. 阻力系数法

将局部阻力表示为动能的一个倍数，则

$$h'_f=\zeta\frac{u^2}{2} \tag{1-36}$$

式中　ζ——局部阻力系数，无量纲，其值由实验测定。

常见的局部阻力系数求法如下。

(1) 突然扩大与突然缩小

管路由于直径改变而突然扩大或突然缩小时，其局部阻力系数可根据小管与大管的截面积之比从由实验测得的相关曲线上查取，见图 1-40。

注意，计算突然扩大与突然缩小处的局部障碍时，流速 u 应采用小管中的流体流速。

(2) 进口与出口

流体自容器进入管内，可以看成是流体从很大的截面突然进入很小截面，此时 $A_2/A_1\approx0$，从图 1-40 可查出局部阻力系数 $\zeta_进=0.5$，这种损失常常被称为进口损失，相应的阻力系数 $\zeta_进$ 称为进口阻力系数。若管口圆滑或成喇叭状，则进口阻力系数相应减小，约为 0.25～0.05。

流体自管子进入容器或从管子直接排放到管外空间，可以看成是流体自很小的截面突然扩大到很大的截面，即 $A_1/A_2\approx0$，从图 1-40 可查出局部阻力系数 $\zeta_出=1$，这种损失常被称为出口损失，相应的阻力系数 $\zeta_出$ 称为出口阻力系数。

(3) 管件与阀件

其 ζ 值参见表 1-4。

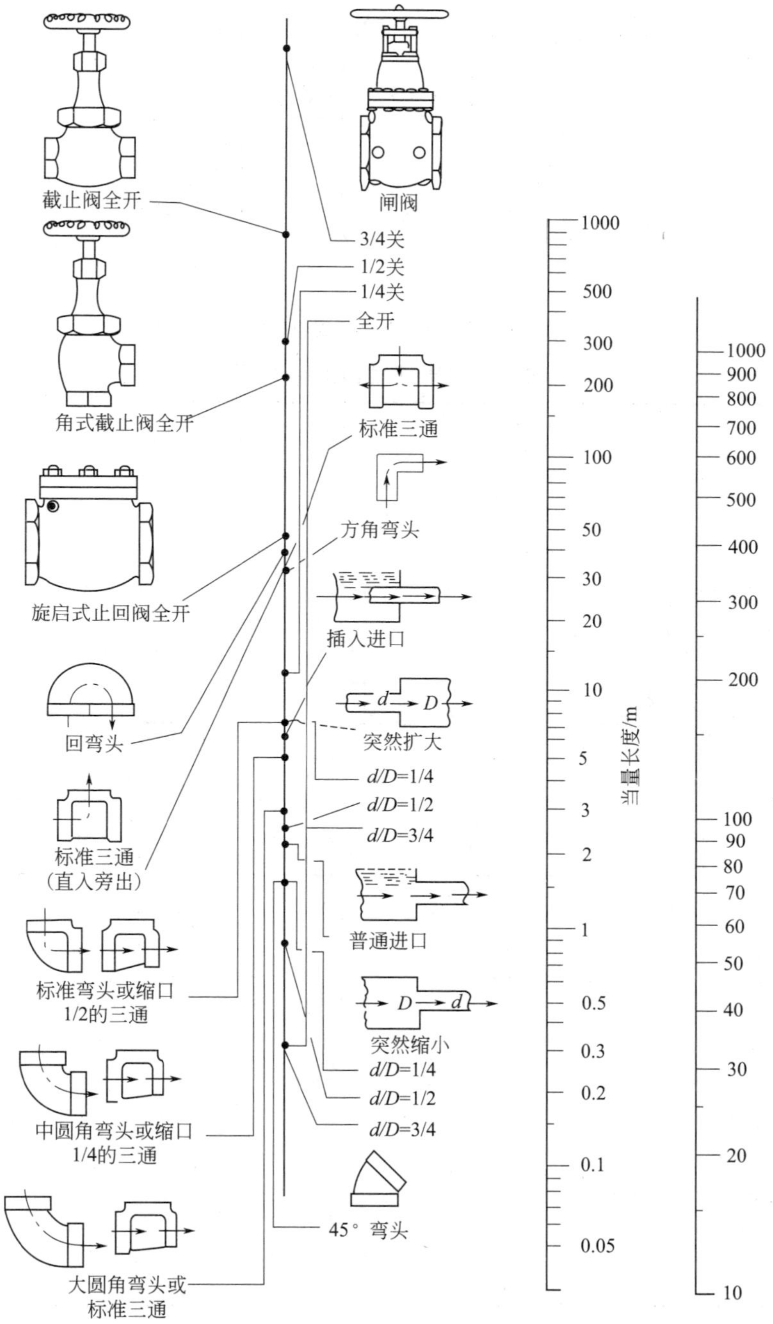

图 1-39 管件与阀件的当量长度共线图

上面所介绍的局部阻力系数和当量长度的数值，由于管件及阀门的构造细节与制造加工情况差别很大，所以其数值变化范围也大，甚至同一管件或阀门也不一致，因此从手册上查的 ζ 值与 l_e 值只是粗略值，即局部阻力 h_f' 的计算只是一种粗略的估算。另外由于数据不全，有时需两种方法结合使用。

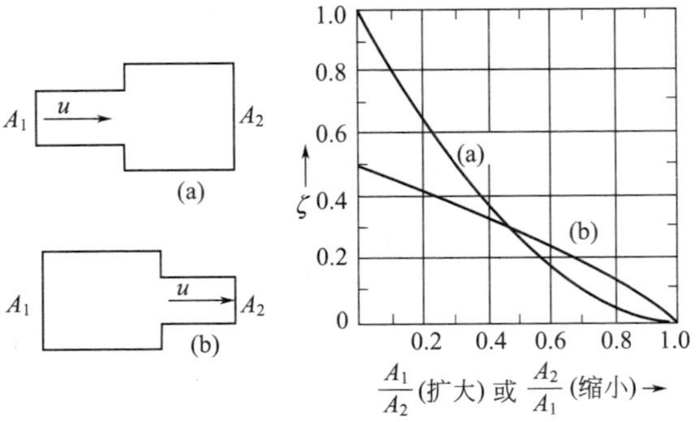

图 1-40　突然扩大与突然缩小时的 ζ

表 1-4　常见局部障碍的阻力系数

<table>
<tr><th>管件和阀件名称</th><th colspan="10">ζ 值</th></tr>
<tr><td>标准弯头</td><td colspan="5">45°，ζ=0.35</td><td colspan="5">90°，ζ=0.75</td></tr>
<tr><td>90°方形弯头</td><td colspan="10">1.3</td></tr>
<tr><td>180°回弯头</td><td colspan="10">1.5</td></tr>
<tr><td>活管接</td><td colspan="10">0.4</td></tr>
<tr><td rowspan="3">弯管 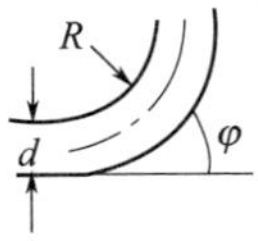</td><td colspan="2">φ / R/d</td><td>30°</td><td>45°</td><td>60°</td><td>75°</td><td>90°</td><td>105°</td><td colspan="2">120°</td></tr>
<tr><td colspan="2">1.5</td><td>0.08</td><td>0.01</td><td>0.14</td><td>0.16</td><td>0.175</td><td>0.19</td><td colspan="2">0.20</td></tr>
<tr><td colspan="2">2.0</td><td>0.07</td><td>0.10</td><td>0.12</td><td>0.14</td><td>0.15</td><td>0.16</td><td colspan="2">0.17</td></tr>
<tr><td>标准三通管</td><td colspan="3">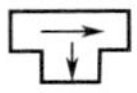 ζ=0.4</td><td colspan="2">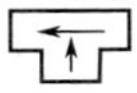 ζ=1.5 当弯头用</td><td colspan="2">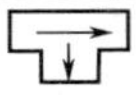 ζ=1.3 当弯头用</td><td colspan="3">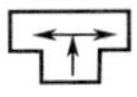 ζ=1</td></tr>
<tr><td rowspan="2">闸阀</td><td colspan="3">全开</td><td colspan="2">3/4 开</td><td colspan="2">1/2 开</td><td colspan="3">1/4 开</td></tr>
<tr><td colspan="3">0.17</td><td colspan="2">0.9</td><td colspan="2">4.5</td><td colspan="3">24</td></tr>
<tr><td>标准截止阀(球心阀)</td><td colspan="5">全开 ζ=6.4</td><td colspan="5">1/2 开 ζ=9.5</td></tr>
<tr><td rowspan="2">蝶阀 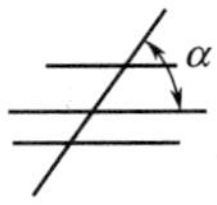</td><td>α</td><td>5°</td><td>10°</td><td>20°</td><td>30°</td><td>40°</td><td>45°</td><td>50°</td><td>60°</td><td>70°</td></tr>
<tr><td>ζ</td><td>0.24</td><td>0.52</td><td>1.54</td><td>3.91</td><td>10.8</td><td>18.7</td><td>30.6</td><td>118</td><td>751</td></tr>
<tr><td rowspan="2">旋塞</td><td colspan="2">Q</td><td colspan="2">5°</td><td colspan="2">10°</td><td colspan="2">20°</td><td>40°</td><td>60°</td></tr>
<tr><td colspan="2">ζ</td><td colspan="2">0.05</td><td colspan="2">0.29</td><td colspan="2">1.56</td><td>17.3</td><td>206</td></tr>
<tr><td>角阀 90°</td><td colspan="10">5</td></tr>
<tr><td>单向阀(止逆阀)</td><td colspan="5">摇板式 ζ=2</td><td colspan="5">球形式 ζ=70</td></tr>
<tr><td>底阀</td><td colspan="10">1.5</td></tr>
<tr><td>滤水器(或滤水网)</td><td colspan="10">2</td></tr>
<tr><td>水表(盘形)</td><td colspan="10">7</td></tr>
</table>

（三）总阻力

管路系统的总阻力等于通过所有直管的阻力和所有局部阻力之和。

1. 当量长度法

当用当量长度法计算局部阻力时，其总阻力计算式为

$$\sum h_f=\lambda \frac{l+\sum l_e}{d}\times\frac{u^2}{2} \tag{1-37}$$

式中　$\sum l_e$——管路全部管件与阀门等的当量长度之和，m。

2. 阻力系数法

当用阻力系数法计算局部阻力时，其总阻力计算式为

$$\sum h_f=\left(\lambda \frac{l}{d}+\sum \zeta\right)\frac{u^2}{2} \tag{1-38}$$

式中　$\sum \zeta$——管路与阀门等的局部阻力系数之和。

应当注意，当管路由若干直径不同的管段组成时，管路的总能量损失应分段计算，然后再求和。

总阻力的表示方法除了以能量形式表示外，还可以用压头损失 H_f（1N 流体的流动阻力，m）及压力降 Δp_f（$1m^3$ 流体流动时的流动阻力，m）表示。它们之间的关系为

$$h_f=H_f g \tag{1-39}$$

$$\Delta p_f=\rho h_f=\rho H_f g \tag{1-40}$$

【例 1-15】 20℃的水以 $16m^3/h$ 的流量流过某一管路，管子规格为 $\phi 57mm\times 3.5mm$。管路上装有 90°的标准弯头两个、闸阀（1/2 开）一个，直管段长度为 30m。试计算流体流经该管路的总阻力损失。

解： 查得 20℃下水的密度为 $998.2kg/m^3$，黏度为 $1.005mPa\cdot s$。

管子内径为

$$d=57mm-2\times 3.5mm=50mm=0.05m$$

水在管内的流速为

$$u=\frac{q_V}{A}=\frac{q_V}{0.785d^2}=\frac{16/3600}{0.785\times(0.05)^2}m/s=2.26m/s$$

流体在管内流动时的雷诺准数为

$$Re=\frac{du\rho}{\mu}=\frac{0.05\times 2.26\times 998.2}{1.005\times 10^{-3}}=1.12\times 10^5$$

查表取管壁的绝对粗糙度 $\varepsilon=0.2mm$，则 $\varepsilon/d=0.2/50=0.004$，由 Re 值及 ε/d 值查图得 $\lambda=0.0285$。

（1）用阻力系数法计算

查表得：90°标准弯头，$\zeta=0.75$；闸阀（1/2 开度），$\zeta=4.5$。

所以

$$\sum h_f=\left(\lambda \frac{l}{d}+\sum \zeta\right)\frac{u^2}{2}=\left[0.0285\times\frac{30}{0.05}+(0.75\times 2+4.5)\right]\times\frac{(2.26)^2}{2}J/kg=59.0J/kg$$

（2）用当量长度法计算

查表得：90°标准弯头，$l_e/d=30$；闸阀（1/2 开度），$l_e/d=200$。

$$\sum h_f=\lambda\frac{l+\sum l_e}{d}\times\frac{u^2}{2}=0.0285\times\frac{30+(30\times 2+200)\times 0.05}{0.05}\times\frac{(2.26)^2}{2}J/kg=62.6J/kg$$

从以上计算可见，两种局部阻力计算方法的计算结果差别不大，在工程计算中是允许的。

二、流动阻力测定实验

（一）训练目标

1. 认识化工管路，了解管子、管件、阀件的结构和作用；
2. 学会压差计和流量计的使用方法；
3. 学习直管流体阻力的测量方法；
4. 学习管件、阀件的阻力损失的测定方法；
5. 掌握摩擦系数和阻力系数的测定方法。

（二）设备示意（图 1-41）

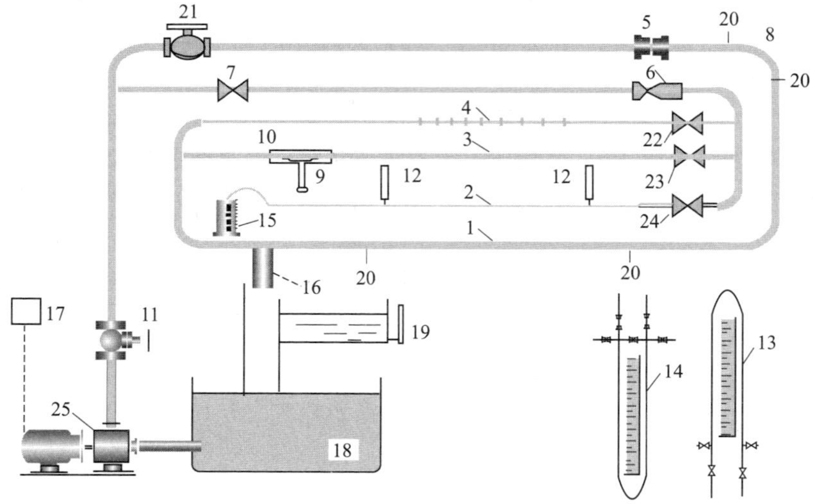

图 1-41　流体阻力实验装置图

1—Dg40mm 塑料管；2—Dg6mm 细铜管；3—Dg25mm 塑料管；4—ϕ18mm 螺纹管；5—孔板流量计；6—文氏流量计；7—截止阀；8—弯头；9—皮托管；10—突然扩大；11—调节阀；12—水位式测压计；13—倒 U 形管；14—U 形管；15—量筒；16—活动摆头；17—电气盒；18—水槽；19—计量槽水位计；20—测压点；21—闸阀；22，23—闸阀；24—针形阀；25—水泵

（三）训练要领

1. 实训准备（包括检查水源、电源是否正常供给，检查泵、压差计、流量计和阀门等是否正常等）。

2. 实训操作（将管路中水的流量从大到小变化，分别测量记录不同流量下流体流经细铜管、塑料管、螺纹管时两端压差计值。分析流速、管壁粗糙度对流体阻力的影响；测量记录流体流经弯头、阀门、流量计时压差计值。分析流体阻力产生的原因）。

名人窗：中国民族化学工业之父——范旭东

范旭东（1883—1945），湖南湘阴县人，他是中国化学工业的奠基人，被称为“中国民族化学工业之父”。

1915 年 6 月，他集资创办“久大精盐公司”，同年 12 月 7 日生产出中国第一批洁白纯净的精盐。久大精盐公司生产的精盐，以五角形“海王星”为商标，由于价廉物美，一上市就深受消费者欢迎。到 1935 年，久大公司年产精盐 300 万担，制盐厂达到 8 个，产品远销南洋、朝鲜和日本。

碱被称为“化学工业之母”，然而从 20 世纪初开始，中国的碱市场一直被英国卜内门公司所垄断。1918 年 11 月，范旭东在天津成立永利制碱公司，克服重重困难，到 1926 年 6 月，永利制碱厂每日生产优质纯碱达 30 吨以上。1928 年 8 月，永利纯碱在美国费城举行的万国博览会上获得金质奖章，蜚声海内外。

永利碱厂的成功，并没有使范旭东满足，他深知酸和碱是化学工业的两个“翅膀”，他决心创办一座制酸厂。在他的努力下，南京硫酸氨厂于 1937 年 3 月正式竣工投产，给中国化学工业填补了一大空白，为中国农业生产提供了新型化肥，是当时亚洲第一流的硫酸氨厂。

范旭东在创办实业的同时，积极提倡科学救国，参与和支持科学研究工作。1922 年 8 月，他创办了黄海化学工业研究社，这是我国第一家专门的化工科研机构。1928 年 9 月，他创办《海王》旬刊，刊布久大精盐公司、永利制碱公司和黄海化学工业研究社的科学研究消息与新知识，深受国内科技界重视。

任务六　流量测量

任务目标

- 认识常见的测速管和流量计；
- 掌握流量计的基本测量原理及主要结构；
- 了解流量计的使用方法；
- 了解不同类型流量计的特点。

技能要求

- 能从外观上认识各种不同流量计；
- 掌握流量计的测量方法和使用条件；
- 能根据输送流体不同对流量计进行校核与标定。

一、测速管

测速管又称皮托（Pitot）管，结构如图 1-42 所示。它是由两根弯成直角的同心套管所组成，管子直径很小，外管表面光洁。同心圆管的内管前端敞开，正对流体流动方向。外管的管口前端封死，在离外管前端一定距离的壁面四周开有若干测压小孔，流体从小孔旁流过。为了减小误差，测速管的前端经常做成半球形以减少涡流。

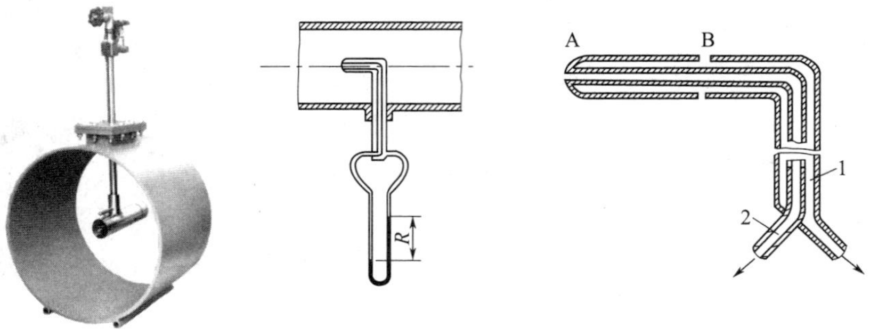

图 1-42 测速管

1—外管；2—内管

测量时，测速管可以放在管截面的任一位置上，并使其管口正对着管道中流体的流动方向，外管与内管的末端分别与液柱压差计的两臂相连接。当流体以局部流速 u 流至测速管的前端 A 时，流体被截止，使 $u=0$，于是流体在 A 点的动能全部转化为静压能，A 点的压力 p_A 将通过测速管的内管传至 U 形管压差计的左端，故内管又称冲压管。而流体沿测速管外壁平行流过上 B 处的测压小孔时，由于测速管直径很小，u 可视做未变，压力 p_B 通过外管侧壁小孔传至 U 形管压差计的右端，故外管又称为静压管。若连接管内充满被测流体，即可由 U 形压差计的读数换算出测量点的流速。其测量计算公式推导如下。

流量与压差之间的关系可以通过伯努利方程求得，流量测量公式为

$$u=\sqrt{\frac{2R(\rho_A-\rho)g}{\rho}} \tag{1-41}$$

式中 ρ——流体的密度，kg/m^3；

ρ_A——指示剂的密度，kg/m^3；

R——U 形压差计的读数，m。

测速管的制造精度影响测量的准确度，故严格说来式的等号右边应乘以一校正系数 C，即

$$u=C\sqrt{\frac{2R(\rho_A-\rho)g}{\rho}} \tag{1-42}$$

式中，C 称为测速管校正系数，对于标准的测速管，$C=1$；通常取 $C=0.98\sim1.00$。可见 C 值很接近于 1，故实际使用时常常也可不进行校正。

根据式(1-41) 或式(1-42) 即可由 U 形压差计的读数 R 计算出测量点的流速 u。

测速管只能测出流体在管道截面上某一点处的局部流速，可用来测定管道截面上的速度分布。欲得到管截面上的平均流速，以进一步获得流量时，可先测出管中心处的最大速度后，再根据流体可能处于的流动形态由试差计算。

为减少测量误差，测速管必须按标准设计、精密加工、正确安装（测速管管口截面必须垂直于流体流动方向）。测速管的外径 d_0 不大于被测管内径的 1/50，尽量减小对流动的

干扰。

测速管的优点是对流体的阻力较小，适用于测量大直径管路中的气体流速。测速管不能直接测出平均流速，且读数较小，常需配用微差压差计。当流体中含有固体杂质时，会将测压孔堵塞，故不宜采用测速管。

二、孔板流量计

孔板是一块中间开有圆孔的金属板，孔口经精密加工呈刀口状，在厚度方向上沿流向以45°角扩大。将一块孔板用法兰固定在管路上，使孔板垂直于管内流体流动的方向，同时使孔的中心位于管道的中心线上。这样构成的装置，称为孔板流量计，如图1-43所示。孔板两侧的测压孔与U形管压差计相连，由压力计上的读数 R 即可算出管路中流体的流速和流量。

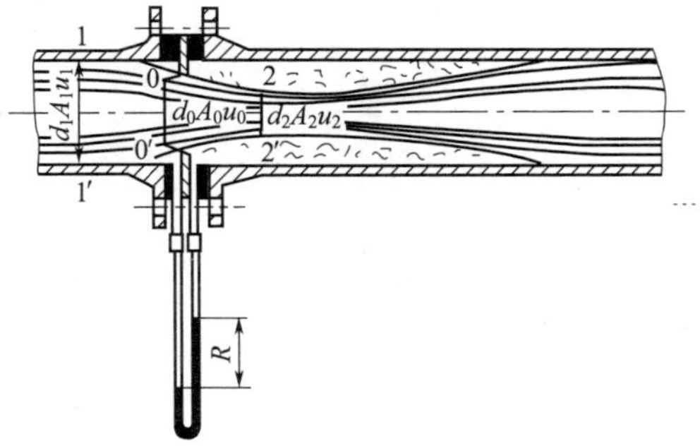

图1-43　孔板流量计

动画扫一扫
孔板流量计

当流体流过小孔以后，由于惯性作用，流动截面并不立即扩大到与管截面相等，而是继续收缩一定距离后才逐渐扩大到整个管截面。流动截面最小处（如图中截面2—2′）称为缩脉。流体在缩脉处的流速最高，即动能最大，而相应的静压强就最低。因此，当流体以一定的流量流经小孔时，就产生一定的压强差，流量越大，所产生的压强差也就越大。所以利用测量压力差的方法来度量流体流量。

不可压缩流体在水平管内流动，取孔板上游流体流动截面尚未收缩处为截面1—1′，下游截面应取在缩脉处，以便测得最大的压强差读数，但由于缩脉的位置及其截面积难于确定，故以孔板处为下游截面0—0′。在截面1—1′与0—0′间列伯努利方程式，并暂时略去两截面间的能量损失，得

$$\frac{p_1}{\rho}+\frac{u_1^2}{2}=\frac{p_0}{\rho}+\frac{u_2^2}{2} \tag{1-43}$$

代入连续性方程 $u_1A_1=u_0A_0$，整理得：

$$u_0=\frac{1}{\sqrt{1-\left(\frac{A_0}{A_1}\right)^2}}\times\sqrt{\frac{2(p_1-p_0)}{\rho}} \tag{1-43a}$$

如果考虑通过孔口的局部阻力损失，用系数 c_1 校正。一般孔板两侧测压口的引出有两种方法：一种如图1-43所示，直接由孔板前后引出，称为角接法；另一种称为径接法，即上游测压口与孔板的距离为 $2d_1$，下游测压口与孔板的距离为 $d_1/2$。用 c_2 校正上式（p_1—

p_0）与测量时压差计读数（p_a-p_b）的偏差。则

$$u_0=\frac{c_1c_2}{\sqrt{1-\left(\frac{A_0}{A_1}\right)^2}}\times\sqrt{\frac{2(p_a-p_b)}{\rho}} \tag{1-43b}$$

令孔流系数 $C_0=\frac{c_1c_2}{\sqrt{1-\left(\frac{A_0}{A_1}\right)^2}}$则

$$u_0=C_0\times\sqrt{\frac{2(p_a-p_b)}{\rho}}=C_0\times\sqrt{\frac{2(\rho_A-\rho)gR}{\rho}} \tag{1-44}$$

$$q_V=C_0A_0\times\sqrt{\frac{2(\rho_A-\rho)gR}{\rho}} \tag{1-44a}$$

式中 u_0——孔板处流体的流速，m/s；

q_V——流体的流量，m^3/s；

R——U 形压差计上的读数，m；

C_0——孔流系数或流量系数，无量纲；

A_0——孔板截面积，m^2；

ρ——流体的密度，kg/m^3；

ρ_A——指示剂的密度，kg/m^3。

孔流系数 C_0 不仅与流体流经孔板的流动状况、测压口的引出位置、孔口形状及加工精度有关，也与 A_0/A_1 有关。孔板流量计的 C_0 值均由实验测定，设计合适的孔板流量计，通常 C_0 值约在 0.6～0.7。

孔板流量计已在某些仪表厂成批生产，其系列规格可查阅有关手册。当管径较小或有其他特殊要求时，孔板流量计也可自行设计加工。

孔板流量计安装位置的上、下游都要有一段内径不变的直管，以保证流体通过孔板之前的速度分布稳定。若孔板上游不远处装有弯头、阀门等，流量计读数的精确性和重现性都会受到影响。通常要求上游直管长度为 $50d_1$，下游直管长度为 $10d_1$。若 A_0/A_1 较小，则这段长度可缩短一些。

孔板流量计的结构简单，制造容易，安装和使用均较方便，在工程上被广泛使用。当流量有较大变化时，为了调整测量条件，调换孔板亦很方便。它的主要缺点是流体经过孔板后能量损失较大，并随 A_0/A_1 的减小而加大。而且孔口边缘容易腐蚀和磨损，所以流量计应定期进行校正。

三、文氏流量计

为了减少流体流经孔板时的能量损失，可以用一段渐缩、渐扩管代替孔板，这样构成的流量计称为文丘里流量计或文氏流量计，如图 1-44 所示。一般文氏管收缩角为 15°～25°，扩大角为 5°～7°。

文丘里流量计上游的测压口（截面 1—1′处）距管径开始收缩处的距离至少应为二分之

一管径，下游测压口设在最小流通截面0—0′处（称为文氏喉）。由于有渐缩段和渐扩段，流体在其内的流速改变平缓，涡流较少，喉管处增加的动能可于其后渐扩的过程中大部分转回成静压能，所以能量损失就比孔板大大减少。

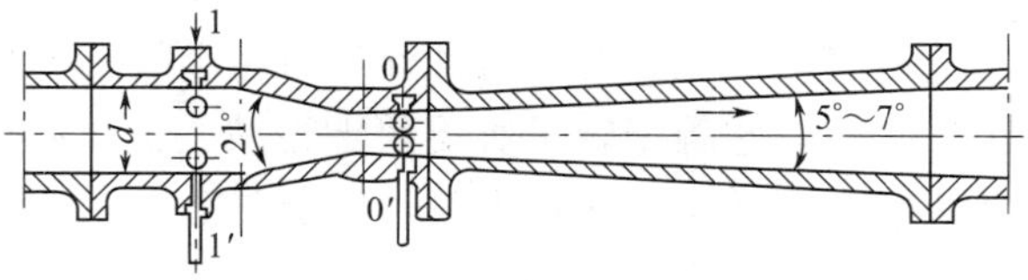

图 1-44 文氏流量计

文丘里流量计的流量计算式与孔板流量计相类似，即

$$q_V = C_V A_0 \times \sqrt{\frac{2Rg(\rho_A - \rho)}{\rho}} \tag{1-45}$$

式中 C_V——流量系数，无因次，其值可由实验测定或从仪表手册中查得；

A_0——喉管的截面积，m^2；

ρ——被测流体的密度，kg/m^3。

文氏流量计的流量系数 C_V，通常由实验测定，它也随管内 Re 数值而变化，一般 C_V 值约为 0.98～0.99。

文丘里流量计能量损失小，更适用于低压气体输送管道中的流量测量。但各部分尺寸要求严格，需要精细加工，所以造价也就比较高。且流量计安装时要占据一定的长度，前后也必须保证足够的稳定段。

四、转子流量计

转子流量计的构造如图 1-45 所示，在一根截面积自下而上逐渐扩大的垂直锥形玻璃管内，装有一个能够旋转自如的由金属或塑料制成的转子（或称浮子），其上部平面略大并刻有斜槽，操作时可发生旋转，故称为转子。转子流量计中被测流体从玻璃管底部进入，从顶部流出。

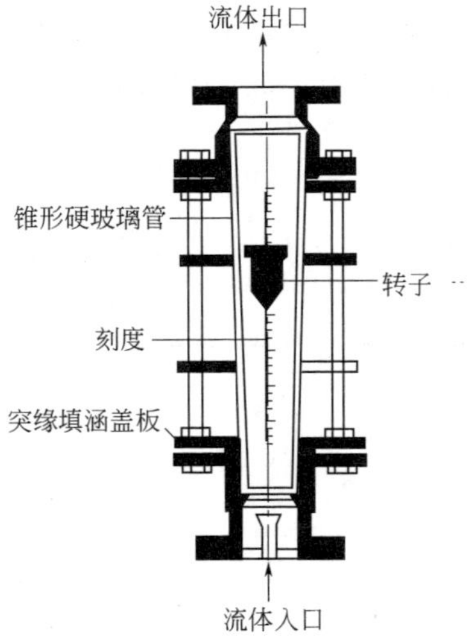

图 1-45 转子流量计

转子流量计

动画扫一扫

当流体自下而上流过垂直的锥形管时，转子受到两个力的作用：一是垂直向上的推动力，它等于流体流经转子与锥管间的环形截面所产生的压力差（p_1-p_2）A_f；另一是垂直向下的净重力，它等于转子所受的重力减去流体对转子的浮力（$V_f\rho_f g-V_f\rho g$）。当流量加大使压力差大于转子的净重力时，转子就上升；当流量减小使压力差小于转子的净重力时，转子就下沉；当压力差与转子的净重力相等时，转子处于平衡状态，即停留在一定位置上。流量越大，转子的平衡位置越高，故转子上升位置的高低可以直接反映流体流量的大小。在玻璃管外表面上刻有读数，根据转子的停留位置，即可读出被测流体的流量。流量与转子停留高度之间的关系可仿照孔板流量计由伯努利方程导出，即

$$q_V=C_R A_R\times\sqrt{\frac{2(p_1-p_2)}{\rho}}=C_R A_R\times\sqrt{\frac{2gV_f(\rho_f-\rho)}{\rho A_f}} \tag{1-46}$$

式中 C_R——转子流量系数，无因次，其值可由实验测定或从仪表手册中查得；

A_R——转子处于一定位置时环隙的截面积，m^2；

V_f——转子的横截面积，m^2；

ρ_f——转子材料的密度，kg/m^3；

ρ——被测流体的密度，kg/m^3。

转子流量计的刻度与被测流体的密度有关。通常流量计在出厂之前，选用水和空气分别作为标定流量计刻度的介质。当应用于测量其他流体时，需要对原有刻度加以校正。

转子流量计读取流量方便，能量损失很小，测量范围也宽，能用于腐蚀性流体的测量。但因流量计管壁大多为玻璃制品，故不能经受高温和高压，在安装使用过程中也容易破碎，且要求安装时必须保持垂直。对于压力小于1MPa，温度低于100℃的洁净透明、无毒、无燃烧和爆炸危险且对玻璃无腐蚀无黏附的流体流量的就地指示，可采用玻璃转子流量计。

最后指出，孔板、文氏流量计与转子流量计的主要区别在于：前者的孔板（喉管）面积不变，流体流经孔板（喉管）所产生的压力差随流量不同而变化，因此可通过流量计的压差计读数来反映流量的大小，这类流量计统称为差压流量计。而后者是使流体流经转子所产生的压力差保持恒定，而节流口的面积随流量而变化，由此变动的截面积来反映流量的大小，即根据转子所处位置的高低来读取流量，故此类的流量计又称为截面流量计。

任务七　管路拆装

任务目标

- 认识化工管路拆装的安全规范；
- 了解管路布置的基本原则；
- 了解化工管路安装、连接、试压、保温、热补偿等基本方法；
- 掌握化工管路安装、试压、拆除方法。

技能要求

- 能正确使用管路拆装工具进行操作；
- 能根据管路布置选择合适的管子、阀门、管件等管路基本部件；
- 能进行管路安装、试压、拆除等操作。

一、管路的布置与安装原则

（一）管路的布置原则

工业上的管路布置既要考虑到工艺要求，又要考虑到经济要求，还要考虑到操作方便与安全，在可能的情况下还要尽可能美观。因此，布置管路时应遵守以下原则。

① 在工艺条件允许的前提下，应使管路尽可能短，管件和阀门尽可能少，以减少投资，使流体阻力减到最低。

② 应合理安排管路，使管路与墙壁、柱子或其他管路之间应有适当的距离，以便于安装、操作、巡查与检修。如管路最突出的部分距墙壁或柱边的净空不小于100mm，距管架支柱也不应小于100mm，两管路的最突出部分间距净空，中压约保持40～60mm，高压约保持70～90mm，并排管路上安装手轮操作阀门时，手轮间距约100mm。

③ 管路排列时，通常使热的在上，冷的在下；无腐蚀的在上，有腐蚀的在下；输气的在上，输液的在下；不经常检修的在上，经常检修的在下；高压的在上，低压的在下；保温的在上，不保温的在下；金属的在上，非金属的在下；在水平方向上，通常使常温管路、大管路、振动大的管路及不经常检修的管路靠近墙或柱子。

④ 管子、管件与阀门应尽量采用标准件，以便于安装与维修。

⑤ 对于温度变化较大的管路须采取热补偿措施，有凝液的管路要安排凝液排出装置，有气体积聚的管路要设置气体排放装置。

⑥ 管路通过人行道时高度不得低于2m，通过公路时不得小于4.5m，与铁轨的净距离不得小于6m，通过工厂主要交通干线一般为5m。

⑦ 一般情况下，管路采用明线安装，但上下水管及废水管采用埋地铺设，埋地安装深度应当在当地冰冻线以下。

在布置管路时，应参阅有关资料，依据上述原则制订方案，确保管路的布置科学、经济、合理、安全。

（二）管路的安装原则

1. 管路的连接

管子与管子、管子与管件、管子与阀件、管子与设备之间连接的方式主要有四种，即螺纹连接、法兰连接、承插式连接及焊接连接等。

（1）螺纹连接

是通过内外管螺纹拧紧而把管子与管路附件连接在一起，连接方式主要有内牙管、长外牙管及活接头等。通常用于小直径管路、水煤气管路、压缩空气管路、低压蒸气管路等的连接。安装时，为了保证连接处的密封，常在螺纹上涂上胶黏剂或包上填料。

（2）法兰连接

是最常用的连接方法，其主要特点是已经标准化，装拆方便，密封可靠，适应的管径、温度及压力范围均很大，但费用较高。连接时，为了保证接头处的密封，需在两法兰盘间加垫（巴金垫），并用螺丝将其拧紧。

（3）承插式连接

是将管子的一端插入另一管子的钟形插套内，并在形成的空隙中装填料（丝麻、油绳、水泥、胶黏剂、熔铅等）加以密封的一种连接方法。主要用于水泥管、陶瓷管和铸铁管的连接，其特点是安装方便，对各管段中心重合度要求不高，但拆卸困难，不能耐高压。

（4）焊接连接

焊接连接是一种方便、价廉而且不漏但却难以拆卸的连接方法，密封性能好、结构简单、连接强度高，广泛使用于钢管、有色金属管及塑料管的连接。主要用在长管路和高压管路中，但当管路需要经常拆卸时，或在不允许动火的车间，不宜采用焊接法连接管路。

2. 管路安装

管路的安装工作包括：管路安装、法兰和螺纹接合、阀门安装。

（1）管路安装

管路的安装应保证横平竖直，水平管其偏差不大于 15mm/10m，但其全长不能大于 50mm，垂直管偏差不能大于 10mm。

（2）法兰和螺纹接合

法兰安装要做到对得正、不反口、不错口、不张口。紧固法兰时要做到：未加垫片前，将法兰密封面清理干净，其表面不得有沟纹；垫片的位置要放正，不能加入双层垫片；在紧螺栓时要按对称位置的秩序拧紧，紧好之后螺栓两头应露出 2～4 扣；管道安装时，每对法兰的平行度、同心度应符合要求。

螺纹接合时管路端部应加工外螺纹，利用螺纹与管箍、管件和活管接头配合固定。其密封则主要依靠锥管螺纹的咬合和在螺纹之间加敷的密封材料来达到。常用的密封材料是白漆加麻丝或四氟膜，缠绕在螺纹表面，然后将螺纹配合拧紧。

（3）阀门安装

阀门安装时应把阀门清理干净，关闭好再进行安装，单向阀、截止阀及调节阀安装时应注意介质流向，阀的手轮便于操作。

3. 管路试压与吹扫

管路安装完毕后，应做强度与严密度试验，试验是否有漏气或漏液现象。管路的操作压力不同，输送的物料不同，试验的要求也不同。试压主要采用液压实验，少数特殊情况也可以采用气压实验。另外，为了保证管路系统内部的清洁，必须对管路系统进行吹扫和清洗，以除去铁锈、焊渣、土及其他污物。管路吹洗根据被输送介质的不同，有水冲洗、空气吹扫、蒸汽吹洗、酸洗、油清洗和脱脂等。具体方法参见有关管路施工的资料。

4. 管路的热补偿

工业生产中的管路两端通常是固定的，当温度发生较大变化时，管路就会因管材的热胀冷缩，而承受压力或拉力，严重时将造成管子弯曲、断裂或接头松脱。因此必须采取措施消除这种应力，这就是管路的热补偿。热补偿的主要方法有两种，其一是依靠弯管的自然补偿，通常当管路转角不大于 150°时，均能起到一定的补偿作用；其二是利用补偿器进行补偿，主要有方形、波形及填料三种补偿器。

5. 管路的保温与涂色

管路通常是在异于常温的条件下操作的，为了维持生产需要的高温或低温条件，节约能源，维护劳动条件，必须采取措施减少管路与环境的热量交换，这就叫管路的保温。保温的方法是在管道外包上一层或多层保温材料。

工厂中的管路是很多的，为了方便操作者区别各种类型的管路，常常在管外（保护层外或保温层外）涂上不同的颜色，称为管路的涂色，有两种方法，其一是整个管路均涂上一种颜色（涂单色），其二是在底色上每间隔 2m 涂上一个 50～100mm 的色圈。常见化工管路的颜色可参阅手册，如给水管为绿色，饱和蒸汽为红色。

6. 化工管路的防静电措施

静电是一种常见的带电现象，在化工生产中，电解质之间、电解质与金属之间都会因为摩擦而产生静电，如当粉尘、液体和气体电解质在管路中流动，或从容器抽出或注入容器时，都会产生静电。这些静电如不及时消除，很容易产生静电火花而引起火灾或爆炸。管路的抗静电措施主要是静电接地和控制流体的流速，可参阅管路安装手册。

二、管路拆装实训

（一）训练目标

1. 能根据流体输送流程图，准备安装管线所需的管件、仪表等以及所需的工具和易耗品；
2. 掌握管线的正确组装和管道试压方法；
3. 掌握管线的拆除程序；
4. 能做到管线拆装过程中的安全规范。

（二）设备示意（图 1-46）

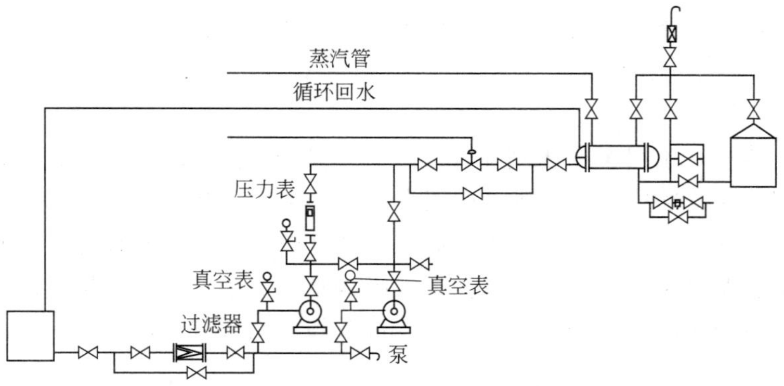

图 1-46 管路拆装示意图

（三）训练要领

1. 熟悉各种工具的正确使用方法。如：扳手、螺丝刀、角尺、管钳、切管器、套丝机、找正仪等。

2. 管路安装顺序是由下到上，将管件、仪表、阀门按流体输送图进行安装。阀门需关闭安装且注意介质流向，安装过程保证横平竖直，水平管其偏差不大于 15mm/10m，但其全长不能大于 50mm，垂直管偏差不能大于 10mm。

3. 管道试压：实验压力（表压）为工作压力的 1.5 倍，但不小于 200kPa，保压时间 5min。

4. 管路拆除顺序是由上到下，先拆仪表、阀门，后拆管线，且记拆除前关闭泵的进出口阀门和打开排液阀、放空阀。

任务八　认识离心泵

任务目标

- 认识离心泵的基本部件及其主要作用；
- 了解影响离心泵主要性能的因素；
- 掌握离心泵的工作原理和特性参数；
- 掌握离心泵类型与选用。

技能要求

- 能从外观上认识离心泵；
- 能根据输送任务选择离心泵的类型与型号；
- 能确定离心泵的安装高度。

一、离心泵的结构和工作原理

离心泵是依靠高速旋转的叶轮所产生的离心力对液体做功的流体输送机械。由于它具有结构简单、操作调节方便、性能稳定、适应范围广、体积小、流量均匀、故障少、寿命长等优点，应用十分广泛。

1. 主要部件

离心泵的主要构件有叶轮、泵壳和轴封，有些还有导轮等等，其结构如图 1-47 所示。图中所示的为安装于管路中的一台卧式单级单吸离心泵。图中（a）为其基本结构，（b）为其在管路中的示意图。在蜗牛形泵壳内，装有一个叶轮，叶轮与泵轴连在一起，可以与轴一起旋转，泵壳上有两个接口，一个在轴向，接吸入管，一个在切向，接排出管。通常，在吸入管口装有一个单向底阀，在排出管口装有一调节阀，用来调节流量。

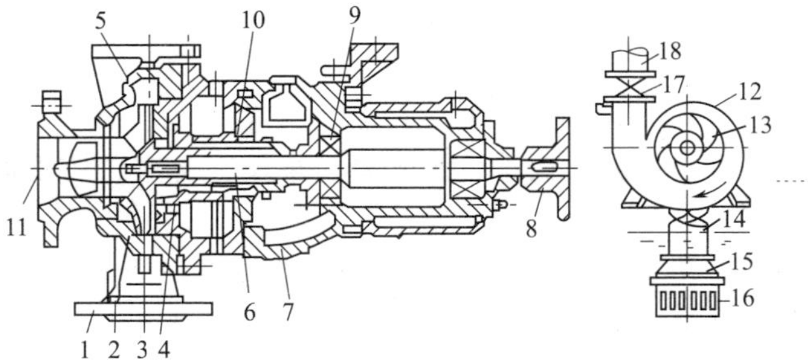

图 1-47　单级单吸离心泵的结构

1—泵体；2—叶轮；3—密封环；4—轴套；5—泵盖；6—泵轴；7—托架；8—联轴器；9—轴承；10—轴封装置；11—吸入口；12—蜗形泵壳；13—叶片；14—吸入管；15—底阀；16—滤网；17—调节阀；18—排出管

离心泵结构

动画扫一扫

（1）叶轮

叶轮是离心泵的核心构件，是在一圆盘上设置4～12个叶片构成的。其主要功能是将原动机械的机械能传给液体，使液体的动能与静压能均有所增加。叶轮上的叶片是多种多样的，有前弯叶片、径向叶片和后弯叶片三种。由于后弯叶片相对于另外两种叶片的效率高，更有利于动能向静压能的转换，因此，生产中离心泵的叶片主要为后弯叶片。叶轮是液体获得能量的主要部件。

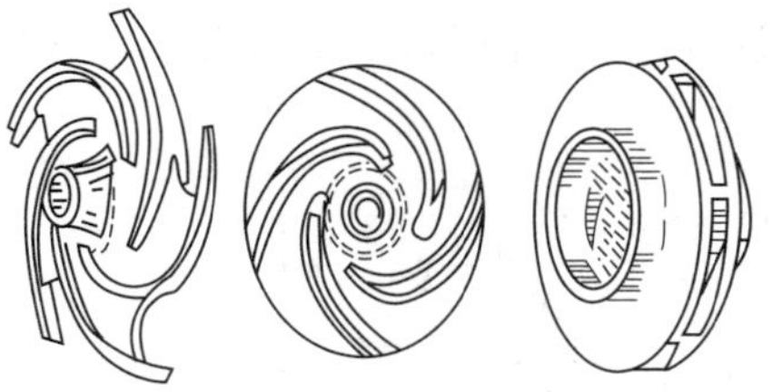
(a) 开式 (b) 半开式 (c) 闭式

图1-48 离心泵的叶轮图

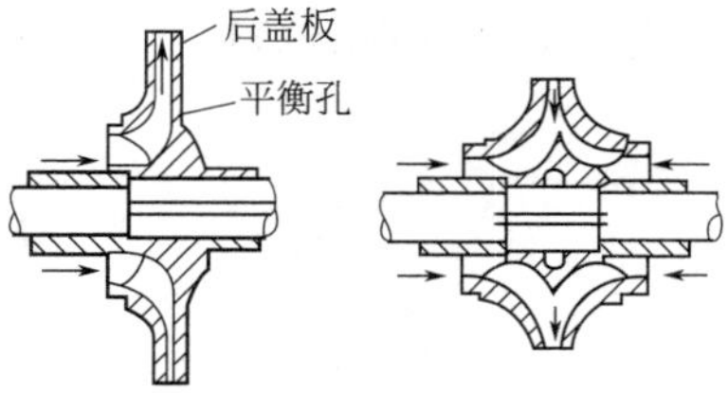

(a) 单吸式 (b) 双吸式

图1-49 离心泵的吸液方式

根据叶轮是否有盖板可以将叶轮分为三种形式，即开式、半开（闭）式和闭式，如图1-48所示，其中（a）为开式叶轮，（b）为半开式叶轮，（c）为闭式叶轮。开式叶轮在叶片两侧无盖板，制造简单、清洗方便，适用于输送含有较大量悬浮物的物料，效率较低，输送的液体压力不高；半闭式叶轮在吸入口一侧无盖板，而在另一侧有盖板，适用于输送易沉淀或含有颗粒的物料，效率也较低；闭式叶轮在叶片两侧有前后盖板，效率高，适用于输送不含杂质的清洁液体。通常，闭式叶轮的效率要比开式的高，而半开式叶轮的效率介于两者之间，因此应尽量选用闭式叶轮。对于闭式与半闭式叶轮，在输送液体时，由于叶轮的吸入口一侧是负压，而在另一侧是高压，因此在叶轮两侧存在着压力差，从而存在对叶轮的轴向推力，将叶轮沿轴向吸入口窜动，造成叶轮与泵壳的接触磨损，严重时还会造成泵的振动，为了避免这种现象，常常在叶轮的盖板上开若干个小孔，即平衡孔。但平衡孔的存在降低了泵的容积效率。其他消除轴向推力的方法是安装平衡管、安装止推轴承或将单吸式叶轮改为双吸式叶轮；对于耐腐蚀泵，也有在叶轮后盖板背面上加设副叶片的；对多级式离心泵，各级轴向推力的总和是很大的，常常在最后一级加设平衡盘或平衡鼓来消除轴向推力。

根据叶轮的吸液方式可以将叶轮分为两种，即单吸式叶轮与双吸式叶轮，如图1-49所示，图中（a）是单吸式叶轮，（b）是双吸式叶轮，显然，双吸叶轮完全消除了轴向推力，而且具有相对较大的吸液能力。

（2）泵壳

泵壳将叶轮封闭在一定的空间，其形状像蜗牛的壳，因此又称为蜗壳。这种特殊的结构，使叶轮与泵壳之间的流动通道沿着叶轮旋转的方向逐渐增大，故从叶轮四周甩出的高速液体逐渐降低流速，并将液体导向排出管。因此，泵壳的作用就是汇集被叶轮甩出的液体，并在将液体导向排出口的过程中实现部分动能向静压能的转换。

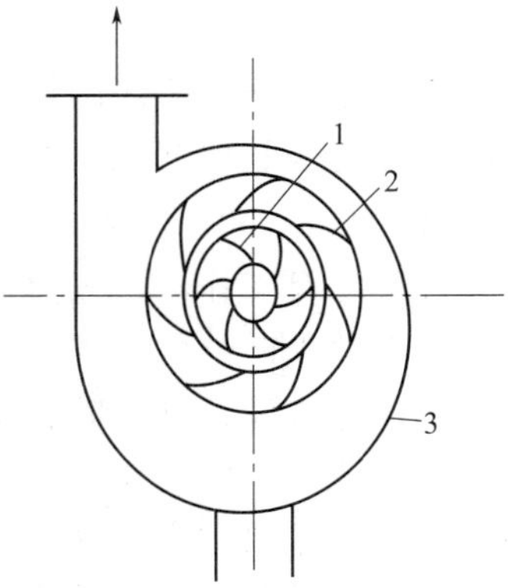

图1-50 泵壳与导轮

1—叶轮；2—导轮；3—泵壳

为了减少液体离开叶轮时直接冲击泵壳而造成的能量损

失，常常在叶轮与泵壳之间安装一个固定不动的导轮，如图 1-50 所示，导轮是位于叶轮外周固定的带叶片的环，为前弯叶片，叶片间逐渐扩大的通道，使进入泵壳的液体的流动方向逐渐改变，从而减少了能量损失，使动能向静压能的转换更加有效彻底。通常，多级离心泵均安装导轮。

（3）轴封装置

由于泵壳固定而泵轴是转动的，因此在泵轴与泵壳之间存在一定的空隙，为了防止泵内液体沿空隙漏出泵外或空气沿相反方向进入泵内，需要对空隙进行密封处理。用来实现泵轴与泵壳间密封的装置称为轴封装置。常用的密封方式有两种，即填料函密封与机械密封，如图 1-51 所示。

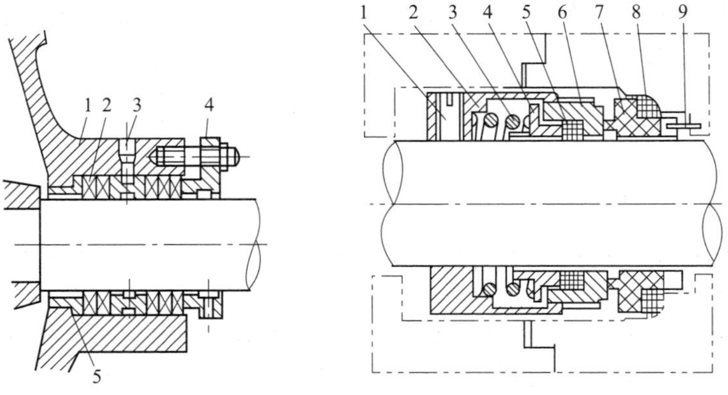

(a) 填料函密封装置
1—填料函壳；2—软填料；3—液封圈；
4—填料压盖；5—内衬套

(b) 机械密封装置
1—螺钉；2—传动座；3—弹簧；4—推环；
5—动环密封圈；6—动环；7—静环；
8—静环密封圈；9—防转销

图 1-51 密封示意图

填料函密封是用浸油或涂有石墨的石棉绳（或其他软填料）填入泵轴与泵壳间的空隙来实现密封目的的；机械密封是通过一个安装在泵轴上的动环与另一个安装在泵壳上的静环来实现密封目的的工作时，借助弹力使两环密切接触达到密封。两种方式相比较，前者结构简单，价格低，但密封效果差，后者结构复杂，精密，造价高，但密封效果好。因此，机械密封主要用在一些密封要求较高的场合，如输送酸、碱、易燃、易爆、有毒、有害等液体的场合。

近年来，随着磁防漏技术的日益成熟，借助加在泵内的磁性液体来达到密封与润滑作用的技术正越来越引起人们的关注。

2. 工作原理

在离心泵工作前，先灌满被输送液体，当离心泵启动后，叶轮在泵轴的带动下高速旋转，受叶轮上叶片的约束，泵内流体与叶轮一起旋转，在离心力的作用下，液体被迫从叶轮中心向叶轮外缘运动，叶轮中心（吸入口）处因液体甩出而呈负压状态，这样，在吸入管的两端就形成了一定的压差，即吸入液面压力与泵吸入口压力之差，只要这一压差足够大，液体就会被吸入泵体内，这就是离心泵的吸液原理；另一方面，被叶轮甩出的液体，在从中心向外缘运动的过程中，动能与静压能均增加了，流体进入泵壳后，泵壳内逐渐增大的蜗形通道既有利于减少阻力损失，又有利于部分动能将转化为静压能，达到泵出口处时压力达到最大，于是液体被压出离心泵，这就是离心泵的排液原理。

如果在启动离心泵前，泵体内没有充满液体，由于气体密度比液体的密度小得多，产生的离心力就很小，从而不能在吸入口形成必要的真空度，在吸入管两端不能形成足够大的压差，于是就不能完成离心泵的吸液。这种因为泵体内充满气体（通常为空气）而造成离心泵不能吸液（空转）的现象称为气缚现象。因此，离心泵是一种没有自吸能力的泵，在启动离心泵前必须灌泵。为防止灌入泵壳内的液体因重力流入低位槽内，在泵吸入管路的入口处装有止逆阀（底阀）。

在生产中，有时虽灌泵，却仍然存在不能吸液的现象，可能是由以下原因造成的：①吸入管路的连接法兰不严密，漏入空气；②灌而未满，未排净空气，泵壳或管路中仍有空气存在；③吸入管底阀失灵或关不严，灌液不满；④吸入管底阀或滤网被堵塞；⑤吸入管底阀未打开或失灵等等，可根据具体情况采取相应的措施克服。

二、离心泵的主要性能参数及特性曲线

（一）离心泵的主要性能参数

为了完成具体的输送任务需要选用适宜规格的离心泵并使之高效运转，就必须了解离心泵的性能及这些性能之间的关系。离心泵的主要性能参数有流量、扬程、轴功率和效率等，这些性能与它们之间的关系在泵出厂时会标注在铭牌或产品说明书上，供使用者参考。

1. 流量 Q

离心泵的流量又称为泵的送液能力，是指单位时间内泵所输送的液体体积。用 Q 表示，单位 m^3/h 或 m^3/s。

泵的流量与泵的结构、尺寸（主要为叶轮的直径与叶片的宽度）和转速等。离心泵铭牌上的流量是离心泵在最高效率下的流量，称为设计流量或额定流量。

2. 扬程 H

离心泵的扬程又称为泵的压头，是指单体重量（1N）流体经泵所获得的能量。用 H 表示，单位 m。

泵的扬程大小取决于泵的离心泵的扬程与离心泵的结构、尺寸、转速和流量。目前对泵的压头尚不能从理论上做出精确的计算，一般用实验方法测定。

一般以常压下 20℃ 的清水为工作介质，在泵进口处装一真空表，出口处装一压力表，若不计两表截面上的动能差 [即 $\Delta u^2/(2g)=0$]，不计两表截面间的能量损失（即 $\sum f_{1-2}=0$），则泵的扬程可用下式计算得到。

$$H=h_0+\frac{p_2-p_1}{\rho g} \tag{1-47}$$

注意以下两点：

（1）式中 p_2 为泵出口处压力表的读数（Pa）；p_1 为泵进口处真空表的读数（负表压值，Pa）。

（2）注意区分离心泵的扬程（压头）和升扬高度两个不同的概念。

扬程是指单位重量流体经泵后获得的能量。在一管路系统中两截面间（包括泵）列出伯努利方程式并整理可得

$$H=\Delta z+\frac{\Delta p}{\rho g}+\frac{\Delta u^2}{2g}+H_{f1-2}$$

式中 H 为扬程，而升扬高度仅指 Δz 一项。

【例 1-16】 现测定一台离心泵的扬程。工质为 20℃清水，测得流量为 $60m^3/h$ 时，泵进口真空表读数为 0.02MPa，出口压力表读数为 0.47MPa（表压），已知两表间垂直距离为 0.45m，若泵的吸入管与压出管管径相同，试计算该泵的扬程。

解：由式 $H=h_0+\dfrac{p_2-p_1}{\rho g}$

查 20℃，$\rho_{H_2O}=998.2kg/m^3$

$$h_0=0.45m$$

$$p_2=0.47MPa=4.7\times10^5Pa(表压)$$

$$p_1=-0.02MPa=-2\times10^4Pa(表压)$$

$$H=0.45m+\frac{4.7\times10^5-(-2\times10^4)}{998.2\times9.81}m=50.5m$$

3. 效率 η

效率是反映离心泵利用能量情况的参数。泵在输送液体过程中，因为容积损失、水力损失和机械损失都要消耗掉一部分功率，其轴功率大于液体从叶轮处获得的有效功率。两者的差别用效率来表征，效率用 η 表示，其定义式为

$$\eta=\frac{P_e}{N} \tag{1-48}$$

泵的效率的高低与泵的类型、大小、结构、制造精度和输送液体的性质有关。一般地，小型泵的效率为 50%～70%，大型泵的效率要高些，有的可达 90%。离心泵铭牌上列出的效率是一定转速下的最高效率。

4. 轴功率 N

离心泵从原动机中所获得的能量称为离心泵的轴功率，用 N 表示，单位 W 或 kW。由实验测定，是选取电动机的依据。离心泵铭牌上的轴功率是离心泵在最高效率下的轴功率。泵的轴功率值可依泵的有效功率 P_e 和效率 η 计算，即

$$N=\frac{P_e}{\eta}=\frac{QH\rho g}{\eta} \tag{1-49}$$

（二）离心泵特性曲线及其应用

1. 离心泵的特性曲线

理论及实验均表明，离心泵的扬程、功率及效率等主要性能均与流量有关。为了便于使用者更好地了解和利用离心泵的性能，常把它们与流量之间的关系用图表示出来，这就构成了所谓的离心泵的特性曲线。离心泵的特性曲线是将由实验测定的 Q、H、N、η 等数据标绘而成的一组曲线。此图由泵的制造厂家提供，供使用部门选泵和操作时参考。

如图 1-52 所示为 IS100-80-125 型离心泵特性曲线，从图中可以看出，离心泵的各主要性能及相互关系一目了然。必须指出，不同型号的离心泵的特性曲线各不相同，但其呈现出的各性能间的关系却是相似的。

（1）扬程-流量曲线

扬程随流量的增加而减少。少数泵在流量很少时会有例外。

（2）轴功率-流量曲线

轴功率随流量的增加而增加，也就是说当离心泵处在零流量时消耗的功率最小。因此，离心泵开车和停车时，都要关闭出口阀，以达降低功率，保护电机的目的。

(3) 效率-流量曲线

离心泵在流量为零时，效率为零，随着流量的增加，效率也增加，当流量增加到某一数值后，再增加，效率反而下降。

通常，把最高效率点称为泵的设计点，或额定状态，对应的性能参数称为最佳工况参数，铭牌上标出的参数就是最佳工况参数。显然，泵在最高效率下运行最为经济，但在实际操作中不易做到，应尽量维持在高效区（效率不低于最高效率的 92%的区域）工作。性能曲线上常用破折号将高效区标出，如图 1-52 所示。

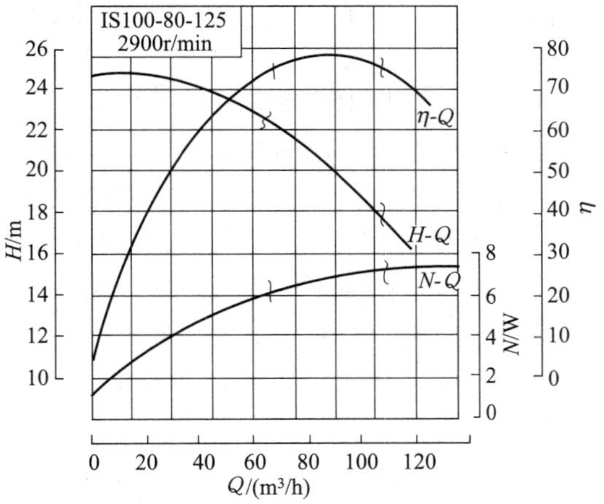

图 1-52 IS100-80-125 型离心泵特性曲线

离心泵在指定转速下的特性曲线由泵的生产厂家提供，标在铭牌或产品手册上。需要指出的是，性能曲线是在 293K 和 98.1kPa 下以清水作为介质测定的，因此，当被输送液体的性质与水相差较大时，必须校正。

离心泵的性能曲线可作为选择泵的依据。

【例 1-17】 用清水测定一台离心泵的主要性能参数。实验中测得流量为 $10m^3/h$，泵出口处压力表的读数为 0.17MPa（表压），入口处真空表的读数为 0.021MPa，轴功率为 1.07kW，电动机的转速为 2900r/min，真空表测压点与压力表测压点的垂直距离为 0.2m。试计算此在实验点下的扬程和效率。

解： 泵的主要性能参数包括转速 n、流量 Q、扬程 H、轴功率 N 和效率 η。

直接测出的参数为：转速 $n=2900r/min$

流量 $Q=10m^3/h=0.00278m^3/s$

轴功率 $N=1.07kW$

需要进行计算的有扬程 H 和效率 η。

用式 $H=h_0+\frac{p_2-p_1}{\rho g}$ 计算扬程 H，即

$$H=h_0+\frac{p_2-p_1}{\rho g}$$

已知：$h_0=0.5m$，$\rho=1000kg/m^3$

$$\frac{p_2}{\rho g}=\frac{1.7\times10^5}{1000\times9.81}m=17.3m$$

$$\frac{p_1}{\rho g}=\frac{-2.1\times10^4}{1000\times9.81}m=-2.14m$$

于是 $$H=0.5m+17.3m-(-2.14)m\approx20m$$

$$\begin{aligned}P_e&=HQ\rho g\\&=20\times0.00278\times1000\times9.81W\\&=545W=0.545kW\end{aligned}$$

$$\eta=\frac{P_e}{N}=\frac{0.545}{1.07}=51\%$$

2. 影响离心泵性能的主要因素

离心泵样本中提供的性能是以水作为介质，在一定的条件下测定的。当被输送液体的种类、转速和叶轮直径改变时，离心泵的性能将随之改变。

（1）液体物理性质对特性曲线的影响

① 黏度　当液体的黏度增加时，液体在泵内运动时的能量损失增加，从而导致泵的流量、扬程和效率均下降，但轴功率增加。因此黏度的改变会引起泵的特性曲线的变化。当液体的运动黏度大于 $2.0\times10^{-6}\mathrm{m^2/s}$ 时，离心泵的性能必须按公式校正，校正方法可参阅有关手册。

② 密度　密度对流量、扬程和效率没有影响，但对轴功率有影响，轴功率可以用下式校正

$$\frac{N_1}{N_2}=\frac{\rho_1}{\rho_2} \tag{1-50}$$

（2）离心泵的转速对特性曲线的影响

当液体黏度不大，泵的效率不变时，若离心泵转速变化小于 20%，泵的流量、压头、轴功率与转速可近似用比例定律计算，即

$$\frac{Q_2}{Q_1}=\frac{n_2}{n_1}\qquad \frac{H_2}{H_1}=\left(\frac{n_2}{n_1}\right)^2\qquad \frac{N_2}{N_1}=\left(\frac{n_2}{n_1}\right)^3 \tag{1-51}$$

式中　Q_1、H_1、N_1——离心泵转速为 n_1 时的流量、扬程和功率；

Q_2、H_2、N_2——离心泵转速为 n_2 时的流量、扬程和功率。

若在转速为 n_1 的特性曲线上多选几个点，利用比例定律算出转速为 n_2 时相应的数据，并将结果标绘在坐标纸上，就可以得到转速为 n_2 时的特性曲线。

（3）叶轮直径对特性曲线的影响

当泵的转速一定时，其扬程、流量与叶轮直径有关。叶轮直径的变化将导致离心泵性能的改变。如果叶轮切削率不大于 20%，则叶轮直径变化引起流量、压头和功率的变化符合切割定律，即

$$\frac{Q_1}{Q_2}=\frac{D_1}{D_2}\qquad \frac{H_1}{H_2}=\left(\frac{D_1}{D_2}\right)^2\qquad \frac{N_1}{N_2}=\left(\frac{D_1}{D_2}\right)^3 \tag{1-52}$$

式中　Q_1、H_1、N_1——离心泵转速为 D_1 时的流量、扬程和功率；

Q_2、H_2、N_2——离心泵转速为 D_2 时的流量、扬程和功率。

三、离心泵的类型和选用

1. 离心泵的类型

离心泵的种类很多，分类方法也很多。如按吸液方式分为单吸泵与双吸泵；按叶轮数目分为单级泵与多级泵；按特定使用条件分为液下泵、管道泵、高温泵、低温泵和高温高压泵等；按被输送液体性质分为清水泵、油泵、耐腐蚀泵和杂质泵等；按安装形式分为卧式泵和

立式泵；20 世纪 80 年代设计生产的磁力泵也在科研与生产中应用越来越广。这些泵均已经按其结构特点不同，自成系列并标准化，并以一个或几个汉语拼音字母作为系列代号，在每一系列中，由于有各种不同的规格，因而附以不同的字母和数字来区别，可在泵的样本手册查取。以下对化工厂中常用离心泵的类型作一简单说明。

（1）清水泵

清水泵是化工生产中普遍使用的一种泵，适用于输送水及性质与水相似的液体。包括 IS 型、D 型、S 型和 SH 型。

IS 型泵代表单级单吸离心泵，泵体和泵盖都是用铸铁制成。特点是泵体和泵盖为后开门结构形式，优点是检修方便，不用拆卸泵体、管路和电机。IS 型水泵是应用最广的离心泵，用来输送温度不高于 80℃的清水以及物理、化学性质类似于水的清洁液体。其设计点的流量为 6.3～400m^3/h，扬程为 5～125m，进口直径 50～200mm，转速为 2900r/min 或 1450r/min。

其型号由符号及数字表示，比如：IS100-65-200，其各部分的含义是，IS 表示单级单吸离心水泵，100 表示吸入口直径为 100mm，65 表示排出口直径为 65mm，200 表示叶轮的名义直径是 200mm。

D 型泵是国产多级离心泵的代号，是将多个叶轮安装在同一个泵轴构成的，工作时液体从吸入口吸入，并依次通过每个叶轮，多次接受离心力的作用，从而获得更高的能量。因此，D 型泵主要用在流量不很大但扬程相对较大的场合。D 型泵的级数通常为 2～9 级，最多可达 12 级，全系列流量范围为 10.8～850m^3/h。

D 型泵的型号与原 D 型相似，比如 D12-50×4，其中 12 表示公称流量为 12m^3/h，50 表示每一级的扬程为 50m，4 为泵的级数。

S 型、SH 型泵是双吸离心泵的代号，但 S 型泵是 SH 型泵的更新产品，其工作性能比 SH 型泵优越、效率和扬程均有提高。因此，S 型泵主要用在流量相对较大但扬程相对不大的场合。

S 型泵叶轮有两个入口，故输送液体流量较大，其吸入口与排出口均在水泵轴心线下方，在与轴线垂直呈水平方向泵壳中开，检修时无需拆卸进、出水管路及电动机（或其他原动机）。从联轴器向泵的方向看去，水泵为顺时针方向旋转。S 型泵的全系列流量范围为 120～12500m^3/h，扬程为 9～140m。

S 型泵的型号如 100S90A 所示，其中 100 表示吸入口的直径为 100mm，90 表示设计点的扬程为 90m，A 指泵的叶轮经过一次切割。

（2）耐腐蚀泵（F 型）

耐腐蚀泵特点是与液体接触的部件用耐腐蚀材料制成，密封要求高，常采用机械密封装置，用来输送酸、碱等腐蚀性液体。F 型泵的全系列流量范围为 2～400m^3/h，扬程为 15～105m。

F 型泵的型号中在 F 之后加上材料代号，FH 型（灰口铸铁）、FG 型（高硅铸铁）、FB 型（铬镍合金钢）、FM 型（铬镍钼钛合金钢）、FS 型（聚三氟氯乙烯塑料）。如 80FS24 所示，其中 80 表示吸入口的直径为 80mm，S 为材料聚三氟氯乙烯塑料的代号，24 表示设计点的扬程为 24m。如果将 S 换为 H，则表示灰口铸铁材料，其他材料代号可查有关手册。

注意，用玻璃、陶瓷和橡胶等材料制造的小型耐腐蚀泵，不在 F 泵的系列之中。

（3）油泵（Y 型）

油泵是用来输送油类及石油产品的泵，由于这些液体多数易燃易爆，因此必须有良好的密封，而且当温度超过 473K 时还要通过冷却夹套冷却。国产油泵的系列代号为 Y，如果是双吸油泵，则用 YS 表示。Y 型泵全系列流量范围为 5～1270m^3/h，扬程为 5～1740m，输送温度在 228～673K。

Y 型泵的型号，比如 80Y-100×2A，其中，80 表示吸入口的直径为 80mm，100 表示每一级的设计点扬程为 100m，2 为泵的级数，A 指泵的叶轮经过一次切割。

（4）杂质泵（P 型）

在实际生产中，经常会输送含有固体杂质的污液，需要使用杂质泵。此类泵叶轮流道宽，叶片数目少，大多采用敞开式叶轮或半闭式叶轮，以防止堵塞，容易拆卸，耐磨。由于固体颗粒磨蚀及被输送介质的腐蚀性常造成叶轮及泵体的磨损。有些泵壳内衬以耐磨的铸钢护板，用于输送悬浮液及黏稠的浆液等。常见有 PW 型（污水泵）、PS 型（砂泵）、PN（泥浆泵）等。

（5）磁力泵（C 型）

磁力泵是一种高效节能的特种离心泵，通过一对永久磁性联轴器将电机力矩透过隔板和气隙传递给一个密封容器，带动叶轮旋转。其特点是没有轴封、不泄漏、转动时无摩擦，因此安全节能。特别适合输送不含固体颗粒的酸、碱、盐溶液；易燃、易爆液体；挥发性液体和有毒液体等等。但被输送介质的温度不宜大于 363K。磁力泵全系列流量范围为 0.1～100m^3/h，扬程为 1.2～100m。

除以上介绍的这些泵外，还有用于汲取地下水的深井泵、用于输送液化气体的低温泵、用于输送易燃、易爆、剧毒及具有放射性液体的屏蔽泵、安装在液体中的液下泵等等，使用时可参阅有关工具书。

2. 离心泵的选用

离心泵的类型很多，根据生产任务由国家汇总的各类泵的样本及产品说明书进行合理选用，选用步骤如下。

（1）确定离心泵的类型

根据被输送液体的性质及操作条件确定泵的类型，如液体的密度、黏度、腐蚀性、蒸气压、毒性、固含量等；要明确泵在什么温度、压力、流量等条件下操作；还要了解泵在管路中的安装条件与安装方式等等。

（2）确定流量

输送液体的流量一般为生产任务所规定，如果流量是变化的，应以最大值为准，可以增加一定的裕量（5%～10%）。

（3）确定完成输送任务需要的扬程

根据管路条件及伯努利方程，确定确定最大流量下需要的压头，也可以增加一定的裕量（5%～10%）。

（4）确定离心泵的型号

通过流量与压头在相应类型的系列中选取合适的型号。选用时要使所选泵的流量与扬程比任务需要的稍大一些，通常扬程以大 10～20m 为宜。如果用系列特性曲线来选，要使（Q,H）点落在泵的 Q-H 线以下，并处在高效区。必须指出，符合条件的泵通常会有多个，应选取效率最高的一个。

（5）校核轴功率

当液体密度大于水的密度时，必须校核轴功率。

（6）确定泵的安装高度

根据泵的性能与操作条件，确定泵的允许安装高度，以避免气蚀现象的发生。

（7）列出泵在设计点处的性能，供使用时参考。

四、离心泵的安装高度

1. 离心泵的气蚀现象

如前所述，离心泵的吸液是靠吸入液面与吸入口间的压差完成的。根据静力学规律可知，当此压差大于吸入管内液柱产生的压差时，液体能够被吸入泵内，而当吸入液面压力一定时，吸入管路越高，吸上高度越大，则吸入口处的压力将越小。当吸入口处压力小于操作条件下被输送液体的饱和蒸气压时，液体将会汽化产生气泡，含有气泡的液体进入泵体后，在旋转叶轮的作用下，进入高压区，气泡在高压的作用下，又会凝结为液体，由于原气泡位置的空出造成局部真空，使周围液体在高压的作用下迅速填补原气泡所占空间。这种高速冲击频率很高，可以达到每秒几千次，冲击压强可以达到数百个大气压甚至更高，这种高强度高频率的冲击，轻的能造成叶轮的疲劳，重的则可以将叶轮与泵壳破坏，甚至能把叶轮打成蜂窝状。这种由于被输送液体在泵体内汽化再凝结对叶轮产生剥蚀的现象叫离心泵的气蚀现象。

气蚀现象发生时，会产生噪声和引起振动，流量、扬程及效率均会迅速下降，严重时不能吸液。工程上规定，当泵的扬程下降 3%时，认为进入了气蚀状态。

工程上从根本上避免气蚀现象的方法是限制泵的安装高度。避免离心泵气蚀现象发生的最大安装高度，称为离心泵的允许安装高度，也叫允许吸上高度。

2. 离心泵的允许安装高度 H_g

离心泵的允许安装高度是指泵的吸入口与吸入贮槽液面间允许达到的最大垂直距离，以符号 H_g 表示，如图 1-53。以液面为基准面，列贮槽液面 0—0′与泵的吸入口 1—1′面间的伯努利方程式，可得

$$H_g=\frac{p_0-p_1}{\rho g}-\frac{u_1^2}{2g}-H_{f,0-1} \tag{1-53}$$

式中 H_g——允许安装高度，m；

p_0——吸入液面压力，Pa；

p_1——吸入口的压力，Pa；

u_1——吸入口处的流速，m/s；

$H_{f,0-1}$——流体流经吸入管的阻力，m。

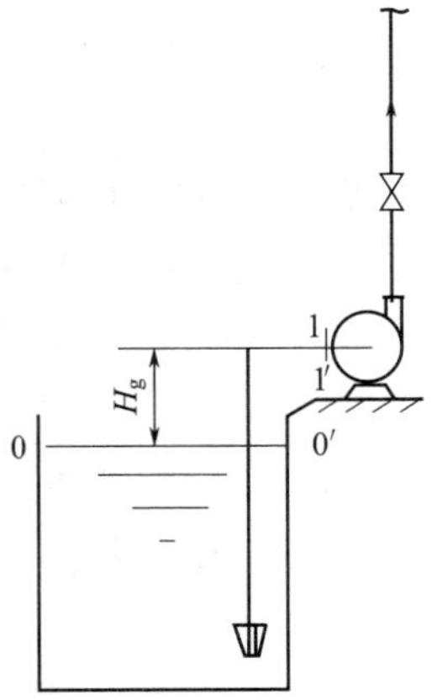

图 1-53 离心泵的允许安装高度

工业生产中，计算离心泵的允许安装高度常用允许气蚀余量法。

允许气蚀余量是表示离心泵的抗气蚀性能的参数，由泵的性能表查得，其值由生产厂家在槽面压力为 98.06kPa（10mH_2O）的条件下用 20℃的清水实验测定出，常列在离心泵的性能表中。允许气蚀余量是指离心泵在保证不发生气蚀的前提下，泵吸入口处动压头与静压头之和的最小值比

被输送液体的饱和蒸气压头高出的值，用 Δh 表示，即

$$\Delta h=\left(\frac{p_1}{\rho g}+\frac{u_1^2}{2g}\right)_{\min}-\frac{p_v}{\rho g} \tag{1-54}$$

式中 p_v——操作温度下液体的饱和蒸气压，Pa。

Δh 值越小，泵抗气蚀性能越强。Δh 随流量增大而增大，因此，在确定允许安装高度时应取最大流量下的 Δh。

将式(1-54) 代入式(1-53) 得

$$H_g=\frac{p_0}{\rho g}-\frac{p_v}{\rho g}-\Delta h-H_{f,0-1} \tag{1-55}$$

考虑到吸入管路的锈蚀、气候的变化等因素，为安全起见，泵的实际安装高度通常能比允许安装高度低 0.5～1m。当允许安装高度为负值时，离心泵的吸入口低于贮槽液面。

根据泵性能表上所列输送流量条件下的允许气蚀余量 Δh，应用式(1-55) 即可计算出离心泵的允许吸上高度 H_g，该方法称为"允许气蚀余量法"。

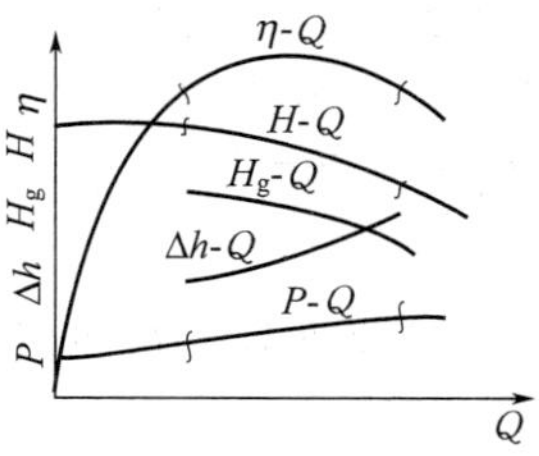

图 1-54 离心油泵的特性曲线图

离心泵的允许气蚀余量 Δh 值除列于泵的性能表上外，在一些离心式油泵的特性曲线图上，有时也标绘出 Δh 与 Q 的变化关系曲线，如图 1-54 中 Δh-Q 曲线所示。由图可见，Δh 随 Q 增大而增大。因此，在确定允许安装高度时应取高流量下的 Δh 值。

由于泵性能中所列出的 Δh 值是以 20℃ 的清水为实验流体测定出来的，所以，当输送其他液体时应乘以校正系数予以校正。但因校正系数通常小于 1，把它作为外加的安全因数，不予校正。

当贮槽敞口时，则式(1-55) 中的槽面压力 p_0 等于大气压力。由于大气压力随区域的海拔高度变化，故此时离心泵的允许吸上高度 H_g 还随使用区域的海拔高度而变化。

【例 1-18】 用油泵从密闭容器里送出 30℃的丁烷。容器内丁烷液面上的绝对压力为 3.45×10^5 Pa。液面降到最低时，在泵入口中心线以下 2.8m。丁烷在 30℃时密度为 580kg/m^3，饱和蒸气压为 3.05×10^5 Pa。泵吸入管路的压头损失为 1.5mH_2O。所选用的泵气蚀余量为 3m。试问这个泵能否正常工作？

解： 按所给条件考虑这个泵能否正常操作，就必须计算出它的安装高度，再与题中所给数值相比较，看它是否发生气蚀。

已知 $p_0=3.45\times10^5$ Pa，$p_v=3.05\times10^5$ Pa，

$$\Delta h=3\text{m},\rho=580\text{kg/m}^3,H_{f0-1}=1.5\text{m}$$

将以上数据代入式中得

$$H_g=\frac{p_0}{\rho g}-\frac{p_v}{\rho g}-\Delta h-H_{f0-1}$$

$$=\frac{(3.45-3.05)\times 10^5}{580\times 9.81}\text{m}-3\text{m}-1.5\text{m}$$
$$=2.5\text{m}$$

题中指出，容器内液面降到最低时，实际安装高度为 2.8m，而泵的允许安装高度为 2.5m，说明泵安装位置太高，不能保证整个输送过程中不产生气蚀现象。为了保证泵正常操作，应使泵入口中心线不高于最低液面 2.5m，即从原来的安装位置至少降低 0.3m；或者提高容器的压力。

知识窗：化工企业的“责任关怀”理念

“责任关怀（responsible care）”是 20 世纪 80 年代国际上开始推行的一种企业理念，1992 年被国际化工协会联合会（ICCA）接纳并形成在全球推广的计划。其宗旨是在全球石油和化工企业实现自愿改善健康、安全和环境质量。

几十年来，“责任关怀”在全球 50 多个国家和地区得到推广，几乎所有跻身世界 500 强的化工企业都践行了这一理念。它不只是一系列规则和口号，而是通过信息分享，严格的检测体系，运行指标和认证程序，向世人展示化工企业在健康、安全和环境质量方面所做的努力。从道德准则来讲，所有承诺“责任关怀”的公司都有一个宗旨，就是员工的安全和健康是第一位的，并且要积极主动做好环境管理。从管理方面讲，“责任关怀”理念也贯穿其中，确保化学工业能够达到最低的风险水平。

事实证明，“责任关怀”的实施，不但为企业带来了巨大的经济利益，而且为企业带来了不可估量的无形利益。更为重要的是，通过每一个企业在“责任关怀”方面的努力，也为树立全球化学工业在社会、社区和公众心目中的形象和推动全球化学工业可持续发展做出了巨大贡献。

任务九 离心泵操作

任务目标

- 了解离心泵性能试验流程；
- 掌握离心泵开车、停车及常见事故处理步骤和方法；
- 掌握离心泵流量调节方法和原理。

技能要求

- 能熟练进行离心泵开车、停车及常见事故处理操作；
- 能通过试验测定特定离心泵的主要性能参数；
- 掌握离心泵串、并联操作的目的。

一、离心泵性能实验

（一）训练目标

1. 了解离心泵装置的基本流程及设备结构；

2. 能独立地进行离心泵开车、停车操作，能及时发现离心泵运转中的常见故障并处理；

3. 学习掌握离心泵特性曲线的测定方法及特性曲线的用途。

（二）设备示意

如图 1-55 所示，水从水槽 13 经离心泵 1，出口阀 3（调节流量用）、涡轮变速器 11 再返回水槽。

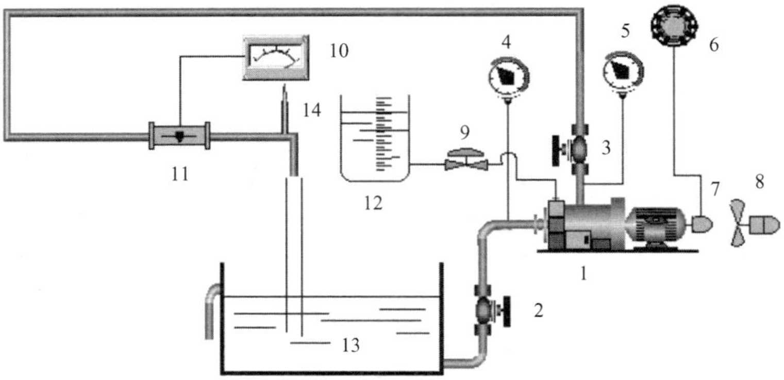

图 1-55 离心泵操作流程图

1—离心泵；2—进口阀；3—出口阀；4—真空表；5—压力表；6—转速显示表；7—转速传感器；8—冷却风机；9—灌水阀；10—频率表；11—透明涡轮变速器；12—计量槽；13—水槽；14—温度计

（三）训练要领

1. 开车前的准备：包括检查电源、水源是否处于正常供给状态；打开电源及仪器仪表并检查；查看管道、设备是否有泄漏。

2. 开车与稳定操作：包括依次灌泵、开泵并稳定流量，记录数据，计算扬程轴功率，绘制泵特性曲线。

3. 不正常操作与调整：人为造成气缚、气蚀事故，再调节到正常。

4. 正常停车：依次关泵出口阀，停泵，关电源。

二、离心泵的操作要点

离心泵的操作方法与其结构类型、用途、驱动机的类型、工艺过程及输送液体的性质等有关。具体的操作方法应按泵制造厂提供的产品说明书规定及生产单位制订的操作规程进行。现以常见的电机驱动的离心泵为例，简述其操作过程。

1. 启动前的检查和准备

离心泵在启动前应对机组进行检查，包括查看轴承中润滑油是否充足，油质是否清洁；轴封装置中的填料是否松紧适度、泵轴是否转动灵活（如果是首次使用或重新安装的泵，应卸掉联轴器用手转动泵的转子，看泵轴旋转方向是否正确，然后单独启动电动机试车，检查其旋转方向是否与泵一致)；泵内机件有无摩擦现象，各部分连接螺栓有无松动；排液阀关闭是否严密，底阀是否有效等。

如果检查未发现问题，就可以灌泵。关闭排液阀、压力表和真空表阀门及各个排液孔，打开放气旋塞向泵体内灌注液体，并用手转动联轴器使叶轮内残存的空气尽可能排出，直至放气旋塞有液体溢出时再将其关闭。对大型泵也可用真空泵将泵体内和吸液管中空气抽出，使吸液罐内液体进入泵内。

2. 启动

灌泵后打开轴承冷却水给水阀门、启动电动机，再打开压力表阀门；待出口压力正常后打开真空表阀门，最后打开泵出口阀，调节到管路正常流量。离心泵启动后空运转时间一般控制在2～4min之内，如果时间过长，泵内液体的温度升高，有可能导致气蚀现象或其他不良后果。如果泵填料函带有冷却水夹套或泵上装有液封装置，在启动电动机前也应打开其相应的阀门。

3. 正常运行与维护

离心泵在运转过程中，要定期检查轴承的温度和润滑情况、轴封的泄漏情况；压力表及真空表的读数是否正常；机械振动是否过大，各部分的连接螺栓是否松动。应定期更换润滑油，轴承温度控制在75℃以内，填料密封的泄漏量一般要求不能流成线，泵运转一定时间后（一般2000h）应更换磨损件。

对备用泵应定期进行盘车并切换使用，对热油泵停车后应每半小时盘车一次，直到泵体温度降到80℃以下为止，在冬季停车的泵停车后应注意防冻。

4. 停车

离心泵停车时应先关闭压力表和真空表阀门，再关闭泵排出阀，这样可以防止管路液体倒灌。然后停电动机，泵停后再关闭轴承及其他部位的冷却系统。若停车时间较长，还应将泵体内液体排放干净以防内部零件锈蚀或冬季结冰冻裂泵体。

5. 常见事故及排出方法

离心泵运转过程中可能出现的故障、产生原因及排出方法见表1-5。

表1-5 离心泵常见故障及排出方法

故障现象	产生原因	排出方法
泵灌不满	(1)底阀已坏	(1)修理或更换底阀
	(2)吸液管路泄漏	(2)检查吸液管路的连接、消除泄漏
泵吸不上液体	(1)底阀未打开或滤网淤塞	(1)打开底阀，清洗滤网
	(2)吸液管阻力过大或泵安装过高	(2)清洗吸液管路，降低泵安装高度
压力表虽有压力，但排液管不出液	(1)排液阀未打开或排液管路阻力大	(1)打开排液阀，清洗排液阀
	(2)排液罐内压力过高或叶轮转向不对	(2)调整排液罐内压力，检查电动机接线方向
流量不足	(1)叶轮流道部分堵塞或密封环径向间隙过大	(1)清洗叶轮，更换密封环
	(2)底阀太小或排液阀开度不够	(2)更换底阀，开大排液阀
	(3)吸液管内空气排不出去或输送液体温度过高。泵内发生气蚀	(3)重新安装吸液管，降低液体温度，消除气蚀
填料过热	(1)填料压得过紧	(1)适当放松填料压盖
	(2)填料内冷却水不疏通	(2)疏通冷却水道
	(3)泵轴或轴套表面不够光滑	(3)修理泵轴，更换轴套

续表

故障现象	产生原因	排出方法
填料函泄漏量过大	(1)填料磨损或压盖太松	(1)更换填料，拧紧压盖
	(2)填料安装错误或平衡盘失效	(2)重新安装填料，修理平衡盘
轴承过热	(1)润滑油不洁或油量不足	(1)更换新油，加足油量
	(2)泵轴与电动机轴不同心	(2)重新找正
	(3)轴承磨损，滚珠失圆	(3)更换轴承
泵体振动	(1)叶轮不对称磨损	(1)对叶轮做平衡校正
	(2)泵轴弯曲	(2)校直或更换泵轴
	(3)联轴器结合不良或地脚螺栓松动	(3)调整并拧紧螺栓

三、离心泵的流量调节

1. 管路特性曲线与泵的工作点

当离心泵安装在特定的管路系统中工作时，实际的工作扬程和流量不仅与离心泵本身的性能有关，还与管路的特性有关，即在输送液体的过程中，离心泵和管路是相互制约的。所以在讨论泵的工作情况前，要先了解与之连接的管路的状况。

如图 1-56 所示的液体输送系统，若贮槽与受液槽的液面以及液面上的压力均保持恒定，液体在管路系统中流动所需的外加压头（即要求离心泵提供的扬程）可通过在两槽液面间，列伯努利方程式来求得，即

$$H_e=(z_2-z_1)+\frac{p_2-p_1}{\rho g}+H_f \tag{1-56}$$

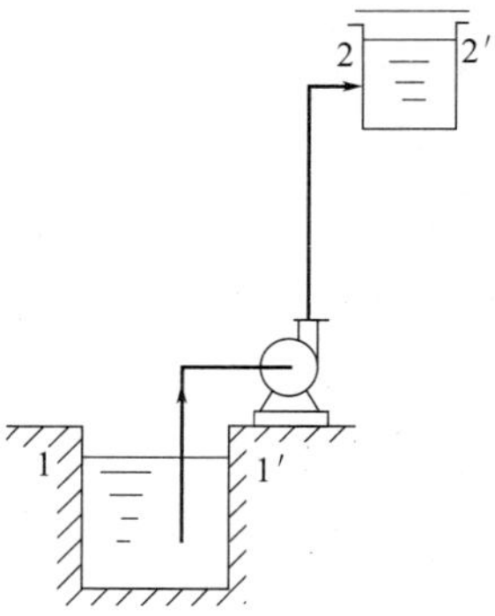

图 1-56 管路特性曲线方程推导示意图

在特定的管路系统中，当操作条件一定时，上式中的（z_1-z_2）及$\frac{p_2-p_1}{\rho g}$均为定值，故可令

$$(z_1-z_2)+\frac{p_2-p_1}{\rho g}=K \tag{1-57}$$

若输送管路为直径不变且无分支时，则系统的压头损失可表示为：

$$H_f=\left(\lambda\frac{l+\sum l_e}{d}\right)\times\frac{u^2}{2g}=\left(\lambda\frac{l+\sum l_e}{d}\right)\times\frac{\left(\frac{Q_e}{A}\right)^2}{2g} \tag{1-58}$$

式中 Q_e——管路系统液体的体积流量，m^3/s；

A——管路管子的内截面积，m^2。

式(1-58) 中的管路内径 d 和管路计算总长度（$l+\sum l_e$）对一定的管路系统而言均为定值。因湍流时摩擦系数 λ 变化不大，于是令

$$\left(\lambda\frac{l+\sum l_e}{d}\right)\times\frac{1}{2gA^2}=B \tag{1-59}$$

故式(1-58) 可化简为 $H_f=BQ_e^2$

将式(1-57) 和式(1-59) 代入式(1-56)，可得：

$$H_e=K+BQ_e^2 \tag{1-60}$$

由式(1-60) 可知，在特定的管路中输送液体时，管路所需要的外加压头 H_e 随系统流

量 Q_e 的平方而变。

将此关系标绘在相应的坐标图上，即可得如图 1-57 所示的 H_e-Q_e 曲线，称为管路特性曲线。该曲线表示在恒定操作条件下一定的管路系统中，流体在管路系统中流动时所需的外加压头与流量间的关系，其形状随管路情况与操作条件确定，与离心泵的性能无关。

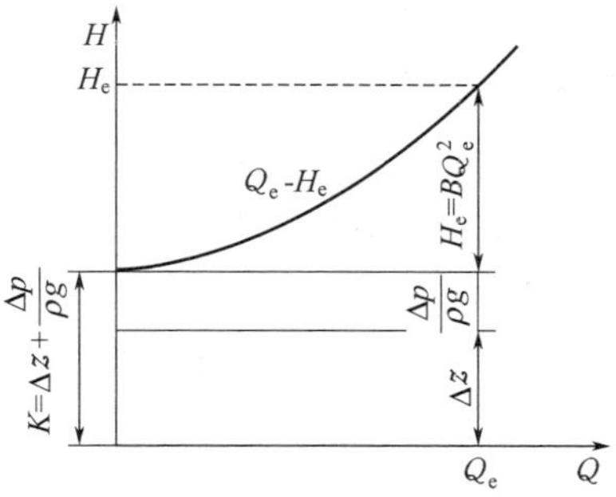

图 1-57 管路特性曲线

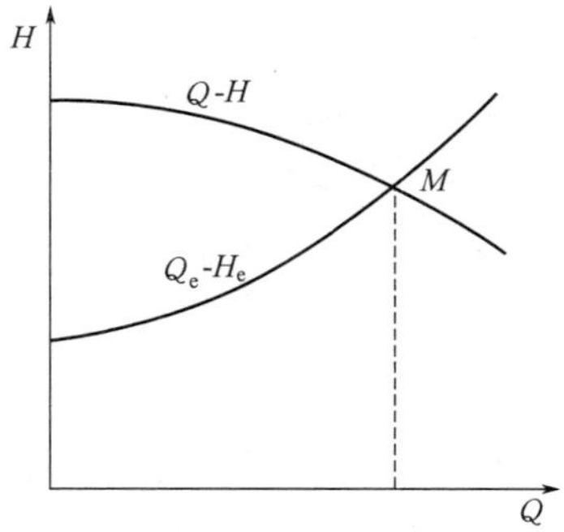

图 1-58 离心泵工作点的确定

若将离心泵的特性曲线 H-Q 与其所在管路的特性曲线 H_e-Q_e 绘于同一坐标图上（如图 1-58 所示），两线交点 M 即为离心泵在该管路系统中的工作点。该点所对应的流量和扬程既能满足管路系统的要求，又为离心泵所能提供，即 $Q=Q_e$，$H=H_e$。也就是说，一定的离心泵在特定的某管路系统运转时，只能有一个工作点。

2. 离心泵的流量调节

在实际生产中对离心泵进行流量调节，实质上也就是要改变泵的工作点。由于离心泵的工作点为泵的特性和管路特性所决定，因此改变两种特性曲线之一均可达到调节流量的目的。

（1）改变管路特性曲线

改变离心泵出口管路上调节阀门的开度，即可改变管路特性曲线。例如，当阀门关小时，管路的局部阻力加大，管路特性曲线变陡，如图 1-59 中曲线Ⅰ所示。工作点由 M 点移至 A 点，流量由 Q_M 降到 Q_A。当阀门开大时，管路局部阻力减小，管路特性曲线变得平坦，如图 1-59 中曲线Ⅱ所示，工作点移至 B，流量加大到 Q_B。

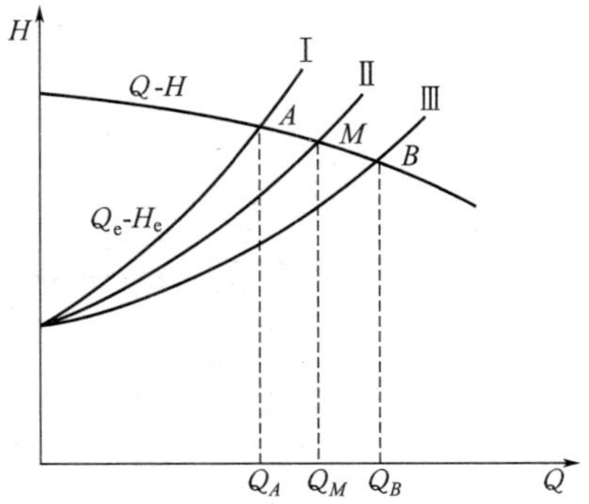

图 1-59 阀门开度对工作点的影响

采用阀门来调节流量快速简便，且流量可以连续变化，适合化工连续生产的特点，因此，应用十分广泛。其缺点是当阀门关小时，因流动阻力加大需要额外多消耗一部分能量。

（2）改变泵的特性曲线

改变泵的转速和叶轮的直径，实质上是改变泵的特性曲线。如图 1-60 所示，泵原来的转速为 n_1，工作点为 M；若将泵的转速降低到 n_2，泵的特性曲线 H-Q 向下移，工作点由 M 变至 A 点，流量由 Q_M 降到 Q_A；若将泵的转速提高到 n_3，H-Q 曲线便向上移，工作点移至 B，流量增大到 Q_B。可见，流量随转速的下降而减小，动力消耗也相应降低。从能量消耗的角度来看此种流量调节方法是节能的调节手段。但是改变泵的转速需要调速装置，价格较贵。

减小叶轮直径也可以改变泵的特性曲线，使泵的流量变小（如图 1-61 所示），此种调节能耗也低，但一般可调节范围不大，且直径减小不当还会降低泵的效率，故生产上也很少采用。

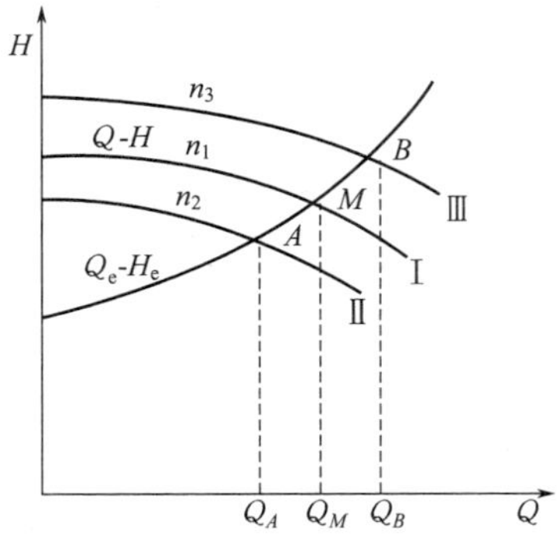

图 1-60　叶轮转速对工作点的影响

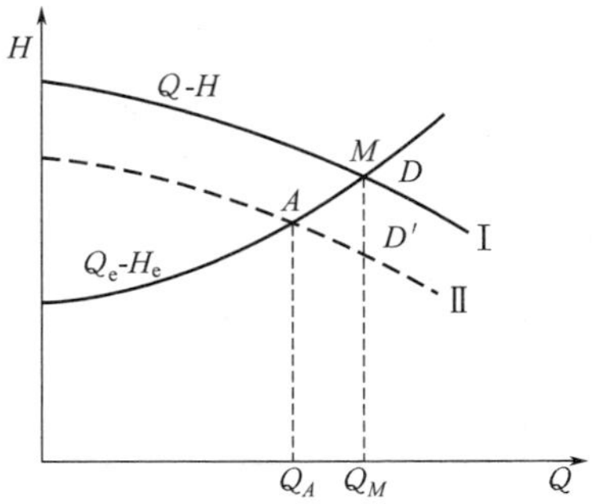

图 1-61　叶轮直径对工作点的影响

四、离心泵的串、并联操作

在实际生产过程中，当单台离心泵不能满足输送任务要求时，可采用离心泵的并联或串联操作。

1. 离心泵的并联操作

将两台型号相同的离心泵并联在同一管路上操作，在同一扬程下，两台并联泵的流量等于单台泵的两倍。于是，依据单台泵特性曲线 $Q\text{-}H_{(\text{Ⅰ},\text{Ⅱ})}$ 上的一系列坐标点，保持其纵坐标（H）不变，使横坐标（Q）加倍，由此得到的一系列对应的坐标点即可绘得两台泵并联操作的合成特性曲线 $Q\text{-}H_{(\text{Ⅰ}+\text{Ⅱ})}$，如图 1-62 所示。

并联泵的工作点可由合成特性曲线与管路特性曲线的交点来决定。由图可见，并联以后，管路中的流量与扬程均可增加，但并联后的总流量低于原单台泵流量的两倍。

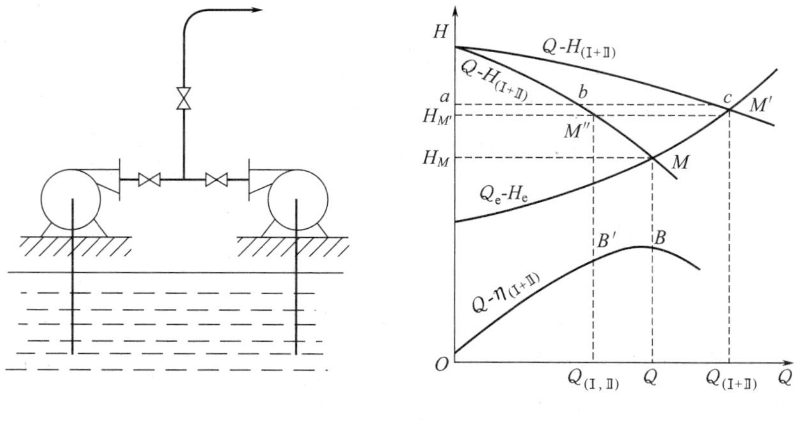

图 1-62　离心泵并联操作

2. 离心泵的串联操作

将两台型号相同的泵串联在同一管路上操作，在同一流量下，两台串联泵的扬程为单台泵的两倍。于是，依据单台泵特性曲线 $Q\text{-}H_{(\mathrm{I},\mathrm{II})}$ 上一系列坐标点，保持其横坐标（Q）不变，使纵坐标（H）加倍，由此得到的一系列对应坐标点即可绘出两台串联泵的合成特性曲线 $Q\text{-}H_{(\mathrm{I}+\mathrm{II})}$，如图 1-63 所示。

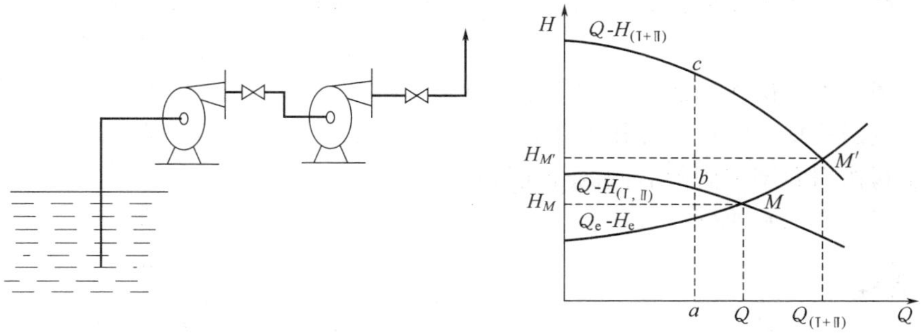

图 1-63　离心泵串联操作

同样，串联泵的工作点也由管路特性曲线与泵的合成特性曲线的交点来决定。由图可见，串联以后，管路中的流量与扬程均可增加，但串联后的总扬程低于原单台泵扬程的两倍。

生产中究竟采用何种组合方式比较经济合理，则取决于管路特性。当管路特性方程式中 B 值较小，即管路特性随流量变化较小，此管路称为低阻管路；若 B 值较大时，则称为高阻管路。对于低阻管路，并联操作时流量的增幅较大些；对于高阻管路，串联操作时流量增幅较大些。如果串、并联的泵的型号、规格不相同，则泵并联后的特性曲线受扬程较低的泵的特性所制约，而串联后的特性曲线受流量较小的泵的特性所制约，因而往往达不到良好的效果。

任务十　离心泵仿真操作

任务目标

- 认识 DCS 仿真教学软件；
- 掌握 DCS 仿真软件的操作；
- 掌握离心泵的开车、停车及事故处理操作。

技能要求

- 能熟练掌握调节器的操作方法和分程控制原理、特点与操作方法；
- 掌握旁通阀作用和调节阀前后阀的开闭顺序；

- 掌握离心泵单元仿真操作。

一、训练目标

1. 了解离心泵的工作原理和本单元的工艺流程，掌握离心泵开车、停车和事故处理的操作方法；
2. 掌握调节器的操作方法与控制方案；
3. 分程控制原理、特点与操作方法；
4. 旁通阀作用和调节阀前后阀的开闭顺序；
5. 投运行（自动）原则与方法。

二、工艺流程

本工艺为单独训练离心泵的操作而设计，其工艺流程如下：

来自某一设备约40℃的带压液体经调节阀LV101进入带压罐V101，罐液位由液位控制器LIC101通过调节V101的进料量来控制。罐内压力由PIC101分程控制，PV101A、PV101B分别调节进入V101和出V101的氮气量，从而保持罐压恒定在5.0atm（表）。罐内液体由泵P101A/B抽出，泵出口流量在流量调节器FIC101的控制下输送到其他设备。如图1-64所示。

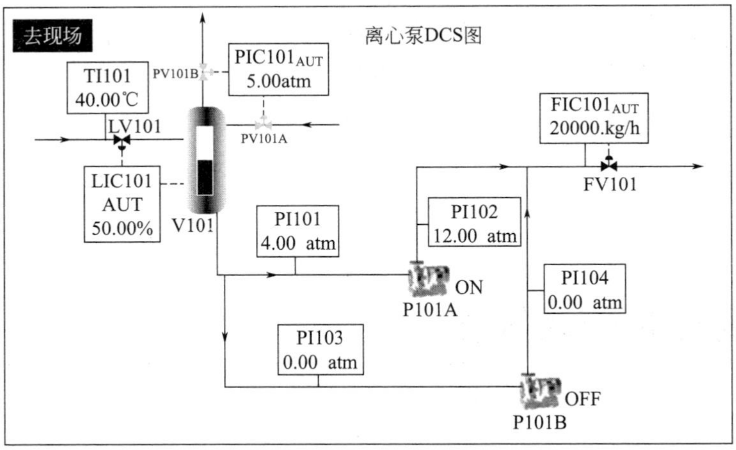

图1-64 离心泵仿真操作实训流程图

三、实训要领

1. 冷态开车过程：包括盘车、V101充液充压、PIC101投自动、灌泵排气、启动离心泵、打开出口阀（注意条件）、调整各参数达正常后投自动。
2. 事故处理过程：包括泵坏、阀卡、管堵、气蚀、气缚现象事故判断方法与处理方法。
3. 正常停车与紧急停车过程：包括停进料、停泵、泵泄液、储槽泄液泄压等操作。
4. 正常运行过程：主要维持各工艺参数稳定运行，密切注意参数变化。

任务十一 认识其他类型泵

任务目标

- 认识往复泵、齿轮泵、螺杆泵和旋涡泵；
- 了解其他类型泵的主要结构与工作原理；
- 掌握往复泵的性能特点、流量调节和适用场合。

技能要求

- 从外观上认识往复泵、齿轮泵、螺杆泵和旋涡泵；
- 掌握往复泵的日常运行与操作；
- 掌握往复泵、齿轮泵、螺杆泵和旋涡泵的特点。

一、往复泵

往复泵是容积式泵的一种类型，通过活塞或柱塞在缸体内的往复运动来改变工作容积，进而使液体的能量增加。适用于输送流量较小、压力较高的各种介质。当流量小于 $100m^3/h$，排出压力大于 10MPa 时，有较高的效率和良好的运行性能。主要适用于小流量、高扬程的场合，输送高黏度液体时效果要好于离心泵，但是不能输送腐蚀性液体和有固体粒子的悬浮液。

（一）往复泵的结构和工作原理

往复泵的主要构件有泵缸、活塞（或柱塞）、活塞杆及若干个单向阀等，如图 1-65 所示。泵缸、活塞及阀门间的空间称为工作室。活塞杆与传动机构相连接而做往复运动。当活塞从左向右移动时，工作室容积增加而压力下降，吸入阀在内外压差的作用下打开，液体被吸入泵内，而排出阀则因内外压力的作用而紧紧关闭；当活塞从右向左移动时，工作室容积减小而压力增加，排出阀在内外压差的作用下打开，液体被排到泵外，而吸入阀则因内外压力的作用而紧紧关闭。如此周而复始，实现泵的吸液与排液。

所以往复泵是靠活塞在泵缸内左右两个端点间做往复运动而吸入和压出的。移动活塞在泵内左右移动的端点叫“死点”，两“死点”间的距离为活塞从左向右运动的最大距离，称为冲程。在活塞往复运动的一个周期里，如果泵只吸液一次，排液一次，称为单动往复泵；如果各两次，称为双动往复泵；人们还设计了三联泵，三联泵的实质是三台单动泵的组合，只是排液周期相差了 1/3。

单动泵在吸液时就不能排液，故排液不连续，同时由于活塞在左右两个端点间的往复运动不等速，所以排液量就随着活塞的移动有相应的起伏，其流量曲线如图 1-66(a) 所示。双动泵在活塞往复一次吸液和排液各两次，使吸液管路和排出管路总有液体流过，所以送液连续，但流量曲线仍有起伏，如图 1-66(b) 所示。三联泵是当传动轴每旋转一周则三个曲柄连杆带动所连接的活塞依次做往复运动一次，如图 1-66(c) 所示是三联泵的流量曲线图，排液量较为均匀。

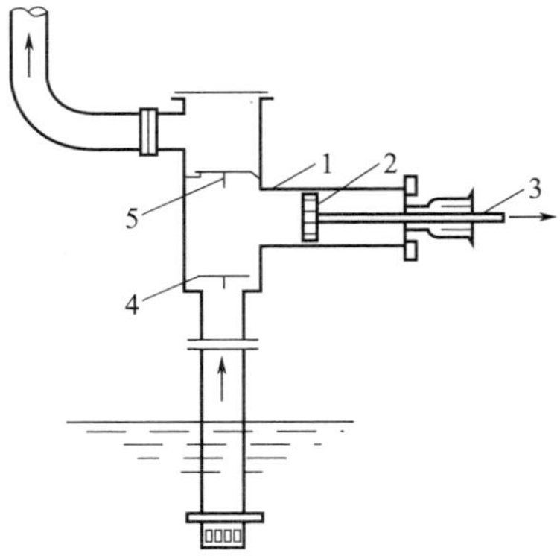

图 1-65　往复泵结构简图

1—泵缸；2—活塞；3—活塞杆；
4—吸入阀；5—排出阀

往复泵结构展示

动画扫一扫

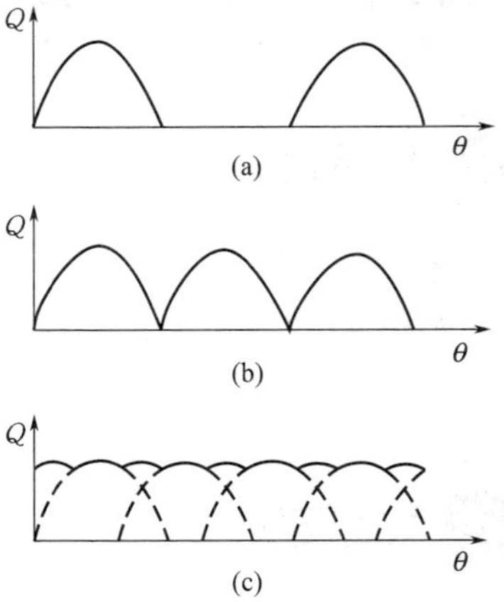

图 1-66　往复泵流量曲线图

（二）往复泵的类型

化工生产中还有包括活塞泵、柱塞泵、隔膜泵、计量泵等等。其中计量泵和隔膜泵是两种特殊的往复泵。计量泵是一种可以通过调节冲程大小来精确输送一定量液体的往复泵；隔膜泵则是通过弹性薄膜将被输送液体与活塞（柱）隔开，使活塞与泵缸得到保护的一种往复泵，用于输送腐蚀性液体或含有悬浮物的液体；而隔膜式计量泵则用于定量输送剧毒、易燃、易爆或腐蚀性液体；比例泵则是用一台原动机带动几个计量泵，将几种液体按比例输送的泵。

（三）往复泵的主要性能

主要性能参数也包括流量、扬程、功率与效率等，其定义与离心泵一样，不再赘述。

1. 流量

往复泵的流量是不均匀的，如图 1-66 所示。但双动泵要比单动泵均匀，而三联泵又比双动泵均匀。由于其流量的这一特点限制了往复泵的使用。工程上，有时通过设置空气室使流量更均匀。

从工作原理不难看出，往复泵的理论流量只与活塞在单位时间内扫过的体积有关，因此往复泵的理论流量只与泵缸数量、泵缸的截面积、活塞的冲程、活塞的往复频率及每一周期内的吸排液次数等有关。

对于单动往复泵，其理论流量为

$$Q_T = ASiF \tag{1-61}$$

式中　Q_T——往复泵的理论流量，m^3/s；

A——活塞的横截面积，m^2；

S——活塞的冲程，m；

i——泵的缸数；

F——活塞的往复频率，1/s。

对于双动往复泵，其理论流量为

$$Q_T=(2A-a)SiF \tag{1-62}$$

式中 a——活塞杆的横截面积，m^2；

其他符号同前。

也就是说，往复泵的理论流量与管路特性无关，但是，无论在什么扬程下工作，只要往复一次，泵就排出一定体积的液体。由于密封不严造成泄漏、阀启闭不及时，并随着扬程的增高，液体漏损量加大等原因，实际流量要比理论值小。如图1-67所示。

2. 压头

往复泵的压头与泵的几何尺寸及流量均无关系。只要泵的机械强度和原动机械的功率允许，系统需要多大的压头，往复泵就能提供多大的压头，如图1-67所示。也可以像获得离心泵的扬程一样，求取往复泵的扬程。

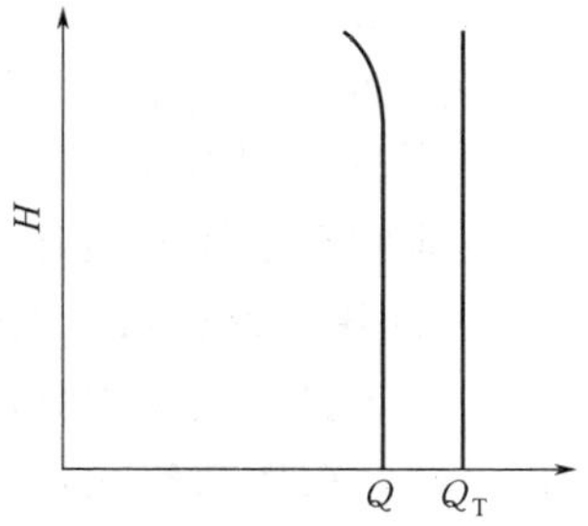

图1-67 往复泵的性能曲线

3. 功率与效率

计算与离心泵相同。但效率比离心泵高，通常在0.72～0.93之间，蒸汽往复泵的效率可达到0.83～0.88。

由于原理的不同，离心泵没有自吸作用，但往复泵有自吸作用，因此不需要灌泵；由于都是靠压差来吸入液体的，因此安装高度也受到限制，其安装高度也可以通过类似于离心泵的方法确定。

（四）流量调节

同离心泵一样，往复泵的工作点也是由泵的特性曲线及管路的特性曲线决定的。但由于往复泵的正位移特性（所谓正位移性，是指流量与管路无关，压头与流量无关的特性），工作点只能落在Q=常数的垂直线上（图1-67），因此，要改变往复泵的送液能力，只能采用旁路调节法或改变往复频率及冲程的方法。

1. 旁路调节法

此法如图1-68所示，是通过增设旁路的方法来实现流量调节的，这种调节方法简便可行。旁路调节的实质不是改变泵的总送液能力，而是改变流量在主管路及旁路的分配。这种调节造成了功率的损耗，在经济上是不合理的，但生产中却常用。

2. 调节活塞的冲程或往复频率

从式(1-61)和式(1-62)可知，调节活塞的冲程或往复频率都能达到改变往复泵送液能力的目的。同上法相比，此法在能量利用上是合理的。特别是对于蒸汽式往复泵，可以通过调节蒸汽压力方便地实现。但对经常性流量调节是不适宜的。

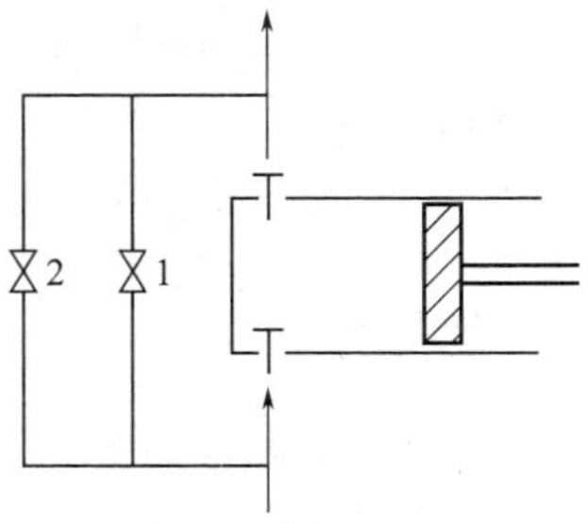

图1-68 往复泵旁路调节

1—旁路阀；2—安全阀

（五）往复泵的日常运行与操作

1. 开停车

往复泵属于容积式泵，它具有排出压力高，可输送有一定黏度和一定温度的液体，因此许多化工厂用它输送热水和溶液，它的转速低和输出量小，但也应该精心使用与维护。

（1）运行前的准备

① 严格检查往复泵的进、出口管线及阀门、盲板等，如有异物堵塞管路的情况，一定要予以清除。检查各种附件是否齐全好用，压力表指示是否为零。

② 机体内加入清洁润滑油至油窗上指示刻度。油杯内加入清洁润滑油，并微微开启针形阀，使往复泵保持润滑。

③ 检查盘根的松动、磨损情况。

④ 疏水阀和防空阀是否打开，润滑油孔是否畅通。

（2）启动

① 盘车 2～3 转，检查有无受阻情况，发现问题及时处理。

② 第一次使用要引入液体灌泵，以排除泵内存留的空气，缩短启动过程，避免干摩擦。引入液体后看泵体的温升变化情况。

③ 打开压力表阀、安全阀的前手阀。检查完毕后，蒸汽往复泵可缓慢开启蒸汽阀门对蒸汽缸预热。待疏水阀见汽后即可关闭。然后打开泵的放空阀和进液阀。开大蒸汽阀门使泵运行，随之关闭放空阀，正常运行。

④ 启动泵后，观察流量、压力、泄漏情况。

（3）停车

①做好停泵前的联系、准备工作。②停泵。③关闭泵的出、入口阀门。④关压力表阀、安全阀。⑤放掉油缸内压力。⑥打开气缸放水阀，排缸内存水。⑦做好防冻工作，搞好卫生。

2. 正常操作与维护

① 每日检查机体内及油杯内润滑油液面，如需加油即应补足。经常清理润滑系统的油污积垢，保持各摩擦面的清洁。

② 出口压力在满足工艺生产情况下不得超压。严禁泵在超压、超转速和抽空状态下运行。

③ 看泄漏情况和盘根及磨损情况。

④ 看运行是否正常，是否有抽空或振动情况，要经常检查缸内有无冲击声和进出口阀有无破碎声。

⑤ 经常检查各传动件及螺栓，地脚螺钉等是否有松动情况，发现松动应及时拧紧。

⑥ 润滑油的牌号要符合要求，每天加一次润滑油，保持良好的润滑状态。发现温度升高，及时查明原因加以解决。

⑦ 坚持润滑油的三级过滤。

3. 事故处理

往复泵常见故障及处理方法见表 1-6。

二、齿轮泵

齿轮泵是通过两个相互啮合的齿轮的转动对液体做功的，一个为主动轮，一个为从动轮。齿轮将泵壳与齿轮间的空隙分为两个工作室，其中一个因为齿轮的打开而呈负压与吸入管相连，完成吸液；另一个则因为齿轮啮合而呈正压与排出口相连，完成排液，如图 1-69 所示。按啮合形式可分为内啮合齿轮泵和外啮合齿轮泵两种，内啮合形式正逐渐替代外啮合形式，因为其工作更平稳。但内啮合形式的齿轮泵制造复杂。

表 1-6 往复泵常见故障及处理方法

现象	故障原因	处理方法
泵开不动	(1)进气阀阀芯折断，使阀门打不开	(1)更换阀门或阀芯
	(2)气缸内有积水	(2)打开放水阀，排除缸内积水
	(3)摇臂销脱落或圆锥销切断	(3)装好摇臂销和更换圆锥销
	(4)气、油缸活塞环损坏	(4)更换气、油缸活塞环
	(5)气缸磨损间隙过大	(5)更换气缸或活塞环
	(6)气门阀板、阀座接触不良	(6)刮研阀板及阀座
	(7)蒸汽压力不足	(7)调节蒸汽压力
	(8)活塞杆处于中间位置，致使气门关闭	(8)调整活塞杆位置
	(9)排出阀阀板装反，使出口关死	(9)重新将排出阀安装正确
泵抽空	(1)进口温度太高产生汽化，或液面过低吸入气体	(1)降低进口温度，保证一定液面或调节往复次数
	(2)进口阀未开或开得小	(2)打开进口阀至一定开度或调节往复次数
	(3)活塞螺帽松动	(3)上紧活塞螺帽
	(4)由于进口阀垫片吹坏使进、出口被连通	(4)更换进口阀垫片
	(5)油缸套磨损，活塞环失灵	(5)更换缸套或活塞环
产生响声或振动	(1)活塞冲程过大或汽化抽空	(1)调节活塞冲程与往复次数
	(2)活塞螺帽或活塞杆螺帽松动	(2)拧紧活塞螺帽和活塞杆螺帽
	(3)缸套松动	(3)拧紧缸套螺钉
	(4)阀敲碎后，碎片落入缸内	(4)扫除缸内碎片，更换阀
	(5)地脚螺栓松动	(5)固定地脚螺栓
	(6)十字头中心架连接处松动	(6)修理或更换十字头
压盖漏油、漏气	(1)活塞杆磨损或表面不光滑	(1)更换活塞杆
	(2)填料损坏	(2)更换填料
	(3)填料压盖未上紧或填料不足	(3)加填料或上紧压盖
气缸活塞杆过热	(1)注油器单向阀失灵	(1)更换单向阀
	(2)润滑不足	(2)加足润滑油
	(3)填料过紧	(3)松填料压盖
压力不稳	(1)阀关不严或弹簧弹力不均匀	(1)研磨阀或更换弹簧
	(2)活塞环在槽内不灵活	(2)调整活塞环与槽的配合
流量不足	(1)阀不严	(1)研磨或更换阀门，调节弹簧
	(2)活塞环与缸套间隙过大	(2)更换活塞环或缸套
	(3)冲程次数太少	(3)调节冲程次数
	(4)冲程太短	(4)调节冲程

齿轮泵的特点和应用主要表现在：①齿轮泵也属于容积式泵，具有正位移特性，其流量小而较均匀，扬程高，流量比往复泵均匀。②齿轮泵采用与往复泵相似的方法调节；由于齿轮啮合间容积变化不均匀，流量也是非常不均匀的，产生的流量与压力是脉冲式的。齿数越少，流量脉动率越大，这既会引起系统的压力脉动，产生振动和噪声，又会影响传动的平稳性。③齿轮泵流量均匀，尺寸小而轻便，结构简单紧凑，坚固耐用，维护保养方便，扬程高而流量小，适用于输送黏稠液体以至膏状物，如润滑油、燃烧油，可做润滑油泵、燃油泵、输油泵和液压传动装置中的液压泵。④齿轮泵不宜输送黏度低的液体，不能输送含有固体粒子的悬浮液，以防齿轮磨损影响泵的寿命。由于齿轮泵的流量和压力脉动较大及噪声较大，而且加工工艺较高，因此不易获得精确的配合。

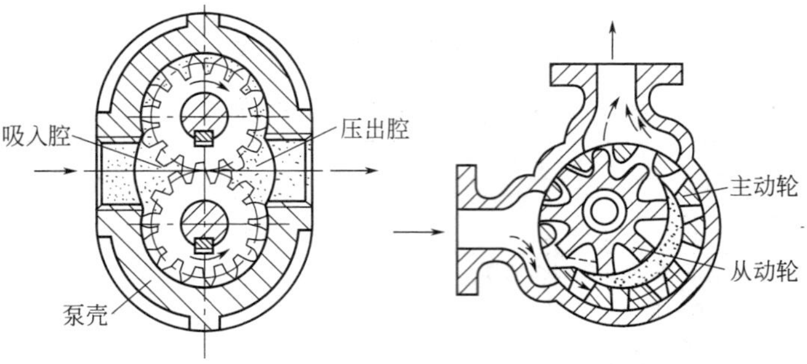

(a) 外啮合　　(b) 内啮合

图 1-69　齿轮泵结构

动画扫一扫　齿轮泵

三、螺杆泵

螺杆泵属于转子容积泵，按螺杆根数，通常可分为单螺杆泵、双螺杆泵、三螺杆泵和五螺杆泵等几种，它们的工作原理基本相似，只是螺杆齿形的几何形状有所差异，适用范围有所不同。

图 1-70(a) 所示为单螺杆泵，螺杆在具有内螺纹的泵壳中偏心转动，将液体沿轴向推进，最终由排出口排出。图 1-70(b) 所示的双螺杆泵，实际上与齿轮泵十分相似，它利用两根相互啮合的螺杆来排送液体。液体从螺杆两端进入，由中央排出。图 1-70(c) 所示为三螺杆泵的结构，其主要零件是一个泵套和三根相互啮合的螺杆，其中一根与原动机连接的称主动螺杆（简称主杆），另外两根对称配置于主动螺杆的两侧，称为从动螺杆。这 4 个零件组装在一起就形成一个个彼此隔离的密封腔，把泵的吸入口与排出口隔开。当主动螺杆转动时，密封腔内的液体沿轴向移动，从吸入口被推至排出口。

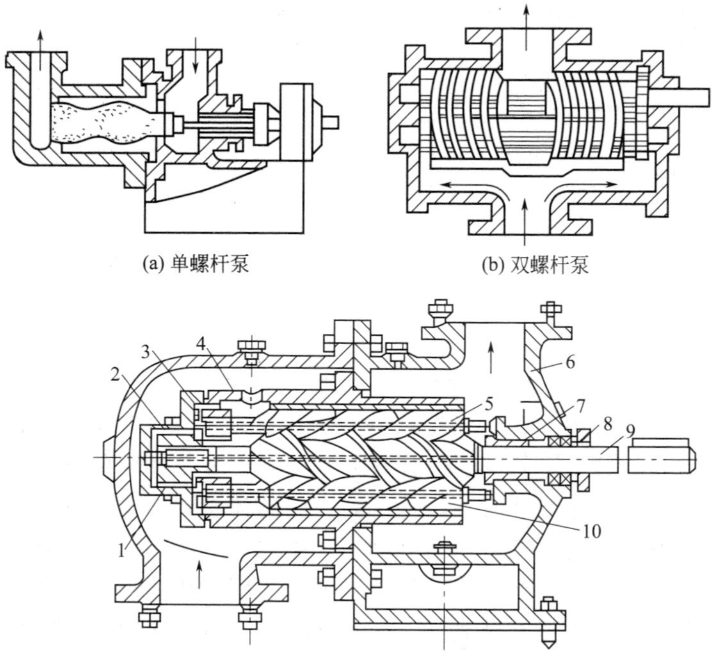

(a) 单螺杆泵　　(b) 双螺杆泵

(c) 三螺杆泵

图 1-70　螺杆泵

1—侧盖；2，3—轴承；4—衬套；5，10—从动螺杆；6—泵体；7—密封；8—压盖；9—主动螺杆

动画扫一扫　螺杆泵

螺杆泵看作螺杆与“液体螺母”的相对运动。设想在螺杆的凹槽中充满了液体而形成了“液体螺母”，为了限制“液体螺母”的旋转，使用一个与螺杆相啮合的齿条。当螺杆转动时，齿条和“液体螺母”必定相对壳体做轴向移动，输送液体。但这种机构不能当作泵来使用，而实际上，在螺杆泵结构中是以另一螺杆来代替齿条的。

螺杆泵在启动前应将排液管路中的阀门全部打开，泵的安装高度也必须低于其允许值，在缺乏数据时可根据吸上真空度计算，计算方法与离心泵相同。由于螺杆泵的流量也与排出压力无关，因此流量调节也采用旁路调节法。

螺杆泵的特点和应用主要表现在：①压力和流量稳定，脉动很小。液体在泵内做连续而均匀的直线流动，无搅拌现象。②螺杆越长，则扬程越高。三螺杆泵具有较强的自吸能力，无需装置底阀或抽真空的附属设备。③相互啮合的螺杆磨损甚少，泵的使用寿命长。④泵的噪声和振动极小，可在高速下运转。⑤结构简单紧凑、拆装方便、体积小、重量轻。⑥适用于输送不含固体颗粒的润滑性液体，可作为一般润滑油泵、输油泵、燃油泵、胶液输送泵和液压传动装置中的供压泵。在合成纤维、合成橡胶工业中应用较多。

四、旋涡泵

旋涡泵也是依靠离心力对液体做功的泵，但其壳体是圆形而不是蜗牛形，因此易于加工，叶片很多，而且是径向的，吸入口与排出口在同侧并由隔舌隔开，如图1-71所示。工作时，液体在叶片间反复运动，多次接受原动机械的能量，因此能形成比离心泵更大的压头，而流量小，其扬程范围从15m至132m、流量范围从0.36m^3/h到16.9m^3/h。由于流体在叶片间的反复运动，造成大量能量损失，因此效率低，约在15%～40%。

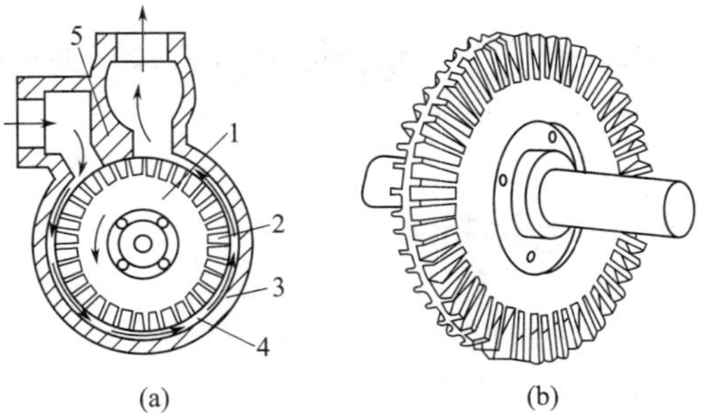

图1-71 旋涡泵结构图

1—叶轮；2—叶片；3—泵壳；4—引液道；5—隔舌

旋涡泵适用于输送流量小而压头高、无腐蚀性和具有腐蚀性的无固体颗粒的液体。其性能曲线除功率-流量曲线与离心泵相反外，其他与离心泵相似。旋涡泵流量采用旁路调节。

知识窗：化工设备操作的“四懂三会”

化工企业在员工上岗前，要遵守设备安全操作规程，必须了解本设备基本结构和主要技术参数，熟悉操作工艺条件，经培训考核过关后，即掌握设备“四懂三会”的人员方可操作。

“四懂”指设备操作人员对自己操作的设备要做到：懂性能、懂结构、懂原理、懂用途。不仅知其然，还知其所以然。深层次认识设备，了解设备特点，掌握设备的运行原理和规律。

“三会”指设备操作人员必须达到本级别三会要求：会操作、会保养、会排除故障。

1. 会操作：熟悉设备结构，掌握设备的技术性能和操作方法，懂得加工工艺，做到正确使用设备。

2. 会保养：正确地按润滑图表规定加油、换油，保持油路畅通和油线、油毡、滤油器清洁。认真清扫，保持设备内外清洁，无油垢，无锈蚀，达到“漆见本色铁见光”，认真做好日常保养，定期进行一级保养。

3. 会排除故障：了解设备的精度标准和加工规范，能对不正常的声音、温度和运转情况进行分析，发现设备的异常状态，能采取措施，排除一般故障。对设备进行事故分析，查明原因，吸取教训，做出预防措施。

掌握设备“四懂三会”使员工对使用的设备达到充分的了解和掌握，确保安全规范操作，达到平稳运行的目的。

作为化工人，我们必须不断学习钻研各个岗位业务技术，定期进行岗位专业培训，严格按要求做到化工设备操作的“四懂三会”。

任务十二　认识气体输送机械

任务目标

- 认识常见的气体输送机械；
- 了解气体输送机械分类；
- 掌握气体输送机械的基本结构和工作原理；
- 掌握离心通风机的性能及选择。

技能要求

- 从外观上认识气体输送机械；
- 掌握气体输送机械选择计算过程；
- 掌握往复压缩机的实际工作循环。

气体输送机械主要用于克服气体在管路中流动和管路两端的压强差以输送气体，或产生一定的高压或真空以满足工艺过程的需求。由于气体是可以压缩的流体，故在输送机械内部不仅气体压力发生变化，体积和温度也会随之变化，这对气体输送机械的结构和形状有较大影响。

气体输送机械一般以出口表压强或压缩比（指出口与进口压强之比）的大小分类：

（1）通风机：出口表压强不大于 15kPa，压缩比为 1～1.15；

（2）鼓风机：出口表压强 15～300kPa，压缩比小于 4；

（3）压缩机：出口表压强大于 300kPa，压缩比大于 4；

（4）真空泵：在容器或设备内制造真空（将其内气体抽出），出口压强为大气压或略高于大气压。

一、通风机（轴流式、离心式）

通风机是依靠输入的机械能，提高气体压力并排送气体的机械，它是一种从动的流体机械。广泛用于设备及环境的通风、排尘和冷却等。按气体流动的方向，通风机可分为离心式、轴流式、斜流式和横流式等类型。

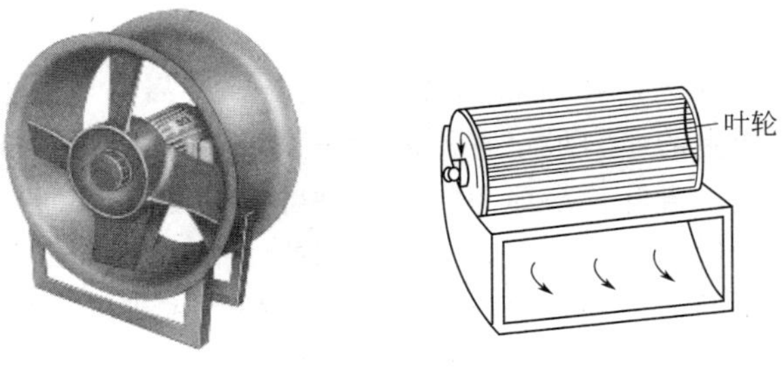

图 1-72 两种轴流式风机

（一）轴流式通风机

轴流式通风机主要由圆筒型机壳及带螺旋桨式叶片的叶轮构成，如图 1-72 所示。由于流体进入和离开叶轮都是轴向的，故称为轴流式风机。工作时，原动机械驱动叶轮在圆筒形机壳内旋转，气体从集流器进入，通过叶轮获得能量，提高压力和速度，然后沿轴向排出。轴流通风机的布置形式有立式、卧式和倾斜式三种，小型的叶轮直径只有 100mm 左右，大型的可达 20m 以上。

小型低压轴流通风机［图 1-72(a)］由叶轮、机壳和集流器等部件组成，通常安装在建筑物的墙壁或天花板上；大型高压轴流通风机［图 1-72(b)］由集流器、叶轮、流线体、机壳、扩散筒和传动部件组成。叶片均匀布置在轮毂上，数目一般为 2～24。叶片越多，风压越高；叶片安装角一般为 10°～45°，安装角越大，风量和风压越大。轴流式通风机的主要零件大都用钢板焊接或铆接而成。

轴流式风机可分为 T35、BT35、T40、GD30K-12、JS20-11、GD 系列、SS 系列和 DZ 系列等。它具有风压低、风量大的特点，用于工厂、仓库、办公室、住宅等地方的通风换气。目前，广泛用于凉水塔中。

（二）离心式通风机

1. 离心通风机的结构及原理

离心通风机的结构及原理均与离心泵相似，如图 1-73 所示。主要由叶轮和机壳组成。工作时，原动机械驱动叶轮在蜗形机壳内旋转，气体经吸气口从叶轮中心处吸入。由于叶片对气体的动力作用，气体压力和速度得以提高，并在离心力作用下沿着叶道甩向机壳，从排气口排出。因气体在叶轮内的流动主要是在径向平面内，故又称径流通风机。

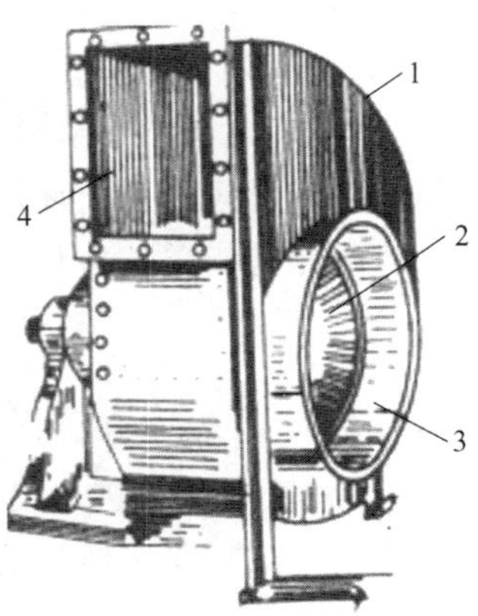

图 1-73 离心通风机

1—机壳；2—叶轮；3—吸入口；4—排出口

小型通风机的叶轮直接装在电动机上，中、大型通风机通过联轴器或皮带轮与电动机连接。离心通风机一般为单侧进气，用单级叶轮；流量大的可双侧进气，用两个背靠背的叶轮，又称为双吸式离心通风机。

叶轮是通风机的主要部件，它的几何形状、尺寸、叶片数目和制造精度对性能有很大影响。叶轮经静平衡或动平衡校正才能保证通风机平稳地转动。按叶片出口方向的不同，叶轮分为前向、径向和后向三种形式。前向叶轮的叶片顶部向叶轮旋转方向倾斜；径向叶轮的叶片顶部是向径向的，又分直叶片式和曲线型叶片；后向叶轮的叶片顶部向叶轮旋转的反向倾斜。

前向叶轮产生的压力最大，在流量和转数一定时，所需叶轮直径最小，但效率一般较低；后向叶轮相反，所产生的压力最小，所需叶轮直径最大，而效率一般较高；径向叶轮介于两者之间。叶片的型线以直叶片最简单，机翼型叶片最复杂。

为了使叶片表面有合适的速度分布，一般采用曲线形叶片，如等厚度圆弧叶片。叶轮通常都有盖盘，以增加叶轮的强度和减少叶片与机壳间的气体泄漏。叶片与盖盘的连接采用焊接或铆接。焊接叶轮的重量较轻，流道光滑。低、中压小型离心通风机的叶轮也有采用铝合金铸造的。

根据所生产的压头大小，可将离心式通风机分为：

低压离心通风机：出口风压低于 0.9807×10^3 Pa（表压）；

中压离心通风机：出口风压为 $0.9807\times10^3\sim2.942\times10^3$ Pa（表压）；

高压离心通风机：出口风压为 $2.942\times10^3\sim14.7\times10^3$ Pa（表压）。

同轴流式风机相比，离心式风机具有流量小、压头大的特点，前者的风压约为 9.8×10^{-3} MPa，后者风压则可达到 0.2MPa；在安装上，轴流式风机的叶轮多为裸露安装，离心式风机的叶轮多采用封闭安装。

2. 通风机的主要性能参数

通风机的主要性能参数有风量（流量）、风压（压力）、功率、效率和转速。另外，噪声和振动的大小也是通风机的主要技术指标。

(1) 风量

也叫流量，是单位时间内从通风机的出口排出的气体体积，并以风机进口处的气体状态计，以 Q 表示，单位为 m^3/s。

(2) 风压

也称压力，是指单位体积的气体经过通风机所获得的能量，以 H_T 表示，单位为 Pa，有静风压、动风压和全风压之分。

静风压是指单位体积的气体经过风机后因为静压能的增加而增加的能量

$$H_{st}=p_2-p_1 \tag{1-63}$$

式中 H_{st}——静风压，Pa；

p_1、p_2——风机进、出口压力，Pa。

动风压是指单位体积的气体经过风机后因为动压能的增加而增加的能量

$$H_k=\frac{\rho u_2^2}{2} \tag{1-64}$$

式中 H_k——动风压，Pa；

ρ——风机进口处气体的密度，kg/m^3；

u_2——风机出口处气体的流速，m/s。

全风压则是静风压及动风压之和，风机铭牌或性能表上所列的风压除非特别说明，均指全风压。

通风机的风压取决于通风机的类型、结构、尺寸、转速及进入风机的气体密度，通常由实验测定，即通过在进出口应用伯努利方程式的办法确定（参照离心泵扬程的测定方法）。

风机性能表上所列的风压是以空气作为介质，在 293K、101.3kPa 条件下测得的，当实际输送介质或输送条件与上述条件不同时，应按下式校正，即

$$H_T = H'_T \frac{\rho}{\rho'} = H'_T \frac{1.2\text{g/L}}{\rho'} \tag{1-65}$$

式中 H_T、ρ——分别为实验条件下的风压及空气的密度；

H'_T、ρ'——分别为操作条件下的风压及被输送气体的密度。

（3）功率与效率

通风机的输入功率，即轴功率，可由下式计算

$$P = \frac{H_T Q}{\eta} \tag{1-66}$$

式中 P——通风机的轴功率，kW；

H_T——通风机的全风压，Pa；

Q——通风机的风量，m^3/s；

η——通风机的效率，由全风压定出，因此也叫全压效率，其值可达 90%。

通风机未来的发展将进一步提高通风机的气动效率、装置效率和使用效率，以降低电能消耗；用动叶可调的轴流通风机代替大型离心通风机；降低通风机噪声；提高排烟、排尘通风机叶轮和机壳的耐磨性；实现变转速调节和自动化调节。

3. 通风机的选择

通风机的类型很多，必须合理选型，以保证经济合理。其选型也可以参照离心泵的选型办法类似处理。建议使用现有的风机选型软件进行选取。

（1）根据被输送气体的性质及所需的风压范围确定风机的类型

比如，被输送气体是否清洁、是否高温、是否易燃易爆等。

（2）确定风量

如果风量是变化的，应以最大值为准，可以增加一定的裕量（5%～10%），并以风机的进口状态计。

（3）确定完成输送任务需要的实际风压

根据管路条件及伯努利方程，确定需要的实际风压，并通过式(1-65）换算为风机在实验条件下的风压。

（4）根据实际风量与实验风压在相应类型的系列中选取合适的型号

选用时要使所选风机的风量与风压比任务需要的要稍大一些。如果用系列特性曲线（选择曲线）来选，要使（Q，H_T）点落在风机的 Q-H_T 线以下，并处在高效区。

必须指出，符合条件的风机通常会有多个，应选取效率最高的一个。

二、鼓风机(离心式、罗茨)

（一）离心鼓风机

离心鼓风机又称透平鼓风机，常采用多级（级数范围为 2～9 级），故其基本结构和工作原理与多级离心泵较为相似。如图 1-74 所示的为五级离心式鼓风机，气体由吸气口吸入后，经过第一级的叶轮和第一级扩压器，然后转入第二级叶轮入口，再依次逐级通过以后的叶轮和扩压器，最后经过蜗形壳由排气口排出，其出口表压力可达 300kPa。

由于在离心鼓风机中气体的压缩比不大，所以无须设置冷却装置，各级叶轮的直径也大致上相等，其选用方法与离心式通风机相同。

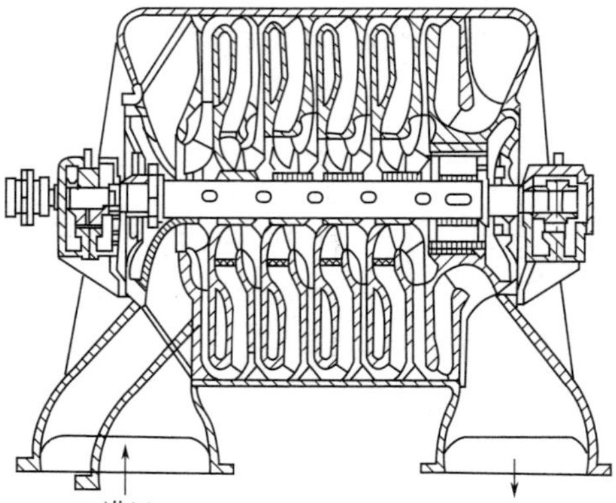

图 1-74 五级离心式鼓风机

（二）罗茨鼓风机

罗茨鼓风机是两个相同转子形成的一种压缩机械，转子的轴线互相平行，转子之间、转子与机壳之间均具有微小的间隙，避免相互接触，借助两转子反向旋转，使机壳内形成两个空间，即低压区和高压区。气体由低压区进入，从高压区排出，如图 1-75。改变转子的旋转方向，吸入口和压出口互换。由于转子之间、转子与机壳之间间隙很小，所以运行时不需要往气缸内注润滑油，不需要油气分离器辅助设备。转子之间不存在机械摩擦，因此具有机械效率高、整体发热少、输出气体清洁、使用寿命长等优点。一般在要求输送量不大，压力在 9.8×10^3～1.96×10^4Pa 范围内的场合使用，特别适用于要求流量稳定的场合。

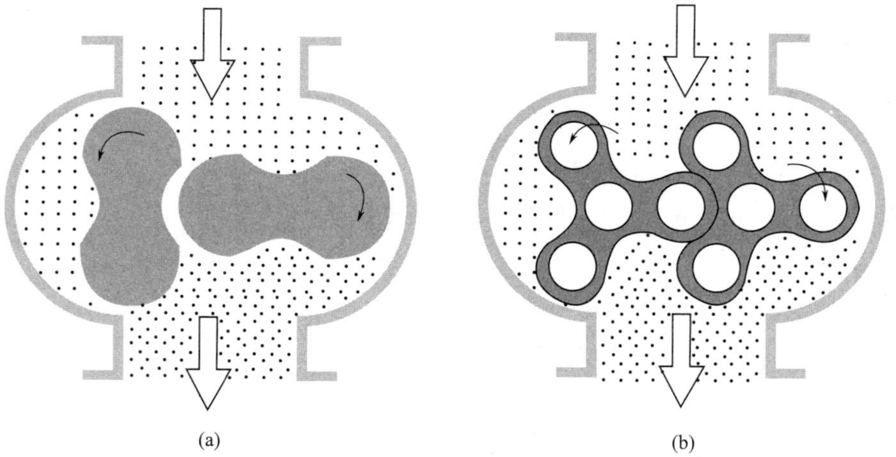

图 1-75 罗茨鼓风机结构图

罗茨鼓风机系容积式风机，输出的风量与转速成正比，而与出口压力无关，分为两叶式和三叶式两种，见图 1-75。工作时，叶子在机体内通过同步齿轮作用，相对反向等速旋转，使吸气跟排气隔绝，叶子旋转，将机体内的气体由进气腔推送至排气腔，排出气体达到鼓风的目的。两叶风机［图 1-75(a)］叶子旋转一周，进行 2 次吸、排气；三叶风机［图 1-75

(b)] 叶子转动一周进行3次吸、排气，机壳采用螺旋线型结构，与二叶型风机相比，具有气流脉动变少、负荷变化小、噪声低、振动小、叶轴一体结构、毛病起因少等优点。

罗茨鼓风机的出口应安装气体稳压罐与安全阀，流量采用旁路调节。出口阀不能完全关闭。操作温度不超过85℃，否则引起转子受热膨胀，发生碰撞。

三、压缩机（活塞式、离心式）

（一）往复式压缩机

1. 往复式压缩机的构造与工作过程

往复式压缩机的构造与工作原理与往复泵相似，主要由气缸、活塞、活门构成，也是通过活塞的往复运动对气体做功，但是其工作过程与往复泵不同，因气体进出压缩机的过程完全是一个热力学过程。另外，由于气体本身没有润滑作用，因此必须使用润滑油以保持良好润滑，为了及时除去压缩过程产生的热量，缸外必须设冷却水夹套，活门要灵活、紧凑和严密。

下面简要说明气体的压缩过程。

(1) 理想（无余隙）工作循环

如图1-76所示，假设被压缩气体为理想气体，气体流经阀门无阻力，无泄漏，无余隙（排气终了时活塞与气缸端面间没有空隙）等，则单缸单作用往复压缩机的理想工作循环包含三个阶段。

① 压缩阶段　当活塞位于气缸的最右端时气缸内气体的体积为 V_1，压力为 p_1，其状态由点1所示。当活塞由点1向左推进时，由于吸入及排出阀门都是关闭的，故气体体积缩小而压力上升，直到压力升到 p_2 压缩终止，此阶段气体的状态变化过程如图1-76中曲线1—2所示。

② 压出阶段　当压力升到 p_2，排气活门被顶开，排气开始，气体从缸内排出，直至活塞移至最左端，气体完全被排净，气缸内气体体积降为零，压出阶段气体的变化过程如图1-76中水平线2—3所示。

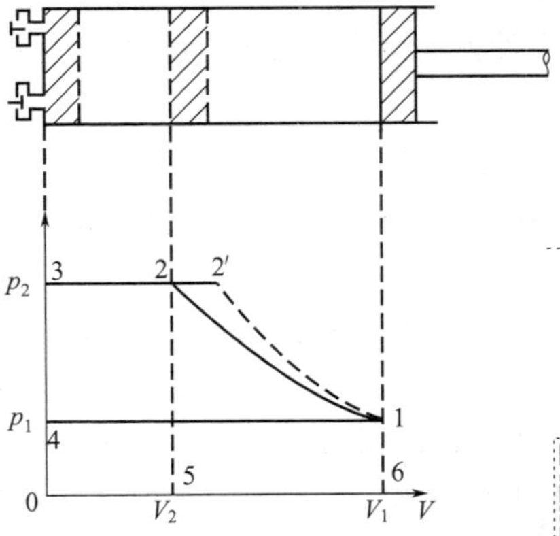

图1-76　往复式压缩机的理想循环

③ 吸气阶段　当活塞从气缸最左端向右移动时，缸内的压力立刻下降到 p_1，气体状况达到点4。此时，排出活门关闭，吸入活门打开，压力为 p_1 的气体被吸入缸内，直至活塞移至最右端（图1-76中点1）。吸气阶段气体的状态变化如图1-76中水平线4—1所示。

综上所述，无余隙往复压缩机的理想工作循环是由压缩过程，恒压下的排气和吸气过程所组成的。但实际压缩机是存在余隙（防止活塞与气缸的碰撞）的，由于排气结束，余隙中残存少量压力为 p_2 的高压气体，因此往复式压缩机的实际工作过程分为4个阶段（比理想工作循环多了膨胀阶段）。

(2) 实际（有余隙）工作循环

如图1-77所示，实际工作循环分为四个阶段。活塞从最右侧向左运动，完成了压缩阶段及排气阶段后，达到气缸最左端，当活塞从左向右运动时，因有余隙存在，进行的不再是吸气阶段，而是膨胀阶段，即余隙内压力为 p_2 的高压气体因体积增加而压力下降，如图 1-77 中曲线 3—4 所示，直至其压力降至吸入气压 p_1（图 1-77 中点 4），吸入活门打开，在恒定的压力以下进行吸气过程，当活塞回复到气缸的最右端截面（图 1-77 中点 1）时，完成一个工作循环。

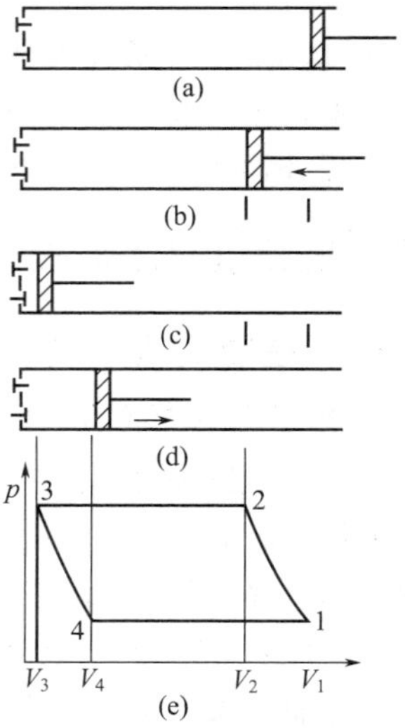

图 1-77 往复压缩机的实际工作循环

综上所述，往复式压缩机的实际压缩循环是由压缩、排气、膨胀、吸气四个过程所组成。在每一循环中，尽管活塞在气缸内扫过的体积为（V_1-V_3），但一个循环所能吸入的气体体积为（V_1-V_4）。同理想循环相比，由于余隙的存在，实际吸气量减少了，而且功耗也增加了，因此应尽量减少余隙。

2. 多级压缩

根据气体压缩的基本原理，气体在压缩过程中，排出气体的温度总是高于吸入气体的温度，上升幅度取决于过程性质及压缩比。

如果压缩比过大，则能造成出口温度很高，温度过高有可能使润滑油变稀或着火，且造成增加功耗等。因此，当压缩比大于 8 时，常采用多级压缩，以降低压缩机功耗及避免出口温度过高。所谓多级压缩是指气体连续并依次经过若干个气缸压缩，达到需要的压缩比的压缩过程，每经过一次压缩，称为一级，级间设置冷却器及油水分离器。理论证明，当每级压缩比相同时，多级压缩所消耗的功最少。

3. 往复式压缩机的主要性能

往复式压缩机的主要性能有排气量、轴功率与效率。

（1）排气量

是指在单位时间内压缩机排出的气体体积，并以入口状态计算，也称压缩机的生产能力，用 Q 表示，单位 m^3/s。与往复泵相似，其理论排气量只与气缸的结构尺寸、活塞的往复频率及每一工作周期的吸气次数有关，但由于余隙内气体的存在、摩擦阻力、温度升高、泄漏等因素，使其实际排气量要小。往复式压缩机的流量也是脉冲式的，不均匀的。为了改善流量的不均匀性，压缩机出口均安装油水分离器，既能起缓冲作用，又能除油沫水沫等，同时吸入口处需安装过滤器，以免吸入杂物。

（2）功率与效率

气体在压缩机中被压缩时，温度和压力都相应增高。理论和实验均证明：压缩机所需的理论功率与流量、压缩比以及系统与外部的换热情况等均有关。

实际所需的轴功率比理论轴功率大，其原因是：实际吸气量比实际排气量大，凡吸入的气体都经过压缩，多消耗了能量；气体在气缸内脉动及通过阀门等的流动阻力，也要消耗能量；压缩机的运动部件的摩擦，要消耗能量。

4. 往复式压缩机的分类与选用

往复式压缩机的类型很多，按照不同的分类依据可以有不同名称。常见的方法是按被压缩气体的种类分类，比如空压机、氧压机、氨压机等等；按气体受压缩次数分为单级、双级及多级压缩机；按气缸在空间的位置分为立式、卧式、角式和对称平衡式；另外，按一个工作周期内的吸排气次数分为单动与双动压缩机；按出口压力分为低压（$<10^3$kPa）、中压（$10^3\sim10^4$kPa）、高压（$10^4\sim10^5$kPa）和超高压（$>10^5$kPa）压缩机；按生产能力分为小型（$10m^3/min$）、中型（$10\sim30m^3/min$）和大型（$>30m^3/min$）往复式压缩机。

在选用压缩机时，首先要根据被压缩气体的种类确定压缩机的类型，比如压缩氧气要选用氧压机，压缩氨用氨压机等，再根据厂房的具体情况，确定选用压缩机的空间形式，比如，高大厂房可以选用立式等，最后根据生产能力与终压选定具体型号。

（二）离心式压缩机

离心式压缩机又称为透平压缩机。其主要特点是转速高（可达10000r/min以上）、运转平稳、气量大、风压较高。在化工生产中对一些压力要求不太大而排气量很大的情况应用越来越多。

1. 离心式压缩机的结构和工作原理

离心式压缩机的结构和工作原理和与多级鼓风机相似，只是级数更多些（通常在十级以上）、结构更精密些。气体在叶轮带动下做旋转运动，通过离心力的作用使气体的压力逐级增高，最后可以达到较高的排气压力。叶轮转速高，一般在5000r/min以上，因此可以产生很高的出口压强。目前离心式压缩机的送气量可以达到$3500m^3/min$，出口最大压力可以达到70MPa。

如图1-78所示的是离心式压缩机的结构示意图，主轴与叶轮均由合金钢制成。气体经吸入室1进入第一个叶轮2内，在离心力的作用下，其压力和速度都得到提高，在每级叶轮之间设有扩压器，在从一级压向另一级的过程中，气体在蜗形通道中部分动能转化为静压能，进一步提高了气体的压力；经过逐级增压作用，气体最后将以较大的压力经与蜗室6相连的压出管向外排出。

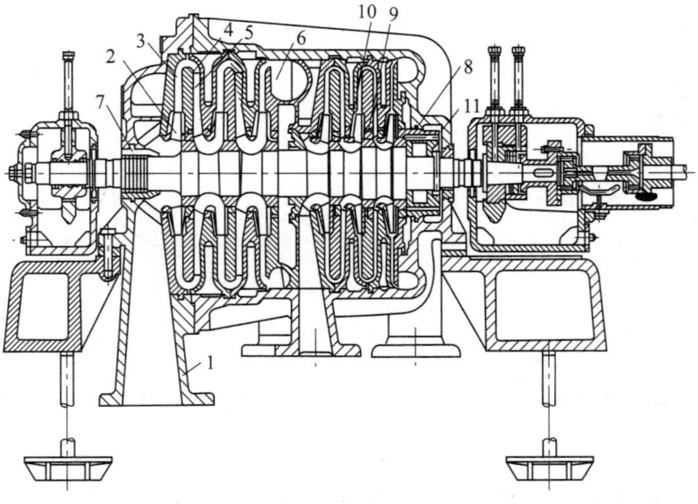

图1-78 离心式压缩机典型结构图

1—吸入室；2—叶轮；3—扩压器；4—弯道；5—回流器；
6—蜗室；7，8—轴端密封；9—隔板密封；10—轮盖密封；11—平衡盘

离心压缩机
动画扫一扫

由于气体的压力增高较多，气体的体积变化较大，所以叶轮的直径应制成大小不同的。一般是将其分成几段，每段可设置几级，每段叶轮的直径和宽度依次缩小。段与段之间设置中间冷却器，以避免气体的温度过高。

与往复式压缩机相比较，离心式压缩机具有体积小、重量轻、占地少、运转平稳、排量大而均匀、操作维修简便等优点，但也存在着制造精度要求高、加工难度大、给气量变动时压力不稳定、负荷不足时效率显著下降等缺点。

2. 离心式压缩机的特性曲线、工作点与气量调节

（1）特性曲线

离心式压缩机的特性曲线通常由流量-压缩比（Q-ε）、流量-轴功率（Q-P）、流量-效率（Q-η）三条曲线组成。但在讨论压缩机的工作点及其气量调节中，为了讨论的方便，常用出口压力 p 来代替压缩比 ε 即用 Q-p 曲线来代替 Q-ε 曲线。图 1-79 所示是某离心式压缩机的特性曲线。

与离心泵相似，离心式压缩机的特性曲线是对特定的压缩机、在一定的转速下、通过实验测定的，它表示了该压缩机的压缩比（或排气压力）、功率以及效率随排气量（按进气状态计算）变化而变化的规律。对大多数透平式压缩机而言，Q-ε（或 Q-p）曲线是一条在气量不为零处有一最高点，呈驼峰状的曲线，在最高点右侧，压缩比（或出口压力）随着流量的增大而急剧降低。在一定范围内，透平式压缩机的功率、效率随流量增大而增大，但当增至一定限度后，却随流量增大而减小。

（2）工作点

由于压缩机总是与一定的管道系统一道工作的。所以，其工作点的确定与离心泵相似，为管路特性曲线和压缩机特性曲线的交点（如图 1-80 所示）。压缩机只有在工作点运行时，其流量和压力才能满足系统的需要。在离心式压缩机的工作点的确定过程中，为与离心式压缩机的特性曲线（Q-p 曲线，如图中的曲线 1 所示）相一致，将管路特性曲线也表示为气流通过管路所需要的出口压力 p_2 和流量之间关系的曲线（Q-p 曲线，如图中的曲线 2 所示，为一抛物线），其可由伯努利方程导出。

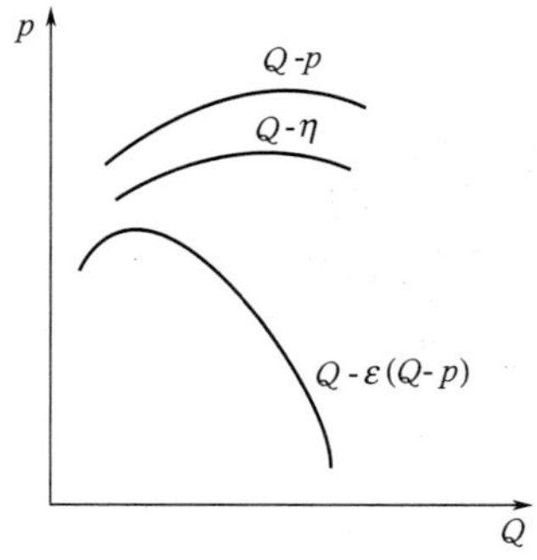

图 1-79 离心压缩机的特性曲线

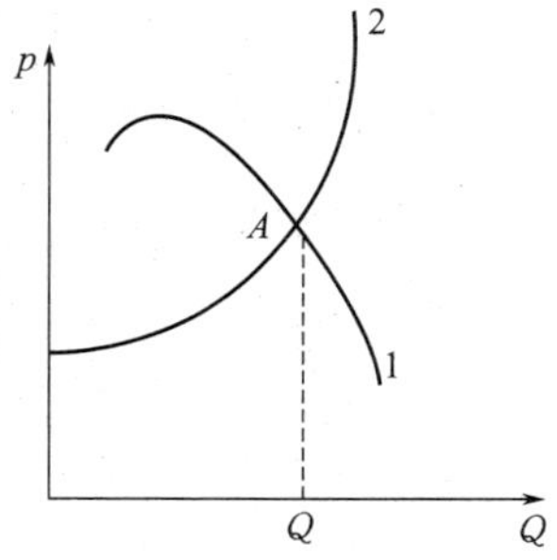

图 1-80 离心压缩机的工作点

（3）气量调节

在实际操作中，经常会遇到管路特性和压缩机的特性不一致的情况，这时就需要改变压缩机的特性曲线，移动工作点，以满足实际需要。这种改变特性曲线的位置，以适应工作需要的方法，称为离心式压缩机的气量调节。

由于气体的流速一般均在 20～30m/s 以上，所以，离心式压缩机不能像离心泵那样通过改变出口阀的开启程度来实现气量调节，因为这样会造成整个管网系统中的能耗增大，很不经济。目前，在离心式压缩机中多采用进口节流调节，即通过调整进口阀门的开启程度来改变压缩机的特性曲线。因此，离心式压缩机在气量调节时，改变的是压缩机本身的特性曲

线，而不是管路特性（又称管网特性）曲线，这是和离心泵进行流量调节的主要区别。

四、真空泵

真空泵是将气体由大气压以下的低压气体经过压缩而排向大气的设备，实际上，也是一种压缩机。真空泵的类型很多，包括往复真空泵、旋转真空泵、喷射泵等。

（一）往复式真空泵

往复式真空泵是一种干式真空泵，其构造和工作原理与往复式压缩机相同，但它们的用途不同。压缩机是为了提高气体的压力；而真空泵则是为了降低入口处气体的压力，从而得到尽可能高的真空度，这就希望机器内部的气体排除得越完全、越彻底越好。因此，往复式真空泵的结构与往复式压缩机相比较有如下不同之处。

① 采用的吸、排气阀（俗称“活门”）要求比压缩机更轻巧，启闭更方便；所以，它的阀片都较压缩机的要薄，阀片弹簧也较小。

② 要尽量降低余隙的影响，提高操作的连贯性；在气缸左右两端设置平衡气道是一种有效的措施，平衡气道的结构非常简单，可以在气缸壁面加工出一个凹槽（或在气缸左右两端连接一根装有连动阀的平衡管），使活塞在排气终结时，让气缸两端通过凹槽（或平衡管）连通一段很短的时间，使得余隙中残留的气体从活塞一侧流向另一侧，从而降低余隙中气体的压力，缩短余隙气体的膨胀时间，提高操作的连贯性。

真空泵和压缩机一样，在气缸外壁也需采用冷却装置，以除去气体压缩和部件摩擦所产生的热量。此外，往复式真空泵是一种干式真空泵，操作时必须采取有效措施，以防止抽吸气体中带有液体，否则会造成严重的设备事故。

国产的往复式真空泵，以 W 为其系列代号，有 W-1 型到 W-5 型共五种规格，其抽气量为 60～770m^3/h，系统绝对压力可降低至 10^{-4}MPa 以下。

由于往复式真空泵存在转速低、排量不均匀、结构复杂、易于磨损等缺陷，近年来已有被其他类型的真空泵取代的趋势。

（二）水环真空泵

图 1-81 所示为水环真空泵，外壳中偏心地安装叶轮，叶轮上有许多辐射状的径向叶片，运转前，泵内充有约一半容积的水。当叶轮旋转时，形成的水环内圆正好与叶轮在叶片根部相切，使机内形成一个月牙截面的空间，此空间倍叶片分隔成许多大小不等的小室。当叶轮逆时针旋转时，由于水的活塞作用，左边的小室逐渐增大，气体由吸入口进入机内，右边的小室逐渐缩小，气体从出口排出。

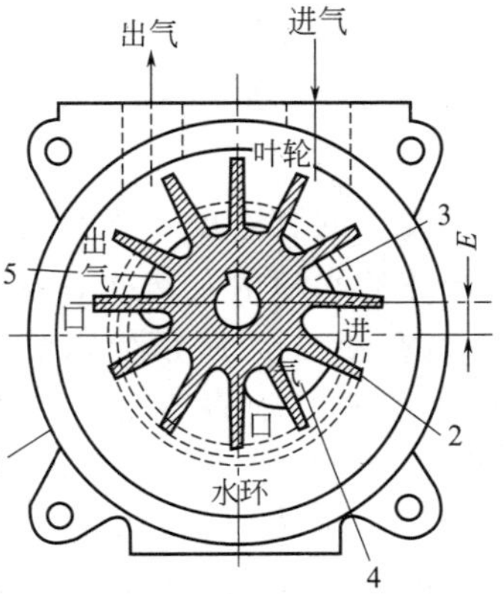

图 1-81 水环真空泵

1—外壳；2—叶片；3—水环；4—吸入口；5—排出口

动画扫一扫
水环真空泵

水环真空泵属湿式真空泵，最高真空度可达 84.3kPa 左右。当被抽吸的气体不宜与水接触时，泵内可充以其他液体，故又称为液环真空泵。这种泵结构简单、紧凑，易于制造和维修，由于旋转部分没有机械摩擦，故使用寿命较长，操作性能可靠。适宜抽吸含有液体的气体，尤其在抽吸有腐蚀性和爆炸性气体时更为适宜。但其效率较低，约为 30%～50%，所能造成的真空度受泵体中液体的温度（或饱和蒸气压）所限制。

（三）喷射式真空泵

喷射泵是利用流体流动时的静压能与动能相互转换的原理来吸、排流体的，它既可用于吸送气体，也可用于吸送液体。其构造简单、紧凑，没有运动部件，可采用各种材料制造，适应性强。但是其效率很低、工作流体消耗量大，且由于系统流体与工作流体相混合，因而其应用范围受到一定限制。故一般多做真空泵使用，而不作为输送设备用。在化工厂中，喷射泵常用于抽真空，故又称为喷射式真空泵，其工作流体可以是蒸汽也可以是液体。

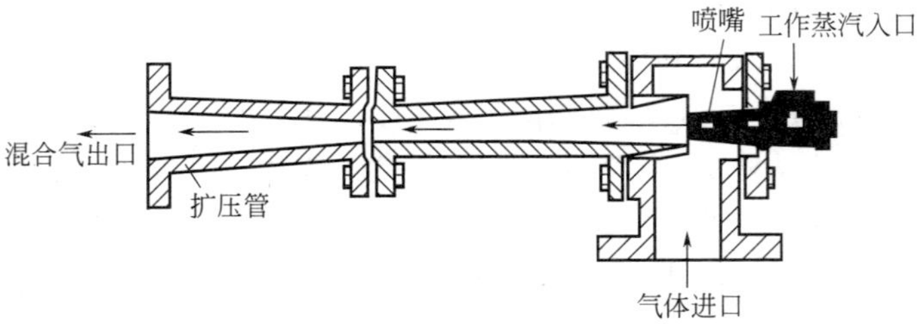

图 1-82 单级蒸汽喷射泵

1. 蒸汽喷射泵

图 1-82 所示的为单级蒸汽喷射泵。工作蒸汽在高压下以很高的速度从喷嘴喷出，在喷射过程中，蒸汽的静压能转变为动能，产生低压，将气体从吸入口吸入。吸入的气体与蒸汽混合后进入扩散管，速度逐渐降低，压力随之升高，而后从压出口排出。

蒸汽喷射泵可使系统的绝对压力低至 4～5.4kPa，用于产生高真空较为经济。

单级蒸汽喷射泵仅能获得 90% 的真空。若要得到 95% 以上的真空，可将几个喷射泵串联起来使用。如五级蒸汽喷射泵则可使系统的绝对压力降低至 0.13～0.007kPa。

2. 水喷射真空泵

在化工生产中，当要求的真空度不太高时，也可以用一定压力的水作为工作流体的水喷射泵产生真空，水喷射速度一般在 15～30m/s 左右。图 1-83 所示为水喷射真空泵。利用它可从设备中抽出水蒸气并加以冷凝，使设备内维持真空。水喷射真空泵的效率通常在 30% 以下，但其结构简单，能源普遍。虽比蒸汽喷射泵所产生的真空度低，但由于它具有产生真空和冷凝蒸汽的双重作用，故应用甚广，被广泛适用于真空蒸发设备，既作为冷凝器又作为真空泵，所以也常称其为水喷射冷凝器。

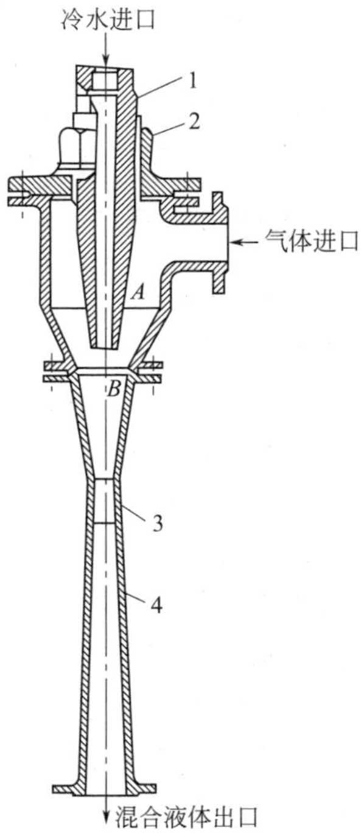

图 1-83 水喷射真空泵

1—喷嘴；2—螺母；3—喉管；4—扩压管

但同压缩机相比，真空泵有自身特点，主要表现为：

①进气压力与排气压力之差最多为大气压力，但随着进气压力逐渐趋于真空，压缩比将要变得很高（可高至100或更高），因此，必须尽可能地减小其余隙容积和气体泄漏；②随着真空度的提高，设备中的液体及其蒸气也将越容易与气体同时被抽吸进来，造成可以达到的真空度下降；③因为气体的密度很小，所以气缸容积和功率对比就要大一些。

真空泵可分为干式和湿式两种，干式真空泵只能从容器中抽出干燥气体，通常可以达到96%～99.9%真空度，湿式真空泵在抽吸气体时，允许带有较多的液体，它只能产生85%～90%真空度。

真空泵的主要性能参数有：①极限真空度或残余压力，指真空泵所能达到的最高真空度；②抽气速率，是指单位时间内真空泵在残余压力和温度条件下所能吸入的气体体积，即真空泵的生产能力，单位 m^3/h。

选用真空泵时，应根据生产任务对两个指标的要求，并结合实际情况而选定适当的类型和规格。

任务十三　离心压缩机仿真操作

任务目标

- 了解离心压缩机工作原理、结构及特性；
- 了解离心压缩机的喘振现象及预防措施；
- 掌握离心压缩机的操作、运行控制及调节过程。

技能要求

- 了解离心压缩机仿真单元工艺流程；
- 掌握离心压缩机的开车、停车及常见事故处理操作；
- 熟练掌握离心压缩机单元仿真操作过程。

一、训练目标

1. 了解单级压缩机分类、工作原理、结构及其工艺流程；
2. 了解单级压缩机的喘振现象、喘振的危害及防喘振的方法；
3. 掌握单级压缩机的冷态开车、正常停车及常见事故处理的操作方法。

二、工艺流程（图1-84）

在生产过程中产生的压力为 $1.2～1.6kgf/cm^2$（绝），温度为30℃左右的低压甲烷经VD01阀进入甲烷贮罐FA311，罐内压力控制在 $300mmH_2O$。甲烷从贮罐FA311出来，进入压缩机 GB301，经过压缩机压缩，出口排出压力为 4.03kgf/cm^2（绝），温度为 160℃的中压甲烷，然后经过手动控制阀 VD06 进入燃料系统。

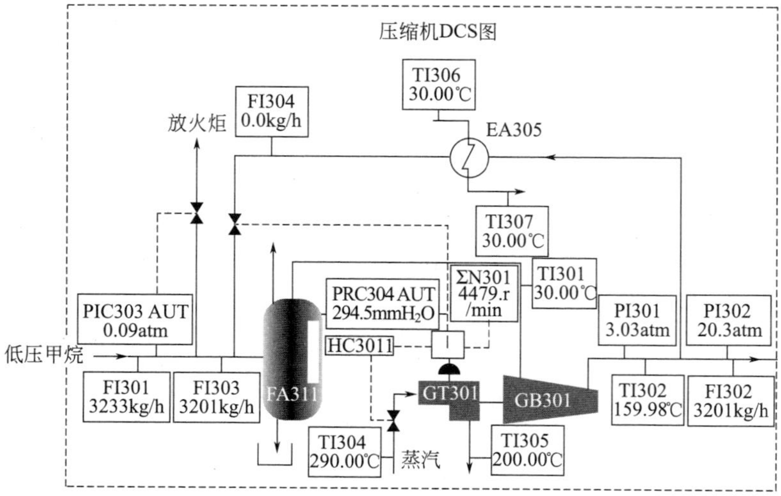

图 1-84　单级压缩机仿真流程图

该流程为了防止压缩机发生喘振，设计了由压缩机出口至贮罐 FA311 的返回管路，即由压缩机出口经过换热器 EA305 和 PV304B 阀到贮罐的管线。返回的甲烷经冷却器 EA305 冷却。另外贮罐 FA311 有一超压保护控制器 PIC303，当 FA311 中压力超高时，低压甲烷可以经 PIC303 控制排放火炬，使罐中压力降低。压缩机 GB301 由蒸汽透平 GT301 同轴驱动，蒸汽透平的供汽为压力 15kgf/cm^2（绝）的来自管网的中压蒸汽，排汽为压力 3kgf/cm^2（绝）的降压蒸汽，进入低压蒸汽管网。

流程中共有两套自动控制系统：PIC303 为 FA311 超压保护控制器，当贮罐 FA311 中压力过高时，自动打开排放火炬阀。PRC304 为压力分程控制系统，当此调节器输出在 50%～100%范围内时，输出信号送给蒸汽透平 GT301 的调速系统，即 PV304A，用来控制中压蒸汽的进汽量，使压缩机的转速在 3350r/min 至 4704r/min 之间变化，此时 PV304B 阀全关。当此调节器输出在 0%～50%范围内时，PV304B 阀的开度对应在 100%～0%范围内变化。透平在起始升速阶段由手动控制器 HC311 手动控制升速，当转速大于 3450r/min 时可由切换开关切换到 PIC304 控制。

三、训练要领

1. 冷态开车过程包括：开车前准备工作、罐 FA311 充低压甲烷、透平单级压缩机开车等操作。

2. 正常停车与紧急停车过程包括：停调速系统、手动降速、停 FA311 进料等。

3. 事故处理过程包括：入口压力过高、出口压力过高、入口管道破裂、出口管道破裂与入口温度过高等事故的处理操作。

4. 正常运行过程：主要维持各工艺参数稳定运行，密切注意参数变化。

任务十四　流体输送综合技能实训

任务目标

- 认识流体输送系统的主要设备及工艺参数测量仪表；
- 了解流体输送过程的基本原理及操作控制过程；
- 掌握利用泵输送物料、压缩空气送料、高位槽送料、真空抽料的基本操作技能；
- 掌握流动阻力的测定及流量计的校正方法。

技能要求

- 能根据具体任务，选择流体输送方案，正确操作，完成流体输送任务；
- 能根据输送任务变化，正确调节仪器、设备，完成控制调节；
- 能正确使用各类流量测量仪表，进行流量计的校正。

一、实训目的

1. 理解并掌握流体静力学基本方程、物料平衡方程、柏努利方程及流体在圆形管路内流动阻力的基本理论及应用。

2. 能够应用所学到的化工流体力学、流体输送机械的基本理论分析和解决流体输送过程中所出现的一般问题。

3. 了解孔板流量计、文丘里流量计、转子流量计、涡轮流量计、热电阻温度计、各种常用液位计、压差计等工艺参数测量仪表的结构和测量原理。

4. 学会根据工艺要求正确选择流体输送设备的种类和型号，掌握正确使用、维护保养流体输送设备的通用技能。

二、工艺流程

流体输送综合实训涉及的主要内容有离心泵综合实训、流动阻力的测定及流量计的校正及其他输送机械与液位控制等。见图 1-85。

三、训练项目

（一）离心泵综合实训

1. 训练目的

（1）了解离心泵装置的基本流程及设备结构。

（2）深刻理解离心泵的工作原理。

（3）能独立地进行离心泵开车、停车操作，能及时发现离心泵运转中的常见故障并能正确处理。

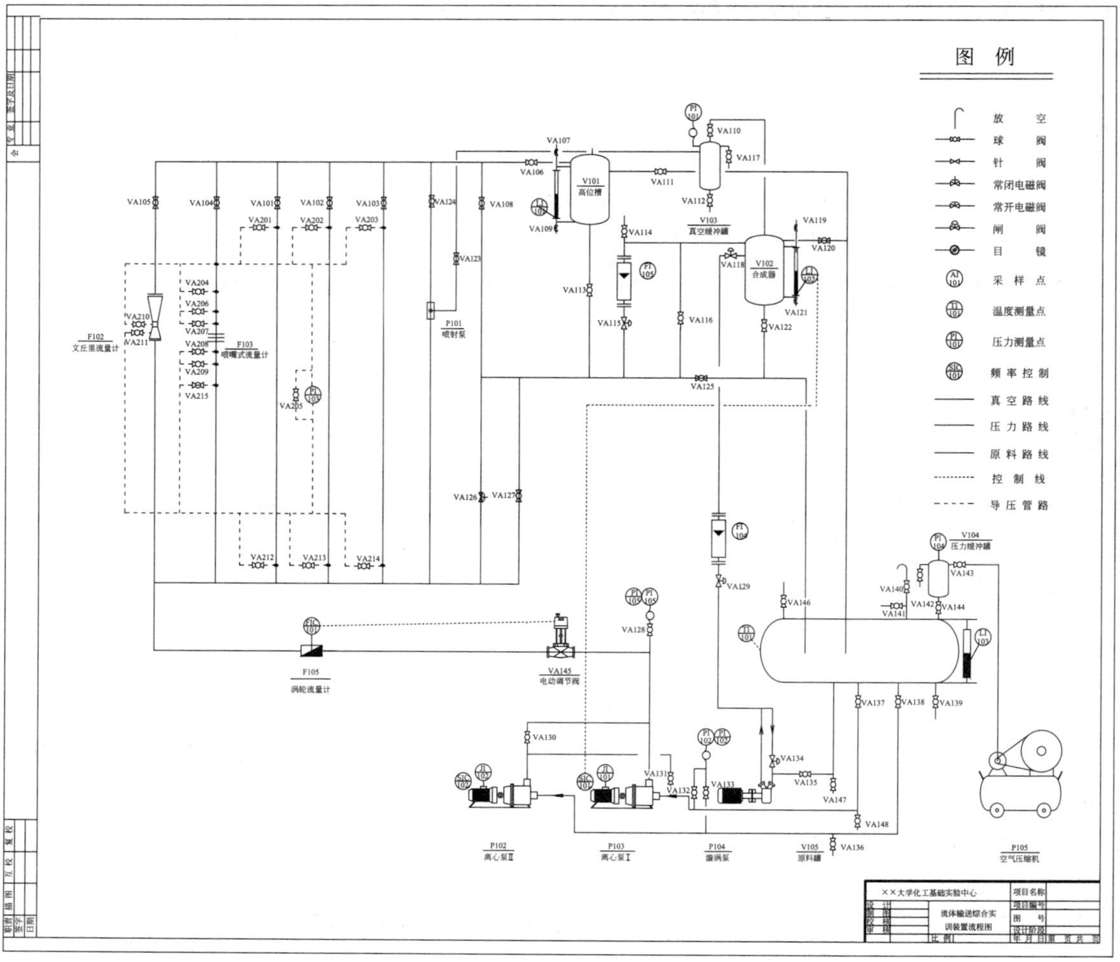

图 1-85 流体输送综合实训流程图

（4）学习掌握离心泵特性曲线的测定方法，离心泵最佳工作点的确定方法及特性曲线的用途。

（5）掌握离心泵串联、并联的操作方法，并了解其特性曲线的绘制方法。

2. 工艺流程

（1）离心泵单泵性能测定工艺过程　流体由原料罐 V105 经阀门 VA137，在离心泵Ⅰ P103 输送作用下，通过电动调节阀 VA145—涡轮流量计 F105—阀门 VA127—阀门 VA125 后回到原料罐 V105。

（2）离心泵双泵并联性能测定工艺过程　流体由原料罐 V105 经阀门 VA137 和阀门 VA138，分别在离心泵Ⅰ P103 和离心泵Ⅱ P102 输送作用下，流经阀门 VA130—电动调节阀 VA145—涡轮流量计 F105—阀门 VA127—阀门 VA125 后回到原料罐 V105。

（3）离心泵双泵串联性能测定工艺过程　流体由原料罐 V105 经阀门 VA138，在离心泵Ⅱ P102 输送作用下，流经阀门 VA131 再由离心泵Ⅰ P103 输送经电动调节阀 VA145—涡轮流量计 F105—阀门 VA127—阀门 VA125 后回到原料罐 V105。

3. 训练要领

（1）开车前的动、静设备检查

① 检查管路、管件、阀门连接是否完好，阀门是否灵活好用并处于正确位置。

② 检查流体输送设备是否完好，离心泵安装高度是否合适，是否需要灌泵，检查离心泵前后阀门是否处于正常开车状态（即关闭状态），离心泵、旋涡泵启动电机前先盘车然后才能通电。检查压缩机的润滑油是否加到指定位置。

③ 仪表手动自动切换训练。

④ 检查仪表柜电源是否连接好，仪表显示是否正常。

⑤ 排净高位槽、合成器内液体，向原料罐内加入液体，控制液位在 60mm 左右。

（2）装置试车技能训练

① 开车前检查泵的出入口管路、阀门，压力表接头有无泄漏；螺丝及其他连接处有无松动。

② 清理泵体机座地面环境卫生。

③ 盘车是否轻松灵活，泵体内是否有金属碰撞的声音。

④ 查排水地漏使整个系统畅通无阻。

⑤ 开启离心泵入口阀门使液体充满泵体，打开泵出口阀门排除泵内空气后关闭。

（3）离心泵Ⅰ P103 开车操作

① 首先离心泵Ⅰ P103 入口阀门 VA137 全部开启、利用仪表关闭电动调节阀 VA145，关闭回水阀 VA127、阀 VA125，关闭离心泵Ⅰ P103 出、入口压力控制阀 VA128、阀 VA132，然后启动电机。

② 当离心泵Ⅰ P103 运转后，全面检查离心泵Ⅰ P103 的工作状况，检查电机和离心泵Ⅰ P103 的旋转方向是否一致。

③ 当离心泵Ⅰ P103 出口压力高于操作压力时，开启回水阀 VA127、阀 VA125，利用流量仪表逐渐开大调节阀 VA145，控制离心泵Ⅰ P103 的流量压力。

④ 检查电机、离心泵Ⅰ P103 是否有杂音、是否异常振动，是否有泄漏，调整出口阀门 VA145 开度达到指定流量。

（4）离心泵Ⅰ P103 停车操作

① 利用仪表逐渐关闭电动调节阀 VA145，关闭回水阀 VA127、阀 VA125。

② 当离心泵Ⅰ P103 出口阀门全部关闭后停电机。

③ 离心泵Ⅰ P103 停止运转后，关闭离心泵Ⅰ P103 入口阀 V137 及离心泵Ⅰ P103 出、入口压力控制阀 VA128、阀 VA132。

（5）离心泵性能曲线的测定实验

① 离心泵单泵性能测定。启动离心泵Ⅰ P103，通过调节电动调节阀 VA145 的不同开度（10 组开度），即调节不同流量，或将涡轮流量计设定到某一数值，待流动稳定后同时读取流量（F105）、泵出口处的压强（PI105）、泵入口处的真空度（PI102）、功率（JI101）及水温（TI101）的数据。

② 离心泵双泵串联性能测定。规格相同的离心泵串联时可以有效提高泵的扬程。

a. 打开离心泵Ⅱ P102 的进水阀 VA138，打开双泵串联阀 VA131，其余阀门全部关闭。

b. 调节离心泵Ⅰ P103、离心泵Ⅱ P102 变频器频率为 50Hz。

先启动离心泵ⅡP102 5s后再启动离心泵ⅠP103，打开阀VA125和阀VA127，利用仪表启动电动调节阀VA145调节流量。流量稳定后打开离心泵ⅡP102入口真空表控制阀VA133和泵出口压力表控制阀VA128。

c. 离心泵串联操作特性曲线测定。调节不同流量，或将涡轮流量计设定到某一数值，待流动稳定后同时读取流量（F105）、泵出口处的压强（PI105）、泵入口处的真空度（PI102）、功率（JI101、JI102）及水温（TI101）的数据。

③ 离心泵双泵并联性能测定。规格相同的离心泵并联时可以提高流量，当输送任务变化幅度较大时，可以发挥泵的经济效果，使其能在高效点范围内工作。

a. 打开离心泵ⅠP103的进水阀VA137和离心泵ⅡP102的进水阀VA138，打开双泵并联阀VA130，其余阀门全部关闭。

b. 调节离心泵ⅠP103、离心泵ⅡP102变频器频率为50Hz后，启动两台离心泵。

c. 双泵启动后，打开阀VA127和阀VA125，利用仪表启动电动调节阀VA145调节流量。流量稳定后打开离心泵ⅠP102入口真空表控制阀VA132和离心泵ⅡP102入口真空表控制阀VA133及泵出口压力表控制阀VA128。

d. 离心泵并联操作特性曲线测定。调节不同流量，或将涡轮流量计设定到某一数值，待流动稳定后同时读取流量（F105）、泵出口处的压强（PI105）、泵入口处的真空度（PI106）、功率（JI101、JI102）及水温（TI101）的数据。

（6）离心泵操作常见故障和处理　见表1-7。

表1-7　故障分析与处理表

序号	故障	现象	分析原因	排除原因
1	停离心泵Ⅱ	1. 离心泵并联实验流量降低； 2. 离心泵串联实验突然无流量； 3. 合成器液位控制实验液位下降	1. 总电源断电； 2. 总电源关闭； 3. 离心泵ⅡP102变频器出故障	1. 查看设备电源指示是否正常工作； 2. 查看设备总电源开关指示是否在开启状态； 3. 离心泵变频器是否正常工作
2	开电磁阀	1. 直管阻力实验时流量突然增大但压差变小； 2. 流量计标定实验时流量突然增大但压差变小； 3. 真空控制实验真空度下降	检查非实验管路阀门是否误开	将非本训练用管路阀门关闭
3	离心泵Ⅰ停	1. 离心泵特性训练无流量； 2. 离心泵管路特性训练无流量； 3. 离心泵串、并联训练流量降低； 4. 直管阻力训练无流量； 5. 流量计训练无流量	1. 总电源断电； 2. 总电源关闭； 3. 离心泵ⅠP103变频器出故障	1. 查看设备电源指示是否正常工作； 2. 查看设备总电源开关指示是否在开启状态； 3. 离心泵变频器是否正常工作
4	停总电源	设备仪表及泵停止工作	1. 总电源断电； 2. 总电源关闭	1. 查看设备电源指示是否正常工作； 2. 查看设备总电源开关指示是否在开启状态
5	离心泵Ⅰ启	合成器控制训练流量加大		关闭离心泵Ⅰ

（二）直管阻力的测定

1. 训练目标

（1）了解直管阻力产生的原因。

（2）掌握直管阻力的测定方法和计算方法。

（3）深刻理解摩擦系数的意义并熟练掌握其确定方法。

2. 工艺流程

以管径 DN15 为例，流体由原料罐 V105 经阀门 VA137 经过离心泵Ⅰ P103 输送，流经电动调节阀 VA145—涡轮流量计 F105—阀门 VA101—阀门 VA108—阀门 VA125 后回到原料罐 V105。

3. 训练要领

打通主要管路的同时打开相应测压阀 VA201 和 VA213 及平衡阀 VA205，读取数据时关闭平衡阀 VA205，从大流量到小流量依次进行测量。

（三）流量计的校正

1. 训练目标

（1）熟悉喷嘴流量计、文丘里流量计、转子流量计、涡轮流量计的结构。

（2）深刻理解喷嘴流量计、文丘里流量计、转子流量计、涡轮流量计的工作原理。

（3）掌握测定喷嘴流量计和文丘里流量计孔流系数的测定方法，并校正流量计。

2. 工艺流程

流体由原料罐 V105 经阀门 VA137 经过离心泵Ⅰ P103 输送，流经电动调节阀 VA145—涡轮流量计 F105—流量计（文丘里流量计 F102，喷嘴流量计 F103）—阀门 VA105—阀门 VA108—阀门 VA125 后回到原料罐 V105。

3. 训练要领

打通主要管路的同时打开相应测压阀（文丘里流量计 VA210 和 VA211，喷嘴流量计 VA207 和 VA208）及平衡阀 VA205，读取数据时关闭平衡阀 VA205。

（四）旋涡泵操作技能

1. 训练目标

（1）了解旋涡泵的结构、工作原理。

（2）熟练掌握旋涡泵的开车、停车操作方法及其流量调节方法。

（3）根据工艺要求正确操作流体输送设备完成流体输送任务。

2. 工艺流程

流体由原料罐 V105 经阀门 VA135 经过旋涡泵 P104 输送，通过阀 VA134 循环经阀门 VA129 调流量—转子流量计 F104—VA118 进入合成器，最后经阀门 VA122 回到原料罐。

3. 训练要领

（1）实训任务：利用旋涡泵进行流体输送。

① 打开合成器上水阀 VA118、合成器回水阀 VA122、旋涡泵 P104 循环阀 VA134、旋涡泵 P104 进水阀 VA135，其余阀门全部关闭。

② 启动旋涡泵 P104 后检查电机和泵的旋转方向是否一致，然后逐渐打开流量计 FI104 调节阀 VA129，运转中需要经常检查电机、泵是否有杂音、是否异常振动，是否有泄漏，

通过调节旁路回流阀门 VA134 的方法调节流量。

③ 流体形成从原料罐 V105—阀 VA135—旋涡泵 P104—阀 VA129—转子流量计 FI104—阀 VA118—阀 VA108—合成器回水阀 VA122—原料罐 V105 的回路。

（2）注意事项

① 在泵出口阀关闭情况下，泵连续工作时间不得超过 3min（泵内压力太高，易损坏密封装置）。

② 在运行过程中，要注意仪表读数应符合工艺要求，轴承温升（不超过 70℃）及泵的振动情况和异常声响。

③ 绝对禁止用泵进口阀调节流量，以免汽蚀伤泵（汽蚀是指被输送液体由于在输送温度下，饱和蒸气压等于或低于泵入口处的压力而部分汽化，引起泵产生噪声和震动，严重时，泵的流量、扬程及效率都显著下降）。

④ 出口阀开启度不宜太小，泵在小于设计流量 30%的状况下工作，压力太大，对泵易造成损坏。

（五）压缩空气输送物料

1. 训练目标

（1）了解空气压缩机的种类、结构、工作原理。

（2）熟练掌握空气压缩机的操作和维护方法。

（3）会利用空气压缩系统进行压力的调节。

2. 工艺流程

空气压缩机 P105 产生压力由阀门 VA143 进入压力缓冲罐 V104 中由压力表 PI104 显示，由阀门 VA147 调节压力后经阀门 VA144 进入原料罐 V105 中。

流体由原料罐 V105 经阀门 VA135—阀门 VA134 —阀门 VA129—转子流量计 F104—阀门 VA118 进入合成器 V102，再经 VA120 回到原料罐。

3. 训练要领

（1）实训任务

正确操作压缩机将原料罐 V105 内液体输送到合成器并达到指定液位（400mm）。

空压机开车前按照操作规程进行检查，无误后关闭所有阀门，打开阀门 VA143、VA144、VA142、VA135、VA129、VA118、VA120。接通电源启动空压机 P105。空压机开始工作后注意观察缓冲罐压力表 PI104 指示值，通过调节阀门 VA142 的开度调节罐中压力维持在 0.1MPa，调节阀门 VA129 开度来调节输送流体的流量，由转子流量计 FI104 计量。当合成器液位达到指定位置时，关闭压缩机出口阀门 VA143，切断压缩机电源，打开原料罐放空阀 VA146 放出罐内余气。

（2）压缩机操作注意事项

① 开车前先检查一切防护装置和安全附件是否完好，确认完好方可开车。

② 检查各处的润滑油面是否合乎标准。

③ 压力表每年校验一次，贮气罐、导管接头外部检查每年一次，内部检查和水压强度试验三年一次，并要做好详细记录。

④ 接通水源，打开各进水阀，使冷却水畅通。

⑤ 机器在运转中或设备有压力的情况下，不得进行任何修理工作。

⑥ 经常注意压力表指针的变化，禁止超过规定的压力。

⑦ 在运转中若发生不正常的声响、气味、振动或故障，应立即停车检修。

⑧ 工作完毕将贮气罐内余气放出。

（六）真空设备抽送物料

1. 训练目标

（1）深刻理解水喷射泵的结构和工作原理。

（2）能够正确进行水喷射泵的开车和停车操作，并能对设备进行良好地维护。

（3）熟练掌握真空系统压力的调节方法。

（4）能对常见事故进行判断并正确处理。

2. 工艺流程

流体由原料罐 V105 经阀门 VA137 经过离心泵Ⅰ P103 输送，流经电动调节阀 VA145—涡轮流量计 F105—喷射泵 P101—阀门 VA124—阀门 VA108 —阀门 VA125 后回到原料罐 V105。同时通过阀门 VA123—真空缓冲罐 V103—阀门 VA117 使合成器 V102 中产生真空。

流体由原料罐 V105 经阀门 VA135—阀门 VA134—阀门 VA129—转子流量计 F104—阀门 VA118 进入合成器。

3. 训练要领

（1）实训任务

利用真空机组将原料罐内液体输送到合成器中并达到指定液位（400mm）。

① 流体由原料罐 V105—阀 VA137—离心泵Ⅰ P103—电动调节阀 VA145—涡轮流量计 F105—喷射泵 P101—阀 VA124—阀 VA108—阀 VA125—原料罐 V105 形成回路，流体流动通过喷射泵 P101 时形成真空，通过阀 VA123 到真空缓冲罐 V103，利用真空缓冲罐 V103 调节阀 V117 调节真空度。

② 利用真空机组将原料罐内液体输送到合成器中并达到指定液位（400mm）。打开阀门 VA135、VA134、VA129、VA118。真空机组启动后，通过调节真空缓冲罐调节阀 VA117 的开度调节真空缓冲罐 V103 中真空度维持在 0.06MPa，调节阀门 VA129 开度来调节输送流体的流量，由转子流量计 F104 计量。

③ 当合成器液位达到指定位置时，利用流量仪表关闭电动调节阀 VA145，关闭离心泵Ⅰ P103，打开缓冲罐调节阀 VA117 放空真空。

（2）注意事项

① 开车前检查冷却水的进出水阀门是否开启，水量是否适宜。

② 真空泵运转过程中，操作人员应经常查看电流读数是否正常，倾听声音是否正常，如发现异常应立即进行检查、检修。

③ 停车时先停真空系统，停泵后再关闭冷却水。

（七）高位槽输送物料

1. 训练目标

（1）了解高位槽输送物料的操作原理。

（2）根据工艺要求正确操作流体输送设备完成流体输送任务。

2. 工艺流程

（1）向高位槽输送流体时的工艺过程　流体由原料罐 V105 经阀门 VA137，在离心泵Ⅰ P103 输送作用下，通过电动调节阀 VA145—涡轮流量计 F105—阀门 VA101（或阀门

VA102、阀门 VA103、阀门 VA104、阀门 VA105）—阀门 VA106 进入高位槽 V101—阀门 VA113—阀门 VA125 后回到原料罐。

（2）由高位槽向合成器输送流体的工艺过程　流体由原料罐 V105 经阀门 VA137，在离心泵Ⅰ P103 输送作用下，通过电动调节阀 VA145—涡轮流量计 F105—VA101（或阀门 VA102、阀门 VA103、阀门 VA104、阀门 VA105）—阀门 VA106 进入高位槽—阀门 VA113—阀门 VA115 调流量—转子流量计 FI105（或由阀门 VA116 直接）进入合成器 V102—阀门 VA120 回到原料罐 V105 中。

3. 训练要领

（1）实训任务：正确使用高位槽输送流体到合成器中并达到指定液位（400mm）。

① 向高位槽 V101 中注入液体，待高位槽溢流管内有液体流出时调小进入高位槽的流量。

② 流体在重力作用下从高位槽 V101 流向合成器 V102，通过调节阀 VA115 开度调节流量，转子流量计 F105 记录流量，控制合成器液位保持恒定。

（2）注意事项：为了使高位槽出口流量稳定，需保持高位槽液位稳定。

知识窗：技术新动向——磁力泵

当今社会越来越重视环境保护，人们的环保意识不断加强，机械设计人员在设计各种机械时，环保和节能成为考虑的重要因素。

磁力泵就是新兴的一种流体输送机械，其最大的优点就是无泄漏、绿色环保。磁力泵的原动机依旧是采用电动机驱动，和普通泵结构相似。叶轮、泵轴以及内磁转子组成了内转子部分，内转子部分直接和输送的流体接触，当电动机带动驱动轴转动时，外磁转子通过空间传递磁场影响内磁转子转动，从而带动泵轴和叶轮转动输送流体。整个过程内外、转子都是静态密封，流体几乎没有任何泄漏的可能。

磁力泵运行平稳，低噪声，振动小。内、外转子分离使磁力泵的维护和检修相对简便，适用于特殊流体的输送。未来随着材料科学的发展，更高强度、更耐腐蚀的材料也会被应用到流体输送机械，流体输送机械将会更加环保节能。

小结

1. 认识流体输送过程

通过介绍化工生产过程和单元操作的基本概念，使学生形成对化工生产的整体认识，了解化工生产在国民经济中的地位，初步认识单元操作，认识单元操作在化工生产中的地位和作用，从而激发学习本课程的兴趣。

流体输送作为一个最基本的单元操作，与很多过程都密切联系，要首先了解其在化工生产中的应用，了解其主要设备组成：管路、流体输送设备、流量计、压力表等。

2. 流体流动的基本理论

密度、黏度、流量、流速、压力等均是化工生产中最常见的参数，要掌握有关这些参数的知识，学会正确获取这些参数、正确表示以及单位换算。流体流动的基本规律包括静力学和动力学两部分。流体静力学是研究流体静止状态下的基本公式，要掌握静力学方程基本形式及有关推论，并能运用其熟练解决如系统压强差或表压强的测定、液位的测量液封高度的确定等工程实际问题。流体动力学的连续性方程和伯努利方程很有用。连续性方程告诉我们，流通截面最小的地方，是流动最快的地方，而伯努利方程告诉我们，流速最快的地方乃是压力最小的地方，流体流动过程中能量是守恒的。要熟练掌握动力学方程的工程应用。

3. 课题实践

利用能量转换实验对伯努利方程进一步动手实测，加深理解能量守恒；通过雷诺实验在操作中学习流体的流动类型；流体阻力测定课题在实践中理解什么是流体阻力，对工业生产有何影响，如何测定，如何计算；通过管路拆装实训，训练对化工生产中常见的管路系统的安装、拆除技能。

4. 流体输送设备

离心泵是化工生产最常见的液体输送设备，掌握离心泵的结构和工作原理、主要性能参数及特性曲线、类型和选用及安装。并利用仿真与实际操作进一步强化泵的开停车操作、事故处理操作。

掌握往复泵的结构和工作原理、类型、主要性能、流量调节、开停车运行与维护操作；了解齿轮泵、螺杆泵、旋涡泵等液体输送设备的结构与性能特点，适用范围。

了解掌握常见气体输送机械：通风机、鼓风机、压缩机、真空泵的分类方法、设备构造、工作原理、性能及操作控制。利用仿真进行操作技能强化。

复习与思考

1. 我国西部某油田将原油输出，管子为 $\phi300\text{mm}\times15\text{mm}$ 钢管，输送量为 $250\text{m}^3/\text{h}$，油的运动黏度为 2.1 厘泊，求 Re？问原油输送中设加热站的目的是什么？
2. 在滞流情况下，如管路系统不变，流量增大一倍，直管阻力有何变化？
3. 静止流体内部等压面的条件是什么？
4. 在流量一定的情况下，管径是否越小越好？为什么？
5. 什么是气缚？什么是气蚀？
6. 离心泵的工作原理是什么？
7. 试绘离心泵的特性曲线。
8. 离心泵的流量调节方法有哪些？
9. 试画出两台同型号离心泵串、并联操作的特性曲线示意图，并标出工作点。
10. 齿轮泵主要适用于什么场合？
11. 什么是全风压？
12. 泵自动停转的原因有哪些，怎样处理？
13. 离心泵安装时应注意哪些事项？
14. 泵打不出物料的原因是什么？
15. 离心泵的性能和结构有哪些特点？
16. 离心泵振动原因及处理办法是什么？
17. 往复泵的性能结构有哪些特点？
18. 离心泵内进入空气，会产生什么现象，如何清除？
19. 简述离心泵开车、停车程序。
20. 离心泵的串、并联操作在生产中有什么意义？

自测练习

一、填空题

1. 液体的密度随 T 上升而________，气体密度与________和__________有关。

2. 已知某设备的压力为 2atm，试以______kgf/cm^2、________bar、________Pa、______mmHg、______mH_2O 表示此压力。

3. 已知通过某一截面的溶液流量为 $30m^3/h$，溶液的密度为 $1200kg/m^3$，该截面处管子的内径为 0.08m，则流速=______、质量流速=______、质量流量=______。

4. 已知管内径为 0.02m，黏度为 1.1 厘泊，密度为 $1050kg/m^3$ 的液体以每小时 $2m^3$ 的流量流动，则流型为__________。

5. 在完全湍流情况下，如管路系统不变，流量增大一倍，阻力______。

6. 阻力平方区，流速增加，摩擦系数 λ__________________________，阻力损失 $\sum h_f$______________________。

7. 设备外大气压为 640mmHg，设备内真空度为 500mmHg，设备内绝压为__________Pa，表压为________mmHg。

8. 对于一定的液体，内摩擦力为 F 与两流体层的速度差 Δu 成______，与两层之间的垂直距离 Δy 成______。

9. 用水银 U 形管压差计测水平管内 A、B 两点压差，读数为 150mmHg，水平管内水 $\rho=1000kg/m^3$，则两点压力差 $\Delta p=$__________Pa。

10. 流体的流动类型分____和____，湍流时 Re__________。

11. 温度升高，气体的黏度________，液体的黏度________。

12. 定截面变压差流量计包括________、________。

13. 离心泵的主要部件有________，________和________；其主要性能参数有________、__________、__________和______________。

14. 已测得某离心水泵在流量为 $Q=1.6L/s$ 时泵的进口真空表读数为 124mmHg，出口压力表为 $1.83kgf/cm^2$，泵的进出口管径相等，两测压点间距离及管路阻力可忽略不计，求泵的压头为________mH_2O。

15. 用水测定泵的性能时得到泵的轴功率为 2.3kW，有效功率为 1.4kW，求泵的效率______。

16. 根据原理不同，泵通常分为__________、__________、__________。

17. 气体压缩机械按其压缩比分为______、______、____、______四类。

18. 离心泵装填料是压盖将填料压紧在________和之间，从而达到________的目的。

19. 影响离心泵特性的因素有______、________、________、______。

20. 离心泵的工作点由________和________决定。

21. 离心泵在开泵时应先__________以避免气缚现象，再____________，以减小电动机启动电流，保护电动机。

22. 气蚀现象产生的主要原因是________________。

23. 在特定的管路系统中，关小泵的出口阀对__________曲线没有影响，仅改变________曲线。

24. 往复泵流量调节方法有________、________、________。

二、选择题

1. 层流与湍流的本质区别是（　　）。

A. 湍流流速>层流流速　　B. 流道截面大的为湍流，截面小的为层流

C. 层流的雷诺数<湍流的雷诺数　　D. 层流无径向脉动，而湍流有径向脉动

2. 设备内的真空度愈高，即说明设备内的绝对压强（　　）。

A. 愈大　　B. 愈小　　C. 愈接近大气压　　D. 无法判断

3. 一般情况下，液体的黏度随温度升高而（　　）。

A. 增大　　B. 减小　　C. 不变　　D. 无法判断

4. 水在一条等径垂直管内做向下定态连续流动时，其流速（　　）。

A　会越流越快　　B. 会越流越慢　　C. 不变　　D. 无法判断

5. 流体所具有的机械能不包括（　　）。

A. 位能　　B. 动能　　C. 静压能　　D. 内能

6. 当圆形直管内流体的 *Re* 值为 45600 时，其流动形态属（　　）。

A. 层流　　B. 湍流　　C. 过渡状态　　D. 无法判断

7. 下列四种流量计，那种不属于差压式流量计的是（　　）。

A. 孔板流量计　　B. 喷嘴流量计　　C. 文丘里流量计　　D. 转子流量计

8. 在稳定流动系统中，液体流速与管径的关系（　　）。

A. 成正比　　B. 与管径平方成正比　　C. 与管径平方成反比　　D. 无一定关系

9. 水在内径一定的圆管中稳定流动，若水的质量流量保持恒定，当水温升高时，*Re* 值将（　　）。

A. 变大　　B. 变小　　C. 不变　　D. 不确定

10. 液体的密度随温度的升高而（　　）。

A. 增大　　B. 减小　　C. 不变　　D. 不一定

11. 液体的流量一定时，流道截面积减小，液体的压强将（　　）。

A. 减小　　B. 不变　　C. 增加　　D. 不能确定

12. 水在圆形直管内流动，若流量一定，将管内径增加一倍，流速将为原来的（　　）倍。

A. 1/2　　B. 1/4　　C. 4　　D. 2

13. 流体运动时，能量损失的根本原因是由于流体存在着（　　）。

A. 压力　　B. 动能　　C. 湍流　　D. 黏性

14. 流体由 1—1 截面自流入 2—2 截面的条件是（　　）。

A. $gz_1+p_1/\rho=gz_2+p_2/\rho$　　B. $gz_1+p_1/\rho>gz_2+p_2/\rho$

C. $gz_1+p_1/\rho<gz_2+p_2/\rho$　　D. 以上都不是

15. 气体在管径不同的管道内稳定流动时，它的（　　）不变。

A. 流速　　B. 质量流量　　C. 体积流量　　D. 质量流量和体积流量

16. 某液体通过由大管至小管的水平异径管时，变径前后的能量转化的关系是（　　）。

A. 动能转化为静压能　　B. 位能转化为动能

C. 静压能转化为动能　　D. 动能转化为位能

17. 当流体从高处向低处流动时，其能量转化关系是（　　）。

A. 静压能转化为动能　　B. 位能转化为动能

C. 位能转化为动能和静压能　　D. 动能转化为静压能和位能

18. 一般只需要切断而不需要流量调节的地方，为减小管道阻力一般选用（　　）。

A. 截止阀　　B. 针形阀　　C. 闸阀　　D. 止回阀

19. 产生离心泵启动后不进水的原因是（　　）。

A. 吸入管浸入深度不够　　B. 填料压得过紧

C. 泵内发生汽蚀现象　　D. 轴承润滑不良

20. 单级离心泵采取（　　）平衡轴向力。

A. 平衡鼓　　B. 叶轮对称布置　　C. 平衡孔　　D. 平衡盘

21. 化工过程中常用到下列类型泵：a. 离心泵；b. 往复泵；c. 齿轮泵；d. 螺杆泵。其中属于正位移泵的是（　　）。

A. a，b，c　　B. b，c，d　　C. a，d　　D. a

22. 采用出口阀门调节离心泵流量时，开大出口阀门扬程（　　）。

A. 增大　　B. 不变　　C. 减小　　D. 先增大后减小

23. 往复泵适用于（　　）的场合。

A. 大流量且要求流量均匀　　B. 介质腐蚀性强

C. 小流量，压头较高　　D. 小流量且要求流量均匀

24. 某同学进行离心泵特性曲线测定实验，启动泵后，出水管不出水，泵进口处真空表指示真空度很高，他对故障原因做出了正确判断，排除了故障，你认为以下可能的原因中，哪一个是真正的原因（　　）。

A. 水温太高　　B. 真空表坏了　　C. 吸入管路堵塞　　D. 排除管路堵塞

25. 以下种类的泵具有自吸能力的是（　　）。

A. 往复泵　　B. 漩涡泵　　C. 离心泵　　D. 齿轮泵和漩涡泵

26. 若被输送液体的黏度增大时，离心泵的轴功率（　　）。

A. 增大　　B. 减小　　C. 不变　　D. 不定

27. 一台离心泵开动不久，泵入口处的真空度逐渐降低为零，泵出口处的压力表也逐渐降低为零，此时离心泵完全打不出水。发生故障的原因是（　　）。

A. 忘了灌水　　B. 吸入管路堵塞　　C. 压出管路堵塞　　D. 吸入管路漏气

28. 在一输送系统中，改变离心泵的出口阀门开度，不会影响（　　）。

A. 管路特性曲线　　B. 管路所需压头　　C. 泵的特性曲线　　D. 泵的工作点

29. 当离心泵输送的液体沸点低于水的沸点时，则泵的安装高度应（　　）。

A. 加大　　B. 减小　　C. 不变　　D. 无法确定

30. 往复泵出口流量的调节是用（　　）。

A. 入口阀开度　　B. 出口阀开度　　C. 出口支路　　D. 入口支路

31. 离心泵发生气蚀可能是由于（　　）。

A. 离心泵未排净泵内气体　　B. 离心泵实际安装高度超过最大允许安装高度

C. 离心泵发生泄漏　　D. 所输送的液体中可能含有砂粒

32. 离心泵最常用的调节方法是（　　）。

A. 改变吸入管路中阀门开度　　B. 改变压出管路中阀门的开度

C. 安置回流支路，改变循环量的大小　　D. 车削离心泵的叶轮

33. 离心泵开动以前必须充满液体是为了防止发生（　　）。

A. 气缚现象　　B. 汽蚀现象　　C. 汽化现象　　D. 气浮现象

34. 启动往复泵前其出口阀必须（　　）。

A. 关闭　　B. 打开　　C. 微开　　D. 无所谓

35. 离心泵停止操作时，宜（　　）。

A. 先关出口阀后停电　　B. 先停电后关出口阀

C. 先关出口阀或先停电均可　　D. 单级泵先停电，多级泵先关出口阀

36. 离心泵是依靠离心力对流体做功，其做功的部件是（　　）。

A. 泵壳　　B. 泵轴　　C. 电机　　D. 叶轮

37. 为防止离心泵发生气缚现象，采取的措施是（　　）。

A. 启泵前灌泵　　B. 降低泵的安装高度

C. 降低被输送液体的温度　　D. 关小泵出口调节阀

38. 泵将液体由低处送到高处的高度差叫做泵的（　　）。

A. 安装高度　　B. 扬程　　C. 吸上高度　　D. 升扬高度

39. 某泵在运行的时候发现有气蚀现象应（　　）。

A. 停泵，向泵内灌液　　B. 降低泵的安装高度

C. 检查进口管路是否漏液　　D. 检查出口管阻力是否过大

40. 离心泵的泵壳的作用是（　　）。

A. 避免气缚现象　　B. 避免气蚀现象

C. 灌泵　　D. 汇集和导液的通道、能量转换装置

三、计算题

1. 相对密度是 0.9 的重油沿内径 156mm 的钢管输送，如质量流量是 50t/h，求体积流量和流速。

2. 在一密闭的容器内，盛有相对密度为 1.2 的溶液，液面上方的压强为 $p_0=100\text{kPa}$，求距液面 6m 处所受的压力强度是多少？

3. 如图 1-86 所示，用水箱送水，水箱液面至水出口管垂直距离保持在 6.2m，管子内径为 100mm，若在流动过程中压头损失为 6m 水柱，试求管路输水量。

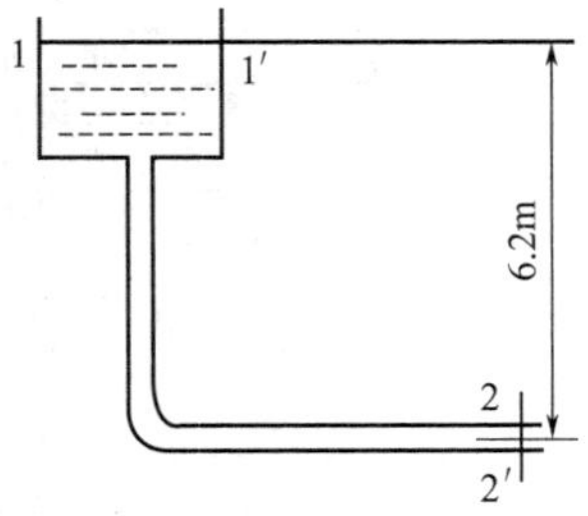

图 1-86　计算题 3 附图

4. 某离心泵运转时，测得排液量为 10 m^3/min，液体密度为 720kg/m^3，压力表和真空度读数分别为 343kN/m^2 和 180mmHg，吸入管和排出管内径分别为 400mm 和 350mm，泵的效率为 80%，试求泵的实际压头？

5. 某油泵的吸入口管径 ϕ108mm×4mm，出口管径 ϕ86mm×3mm，油的比重为 0.8，油在吸入管中流速为 1.5m/s. 求油在出口管中的流速？

6. 自水池向车间送水，管线内径为 200mm，水池液面至泵入口中心高 4m，吸入管长 20m，各种管件、阀件的阻力系数之和为 4.4，设计输送量 0.04m^3/s，已知管路摩擦系数 λ 为 0.02，水 $\rho=1000kg/m^3$，$p_{大}=1at$。求：

（1）吸入管的阻力损失（J/kg）为多少？

（2）泵入口压力表指示的压强（kgf/cm^2）为多少？

（3）若泵出口压力表读数为 7.25kgf/cm^2，泵的效率为 0.8，则泵的有效功率（kW）为多少？

7. 某离心水泵在一循环管路中工作，已知管道直径为 $\phi 49mm\times4.5mm$，总长 150m（包括所有局部阻力的当量长度在内），水在管内流速为 2m/s，摩擦系数 $\lambda=0.023$，求泵的压头（mH_2O）为多少？

8. 某离心泵安装在高出水面 5m 处，水在吸入管内流速为 1.2m/s，吸入管路总阻力损失为 $0.75mH_2O$，求泵入口处的真空度？

9. 常压储槽内盛有石油产品 $\rho=760kg/m^3$，黏度小于 20cSt，再储存条件下 $p_v=80kPa$，现拟用 65Y-60B 型油泵将此油品以 $15m^3/h$ 的流量送往表压为 177kPa 的设备内，储槽液面恒定，设备的油品入口比储槽液面高 5m，吸入管路与排出管路的全部压头损失为 1m 和 4m，试核算该泵是否合用。若油泵位于槽液面以下 1.2m 下，问此泵能否正常操作？

（$p_{大}=101.33kPa$，$\Delta h_{允}=2.7m$）

10. 由水库将水打入一水池，水池水面比水库水面高 50m，两水面上的压力均为常压，要求的流量为 $90m^3/h$，输送管内径为 156mm，在阀门全开时，管长和各种局部阻力的当量长度的总和为 1000m，对所使用的泵在 $Q=65\sim135m^3/h$ 范围内属于高效区，在高效区中，泵的性能曲线可以近似地用直线 $H=124.5-0.392Q$ 表示，此处 H 为泵的扬程（m），Q 为泵的流量（m^3/h），泵的转速为 2900r/min，管子摩擦系数可取为 $\lambda=0.025$，水的密度 $\rho=1000kg/m^3$。

（1）核算一下此泵能否满足要求。

（2）如在 $Q=90m^3/h$ 时，泵的效率可取为 68%，求泵的轴功率为多少？

课程学习资源

序号	资源名称	资源类别	资源来源
1	单元操作	微课	网页：智慧职教→生物和化工大类→煤化工技术（国家级资源库）→素材中心→媒体类型：微课类→搜索栏→输入资源名称
2	管路的分类和基本构成	微课	
3	常用管件	微课	
4	常用阀门	微课	
5	流体的静压强	微课	
6	流体静力学方程	微课	
7	U形管压差计	微课	
8	连续性方程	微课	
9	伯努利方程	微课	
10	流体的流动形态	微课	
11	直管阻力的计算	微课	
12	局部阻力的计算	微课	
13	孔板流量计和文氏流量计	微课	
14	转子流量计	微课	
15	离心泵的主要部件	微课	
16	离心泵的工作原理	微课	
17	离心泵的气缚现象	微课	
18	离心泵的汽蚀现象	微课	
19	离心泵的主要性能参数和特性参数	微课	
20	离心泵的工作点与流量调节	微课	
21	离心泵的安装高度	微课	
22	离心泵单元开车操作	微课	
23	离心泵单元停车操作	微课	
24	离心单元工艺流程	仿真	
25	离心泵复杂控制方案	仿真	
26	离心泵冷态开车	仿真	
27	离心泵正常停车	仿真	

续表

序号	资源名称	资源类别	资源来源
28	离心泵操作3D仿真	仿真	网页：智慧职教→生物和化工大类→煤化工技术（国家级资源库）→素材中心→媒体类型：微课类→搜索栏→输入资源名称
29	离心泵特性曲线的测定	实训	
30	压缩机流体岗位技能操作训练	实训	
31	空气压缩机的操作实训3D仿真	实训	

本项目符号说明

h——高度，m；

h_f——直管阻力，J/kg；

h_f'——局部阻力，J/kg；

Σh_f——总能量损失，J/kg；

H_e——输送设备对流体所提供的有效压头，m；

H_f——压头损失，m；

H_g——离心泵的允许安装高度，m；

H_K——离心通风机的动风压，m；

H_p——离心通风机的静风压，m；

H_T——离心通风机的全风压，m；

H——离心泵的扬程，m；

Q——离心泵的流量，m^3/s；

l——直管的长度，m；

l_e——管件及阀门等局部的当量长度，m；

M——流体的千摩尔质量，kg/kmol；

M_m——混合流体的平均千摩尔质量，kg/kmol；

m——流体的质量，kg；

N——离心泵的轴功率，W或kW；

n——离心泵叶轮的转速，r/min；

p_v——液体的饱和蒸气压，Pa；

P_e——离心泵的有效功率，W或kW；

η——离心泵的效率，无因次；

p——流体的压力，Pa；

q_V——体积流量，m^3/s；

q_m——质量流量，kg/s；

R——通用气体常数，8.314kJ/(kmol·K)；

u_{max}——流动截面上的最大流速，m/s；

W_e——外加功，J/kg；

x_w——混合物中各组分的质量分数；

z——高度，距离，m；

ρ——流体的密度，kg/m^3；

ν——运动黏度，m^2/s；

μ——动力黏度，Pa·s；

ε——绝对粗糙度，m；

ζ——局部阻力系数，无因次；

d——圆管的内直径，m；

u——平均流速，m/s；

G——质量流速，$kg/(m^2·s)$。

参考文献

[1] 冷士良．化工单元操作．第3版．北京：化学工业出版社，2019.
[2] 刘爱民，王壮坤．化工单元操作技术．北京：高等教育出版社，2006.
[3] 张洪流．流体流动与传热．北京：化学工业出版社，2002.
[4] 柴诚敬，张国亮．化工流体流动与传热．北京：化学工业出版社，2000.
[5] 陈敏恒．化工原理（上册）．第5版．北京：化学工业出版社，2020.
[6] 韩玉墀，王慧伦．化工工人技术培训读本．北京：化学工业出版社，2004.

项目二
传热技术

在石油化工生产中，经常要对原料和产品进行加热、冷却、蒸发、冷凝、沸腾等操作，为了避免设备热损失往往要对设备进行绝热、保温处理，这些过程都涉及热量的传递。热量由高温物体向低温物体的传递过程，统称为传热过程。

任务一　认识化工传热过程

任务目标

- 了解传热在化工生产中的应用；
- 了解工业常见的换热方式及其特点；
- 认识化工传热设备的基本类型；
- 掌握列管换热器的基本结构。

技能要求

- 认识化工生产过程中的传热过程；
- 认识工业换热过程和换热方式；
- 掌握各种换热设备的基本构造。

一、传热在化工生产中的应用

由热力学第二定律可知，凡是存在温度差的地方就有热量传递。传热不仅是自然界普遍存在的现象，而且在科学技术、工业生产以及日常生活中都占有很重要的地位，与化学工业的关系尤其密切。无论是化工生产中的化学反应，还是单元操作，几乎都伴有传热。传热在化工生产中的应用主要有以下几方面：

1. 化学反应中的传热

化学反应通常要在一定的温度下进行，为了达到并保持一定的温度，就需要向反应器输入或从它移出热量。例如，某化学反应需要较高的反应温度，就要对原料进行加热，使之达到要求的反应温度；如果是放热反应，还必须及时从系统中移走热量来维持需要的温度；如果是吸热反应，又要及时补充热量。

2. 化工单元操作中的传热

在某些单元操作（如蒸发、蒸馏、结晶和干燥等）中，常常需要输入或输出热量，才能保证操作的正常进行。

3. 化工生产中热能的合理利用和余热的回收

化工生产中的化学反应大都是放热反应，放出的热量可以回收利用，以降低能量消耗。例如合成氨的反应温度很高，有大量的余热要回收，通常可设置余热锅炉生产蒸汽甚至发电。

4. 减少设备的热量（或冷量）损失

化工生产中的设备和管道往往需要进行保温，以减少设备的热量（或冷量）的损失，降低操作费用，并且提高劳动保护条件。

一般来说，传热设备在化工厂的设备投资中可占到40%左右，而且它们的能量消耗也是相当可观的。传热是化工中重要的单元操作之一，了解和掌握传热的基本规律，在化学工程中具有很重要的意义。

化工生产过程中对传热的要求经常有以下两种情况：一种是强化传热，即要求传热快些。例如换热设备中的传热，如果传热面积一定，那么传热快，可使生产能力提高，如果生产能力一定，则需要的传热面积减少，可使设备费用降低。另一种是削弱传热。例如对高、低温设备或管道进行保温，以减少热量（或冷量）的损失，以使操作费用降低。

传热过程既可连续进行也可间歇进行。如果传热系统中各点的温度仅随位置变化而不随时间变化，这种传热称为稳定传热。如果传热系统中各点的温度不仅随位置变化也随时间变化，这种传热就称为不稳定传热。连续生产中的传热大多可视为稳定传热，间歇过程的传热和连续生产的开工、停工阶段都是不稳定传热。因为化工生产中遇到的大多是稳定传热，本章只重点讨论稳定传热过程计算。

二、工业上常见的换热方式

在化工生产过程中，传热通常是在冷、热两种流体间进行的。根据热交换方式的不同，工业上的换热可分为如下几种方式。

1. 直接接触式换热（又称为混合式换热）

直接接触式换热就是冷、热流体在换热设备中直接混合进行换热。这种换热方式的优点是传热效果好，设备结构简单，适用于两流体允许直接混合的场合。常用于气体的冷却或水蒸气的冷凝等，例如凉水塔、洗涤塔、喷射冷凝器等设备中进行的换热均属于直接接触式换热。

2. 蓄热式换热

蓄热式换热使用的设备称为蓄热式换热器，简称蓄热器，蓄热器内填充耐火砖等热容量大的蓄热体。冷、热流体交替通过同一蓄热器，可通过蓄热体将从热流体来的热量，传递给冷流体，达到换热的目的。它的优点是设备结构简单，可耐高温，常用于高温气体的加热、气体的余热和冷量的利用，如蓄热式裂解炉中的换热就属于蓄热式换热。其缺点是设备体积庞大，并且两种流体交替流过时难免会有一定程度的混合，所以在化工生产中使用得不太多。通常在生产中采用两个并联的蓄热器交替地使用，如图2-1所示。

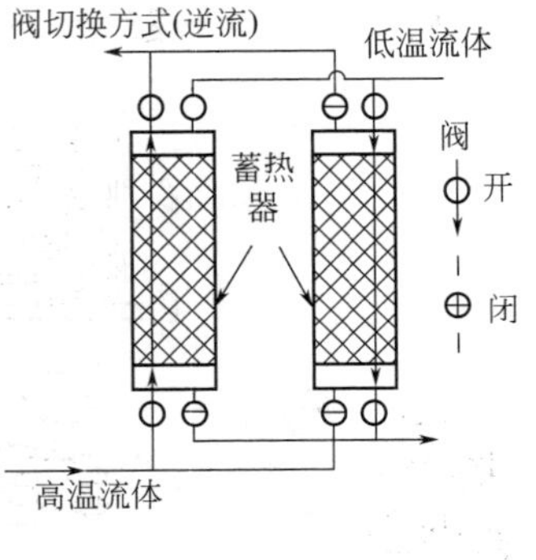

图2-1 蓄热式换热器

3. 间壁式换热

因为化工工艺上一般不允许冷、热流体直接接触，所以在化工生产中遇到的多是间壁两侧流体间的换热，即冷、热两种流体被固体壁面隔开，互不接触，热量由热流体通过壁面传给冷流体。间壁必须用导热性能好的材料制成，以减小热阻。间壁式换热是本章讨论的重点。

三、化工传热设备结构

要实现热量的交换，需要用到一定的设备，这种用于热量交换的设备称为热量交换器，简称换热器。间壁式换热器应用最多，下面重点讨论此类换热器。

（一）管式换热器

1. 套管换热器

套管换热器是由两种直径不同的直管组成的同心套管，将几段套管用U形管连接起来，其结构如图2-2所示。每一段套管称为一程，程数可根据传热要求增减。一种流体在内管内流动，而另一种流体在内外管间的环隙中流动，两种流体通过内管的管壁传热。

套管换热器 动画扫一扫

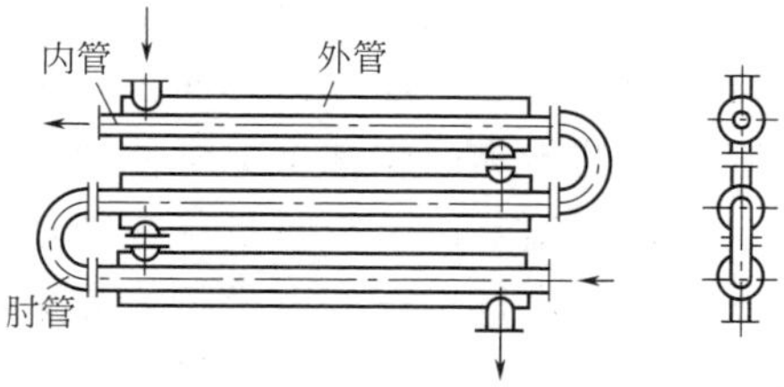

图2-2 套管换热器

套管换热器的优点是结构简单，加工方便；能耐高压；传热面积可根据需要增减；适当地选择内管和外管的直径，可使两种流体都达到较高的流速，从而提高传热系数；而且两种流体可以严格做逆流流动，平均温差也为最大。其缺点主要有：接头多而易漏；单位长度传热面积较小，金属消耗量大；结构不紧凑，占地较大。因此它比较适用于流量不大、所需传热面积不大且要求压强较高或传热效果较好的场合。

2. 蛇管换热器

蛇管换热器根据操作方式不同，可分为沉浸式和喷淋式两类。

（1）沉浸式蛇管换热器

它通常由金属管子弯绕而成，制成适应容器所需要的形状，沉浸在容器内的液体中。两种流体分别在蛇管内、外流动而进行换热。几种常用的蛇管形状如图2-3所示。

蛇管换热器 动画扫一扫

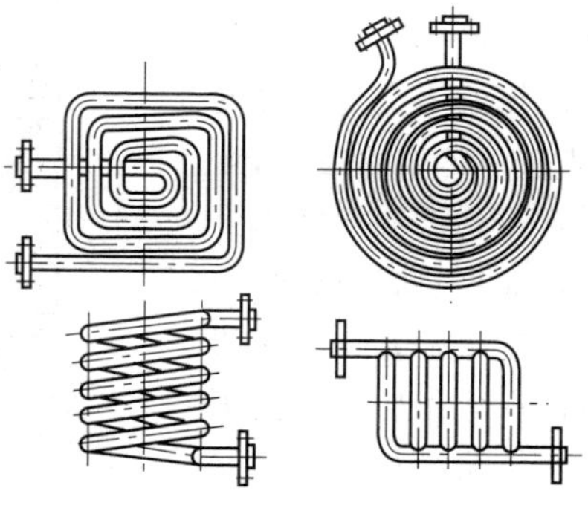

图2-3 沉浸式蛇管的形式

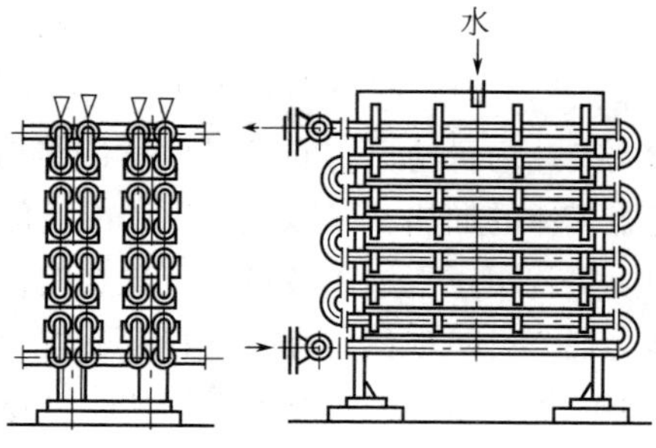

图2-4 喷淋式蛇管换热器

此类换热器的优点是结构简单，造价低廉，便于防腐，能承受高压。它的主要缺点是蛇管外对流传热系数小，为了强化传热，容器内常需加搅拌或减小管外空间。

（2）喷淋式蛇管换热器

此类换热器多用于冷却或冷凝管内热流体。结构如图 2-4 所示，将蛇管成排地垂直固定在支架上，冷却水从蛇管上方的喷淋装置均匀地喷洒在各排蛇管上，并沿着管外表面淋下，热流体走管内，与外面的冷却水进行换热。在下流过程中，冷却水可收集再进行重新分配。

与沉浸式蛇管换热器相比，喷淋式蛇管换热器具有检修和清洗方便，传热效果好等优点；另外，该装置通常放置在室外通风处，冷却水在空气中汽化时，可以带走部分热量，以提高冷却效果。其最大缺点是冷却水喷淋不易均匀而影响传热效果，同时喷淋式蛇管换热器只能安装在室外，要定期清除管外积垢。

3. 列管换热器

列管换热器又称为管壳式换热器，已有较长的使用历史，至今仍是应用最广泛的一种换热设备。与前面提到的几种间壁式换热器相比，列管换热器单位体积的设备所能提供的传热面积要大得多，传热效果也较好。由于结构简单、坚固耐用、用材广泛、适应性较强等优点，列管换热器在生产中得到了广泛的应用。

列管换热器主要由壳体、管束、管板和封头等部件构成，结构如图 2-5 所示。操作时一流体由封头一端的入口进入换热器内，经封头与管板间的空间（分配室）分配至各管内，流过管束后，由另一端封头的出口流出换热器。另一流体由壳体一端上的接管进入，壳体内装有若干块折流挡板，使流体在壳与管束间沿挡板做反复转折流动，而从壳体的另一端接管流出。通常，将流经管内的流体称为管程流体；将流经管外的流体称为壳程流体。

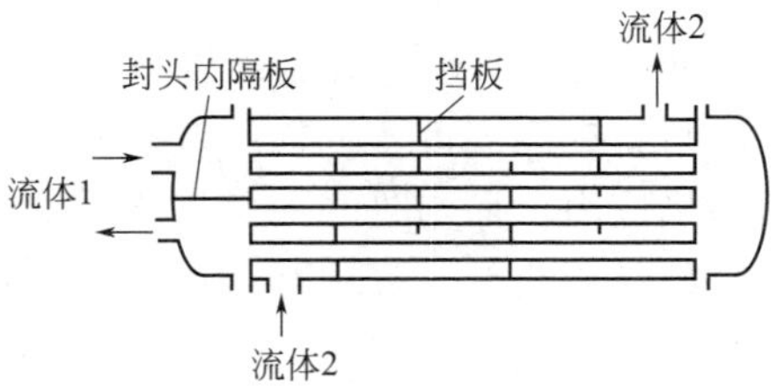

图 2-5 双管程单壳程列管换热器

当管内流体的流速过低，影响传热速率时，为了提高管内流速，可在换热器封头内装置隔板，将全部换热管分隔成若干组，流体每次只流过一组管，然后折回进入另一组管，依次往返流过各组管，最后由出口处流出。流过一组管称为一程，流体来回流过几次就称为几管程。采用多管程，虽然能提高管内流体的流速而使对流传热系数增大，但同时也使其阻力损失增大，并且平均温差会降低，因此管程数不宜太多，一般为二、四管程。在壳体内，也可在与管束轴线平行方向设置横向隔板使壳程分为多程，但是由于制造、安装及维修上的困难，工程上较少使用。往往在壳体内安装一定数目与管束垂直的折流挡板，这样既可提高壳程流体流速，同时也迫使流体多次垂直流过管束，增大湍动程度，以改善壳程传热。

因为冷、热流体温度不同，则壳体和管束受热不同，其膨胀程度也不同。温差不大时，管束、壳体、管板间热效应不大，即热膨胀不大，不需热补偿。如两者温差较大（大于 50℃）时，管子会扭弯、断裂或从管板上脱落，毁坏换热器。因此，必须从结构上考虑热膨胀的影响，采取各种补偿的办法，消除或减小热应力。

根据所采取的热补偿措施，列管式换热器可分为以下几个类型。

（1）固定管板式换热器

如图 2-6 所示，固定管板式换热器的两端管板都固定在壳体上。其优点是结构简单，成本低。缺点是壳程检修和清洗困难。因此要求壳程必须是清洁、不易产生垢层和腐蚀性小的介质。

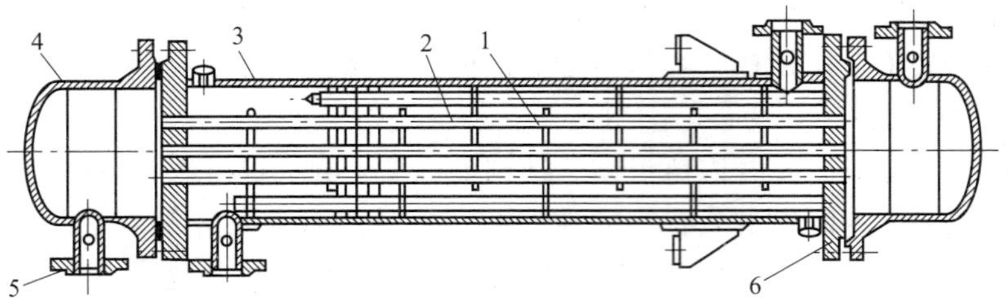

图 2-6　固定管板式换热器

1— 折流挡板；2—管束；3—壳体；4—封头；5—接管；6—管板

固定管板式

动画扫一扫

当壳体和管束之间的温差不大（小于 50℃）时，不需要热补偿，这时就采用固定管板式的。当温差较大（大于 50℃）时，在壳体壁上焊上补偿圈（也称膨胀节），当壳体和管束热膨胀不同时，补偿圈发生弹性变形来适应它们之间不同的热膨胀。这种补偿方法简单，但膨胀节不能消除太大的热应力，所以不能用于温差太大（应小于 70℃）和壳方流体压力过高（一般不高于 600kPa）的场合。

（2）浮头式换热器

如图 2-7 所示，有一端管板不与壳体相连，这端称为浮头，可自由沿管长方向浮动。当壳体与管束因温度不同而引起热膨胀时，管束连同浮头可在壳体内沿轴向自由伸缩，可完全消除热应力，而与外壳的膨胀无关。浮头式换热器不但解决了热补偿问题，而且由于固定端的管板是用法兰与壳体相连的，因此整个管束可以从壳体中抽出来，便于检修和清洗。由于这些优点，浮头式换热器是应用较多的一种结构形式。但它也有结构较复杂，加工困难，金属耗量大，成本高等缺点。

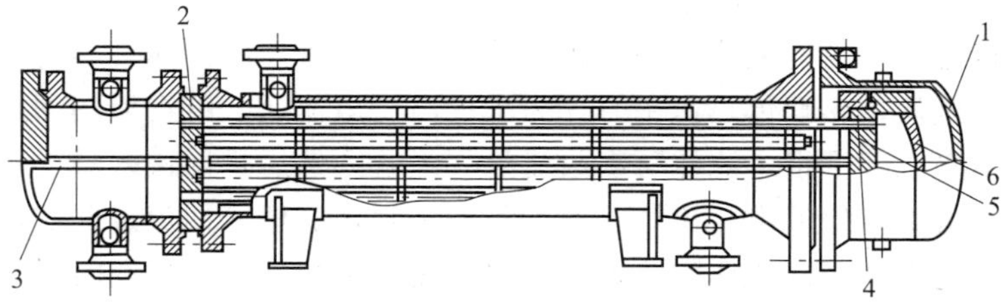

图 2-7　浮头式换热器

1—壳盖；2—固定管板；3—隔板；4—浮头勾圈法兰；5—浮动管板；6—浮头盖

浮头式换热器结构展示

动画扫一扫

（3）U 形管式换热器

结构如图 2-8 所示，所有管子都成 U 形，管子的两端分别固定在同一管板的两侧，用隔板将封头分成两室。因为每根管子可自由伸缩，而与其他管子和壳体无关，当壳体与管束有温差时，不会产生热应力，所以可用于温差很大的情况下。它与浮头式换热器相比结构较简单，造价低，适用于高温、高压的场合。其主要缺点是 U 形管内不易清洗，因此要求管内流体要清洁、不易结垢。

（4）填料函式换热器

如图 2-9 所示，其结构特点是管板只有一端与壳体固定，另一端采用填料函密封。管束可以自由伸缩，不会产生热应力。该换热器的优点是：结构较浮头式换热器简单，造价低；管束可以从壳体内抽出，管程、壳程均能进行清洗。其缺点是：填料函耐压不高，一般小于

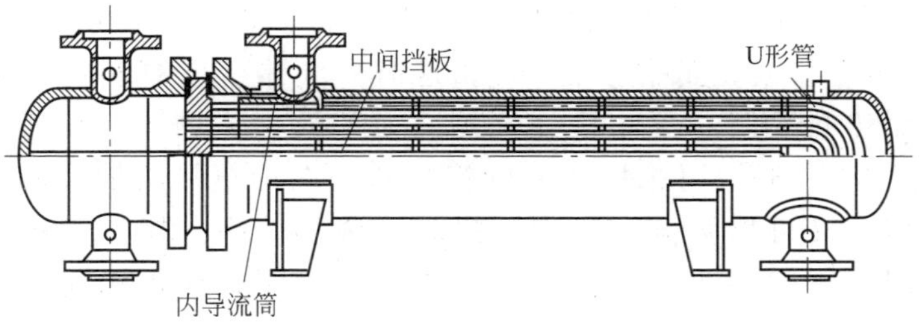

图 2-8 U 形管式换热器

U 形管换热器结构展示

动画扫一扫

4.0MPa；壳程介质可能通过填料函外漏。填料函式换热器适用于管、壳程温差较大或介质易结垢需要经常清洗且壳程压力不高的场合。

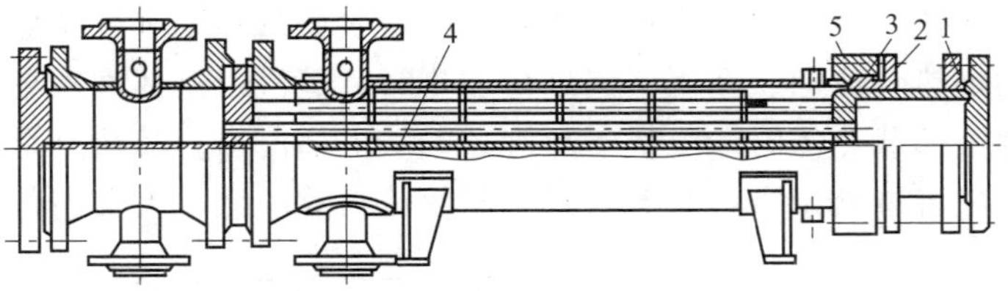

图 2-9 填料函式换热器

1—活动管板；2—填料压盖；3—填料；4—纵向隔板；5—填料函

（5）釜式换热器

如图 2-10 所示，其结构特点是在壳体上部设置蒸发空间。管束可为固定管板式、浮头式或 U 形管式。釜式换热器清洗方便，并能承受高温、高压。它适用于液汽式换热（其中液体沸腾汽化），可作为简单的废热锅炉。

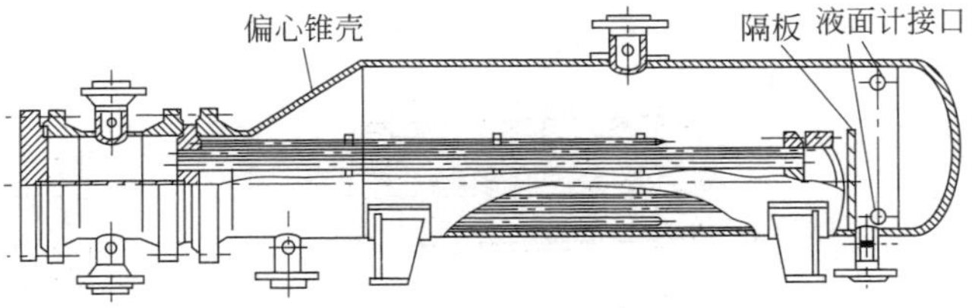

图 2-10 釜式换热器

蒸发釜式换热器结构

动画扫一扫

4. 翅片管换热器

翅片管换热器又称为管翅式换热器，其结构特点是在换热管的外表面或内表面或内外表面同时装有许多翅片，常见翅片有纵向和横向两类，如图 2-11 所示。

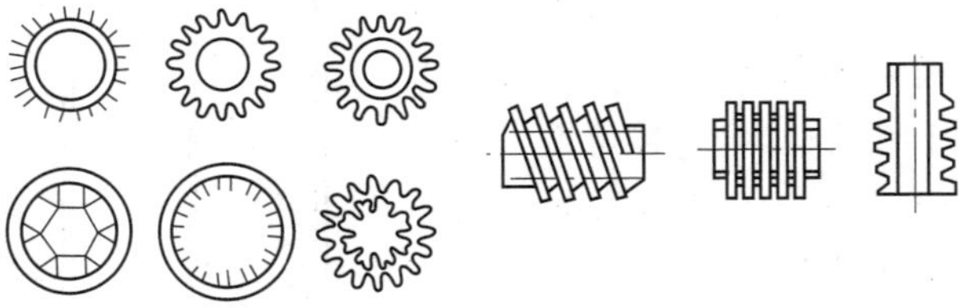

(a) 纵向　　(b) 横向

图 2-11 常见翅片形式

在生产中经常遇到换热面两侧对流传热热阻悬殊的情况，如一侧为气体（或高黏度液体），另一侧流体发生相变（或是低黏度液体）。这时，气体（或高黏度液体）侧的对流传热系数很小，因而传热热阻主要集中在这侧。为了强化传热，一般当两种流体的对流传热系数之比超过 3∶1 时，可采用翅片管换热器，在传热热阻较大的一侧安装翅片，既可增大传热面积，又可增强湍动程度，提高了传热效率。翅片管较重要的应用场合是空气冷却器，用空气代替水，不仅可在缺水地方使用，在水源充足的地方也很经济。

（二）板式换热器

1. 夹套换热器

这种换热器构造简单，如图 2-12 所示。它由一个装在容器外部的夹套构成，在夹套和器壁间的空间加载热体，容器内的物料与夹套内的介质通过器壁进行换热。夹套换热器主要应用于反应过程的加热和冷却。在用蒸汽进行加热时，蒸汽由上部进入夹套，冷凝液则由下部流出。夹套内通液体载热体时，应从下部进入，从上部流出。其缺点是传热面积受容器壁面限制而较小，器内流体处于自然对流状态，而使传热效率低，夹套内部清洗困难。

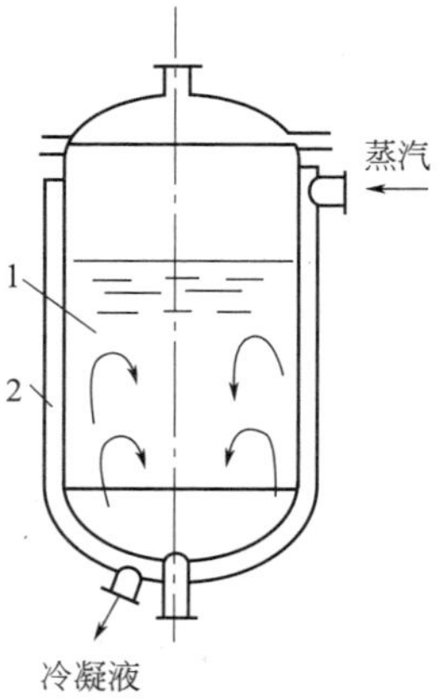

图 2-12 夹套换热器

1—容器；2—夹套

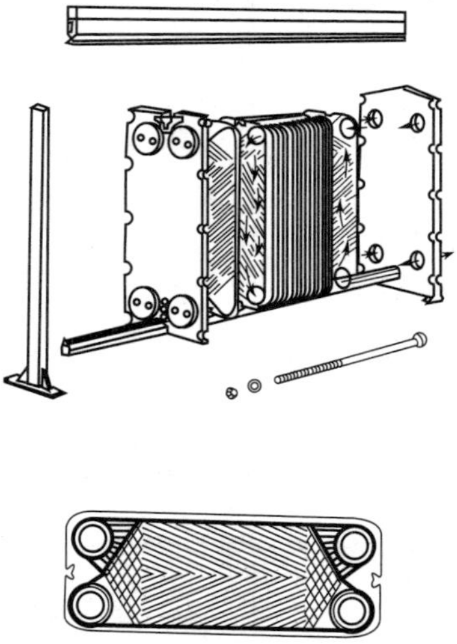

图 2-13 板式换热器

板式换热器

动画扫一扫

2. 平板式换热器

平板式换热器简称板式换热器，结构如图 2-13 所示。它由一组长方形的薄金属板平行排列，夹紧组装于支架上而构成，两相邻板片的边缘衬有垫片，压紧后可达到密封的目的，且可用垫片的厚度调节两板间流体通道的大小。每块板的四个角上各开一个圆孔，两个对角方向的孔和板面一侧的流道相通，另两个孔则和板面另一侧的流道相通，这样使两流体分别在同一块板的两侧流过，通过板面进行换热。金属板面冲压成凹凸规则的波纹（常见的波纹形状有水平波纹、

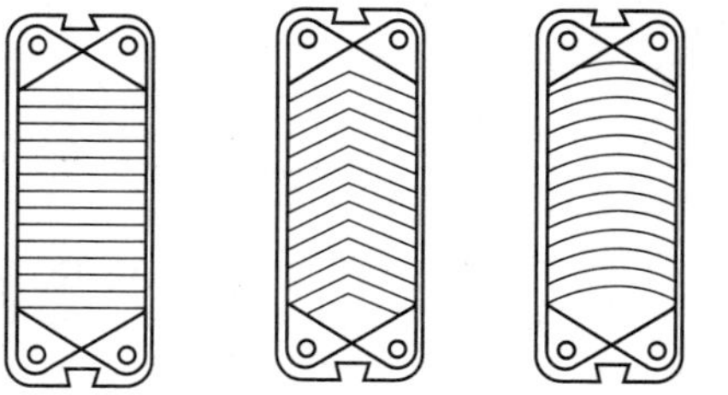

(a) 水平波纹板 (b) 人字形波纹板 (c) 圆弧形波纹板

图 2-14 常见板片的形状

人字形波纹和圆弧形波纹等，如图 2-14 所示)，以使流体均匀流过板面，增加传热面积，并促使流体湍动，有利于传热。

平板式换热器的优点是：结构紧凑，单位体积设备所提供的传热面积大；总传热系数高；组装灵活，可随时增减板数；检修和清洗都较方便。其缺点是：处理量小；受垫片材料性能的限制，操作温度和压力不能过高。这类换热器较适用于需要经常清洗，工作环境要求紧凑，操作压力在 2.5MPa 以下，温度在－35～200℃之间的场合。

3. 螺旋板式换热器

结构如图 2-15 所示。螺旋板式换热器是由焊在中心隔板上的两块金属薄板卷制而成，两薄板之间形成螺旋形通道，两端分别焊有盖板或封头。

螺旋板式换热器的流道布置和封盖有不同的形式，主要有：

① Ⅰ型结构　结构如图 2-16(a) 所示，螺旋板两端的端盖被焊死，是不可拆结构。换热时，一种流体由外层的一个通道流入，顺着螺旋通道流向中心，最后由中心的接管流出；另一种流体则由中心的另一个通道流入，沿螺旋通道反方向向外流动，最后由外层接管流出。两流体在换热器内做逆流流动。

② Ⅱ型结构　结构如图 2-16(b) 所示。一个流道的两端为焊接密封，另一通道的两端则是敞开的，敞开的通道与两端可拆封头上的接管相通，这种是可拆结构。换热时，一流体沿封闭通道做螺旋流动，另一流体则在敞开通道中沿换热器轴向流动。螺旋板式换热器除了Ⅰ型和Ⅱ型外，还有Ⅲ型和 G 型，详细情况请参看有关资料。

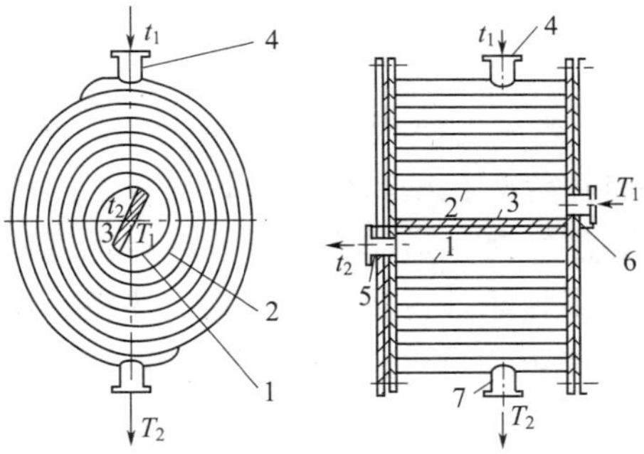

图 2-15　螺旋板式换热器

1,2—金属片；3—隔板；4,5—冷流体连接管；6,7—热流体连接管

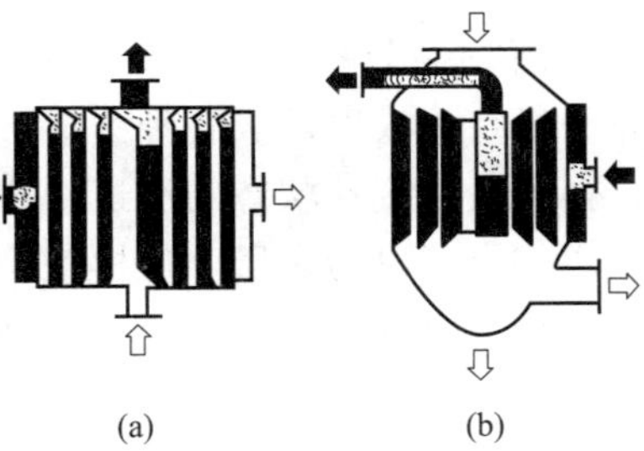

图 2-16　螺旋板式换热器的结构形式

动画扫一扫
螺旋板式换热器

螺旋板式换热器的优点是：结构紧凑，单位体积设备提供的传热面积大，约为列管换热器的 3 倍；由于流体在螺旋板间流动时，流向不断改变，在较低的雷诺值下即达到湍流，并且允许选用较高的流速，故传热系数大；由于流体流动的流道长及两流体完全逆流流动，可在较小的温差下操作，能利用低温能源；由于流速较高，同时有惯性离心力的作用，污垢不易沉积。其缺点是：操作压力和温度不宜太高，一般压力在 2MPa 以下，温度约在 400℃以下；流动阻力大，在同样物料和流速下，其流动阻力约为直管的 3～4 倍；制造和检修都比较困难。

4. 板翅式换热器

板翅式换热器由若干单元体和集流箱等部分组成。单元体是由各种形状的翅片、隔板及封条组成，结构如图 2-17 所示。翅片上下放置隔板，两侧边缘由封条密封，并用钎焊焊牢，即构成一个翅片单元体。将一定数量的单元体组合起来，并进行适当排列，然后焊在带有进出口的集流箱上，便可构成具有逆流、错流或错逆流等多种形式的板翅式换热器。

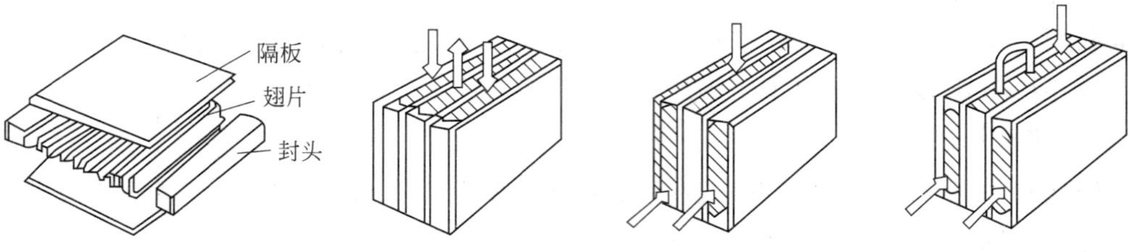

(a) 板束结构　(b) 逆流式　(c) 错流式　(d) 错逆流式

图 2-17　板翅式换热器

板翅式换热器的主要优点是：①总传热系数高，传热效果好。由于翅片在不同程度上促进了湍流并破坏了传热边界层的发展，故总传热系数高，同时冷、热流体间换热不仅以隔板为传热面，而且大部分热量通过翅片传递，因此提高了传热效果。②结构紧凑。单位体积设备提供的传热面积大。③一般用铝合金制造，轻巧牢固。④适应性强，操作范围广。由于使用铝合金材料，在低温和超低温下仍具有较好的导热性和抗拉强度，可在－273～200℃范围内使用，同时因翅片对隔板有支撑作用，其能承受的压力可达 5MPa 左右。它的缺点是：流道小，故易堵塞，流动阻力也大；清洗和检修困难。所以处理的物料应较洁净或预先进行净制，并且对铝不腐蚀。

5. 热板式换热器

热板式换热器是一种新型高效换热器，其基本单元为热板，热板结构如图 2-18 所示。它是将两层或多层金属平板点焊或滚焊成各种图形，并将边缘焊接密封成一体，平板之间在高压下充气形成空间，得到最佳流动状态的流道形式。各层金属板道厚度可以相等，也可以不相等，板数可以为双层，也可以为多层，这样就构成了多种热板传热表面形式。热板式换热器具有流动阻力小，传热效率高，根据需要可做成各种形状等优点，可用于加热、保温、干燥、冷凝等多种场合。

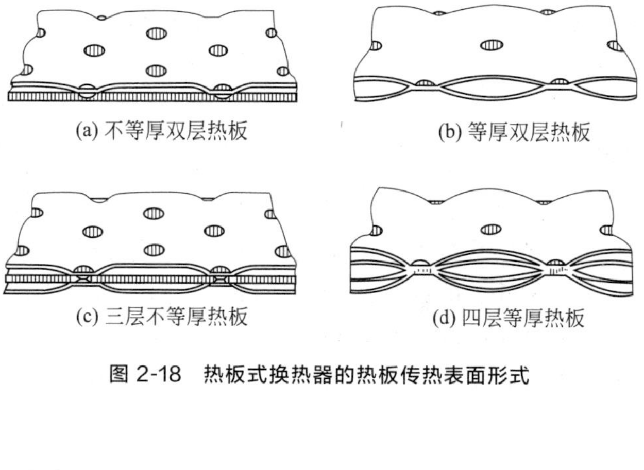

(a) 不等厚双层热板　(b) 等厚双层热板

(c) 三层不等厚热板　(d) 四层等厚热板

图 2-18　热板式换热器的热板传热表面形式

（三）管式加热炉

管式加热炉是一种直接受热式加热设备，主要用于加热液体或气体化工原料，所用燃料通常有燃料油和燃料气。管式加热炉的传热方式以辐射传热为主。管式加热炉根据结构形式的不同，通常有列管式加热炉、蛇管式加热炉、盘管式加热炉、立管式加热炉等。

管式加热炉（或称管式炉）是加热炉的一种，一般由四个部分组成，即辐射室（炉膛）、对流室、烟囱和燃烧设备（火嘴）。如图 2-19 所示。

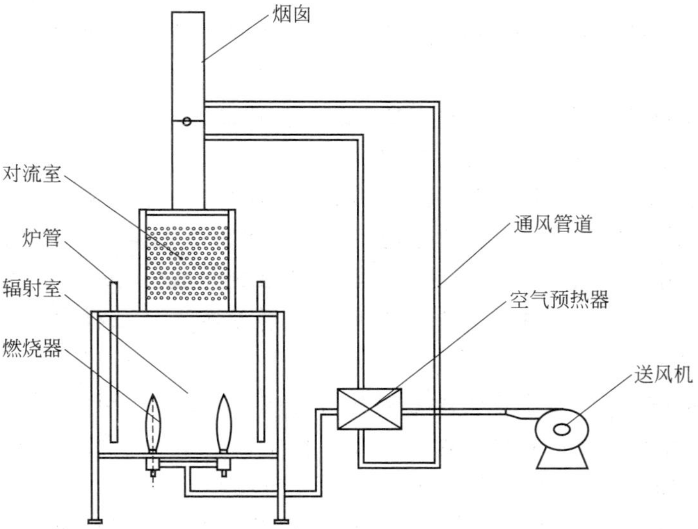

图 2-19 管式加热炉的结构

辐射室又称炉膛，是加热炉的核心部位，也是整台炉最热的部位。从燃烧器喷出的燃料在辐射室内燃烧，由于火焰温度很高（可达 1500～1800℃），因此不能让火焰直接冲刷炉管，热量主要以辐射方式传递。加热炉负荷的 70%～80%在辐射室内传递。

对流室利用辐射室产生的余热给介质进行预热加温。离开辐射室的烟气温度多控制在 700～900℃左右。这么高温的烟气还有很多热量应该利用，所以往往要设置对流室。对流室内，高温烟气以对流方式将热量传递给对流管内的流动油品（或其他介质）。对流室比辐射室小，较窄较高。有时在对流室内可以加几排蒸汽管或热水管，提供生产或生活上所需的蒸汽或热水。为了提高传热效果，可将对流管做成钉头管或冠片管。另外，对流管内油品与管外烟气的流动方向应相反，以提高烟气与油品的温差，从而提高传热效果。

烟囱的作用是提高抽力，将烟气排入大气中。烟囱可以布置在炉顶或炉体旁，可以单独使用或共同使用一个烟囱。一般，烟气离开对流室的温度在 300～400℃。可以用空气预热器来回收其中一部分热量，使烟气温度降低到 200℃左右，再进入烟囱排走，以提高炉效。烟气的排出一般依靠自然通风，即利用烟囱内高温烟气的密度比烟囱外空气轻而产生的抽力，将烟气排入大气。烟囱越高，抽力越大。可以通过控制烟气的排放量来达到控制辐射室燃烧效率，从而达到控制辐射室温度的目的。烟道内加一块调节挡板，通过调节挡板的开度，可控制抽力的大小，从而保证辐射室内最合适的负压，使火焰不致外排，保证安全操作。

加热炉的燃烧器俗称火嘴。在加热炉中，火嘴是主要的一种部件。加热炉的火嘴种类很多，输油用加热炉的火嘴通常在辐射室的侧壁、底部或顶部，供给燃烧所用的燃料和空气。燃烧产生的高温火焰以辐射传热方式，把热量经辐射室炉管传给管内流动着的介质。火焰放出一部分热量后，成为 700～900℃的烟气，以对流方式又将一部分热量传给对流室炉管内流动的介质。最后烟气携带相当数量的热量，经烟囱排入大气中。

知识窗：6S 现代企业管理模式

这一管理法是我国企业在借鉴日本5S现场管理［由于整理（Seiri）、整顿（Seiton）、清洁（Seiketsu）、规范（Standard）、素养（Shitsuke）的日语罗马拼音均以“S”开头，故最早简称“5S”］方法的基础上，加上了英文的“安全（Safety）”，因而称“6S”现场管理法。我国有88.2%的日资企业、68.7%的港资企业实行了这一管理法，有效地推动了管理模式的精益化革新。

6S现代企业管理的作用是：“现场管理规范化、日常工作部署化、物资摆放标识化、厂区管理整洁化、人员素养整齐化、安全管理常态化。”

1. 整理（Seiri）——将工作场所的任何物品区分为有必要和没有必要的，除了有必要的留下来，其他的都消除掉。目的：腾出空间，空间活用，防止误用，塑造清爽的工作场所。

2. 整顿（Seiton）——把留下来的必要用的物品依规定位置摆放，并放置整齐加以标示。目的：工作场所一目了然，消除寻找物品的时间，整整齐齐的工作环境，消除过多的积压物品。

3. 清扫（Seiso）——将工作场所内看得见与看不见的地方清扫干净，保持工作场所干净、亮丽的环境。目的：稳定品质，减少工业伤害。

4. 清洁（Seiketsu）——维持上面3S成果。

5. 素养（Shitsuke）——每位成员养成良好的习惯，并遵守规则做事，培养积极主动的精神（也称习惯性）。目的：培养有好习惯、遵守规则的员工，营造团队精神。

6. 安全（Security）——重视全员安全教育，每时每刻都有安全第一观念，防患于未然。目的：建立起安全生产的环境，所有的工作应建立在安全的前提下。

任务二　学习热量传递的基本理论

任务目标

- 了解热量传递的三种基本方式及其特点；
- 掌握热传导、对流传热、热辐射的传热速率计算；
- 了解热导率的影响因素；
- 掌握对流传热系数经验关联式的选用及相变化时对流传热系数的特点。

技能要求

- 理解化工传热过程中热量传递的基本方式；
- 能根据热传导速率方程解决有关设备保温层计算问题；
- 能根据对流传热系数特点掌握强化对流传热的途径。

一、热量传递的基本方式

根据传热机理的不同，热量传递有三种基本方式：热传导、对流传热和热辐射。不管以何种方式传热，净的热量总是由高温处向低温处传递。

1. 热传导

由物质的分子、原子或自由电子等微观粒子的热运动而引起的热量传递称为热传导，简称导热。热传导的条件是系统内存在温度差。热传导在固体、液体和气体中均可进行，但它们的导热机理各不相同。在气体中，热传导是由分子的不规则热运动引起的；在大部分液体和不良导电固体中，热传导是靠分子或晶格的振动来实现的；在良导电体中，热传导主要依靠自由电子的运动而进行。在良导电体中有相当多的自由电子在运动，所以良导电体往往是良导热体，这也说明了为什么金属导热性好。热传导不能在真空中进行。

2. 对流传热

对流传热是指流体内部质点发生相对位移而引起的热量传递过程，又称为热对流。根据使质点发生相对位移的原因不同，对流传热又可分为强制对流传热和自然对流传热。若流体质点的运动是因机械外力（如泵、风机或搅拌等）所致的，称为强制对流传热；若流体质点的运动是因为流体内部各部分温度的不同而产生密度差异所引起的，称为自然对流传热。在强制对流传热的同时，一般也伴随着自然对流传热，一般强制对流传热的速率比自然对流传热的速率大得多。

在化工传热过程中，往往并非以单纯的对流方式传热，而是流体流过固体壁面时发生的对流和传导联合作用的传热，即流体与固体壁面间的传热过程，通常将其称为对流传热（或称给热）。一般并不讨论单纯的热对流，而是着重讨论具有实际意义的对流给热。

3. 热辐射

因热的原因发出辐射能并在周围空间传播而引起的传热，称为热辐射。它是一种以电磁波传播能量的现象。热辐射可以不需要任何媒介，即可以在真空中传播。热辐射不仅有能量的传递，而且还有能量形式的转移，即在放热处，物体将热能转变成辐射能，以电磁波的形式在空中传递，当遇到另一个能吸收辐射能的物体时，即被其部分或全部吸收并转变为热能。这是热辐射不同于其他传热方式的两个特点。应予指出，任何温度在绝对零度以上的物体都能发射辐射能，但是只有在物体温度较高时，热辐射才能成为主要的传热方式。

实际上，这三种传热方式很少单独存在，而经常是两种或三种传热方式的组合。如生产中普遍使用的间壁式换热器中的传热，主要是以热对流和热传导相结合的方式进行的，后面将详细介绍。

热量传递的快慢可用两个指标来表示：

① 传热速率 Q（又称热流量） 指单位时间内通过传热面积的热量，单位为 W；

② 热通量 q 指单位时间内通过单位传热面积的热量，单位为 W/m^2。

二、热传导

热传导在固体、液体和气体中都可发生，但严格说，只有固体中的传热才是纯粹的热传导，而流体即使处于静止状态，其中也会有因温差而引起的自然对流。所以，在流体中对流传热和热传导是同时发生的。因此，这里只讨论固体内的热传导问题。

（一）傅里叶定律

要传热就要有温度差的存在，温度差是传热的推动力。传热快慢也决定于物体内温度的分布情况。所以，研究传热要先了解系统内的温度情况。

物体或系统内部各点温度在时空中的分布称为温度场。若温度场内各点温度不随时间改变，则称为稳定温度场；若温度场内各点温度随时间变化，则称为不稳定温度场。若稳定温度场中的温度只沿空间某一个方向发生变化，则称为一维稳定温度场。在系统内，凡在同一时刻、温度相同的点所组成的面，称为等温面。两等温面间的温度差 Δt 与其间的垂直距离 Δn 之比，在 Δn 趋于零时的极限称为温度梯度。温度梯度是向量，方向垂直于等温面，正方向是指向温度升高的方向，即由低温指向高温。

傅里叶定律是从宏观来描述热传导的基本定律，它表明导热速率与温度梯度及垂直于热流方向的导热面积成正比，即

$$Q \propto -A\frac{\mathrm{d}t}{\mathrm{d}n}$$

写成等式，即

$$Q=-\lambda \cdot A\frac{\mathrm{d}t}{\mathrm{d}n} \tag{2-1}$$

式中 Q—— 导热速率，W；

A—— 导热面积，m^2；

$\frac{\mathrm{d}t}{\mathrm{d}n}$—— 温度梯度，℃/m 或 K/m；

λ—— 热导率，W/(m·℃) 或 W/(m·K)。

式(2-1) 中的负号表示传热方向和温度梯度的方向相反。

（二）热导率

热导率定义式可由傅里叶定律得出：

$$\lambda=-\frac{Q}{A\cdot\frac{\mathrm{d}t}{\mathrm{d}n}} \tag{2-2}$$

热导率在数值上等于单位温度梯度下的热通量，它是表征物质导热能力的一个物性参数，λ 愈大，导热性能愈好。要强化传热，选用 λ 大的材料；相反要削弱传热，选用 λ 小的材料。热导率的数值与物质的组成、结构、密度、温度和压力等有关。

各种物质的热导率通常由实验测定。热导率数值的变化范围很大。一般来说，金属的热导率最大，非金属的次之，液体的较小，而气体的最小。工程上常见物质的热导率可从有关手册中查得，本教材附录中也有部分摘录。

1. 固体的热导率

在所有的固体中，金属是最好的导热体。大多数纯金属的热导率随温度的升高而降低。金属的热导率大多随其纯度的增高而增大，所以合金的热导率一般比纯金属的要低。

非金属固体的热导率与其组成、结构的致密程度以及温度有关，一般热导率随密度的增大或温度的升高而增大。

对于大多数均质固体材料，在一定的温度范围内，其热导率与温度呈线形关系。

2. 液体的热导率

大多数金属液体的热导率随温度的升高而降低；在非金属液体中，水的热导率最大，除

水和甘油外，绝大多数非金属液体的热导率也随温度的升高而降低。一般来说，液体的热导率基本上与压力无关。

3. 气体的热导率

气体的热导率随温度的升高而增大，而在相当大的压力范围内，压力对热导率的影响一般不考虑，只有当压力很高（大于200MPa）或很低（小于2.7kPa）时，才应考虑压力的影响，此时热导率随压力升高而增大。

气体的热导率很小，不利于导热，但可用来保温或隔热。气体在保温中用处很大，固体保温材料（如玻璃棉等）的热导率之所以小，是因为其结构呈纤维状和多孔状孔隙中含有大量空气的缘故。

（三）傅里叶定律的应用

1. 平壁的稳定热传导

（1）单层平壁的稳定热传导

如图2-20所示，设有一长、宽与厚度相比可认为是无限大的平壁（称为无限平壁），则从壁边缘处的散热可以忽略，壁内各点温度不随时间而变，只沿垂直于壁面的 x 方向变化。这种情况下壁内是一维稳定温度场。取平壁的任意垂直截面积为传热面积 A，单位时间内通过面积 A 的热量为Q，由傅里叶定律知：

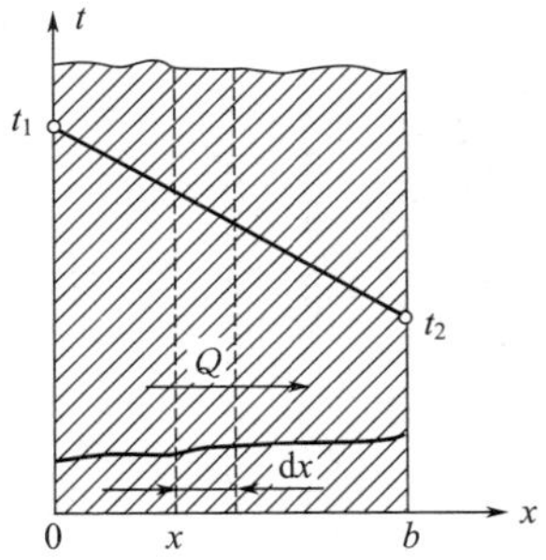

图 2-20 单层平壁的热传导

$$Q=-\lambda A\frac{dt}{dx} \tag{2-3}$$

若给定边界条件：$x=0$ 时，$t=t_1$；$x=b$ 时，$t=t_2$；且 $t_1>t_2$，积分上式可得

$$Q=\frac{\lambda}{b}A(t_1-t_2) \tag{2-4}$$

或

$$Q=\frac{t_1-t_2}{\frac{b}{\lambda A}}=\frac{\Delta t}{R}=\frac{\text{导热推动力}}{\text{导热热阻}} \tag{2-4a}$$

或

$$q=\frac{Q}{A}=\frac{t_1-t_2}{\frac{b}{\lambda}}=\frac{\Delta t}{R'} \tag{2-4b}$$

式中 b—— 平壁的厚度，m；

t_1，t_2—— 平壁两侧的温度，℃；

$\Delta t=t_1-t_2$—— 导热推动力，℃；

$R=\frac{b}{\lambda A}$—— 导热热阻，℃/W；

$R'=\frac{b}{\lambda}$—— 导热热阻，m^2·℃/W。

可见，导热速率（Q）与导热推动力成正比，与导热热阻成反比，与欧姆定律表示的电流与电压降及电阻的关系类似。热阻的概念对传热过程的分析和计算都是非常有用的。

【例 2-1】 厚度为300mm的砖壁，一侧温度为600℃，另一侧温度为150℃。已知砖壁的热导率可取为1.0W/(m·℃)，试求：

（1）通过每平方米砖壁的导热量（W/m^2）；

（2）平壁内距离高温侧 100mm 处的温度。

解：（1）由式(2-4b) 可得

$$q=\frac{Q}{A}=\frac{t_1-t_2}{\frac{b}{\lambda}}=\frac{600-150}{\frac{0.3}{1}}W/m^2=1500W/m^2$$

（2）设平壁内距高温处 100mm 处的温度为 t，则由式(2-4b) 可得

$$t=t_1-q\frac{b}{\lambda}=600℃-1500\times\frac{0.1}{1}℃=450℃$$

在工程计算中，λ 可作为常数处理，取平均温度下的值，所以平壁内的温度呈线性分布。实际上，λ 随温度略有变化，物体内不同位置上温度不同，所以 λ 也不同，因而温度分布线呈曲线。

（2）*多层平壁的稳定热传导*

在工程上常常遇到多层材料组成的平壁。下面以图 2-21 所示的三层平壁为例，说明多层平壁导热过程的计算。

假定各层之间接触良好，接触面两侧温度相同，即无接触热阻，各层热导率可视做常数。因为是平壁，各层壁面面积相同设为 A，各层的厚度分别为 b_1、b_2、b_3，热导率分别为 λ_1、λ_2、λ_3，各表面温度分别为 t_1、t_2、t_3、t_4，且 $t_1>t_2>t_3>t_4$。则在稳定导热时，通过各层的导热速率必相等，即 $Q_1=Q_2=Q_3=Q$。

或
$$Q=\frac{t_1-t_2}{\frac{b_1}{\lambda_1 A}}=\frac{t_2-t_3}{\frac{b_2}{\lambda_2 A}}=\frac{t_3-t_4}{\frac{b_3}{\lambda_3 A}} \tag{2-5}$$

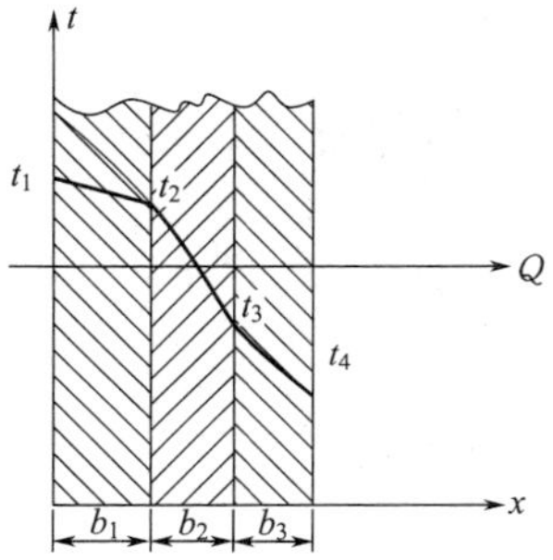

图 2-21 多层平壁的热传导

由等比定理可得

$$Q=\frac{t_1-t_4}{\frac{b_1}{\lambda_1 A}+\frac{b_2}{\lambda_2 A}+\frac{b_3}{\lambda_3 A}} \tag{2-6}$$

可推广至 n 层平壁

$$Q=\frac{t_1-t_{n+1}}{\sum\limits_{i=1}^{n}\frac{b_i}{\lambda_i A}}=\frac{\sum \Delta t_i}{\sum\limits_{i=1}^{n} R_i} \tag{2-7}$$

式(2-7) 表明，对于多层壁面的导热，可看成是多个热阻串联导热，温度差与其热阻成正比。当总温差一定时，传热速率的大小取决于总热阻的大小。

【例 2-2】 有一炉壁由内向外依次为耐火砖、保温砖和建筑砖三种材料组成。耐火砖：$\lambda_1=1.4W/(m\cdot ℃)$，$b_1=230mm$；保温砖：$\lambda_2=0.15W/(m\cdot ℃)$，$b_2=115mm$；建筑砖：$\lambda_3=0.8W/(m\cdot ℃)$，$b_3=230mm$。测得内壁温度为 850℃，外壁温度为 80℃。求单位面积的热损失和各层接触面上的温度。

解：由式(2-6) 可得

$$q=\frac{Q}{A}=\frac{t_1-t_4}{\frac{b_1}{\lambda_1}+\frac{b_2}{\lambda_2}+\frac{b_3}{\lambda_3}}=\frac{850-80}{\frac{0.23}{1.4}+\frac{0.115}{0.15}+\frac{0.23}{0.8}}W/m^2=632W/m^2$$

因为

$$q=\frac{t_1-t_2}{\frac{b_1}{\lambda_1}}=\frac{t_3-t_4}{\frac{b_3}{\lambda_3}}$$

所以

$$t_2=t_1-q\frac{b_1}{\lambda_1}=850℃-632\times\frac{0.23}{1.4}℃=746.2℃$$

$$t_3=t_4+q\frac{b_3}{\lambda_3}=80℃+632\times\frac{0.23}{0.8}℃=261.7℃$$

各层温度降和热阻的数值见表 2-1。

表 2-1 各层温度降和热阻

炉壁	温度降/℃	热阻/[(m^2·℃)/W]
耐火砖	103.8	0.164
保温砖	484.5	0.767
建筑砖	181.7	0.288
总计	770	1.219

可见，在多层平壁稳定热传导过程中，各层平壁的温度差与其热阻成正比，哪层热阻大，哪层的温度差一定大。

2. 圆筒壁的稳定热传导

化工生产中，经常遇到圆筒壁的导热情况，例如圆筒形的容器、设备、管道等的导热。圆筒壁的导热与平壁导热的不同之处在于圆筒壁的传热面积和热通量不再是定值，而是随半径而变化。

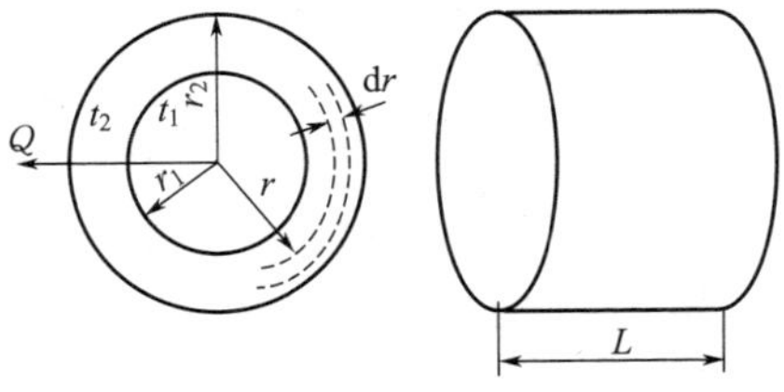

图 2-22 单层圆筒壁的热传导

(1) 单层圆筒壁的稳定热传导

如图 2-22 所示，有一内半径为 r_1、外半径为 r_2，长度为 L 的圆筒，内壁温度 t_1，外壁温度 t_2，且 $t_1>t_2$，热导率为 λ。在半径为 r 处沿半径方向取厚度为 dr 的薄壁圆筒，温度变化 dt，其传热面积视为常量 $A=2\pi rL$，此时导热速率可写为：

$$Q=-\lambda A\frac{dt}{dr}=-\lambda(2\pi rL)\frac{dt}{dr}$$

积分边界条件为：$r=r_1$ 时，$t=t_1$；$r=r_2$ 时，$t=t_2$。积分上式，得：

$$Q=\frac{2\pi\lambda L(t_1-t_2)}{\ln\frac{r_2}{r_1}}=\frac{t_1-t_2}{\frac{1}{2\pi L\lambda}\ln\frac{r_2}{r_1}}=\frac{\Delta t}{R}=\frac{推动力}{阻力} \tag{2-8}$$

上式也可以写成与平壁的导热速率方程相类似的形式：

$$Q=\frac{(t_1-t_2)}{\frac{b}{\lambda A_m}} \tag{2-9}$$

其中

$$A_m=\frac{2\pi L(r_2-r_1)}{\ln\frac{r_2}{r_1}}=2\pi r_m L \tag{2-10}$$

$$r_m=\frac{r_2-r_1}{\ln\frac{r_2}{r_1}} \tag{2-11}$$

式中　b—— 圆筒壁的厚度，$b=r_2-r_1$，m；

r_m—— 对数平均半径，m；

A_m—— 对数平均面积，m^2。

当$\frac{r_2}{r_1}\leqslant 2$时，以算术平均值代替对数平均值导致的误差<4%，在工程计算中，这一误差可以接受。所以当两个变量的比值≤2时，经常用算术平均值来代替对数平均值，使计算简便。

（2）多层圆筒壁的稳定热传导

在工程上，多层圆筒壁的导热情况也比较常见，例如：在高温或低温管道的外部包上一层乃至多层保温材料，以减少热损失（或冷损失），还有在换热器内换热管的内、外表面形成污垢，等等。

以三层圆筒壁为例，如图 2-23 所示，各层的热导率分别为λ_1、λ_2、λ_3，厚度分别为$b_1=r_2-r_1$、$b_2=r_3-r_2$、$b_3=r_4-r_3$，假设各层之间接触良好，则导热速率方程为：

$$Q=\frac{\Delta t_1+\Delta t_2+\Delta t_3}{R_1+R_2+R_3}=\frac{t_1-t_4}{\frac{\ln(r_2/r_1)}{2\pi L\lambda_1}+\frac{\ln(r_3/r_2)}{2\pi L\lambda_2}+\frac{\ln(r_4/r_3)}{2\pi L\lambda_3}} \tag{2-12}$$

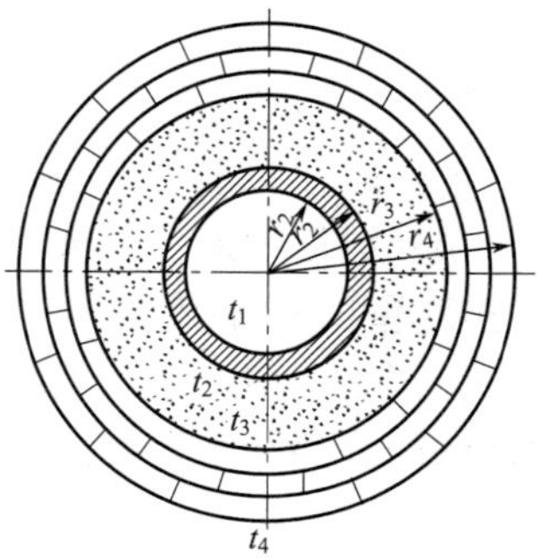

图 2-23　多层圆筒壁的热传导

化简得

$$Q=\frac{2\pi L(t_1-t_4)}{\frac{1}{\lambda_1}\ln\frac{r_2}{r_1}+\frac{1}{\lambda_2}\ln\frac{r_3}{r_2}+\frac{1}{\lambda_3}\ln\frac{r_4}{r_3}} \tag{2-13}$$

对于 n 层圆筒壁

$$Q=\frac{t_1-t_{n+1}}{\sum_{i=1}^{n}\frac{b_i}{\lambda_i A_{mi}}}=\frac{t_1-t_{n+1}}{\sum_{i=1}^{n}\frac{1}{2\pi L\lambda_i}\ln\frac{r_{i+1}}{r_i}}=\frac{\sum\Delta t_i}{\sum R_i}=\frac{\Delta t_i}{R_i} \tag{2-14}$$

可见，即使λ取常量，圆筒壁内温度分布也不是直线关系，但t-ln$r$呈直线关系。

通过平壁的热传导，各处的Q和q均相等；而在圆筒壁的热传导中，圆筒的内外表面积不同，即各层圆筒的传热面积不相同，所以各层Q相等，但q却不等。

【例 2-3】 ϕ50mm×5mm 的不锈钢管，热导率λ_1（不锈钢的λ）为 16W/(m·K)，外包厚 30mm 的石棉，热导率λ_2为 0.2W/(m·K)，若管内壁温度为 350℃，保温层外壁温度为 100℃，试求每米管长的热损失及两材料界面处的温度。

解： 由题给条件知：$r_1=20$mm，$r_2=25$mm，$r_3=25$mm$+30$mm$=55$mm，$\lambda_1=16$W/(m·K)，$\lambda_2=0.2$W/(m·K)，$t_1=350$℃，$t_3=100$℃

每米管长的热损失为　$$\frac{Q}{L}=\frac{(t_1-t_3)}{\frac{1}{2\pi\lambda_1}\ln\frac{r_2}{r_1}+\frac{1}{2\pi\lambda_2}\ln\frac{r_3}{r_2}}$$

$$=\frac{350-100}{\frac{1}{2\pi\times16}\ln\frac{25}{20}+\frac{1}{2\pi\times0.2}\ln\frac{55}{25}}\text{W/m}$$

$$=\frac{250}{0.0022+0.6274}\text{W/m}=397\text{W/m}$$

因为 $$t_2-t_3=\frac{Q}{L}\frac{1}{2\pi\lambda_2}\ln\frac{r_3}{r_2}=397\times0.6274℃=249℃$$

所以 $$t_2=t_3+249℃=100℃+249℃=349℃$$

三、对流传热

（一）对流传热分析

在间壁式换热器内，热量通过固体壁面的传递是以导热的方式进行的，而热量从热流体到固体壁面一侧，以及从固体壁面另一侧到冷流体的传递则是通过对流方式进行的。流体在换热器内的流动大多数情况下为湍流，下面我们来分析流体做湍流流动时的传热情况。

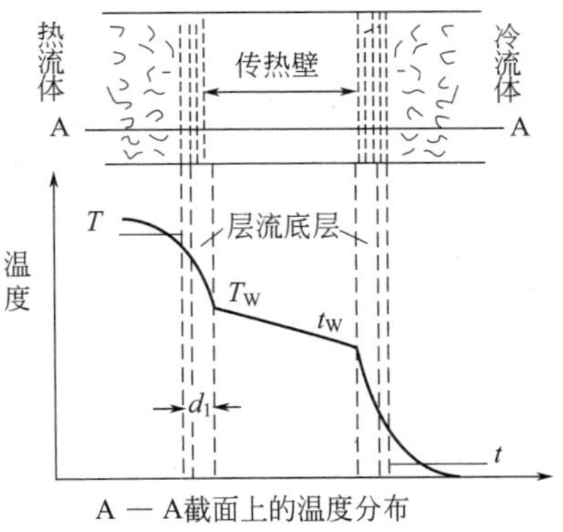

图 2-24 对流传热的速率分布

如图 2-24 所示，当流体沿壁面做湍流流动时，在靠近壁面处总有一个层流底层（膜）存在，在层流底层和湍流主体之间有一过渡层。在湍流主体内，流体质点剧烈混合并充满旋涡，因此在传热方向上，流体的温度差极小，各处的温度基本相同，热量传递主要依靠对流传热，热传导所起作用很小，这部分热阻很小，传热速度极快。而在层流底层中，流体仅沿壁面平行流动，在传热方向上无质点的混合，所以热量传递主要依靠导热进行，由于流体的热导率很小，使层流底层内的导热热阻很大，所以该层内流体的温度差较大。在过渡层内，流体的温度变化缓慢，传热以导热和对流两种方式共同进行。

由上分析可知，在对流传热时，热阻主要集中在层流底层，因此，减薄层流底层的厚度是强化对流传热的重要途径。

（二）对流传热基本方程和对流传热系数

根据传递过程速率的普遍关系，壁面与流体间的对流传热速率，也应该等于推动力和阻力之比，即

$$\text{对流传热速率}=\frac{\text{对流传热推动力}}{\text{对流传热阻力}}=\text{系数}\times\text{推动力}$$

上式中的推动力是流体与壁面间的温度差，阻力总是与壁面的表面积成反比，则

$$Q=\frac{\Delta t}{\frac{1}{\alpha A}}=\alpha A\Delta t \tag{2-15}$$

式中 Q—— 对流传热速率，W；

A—— 对流传热面积，m^2；

Δt—— 流体与壁面间温度差的平均值，℃；

α—— 对流传热系数，$W/(m^2\cdot℃)$；

$1/(\alpha A)$—— 对流传热热阻，℃/W。

式(2-15) 称为对流传热基本方程，又称牛顿冷却定律。

必须注意，对流传热系数一定要与传热面积及温度差相对应。例如，若热流体在换热器的管内流动，冷流体在换热器的管间流动，则它们的对流传热速率方程分别为：

$$Q=\alpha_i A_i (T-T_w) \tag{2-16}$$

及

$$Q=\alpha_o A_o (t_w-t) \tag{2-16a}$$

式中 A_i、A_o—— 分别为换热器的管内表面积和管外表面积，m^2；

α_i、α_o—— 分别为换热器管内侧和管外侧流体的对流传热系数，$W/(m^2 \cdot ℃)$。

牛顿冷却定律是用一简单的关系式来描述复杂的对流传热问题，实际是将对流传热的复杂性和计算的困难转移到 α 之中，所以研究 α 的影响因素及其求取方法，便成为解决对流传热问题的关键。

α 定义式可由牛顿冷却定律得出，即：

$$\alpha=\frac{Q}{A\Delta t}$$

由此可见，α 表示在单位温度差下、单位传热面积的对流传热速率。α 越大，对流传热热阻越小，对流传热越快。

（三）对流传热系数的影响因素及其数值范围

对流传热系数是受很多因素影响的一个参数，通过理论分析和实验证明，影响对流传热系数的因素有以下几方面。

1. 引起流动的原因

自然对流与强制对流的流动原因不同，其传热规律也不相同。一般强制对流传热时的对流传热系数比自然对流传热的大。

2. 流体的特性

影响 α 较大的物性有热导率 λ、比热容 c_p、黏度 μ 和密度 ρ 等。

3. 流体的种类及相变情况

流体的状态不同，如液体、气体和蒸汽，它们的对流传热系数各不相同。流体有无相变化，对传热有不同的影响，通常若流体发生相变，其对流传热系数比无相变时要大得多。这主要是由于相变化过程有大量潜热的释放（或吸收）。

4. 流体的流动状态

流体呈层流时，主要依靠热阻大的导热方式传热。湍流时质点充分混合且层流底层变薄，α 比层流时大得多，且随流体的 Re 值增大 α 也增大。

5. 传热面的形状、位置和大小

传热壁面的形状（如管内、管外、板、翅片等）、传热壁面的方位、布置（如水平或垂直放置、管束的排列方式等）及传热面的尺寸（如管径、管长、板高等）都对对流传热系数有直接的影响。

表 2-2 列出了几种对流传热情况下的 α 值，从中可以看出，气体的 α 值最小，载热体发生相变时的 α 值最大，且比气体的 α 值大得多。

表 2-2　α 值的范围

对流传热类型(无相变)	$\alpha/[W/(m^2 \cdot K)]$	对流传热类型(有相变)	$\alpha/[W/(m^2 \cdot K)]$
气体加热或冷却	5～100	有机蒸气冷凝	500～2000
油加热或冷却	60～1700	水蒸气冷凝	5000～15000
水加热或冷却	200～15000	水沸腾	2500～25000

（四）量纲分析法在对流传热中的应用

由于影响对流传热的因素很多，目前还不能对 α 从理论上推导出它的普遍公式，只能通过实验得到其经验关联式。目前常用量纲分析法，将这些影响因素组合成若干个特征数，然后通过实验得到不同情况下 α 的关联式。

1. 无相变时 α 的特征数关联式

流体无相变时影响其对流传热系数的因素有：流速 u、传热设备的特征尺寸 l、流体的黏度 μ、热导率 λ、密度 ρ、比热容 c_p 以及上升力 $\rho g\beta\Delta t$，即

$$\alpha=f(u,l,\mu,\lambda,c_p,\rho,\rho g\beta\Delta t) \tag{2-17}$$

式(2-17) 中共有 8 个变量，4 个基本量纲，即长度（L）、时间（T）、质量（M）、温度（Θ）。根据 π 定理（如果 n 个变量间有某种函数关系，而这些变量中有 k 个独立的量纲，则可以产生 $p=n-k$ 个独立的无量纲量）将得到 8－4＝4 个无量纲数（特征数）。

通过量纲分析得到无相变时对流传热的特征数关联式

$$Nu=ARe^m Pr^n Gr^h \tag{2-18}$$

式(2-18) 中四个特征数的名称、符号及其涵义见表 2-3。

表 2-3 特征数的符号和涵义

特征数名称	符号	涵义
努塞尔数(Nusselt)	$Nu=\frac{\alpha l}{\lambda}$	包含对流传热系数
雷诺数(Reynolds)	$Re=\frac{lu\rho}{\mu}$	代表湍动程度的影响
普朗特数(Prandtl)	$Pr=\frac{c_p\mu}{\lambda}$	反映流体物性对对流传热的影响
格拉晓夫数(Grashoff)	$Gr=\frac{\beta g\Delta t l^3\rho^2}{\mu^2}$	表征自然对流对对流传热的影响

2. 特征数关联式的使用

式(2-18) 中系数 A 和指数 m、n、h 需经实验确定。由于特征数关联式是一种经验公式，在使用时应注意以下几个方面。

① 特征尺寸　它是代表传热面几何特征的长度量，通常选取对流动与传热有主要影响的某一几何尺寸。具体情况，都有具体的规定，公式中应说明特征尺寸的取法。

② 定性温度　由于沿流动方向流体温度的逐渐变化，在处理实验数据时就要取一个有代表性的温度来确定物性参数的数值，这个确定物性参数数值的温度称为定性温度。使用关联式时必须按公式中规定的定性温度去取值。

③ 应用范围　关联式中 Re、Pr 等特征数的数值范围。关联式是在一定实验条件下得出的，不得超范围使用。

（五）流体无相变时的对流传热系数关联式

应予指出，在传热中，层流、湍流的 Re 值区间为

层流　　$Re<2300$

湍流　　$Re>10000$

过渡区　Re：2300～10000

1. 管内强制对流

（1）圆形直管内的强制湍流

对于强制湍流，自然对流的影响可以忽略不计，即式(2-18) 中 Gr 可忽略。

① 低黏度（小于 2 倍常温水的黏度）流体

$$Nu=0.023Re^{0.8}Pr^{n} \tag{2-19}$$

或

$$\alpha=0.023\frac{\lambda}{d}\left(\frac{du\rho}{\mu}\right)^{0.8}\left(\frac{c_{p}\mu}{\lambda}\right)^{n} \tag{2-19a}$$

式中 n 值视热流方向而定。当流体被加热时，$n=0.4$；流体被冷却时，$n=0.3$。

应用范围：$Re>10000$，$0.7<Pr<120$，$\frac{l}{d}>60$。

特征尺寸：取为管内径。

定性温度：取流体进、出口温度的算术平均值。

② 高黏度（大于 2 倍常温水的黏度）流体

$$Nu=0.027Re^{0.8}Pr^{0.33}\left(\frac{\mu}{\mu_{w}}\right)^{0.14} \tag{2-20}$$

应用范围和特征尺寸与式(2-19) 相同。

定性温度：除 μ_w 取壁温外，其他都取流体进、出口温度的算术平均值。

在实际中，由于壁温难以测得，工程上近似处理为：

对于液体，被加热时：$\left(\frac{\mu}{\mu_{w}}\right)^{0.14}\approx1.05$；被冷却时：$\left(\frac{\mu}{\mu_{w}}\right)^{0.14}\approx0.95$。

对于气体 $\left(\frac{\mu}{\mu_{w}}\right)^{0.14}\approx1$。

③ 短管

当 $\frac{l}{d}<60$ 时，将由式(2-19a) 算得的 α 乘上校正系数 f 进行校正。

$$f=1+\left(\frac{d}{l}\right)^{0.7} \tag{2-21}$$

其他应用范围和特征尺寸、定性温度同式(2-19)。

(2) 圆形直管内的强制层流

流体在管内做强制层流时，应考虑自然对流和热流方向对 α 的影响。当管径较小，流体与壁面间的温差不大时，即 $Gr<25000$，自然对流的影响较小且可以忽略，对流传热的特征数关联式为：

$$Nu=1.86\left(RePr\frac{d}{l}\right)^{1/3}\left(\frac{\mu}{\mu_{w}}\right)^{0.14} \tag{2-22}$$

应用范围：$Re<2300$，$\left(RePr\frac{d}{l}\right)>10$，$0.6<Pr<6700$。

当 $Gr>25000$ 时，忽略自然对流的影响往往会造成很大的误差，此时可将式(2-22) 乘以校正系数 f。

$$f=0.8(1+0.015Gr^{1/3}) \tag{2-23}$$

式中特征尺寸和定性温度以及 $\left(\frac{\mu}{\mu_{w}}\right)^{0.14}$ 的近似计算方法同式(2-20)。

流体在换热器内做强制对流时，为提高传热系数，流体多呈湍流流动，较少出现层流状态，只有在 μ 很大时，Re 小，才在层流区操作。

(3) 圆形直管内的过渡状态

当 $Re=2300\sim10000$ 时，α 可先按湍流时的公式计算，然后把算得的结果乘以校正系数 f。

$$f=1.0-\frac{6\times10^{5}}{Re^{1.8}} \tag{2-24}$$

(4) 弯管中的强制对流

由于弯管处受离心力的作用，扰动加剧，使 α 增大。α 先按直管计算，然后乘以校正系数 f。

$$f=1+1.77\frac{d}{R} \tag{2-25}$$

式中 d—— 管内径，m；

R—— 弯管的曲率半径，m。

(5) 非圆形直管内的强制对流

当流体在非圆形管内做强制对流时，对流传热系数的计算仍可采用圆形管内相应的公式，只要将式中特征尺寸换成当量直径就行。当量直径可用流体力学当量直径，但有些关联式规定采用传热当量直径。传热当量直径定义为

$$d'_e=\frac{4\times 流通截面积}{传热周边长度} \tag{2-26}$$

传热计算中，究竟采用哪个当量直径，由具体的关联式决定。

d 改为 d_e 的方法比较简便，但准确性较差，最好采用直接由非圆形管道内实验数据得出的对流传热系数关联式。

【例 2-4】 如图 2-25 所示，有一列管式换热器，由 38 根 ϕ25mm×2.5mm 的无缝钢管组成，苯在管内流动，由 20℃被加热到 80℃，苯的流量为 8kg/s。试求：①管壁对苯的对流传热系数；②若苯的流量提高一倍，对流传热系数有何变化？

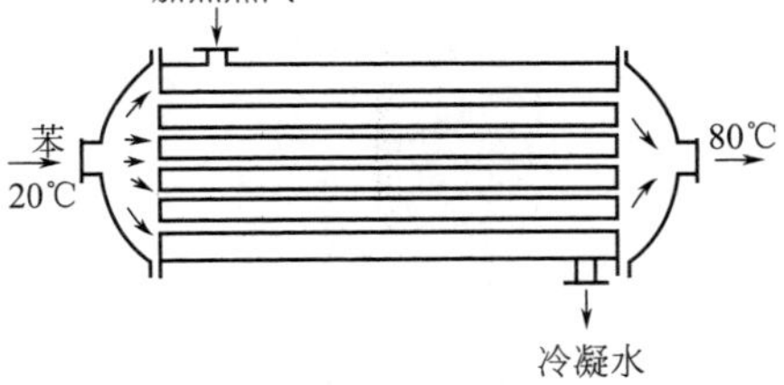

图 2-25 例 2-4 附图

解： ① 定性温度 $t_m=\frac{t_1+t_2}{2}=\frac{20+80}{2}℃=50℃$

可查得苯的物性如下：

$$\rho=850\text{kg/m}^3$$

$$c_p=1.80\text{kJ/(kg·℃)}$$

$$\mu=0.45\times10^{-3}\text{Pa·s}$$

$$\lambda=0.14\text{W/(m·℃)}$$

管内苯的流速为

$$u=\frac{V_s}{n\frac{\pi}{4}d^2}=\frac{\frac{8}{850}}{38\times\frac{\pi}{4}\times0.02^2}\text{m/s}=0.788\text{m/s}$$

$$Re=\frac{du\rho}{\mu}=\frac{0.02\times0.788\times850}{0.45\times10^{-3}}=2.98\times10^4$$

$$Pr=\frac{c_p\mu}{\lambda}=\frac{1.80\times10^3\times0.45\times10^{-3}}{0.14}=5.79$$

根据计算数据，选用式(2-19a)，所以

$$\alpha=0.023\frac{\lambda}{d}Re^{0.8}Pr^{0.4}=0.023\times\frac{0.14}{0.02}\times(2.98\times10^4)^{0.8}\times5.79^{0.4}\text{W/(m}^2\text{·℃)}$$

$$=1234\text{W/(m}^2\text{·℃)}$$

② 若忽略定性温度的变化，当苯流量增大一倍时，管内流速为原来的 2 倍，因为 $\alpha\propto Re^{0.8}\propto u^{0.8}$，所以

$$\alpha'=\alpha\left(\frac{Re'}{Re}\right)^{0.8}=1234\times2^{0.8}\text{W/(m}^2\text{·℃)}=2149\text{W/(m}^2\text{·℃)}$$

2. 管外强制对流

（1）流体横向流过管束

流体横向流过管束时，由于管与管之间的影响，传热情况比较复杂。管束的几何条件，如管径、管间距、管子排数以及排列方式等都对 α 有影响。管子的排列方式通常有直列和错列两种，错列又分为正三角形错列和正方形错列，如图 2-26 所示。

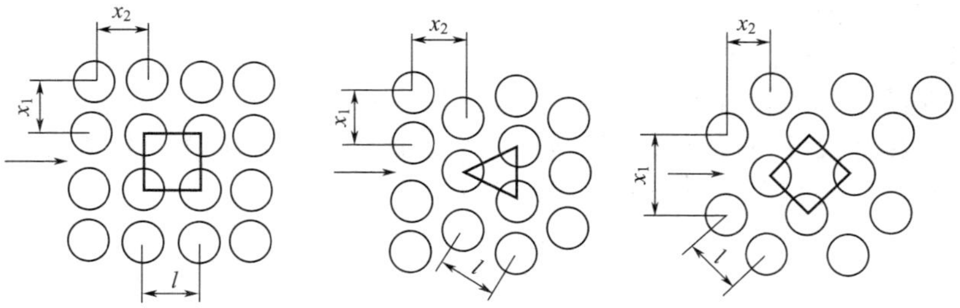

图 2-26 换热管排列方式示意图

流体横向流过直列管束时，平均对流传热系数可用下式计算：

$$Nu=0.26Re^{0.6}Pr^{0.33} \tag{2-27}$$

流体横向流过错列管束时，平均对流传热系数可用下式计算：

$$Nu=0.33Re^{0.6}Pr^{0.33} \tag{2-28}$$

应用范围：$Re>3000$。

特征尺寸：管外径 d_o。

定性温度：取流体进、出口温度的算术平均值。

流速 u 取每排管子中最窄流道处的流速，即最大流速。

管束的排数应为 10，当排数不为 10 时，应将计算结果乘以表 2-4 中的校正系数。

表 2-4 式（2-27）、式（2-28）的校正系数

排数	1	2	3	4	5	6	7	8	9	10	12	15	18	25	35	75
直列	0.64	0.80	0.83	0.90	0.92	0.94	0.96	0.98	0.99	1						
错列	0.68	0.75	0.83	0.89	0.92	0.95	0.97	0.98	0.99	1	1.01	1.02	1.03	1.04	1.05	1.06

（2）流体在带折流挡板的列管换热器管间流动

对于常见的列管换热器，由于壳体是圆筒，管束中各列管子数目并不相同，而且大多装有折流挡板，使得流体的流动方向和流速不断改变，在较小的 Re（$Re>100$）下即可达到湍流。这时 α 的计算，要根据具体结构选用适宜的计算式。

列管换热器折流挡板的形式较多，其中以弓形（圆缺形）折流挡板最常见。当装有圆缺形折流挡板（缺口面积是壳体内截面积的 25%）时，壳程的 α 可用下式计算

$$Nu=0.36Re^{0.55}Pr^{\frac{1}{3}}\left(\frac{\mu}{\mu_w}\right)^{0.14} \tag{2-29}$$

应用范围：$Re=2\times10^3\sim10^6$。

定性温度：除 μ_w 取壁温外，其他都取流体进、出口温度的算术平均值。

特征尺寸：当量直径 d_e

当量直径 d_e 根据管子的排列方式的不同，分别采用不同的公式计算。

管子为正方形排列时（图 2-27）

$$d_e=\frac{4\left(t^2-\frac{\pi}{4}d_o^2\right)}{\pi d_o} \tag{2-30}$$

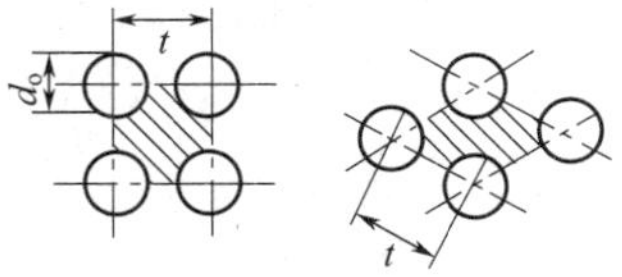

图 2-27 管束的排列

管子为正三角形排列时（图 2-27）

$$d_e=\frac{4\left(\frac{\sqrt{3}}{2}t^2-\frac{\pi}{4}d_o^2\right)}{\pi d_o} \tag{2-31}$$

式中 t—— 相邻两管间的中心距，即管间距，m；

d_o—— 管外径，m。

流速 u_o 根据流体流过的管间最大截面积 S_{max} 计算，即

$$S_{max}=hD\left(1-\frac{d_o}{t}\right) \tag{2-32}$$

式中 h—— 相邻挡板间的距离，m；

D—— 壳体的内径，m。

如果列管换热器的管间没有折流挡板，流体在管外将平行于管束流动，此时的 α 可用管内强制对流时的公式计算，但需将管内径 d 改为管间当量直径。

3. 自然对流

自然对流不是外力引起的，流速不是独立变量。α 只与反映自然对流的 Gr 和反映物性的 Pr 有关，与 Re 无关，特征数一般关联式为

$$Nu=f(Gr,Pr) \tag{2-33}$$

以大容积中的自然对流为例。所谓大容积自然对流传热是指传热面放置在大空间内，既不存在强制流动，并且四周没有其他阻碍自然对流的物体存在，如沉浸式换热器的传热过程、换热设备或管道的热表面向周围大气的散热。

许多研究者对管、板、球等形状的加热面，用空气、水、CO_2、H_2、油类等不同介质进行了大量的实验研究。结果表明，在大容积自然对流时，Nu 对 $GrPr$ 在双对数坐标上标绘，所得曲线可近似看三段直线，每一段都可表示为：

$$Nu=C(GrPr)^n \tag{2-34}$$

或

$$\alpha=C\frac{\lambda}{l}\left(\frac{\rho^2 g\beta\Delta t l^3}{\mu^2}\times\frac{c_p\mu}{\lambda}\right)^n \tag{2-34a}$$

式中的 C、n 取值参见表 2-5。

表 2-5 式（2-34）中的 C 和 n 值

段数	$Gr\,Pr$	C	n
1	$1\times10^{-3}\sim5\times10^2$	1.18	1/8
2	$5\times10^2\sim2\times10^7$	0.54	1/4
3	$2\times10^7\sim10^{13}$	0.135	1/3

使用式(2-34) 应注意以下几点。

① 特征尺寸：对于水平管取管外径 d_o；对于垂直管或垂直板取管长或板高。

② 定性温度：取膜温［即壁面温度与流体平均温度的算术平均值 $(t+t_w)/2$，t_w 为壁温，t 为流体平均温度］。

③ Gr 中的 $\Delta t=|t_w-t|$。

（六）流体有相变时的对流传热系数关联式

流体发生相变的对流传热过程分为蒸气冷凝和液体沸腾两种情况。

1. 蒸气冷凝

（1）冷凝方式

当饱和蒸气与低于其饱和温度的冷壁面接触时，蒸气将放出潜热并冷凝成液体。蒸气冷凝有两种方式：膜状冷凝和滴状冷凝。若冷凝液能润湿壁面，并在壁面形成一层完整的液膜，则称为膜状冷凝；若冷凝液不能很好地润湿壁面，则冷凝液在壁面上形成许多小液滴，这种称为滴状冷凝。

在膜状冷凝中，壁面被液膜所覆盖，再进行的冷凝只能在液膜表面上进行，即蒸气冷凝放出的潜热必须通过液膜后才能传给壁面。由于蒸气冷凝时有相的变化，一般热阻很小，因此这层冷凝液膜往往成为膜状冷凝的主要热阻。冷凝液膜在重力作用下沿壁面向下流动时，其厚度不断增加，所以壁面愈高或水平放置的管子管径愈大，则整个壁面的平均对流传热系数也就愈小。

在滴状冷凝中，壁面大部分的面积直接暴露于蒸气中，由于在这些部位没有液膜阻碍热流，故其 α 很大，是膜状冷凝的 10 倍左右。

但滴状冷凝难以控制，工业上遇到的大多是膜状冷凝，所以冷凝计算总是按膜状冷凝处理，而且从工程上按膜状冷凝计算安全系数较大。下面仅介绍纯饱和蒸气膜状冷凝传热系数的计算方法。

（2）膜状冷凝的 α

① 蒸气在垂直管（或垂直板）外的冷凝　如图 2-28 所示，当蒸气在垂直管（或板上）冷凝时，液膜沿壁面向下流动，液膜初始为层流，随着冷凝的进行，液膜逐渐增厚，局部对流传热系数逐渐减小；当管或板足够高时，下部分可能发展为湍流，此时局部对流传热系数反而会有所增大。

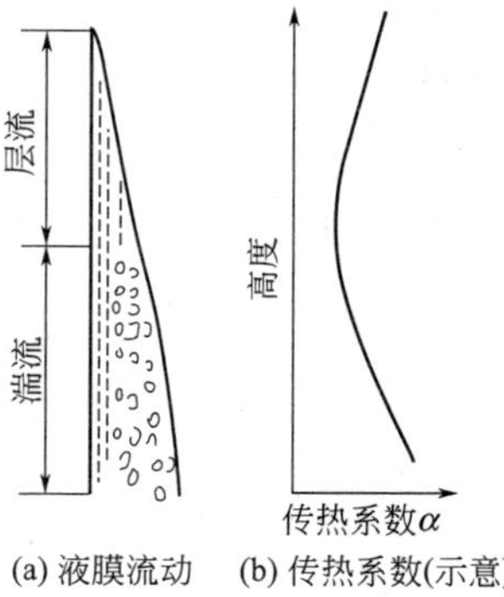

图 2-28　蒸汽在垂直壁面上的冷凝

冷凝液膜内流型不同，α 的计算方法不同，可用 Re 值判断流型。

$$Re=\frac{d_e u\rho}{\mu}=\frac{\left(\frac{4S}{b}\right)\left(\frac{m_s}{S}\right)}{\mu}=\frac{4M}{\mu} \tag{2-35}$$

式中　d_e——当量直径，m；

S——冷凝液的流通截面积，m^2；

b——冷凝液的润湿周边，m；

m_s——冷凝液的质量流量，kg/s；

M——冷凝负荷，即单位长度润湿周边上冷凝液的质量流量，$M=m_s/b$，kg/(s・m)。

a. 当液膜为层流（$Re<2100$）时，平均对流传热系数的计算式为

$$\alpha=1.13\left(\frac{r\rho^2 g\lambda^3}{\mu H\Delta t}\right)^{1/4} \tag{2-36}$$

式中　H——垂直管或板的高度，m；

λ——冷凝液的热导率，W/(m・K)；

ρ—— 冷凝液的密度，kg/m^3；

μ—— 冷凝液的黏度，Pa·s；

r—— 饱和蒸气的冷凝潜热，kJ/kg；

Δt——蒸气的饱和温度 t_s－壁面温度 t_w，K 或℃。

定性温度：蒸气冷凝潜热 r 取饱和温度 t_s 下的值，其余物性取液膜平均温度下的值。

b. 当液膜为湍流（$Re>2100$）时，平均对流传热系数的计算式为

$$\alpha=0.0077\left(\frac{\rho^2 g\lambda^3}{\mu^2}\right)^{1/3}Re^{0.4} \tag{2-37}$$

② 蒸气在水平管外的冷凝　蒸气在水平管外冷凝的平均对流传热系数可用下式计算

$$\alpha=0.725\left(\frac{r\rho^2 g\lambda^3}{n^{2/3}\mu d_o\Delta t}\right)^{1/4} \tag{2-38}$$

式中　n——水平管束在垂直列上的管数。

特征尺寸：管外径 d_o，m；

其余各量和定性温度同式(2-36)。

在列管换热器，各垂直列上的管数不同，则式(2-38) 中的 n 应该采用平均管数 n_m。若换热器内换热管的垂直列数为 z，则 n_m 可由下式计算：

$$n_m=\frac{\sum_{i=1}^{z}n_i}{\sum_{i=1}^{z}n_i^{0.75}} \tag{2-39}$$

式中　n_i——指 i 垂直列上的管数。

(3) 影响冷凝传热的因素

蒸气冷凝时，往往在壁面形成液膜，液膜的厚度及其流动状态是影响冷凝传热的关键。凡有利于减薄液膜厚度的因素都可以提高冷凝传热系数。为减小冷凝液膜的厚度，通常采用立式设备。

① 蒸气中不凝气体的影响　以上讨论都是对纯蒸气而言的，在实际的工业冷凝器中，蒸气中常含有微量的不凝性气体（如空气）。当蒸气冷凝时，不凝气体会在液膜表面形成气膜。这相当于额外附加了一层热阻，并且由于气体的 λ 小，使蒸气冷凝的 α 大大下降。实验证明，当蒸气中含不凝气体量达 1%时，α 将下降 60%左右。因此，在换热器的蒸气冷凝侧，要安装气体排放口，操作时定期排放不凝气体，减少不凝气体对 α 的影响。

② 蒸气的流速和流向　蒸气以一定的速度运动时，和液膜间产生一定的摩擦力，若蒸气和液膜同向流动，则摩擦力将使液膜加速，厚度变薄，使 α 增大；若两者逆向流动，则 α 减小。但是当两者间的摩擦力超过液膜重力时，蒸气会将液膜吹离壁面，此时，随着蒸气速度的增加反而会使 α 急剧增大。通常，蒸气进口设在换热器的上部，以避免蒸气和冷凝液的逆向流动。

③ 蒸气过热程度的影响　过热蒸气与固体表面的传热机理视壁温 t_w 的不同而不同。若壁温高于同压下蒸气的饱和温度，则壁面上不发生冷凝，此时的传热过程属于气体冷却过程；当壁面温度低于蒸气的饱和温度时，过热蒸气先在气相下冷却至饱和温度，然后在壁面上冷凝，整个传热过程包括蒸气冷却和冷凝两个过程。若蒸气过热程度不高，则传热系数值

与饱和蒸气的相差不大；但如果过热程度较高，将有相当部分壁面用于过热蒸气的冷却，在蒸气内部存在温度梯度和热阻，从而大大降低传热系数。因此，工业上一般不采用过热蒸气作为加热的热源。

2. 液体沸腾

对液体加热时，液体内部伴有液相变为气相，即液相内部产生气泡的过程称为沸腾。工业上液体沸腾可分为两种情况：一种是将加热壁面浸入液体，液体被加热而引起的无强制对流的沸腾现象，称为池内沸腾；另一种是流体在管内流动过程中受热沸腾，称为管内沸腾。后者传热机理更复杂，下面只讨论池内沸腾的情况。

（1）沸腾现象

液体沸腾过程中最主要的特征是液体内部有气泡产生。一般认为，沸腾时气液相平衡，液体的沸点等于该液体所处压力下对应的饱和温度 t_s。但实验表明，发生沸腾时，液体总是处于过热状态，沸腾液体的温度 t_1 略高于饱和温度 t_s，温度差$=t_1-t_s$，称为过热度。过热的原因是气泡的生成和长大需要能量克服液体的表面张力。气泡只是在加热面上某些凹凸不平点上形成，形成气泡的这些点，称为汽化核心。当形成汽化核心后，周围的液体继续汽化，而使气泡体积不断增大。当气泡长大到某一直径后，就会脱离壁面而上升。随着气泡的上升，周围液体随时填补，这样引起贴壁液体层的剧烈搅动，从而使 α 比无相变时的数值大得多。

（2）沸腾曲线

实验表明，大容器内饱和液体沸腾的情况随 Δt（$\Delta t=t_w-t_s$）的变化，出现不同的沸腾状态。下面以常压水在大容器内沸腾传热为例，分析沸腾温度差 Δt 对沸腾传热系数 α 的影响。

如图 2-29 所示，在曲线 AB 段，由于温度差 Δt 很小（$\Delta t\leqslant5$℃），在加热面只有少量汽化核心形成气泡，长大速度也很慢，加热面附近液层受到的扰动不大，主要以自然对流传热为主，称为自然对流段。这时汽化只发生在液体表面，严格说还不是沸腾，而是表面汽化。此阶段 α 较小，并且随 Δt 升高得很缓慢。

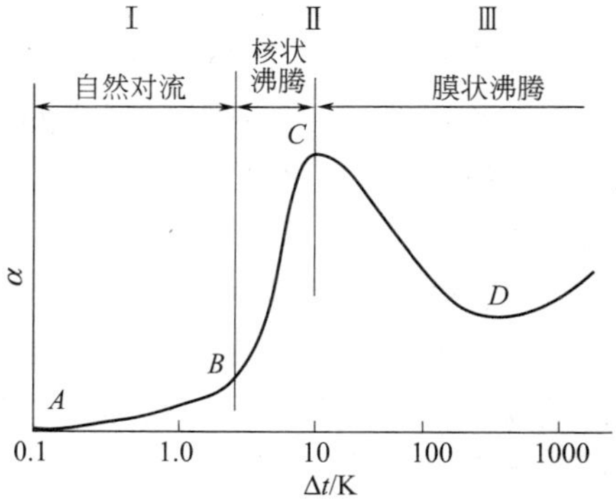

图 2-29 常压下水沸腾时 α 与 Δt 的关系

在曲线 BC 段（5℃$<\Delta t\leqslant25$℃），随着 Δt 提高，汽化核心增多，气泡长大速度迅速增大，对液体产生剧烈的扰动，α 急剧上升，由汽化核心产生的气泡对传热起主导作用，此阶段称为核状沸腾。

在曲线 CD 段（$\Delta t>25$℃），汽化核心数和气泡长大速度大大增加，以致气泡产生的速度大于其脱离壁面的速度，气泡相连形成一层气膜，由于气体的 λ 很小，使 α 反而急剧下降，这个阶段称为膜状沸腾。在 D 点以后，由于加热面 t_w 很高，热辐射的影响增大，使得 α 随 Δt 的增大又有所增大。

工业上一般维持沸腾装置在核状沸腾下工作，否则一旦转变为膜状沸腾，不仅 α 会急剧下降，而且管壁温度急剧升高也易导致传热管烧毁的严重事故。

（3）影响沸腾传热的因素

① 液体物性　液体的 μ、λ、σ（表面张力）、ρ 等对沸腾传热都有重要的影响。一般，α 随 λ、ρ 的增大而增大，而随 μ、σ 的增大而减小。

② 温差 Δt　从沸腾曲线可知，温差 Δt 是影响和控制沸腾传热过程的重要因素，应尽量控制在核状沸腾区进行操作。在核状沸腾区，α 与 Δt 的 2～3 次方成正比。

③ 操作压力 p　提高操作压力会提高液体饱和温度，从而使液体的 μ、σ 下降，有利于气泡的形成和脱离壁面，在相同的 Δt 下，使 α 提高。

④ 加热壁面状况　加热面的材料和粗糙度以及壁面的结垢或氧化等情况都会影响沸腾传热。一般，新的或清洁的壁面 α 较大，若壁面被油脂等污染，因油脂的导热性能较差，会使 α 下降。此外，粗糙加热面可以提供更多的汽化核心，有利于沸腾传热。但应当注意，大的凹穴或凸起反而易被液体注满而失去充当汽化核心的能力。

（4）沸腾对流传热系数的计算

由于沸腾传热机理复杂，因而至今还难以从理论上求解。各种经验公式虽多，但都不完善，计算结果相差也较大。但对不同的液体和表面状况，不同压力和温差下的沸腾传热已积累了大量的实验资料。对单组分纯物质的池内沸腾，近似地可用以下经验式估算其沸腾传热系数：

$$\alpha = 1.163 m \Delta t^{n-1} \tag{2-40}$$

式中　α—— 核状沸腾传热系数，$W/(m^2 \cdot ℃)$；

Δt—— 壁温与蒸气饱和温度之差，$\Delta t = t_w - t_s$，℃；

m、n—— 常数（见表 2-6）。

表 2-6　式（2-40）中的 m 和 n 值

物　料	压力(绝压)/$\times 10^5$Pa	m	n	Δt 范围/℃	加热体
水	1.03	245	3.14	3～6	水平管
水	1.03	560	2.35	6～19	垂直管
氧	1.03	56	2.47	3～6	垂直管
氮	1.03	2.5	2.67	3～7	垂直管
氟利昂 12	4.2	12.5	3.82	7～11	水平管
丙烷	1.4～2.5	540	2.5	4～8	水平管
丙烷	12	765	2.0	8～14	垂直管
正丁烷	1.4～2.5	150	2.64	4～8	水平管
苯	1.03	0.13	3.87	25～50	垂直管
苯	8.1	14.3	3.27	8～22	垂直管
苯乙烯	1.03	262	2.05	11～28	水平管
甲醇	1.03	29.5	3.25	6～8	垂直管
乙醇	1.03	0.58	3.73	22～33	垂直管
四氯化碳	1.03	2.7	2.90	11～22	垂直管
丙酮	1.03	1.90	3.85	11～22	水平管

（七）提高对流传热系数的途径

1. 无相变时的对流传热

流体从层流转变为湍流时，随 Re 的增大，α 显著增大，所以应力求使流体在换热器中达到湍流流动。

湍流时，常用式(2-19a) 求圆形直管内的 α，若将式中所有物性参数合并为常数 A，则得 $\alpha = A\frac{u^{0.8}}{d^{0.2}}$。上式表明，$\alpha$ 与流体流速的 0.8 次方成正比，而与管径的 0.2 次方成反比，即增大流速和减小管径都可提高 α，但增大流速更有效。

流体横向流过管束做湍流流动时，在管外加折流挡板的情况下，应用式(2-29) 求 α。同理，将物性参数合并成 B，则得 $\alpha = B\frac{u^{0.55}}{d_e^{0.45}}$。可见，此时 α 与流速的 0.55 次方成正比，而与当量直径的 0.45 次方成反比。因此此时提高流速和减小管子的当量直径，对提高管外 α 均有较显著的作用。

此外，不断改变流体的流动方向，能增强流体的湍动程度，从而提高 α。

在列管换热器中，为了提高 α，通常采取以下一些具体措施：

① 在管程，采用多程结构，可使流速成倍增加，流动方向不断改变，从而大大提高了 α，但流速增加，流动阻力也随之增大，所以要全面权衡，管程数不能太大。

② 在壳程，也可采用多程结构，即安装横向挡板，但制造、安装及维修不方便，工程上一般不采用多程结构，而广泛采用折流挡板。这样既可提高壳程流体流速，同时也迫使流体多次垂直流过管束，增大湍动程度，从而强化了对流传热。

2. 有相变时的对流传热

对于冷凝传热，除了及时排除不凝性气体外，还可以采取一些其他措施，如对垂直壁面，可在管壁上开一些纵向沟槽或装金属网，以减薄液膜厚度；对水平布置的管束，设法减少垂直方向上管子的数目或将管束改为错列，都可提高 α。对于沸腾传热，实践证明：设法使表面粗糙化或在液体中加入如乙醇、丙酮等添加剂，均能有效地提高 α。

四、热辐射

（一）热辐射的基本概念

任何物体，只要其绝对温度大于零度，都会不停地以电磁波的形式向外辐射能量，同时，又不断吸收来自外界其他物体的辐射能。但只有在高温时热辐射才成为主要传热方式。例如，在石油化工厂的管式裂解炉中温度高达 800～900℃，传热过程就以辐射传热为主。

热辐射和光辐射本质一样，只是电磁波的波长范围不同。从理论上说，固体可同时发射波长从 0 到∞的各种电磁波，但能被物体吸收而转变为热能的辐射线主要是可见光（0.38～0.76μm）和红外线（0.76～100μm）两部分，可见光线和红外线统称为热射线。

热辐射也服从光的反射和折射定律。在均一介质中做直线传播，在真空和大多数气体中可以完全透过，但热射线不能透过工业上常见的大多数固体和液体。所以只有能互相照见的物体间才能进行热辐射。

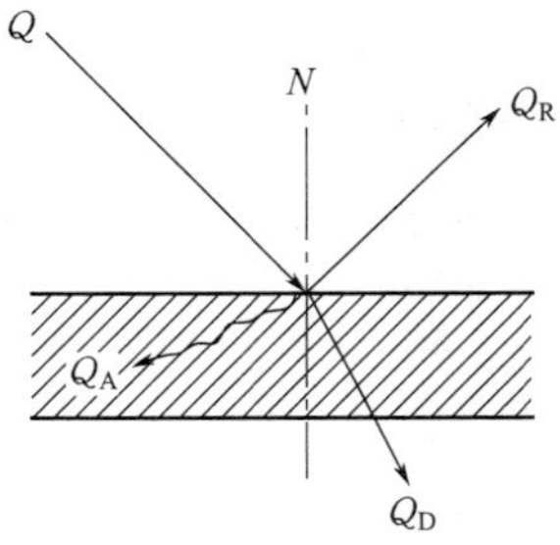

图 2-30 辐射能的吸收、反射和透过

如图 2-30 所示，假设外界投射到物体表面上的总能量为 Q，其中一部分 Q_A 被物体吸收，一部分 Q_R 被物体反射，其余部分 Q_D 透过物体。根据能量守恒定律

$$Q_A+Q_R+Q_D=Q \tag{2-41}$$

即

$$\frac{Q_A}{Q}+\frac{Q_R}{Q}+\frac{Q_D}{Q}=1 \tag{2-41a}$$

或

$$A+R+D=1 \tag{2-42}$$

式中 $A=\frac{Q_A}{Q}$—— 吸收率；

$R=\frac{Q_R}{Q}$—— 反射率；

$D=\frac{Q_D}{Q}$—— 透过率。

能全部吸收辐射能，即吸收率 $A=1$ 的物体，称为绝对黑体或黑体。

能全部反射辐射能，即反射率 $R=1$ 的物体，称为绝对白体或镜体。

能透过全部辐射能，即透过率 $D=1$ 的物体，称为透热体。

能以相同的吸收率吸收所有波长范围的辐射能的物体，称为灰体。

自然界中并不存在绝对黑体，但有些物体接近于黑体，如没有光泽的黑漆表面，其 $A\approx 0.97$。实际上镜体也是不存在的，但有些物体接近于镜体，如表面磨光的铜。单原子或对称双原子构成的气体（如 He、O_2、H_2 等），一般可视为透热体。灰体也是一种理想物体，但大多数的工程材料可视为灰体。引入灰体等的概念可以使辐射传热的计算大为简化。

需要注意的是，黑体、镜体和透热体等不仅仅针对可见光，而是对整个范围的热射线而言的。玻璃对可见光是透明的，但对其他热射线却几乎是不透明的，温室就是利用了玻璃的这种特性。虽然白色表面反射可见光的能力比其他颜色物体强，但是对于其他波长区段的热射线而言，它同样具有很强的吸收能力。例如雪对可见光外的热射线则几乎接近于黑体。

物体的吸收率、反射率和透过率与物体的性质、温度、表面状况和辐射能的波长等因素有关。一般，表面粗糙的物体吸收率较大。

（二）热辐射的基本定律

1. 物体的辐射能力与斯忒藩-玻耳兹曼定律

物体在一定温度下，单位时间内、单位表面积所发射的全部辐射能（波长从 0 到∞），称为该物体在该温度下的辐射能力，以 E 表示，单位 W/m^2。用下标“0”表示黑体。

理论证明

$$E_0=\sigma_0 T^4=C_0\left(\frac{T}{100}\right)^4 \tag{2-43}$$

式(2-43) 称为斯忒藩-玻耳兹曼定律。它揭示了黑体的辐射能力与其表面的绝对温度的四次方成正比。

式中 E_0—— 黑体的辐射能力，W/m^2；

σ_0—— 黑体辐射常数，其值$=5.669\times 10^{-8} W/(m^2\cdot K^4)$；

C_0—— 黑体辐射系数，其值$=5.669 W/(m^2\cdot K^4)$；

T—— 黑体表面的绝对温度，K。

实验证明，上式也适用于灰体，则

$$E=C\left(\frac{T}{100}\right)^4 \tag{2-43a}$$

式中 C——灰体的辐射系数，$W/(m^2\cdot K^4)$。

斯忒藩-玻耳兹曼定律表明辐射传热对温度异常敏感，低温时热辐射往往可以忽略，而高温时则成为主要的传热方式。

在同一温度下，实际物体的辐射能力小于同温度下黑体的辐射能力。不同物体的辐射能力也有较大的差别。实际物体的辐射能力与黑体的辐射能力之比，称为该物体的黑度，用 ε 表示，即

$$\varepsilon=\frac{E}{E_0}=\frac{C}{C_0}<1 \tag{2-44}$$

由 ε 可计算灰体的辐射能力

$$E=\varepsilon E_0=\varepsilon C_0\left(\frac{T}{100}\right)^4 \tag{2-45}$$

物体的黑度是物体的一种性质，只与物体本身的情况有关，与外界因素无关，其值可由实验测定。表 2-7 给出了某些常见材料的黑度值。由此表可以看出，金属表面的粗糙程度对黑度影响较大；非金属材料的黑度值通常都较高，一般在 0.85～0.95 之间，在缺乏资料时，可近似取 0.90。

表 2-7 常用工业材料的黑度 ε 值

材料	温度/℃	黑度 ε	材料	温度/℃	黑度 ε
红砖	20	0.93	铜(氧化的)	200～600	0.57～0.87
耐火砖	—	0.8～0.9	铜(磨光的)	—	0.03
钢板(氧化的)	200～600	0.8	铝(氧化的)	200～600	0.11～0.19
钢板(磨光的)	940～1100	0.55～0.61	铝(磨光的)	225～575	0.039～0.057
铸铁(氧化的)	200～600	0.64～0.78			

2. 克希霍夫定律

克希霍夫定律揭示了物体的辐射能力 E 和吸收率 A 之间的关系。

可推导得到

$$\frac{E}{A}=E_0 \tag{2-46}$$

此式称为克希霍夫定律，它说明任何物体的辐射能力与其吸收率的比值恒为常数，且等于同温度下黑体的辐射能力，故其值只与物体的温度有关。

比较式(2-44) 与式(2-46) 可得出：$A=\varepsilon$，即在同一温度下，物体的吸收率 A 与其黑度 ε 在数值上相等，但物理意义完全不同。

（三）两固体间的相互辐射

生产上常见的热辐射是固体间的相互辐射，即灰体间的热辐射。从一个物体发射出来的能量只能部分到达另一物体，而达到另一物体的这部分能量由于还反射出一部分能量，从而不能被另一物体全部吸收。同理，从另一物体辐射和反射出来的能量，也只有一部分到达原物体，而到达的这部分能量又部分地被反射和部分地被吸收，这种过程反复进行，直至达到平衡。

两固体间的辐射传热总的结果是热量从高温物体传向低温物体。它们之间的辐射传热计算非常复杂，与两固体的吸收率、反射率、形状及大小有关，还与两固体间的距离和相对位置有关。

两固体间的辐射传热速率可用下式计算：

$$Q_{1-2}=C_{1-2}\varphi A\left[\left(\frac{T_1}{100}\right)^4-\left(\frac{T_2}{100}\right)^4\right] \tag{2-47}$$

式中 Q_{1-2}——两固体间的辐射传热速率，W；

C_{1-2}——两固体间的总辐射系数，$W/(m^2\cdot K^4)$；

φ——几何因子或角系数（总能量被拦截分率）；

A——辐射面积，当两物体间面积不相等时，取辐射面积较小的一个，m^2；

T_1——高温物体的绝对温度，K；

T_2——低温物体的绝对温度，K。

几种常见情况下的总辐射系数 C_{1-2} 的计算式及角系数数值见表 2-8。

表 2-8 角系数与总辐射系数计算式

序号	辐射情况	面积 A	角系数 φ	总辐射系数 C_{1-2}
1	极大的两平行面	A_1 或 A_2	1	$\dfrac{C_0}{\dfrac{1}{\varepsilon_1}+\dfrac{1}{\varepsilon_2}-1}=\dfrac{1}{\dfrac{1}{C_1}+\dfrac{1}{C_2}-\dfrac{1}{C_0}}$
2	面积有限的两相等平行面	A_1	<1	$\varepsilon_1\varepsilon_2 C_0$
3	很大的物体 2 包住物体 1	A_1	1	$\varepsilon_1 C_0$
4	物体 2 恰好包住物体 1 $A_2\approx A_1$	A_1	1	$\dfrac{C_0}{\dfrac{1}{\varepsilon_1}+\dfrac{1}{\varepsilon_2}-1}$
5	在 3、4 两种情况之间	A_1	1	$\dfrac{C_0}{\dfrac{1}{\varepsilon_1}+\dfrac{A_1}{A_2}\left(\dfrac{1}{\varepsilon_2}-1\right)}$

【例 2-5】 有一高为 1m、宽 2m 的铸铁炉门，其温度为 527℃，室内温度为 27℃。为了减少热损失，在炉门前很小距离处放一块同样大小的铝板（已氧化）作为遮热板。试求放置铝板前、后因辐射而损失的热量。

解： 查表 2-7 取铸铁的 $\varepsilon=0.78$，铝板的 $\varepsilon=0.15$。

（1）放置铝板前，炉门被四壁所包围，$A_2\gg A_1$，故辐射面积 $A=A_1=1\times 2\text{m}^2=2\text{m}^2$，$C_{1-2}=\varepsilon_1 C_0=0.78\times 5.67\text{W}/(\text{m}^2\cdot\text{K}^4)=4.423\text{W}/(\text{m}^2\cdot\text{K}^4)$，$\varphi=1$

由式(2-47) 得

$$Q_{1-2}=C_{1-2}\varphi A\left[\left(\frac{T_1}{100}\right)^4-\left(\frac{T_2}{100}\right)^4\right]$$
$$=4.423\times 1\times 2\times\left[\left(\frac{527+273}{100}\right)^4-\left(\frac{27+273}{100}\right)^4\right]\text{W}$$
$$=3.55\times 10^4\text{W}$$

（2）放置炉板后，因炉门与遮热板相距很近，两者之间的辐射可视为两无限大平板间的热辐射。现以下标 3 表示铝板。由表 2-8 知，

$$C_{1-3}=\frac{C_0}{\dfrac{1}{\varepsilon_1}+\dfrac{1}{\varepsilon_2}-1}=\frac{5.67}{\dfrac{1}{0.78}+\dfrac{1}{0.15}-1}\text{W}/(\text{m}^2\cdot\text{K}^4)=0.816\text{W}/(\text{m}^2\cdot\text{K}^4),\varphi=1,A=A_1$$

所以

$$Q_{1-3}=C_{1-3}\varphi A\left[\left(\frac{T_1}{100}\right)^4-\left(\frac{T_3}{100}\right)^4\right]$$
$$=0.816\times 1\times 2\times\left[\left(\frac{527+273}{100}\right)^4-\left(\frac{T_3}{100}\right)^4\right]\text{W} \qquad \text{(a)}$$

铝板被四壁所包围，所以

$$Q_{3-2}=\varepsilon_3 C_0\varphi A_3\left[\left(\frac{T_3}{100}\right)^4-\left(\frac{T_2}{100}\right)^4\right]$$
$$=0.15\times 5.67\times 1\times 2\times\left[\left(\frac{T_3}{100}\right)^4-\left(\frac{300}{100}\right)^4\right]\text{W} \qquad \text{(b)}$$

当传热达稳定时，$Q_{1-3}=Q_{3-2}$，联解式(a)、式(b)，可得

$$T_3=673\text{K}$$

所以

$$Q_{1-3}=Q_{3-2}=0.816\times 1\times 2\times\left[\left(\frac{527+273}{100}\right)^4-\left(\frac{673}{100}\right)^4\right]\text{W}=3337\text{W}$$

增加遮热板后散热量减少为原来的 $\dfrac{Q_{1-3}}{Q_{1-2}}\times 100\%=\dfrac{3337}{3.55\times 10^4}\times 100\%=9.4\%$

由以上计算结果可见，设置遮热板是减少辐射散热的有效方法，而且遮热板材料的黑度越低，遮热板的层数越多，则热损失越少。

（四）辐射-对流联合传热

在化工生产中，许多设备的外壁温度往往高于周围环境的温度，因此热量会由壁面以对流和辐射两种形式散失。许多温度较高的换热器、塔器、反应器及蒸汽管道等都必须进行隔热保温，以减少热损失，也需要进行对流和辐射联合传热的计算。

由对流散失的热量为

$$Q_C=\alpha_C A_w(T_w-T)$$

由辐射散失的热量为

$$Q_R=C_{1-2}\varphi A_w\left[\left(\frac{T_w}{100}\right)^4-\left(\frac{T}{100}\right)^4\right]$$

为了方便，可将辐射传热方程改写成与对流传热方程类似的形式，即

$$Q_R=\alpha_R A_w(T_w-T) \tag{2-48}$$

则壁面总的散热量为

$$Q=Q_C+Q_R=(\alpha_C+\alpha_R)A_w(T_w-T)=\alpha_T A_w(T_w-T) \tag{2-49}$$

式中 α_C——对流传热系数，$W/(m^2 \cdot K)$；

α_R——辐射传热系数，$W/(m^2 \cdot K)$；

α_T——辐射对流联合传热系数，$W/(m^2 \cdot K)$；

A_w、T_w——分别为设备外壁的面积（m^2）和绝对温度（K）；

T——设备周围环境温度，K。

对于有保温层的设备或管道，其热损失的联合传热系数 α_T，可用下列各式进行估算。

① 空气自然对流，当 $T_w<423K$ 时

在平壁保温层外 $\alpha_T=9.8+0.07(T_w-T)$，$W/(m^2 \cdot K)$ (2-50)

在圆筒或管保温层外 $\alpha_T=9.4+0.052(T_w-T)$，$W/(m^2 \cdot K)$ (2-51)

② 空气沿粗糙壁面做强制对流

空气流速 $u\leqslant 5m/s$ 时 $\alpha_T=6.2+4.2u$，$W/(m^2 \cdot K)$ (2-52)

空气流速 $u>5m/s$ 时 $\alpha_T=7.8u^{0.78}$，$W/(m^2 \cdot K)$ (2-53)

任务三 换热器仿真操作

任务目标

- 了解列管换热器的结构和仿真单元的工艺流程；
- 学习掌握换热器开、停车操作规程和要领；

- 能根据操作参数判断换热器常见事故并进行事故处理操作；
- 了解换热器单元的控制系统。

技能要求

- 列管换热器的开车、停车及正常运行操作；
- 换热器常见事故处理操作。

一、训练目标

1. 了解列管换热器工作原理、工艺流程与操作方法。
2. 了解物料衡算与热量衡算的应用。
3. 掌握换热器的冷态开车、正常停车及正常运行的操作方法。
4. 能正确分析过程事故产生的原因，并掌握事故处理的方法。

二、工艺流程（图 2-31）

本单元采用管壳式换热器。来自界外的 92℃冷物流（沸点：198.25℃）由泵 P101A/B 送至换热器 E101 的壳程被流经管程的热物流加热至 145℃，并有 20%被汽化。冷物流流量由流量控制器 FIC101 控制，正常流量为 12000kg/h。来自另一设备的 225℃热物流经泵 P102A/B 送至换热器 E101 与注经壳程的冷物流进行热交换，热物流出口温度由 TIC101 控制（177℃）。

为保证热物流的流量稳定，TIC101 采用分程控制，TV101A 和 TV101B 分别调节流经 E101 和副线的流量，TIC101 输出 0%～100%分别对应 TV101A 开度 0%～100%，TV101B 开度 100%～0%。

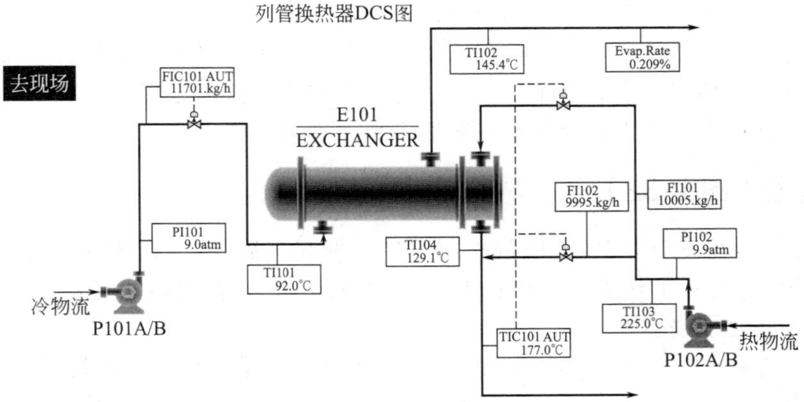

图 2-31 列管换热器仿真流程图

三、训练要领

1. 冷态开车操作过程：包括排气、启动冷物料泵、启动热物料泵、调整各参数达正常后投放自动。

2. 事故处理操作过程：包括泵坏、阀卡、部分管堵、壳程结垢严重等事故的现象判断与处理方法。

3. 正常停车与紧急停车操作过程：包括改自动为手动、停热物料泵、停冷物料泵、管壳程排凝等操作。

4. 正常运行过程：主要维持各工艺参数稳定运行，密切注意参数变化。

任务四　管式加热炉仿真操作

任务目标

- 了解管式加热炉的结构和仿真单元的工艺流程；
- 学习掌握加热炉开、停车操作规程和要领；
- 能根据操作参数判断加热炉常见事故并进行事故处理操作；
- 了解加热炉单元的控制系统。

技能要求

- 管式加热炉的开车、停车及正常运行操作；
- 管式加热炉常见事故处理操作。

一、训练目标

1. 了解加热炉分类、结构、工作原理以及工艺流程。
2. 了解电磁阀工作过程，学会联锁的作用和方法。学会复杂控制系统的操作方法。
3. 掌握管式加热炉的冷态开车、正常运行、正常停车操作过程。
4. 能正确分析事故产生的原因，并掌握事故处理的方法。

二、工艺流程（图 2-32）

燃料气经管网在调节器 PIC101 的控制下进入燃料气罐 V-105，燃料气在 V-105 中经脱油脱水后，分两路送入加热炉，一路在 PCV01 控制下送入常明线；一路在 TV106 调节阀控制下送入油-气联合燃烧器。

来自燃料油罐 V-108 的燃料油经 P101A/B 升压后，在 PIC109 控制压送至燃烧器火嘴前，用于维持火嘴前的油压，多余燃料油返回 V-108。来自管网的雾化蒸汽在 PDIC112 的控制压与燃料油保持一定压差情况下送入燃料器。来自管网的吹扫蒸汽直接进入炉膛底部。

某烃类化工原料在流量调节器 FIC101 的控制下先进入加热炉 F-101 的对流段，经对流加热升温后，再进入 F-101 的辐射段，被加热至 420℃后，送至下一工序，其炉出口温度由调节器 TIC106 通过调节燃料气流量或燃料油压力来控制。

采暖水在调节器 FIC102 控制下，经与 F-101 的烟气换热，回收余热后，返回采暖水系统。

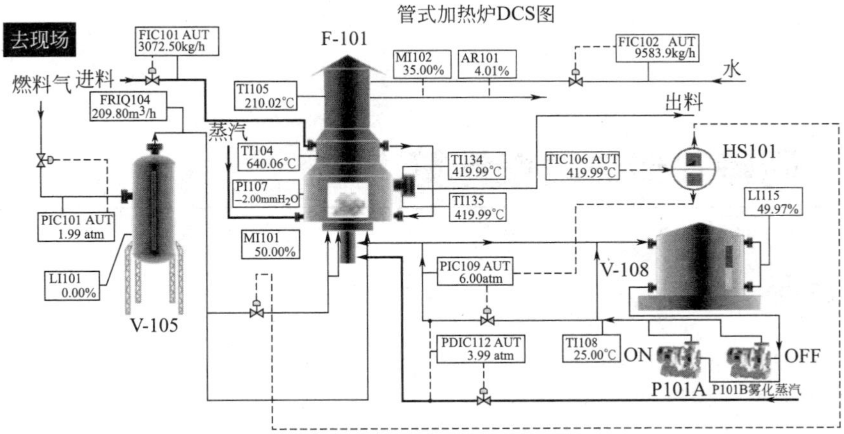

图 2-32　管式加热炉仿真流程图

三、训练要领

1. 冷态开车操作过程包括：开车前的准备、点火准备工作、燃料气准备、点火操作、升温操作、引工艺物料、启动燃料油系统、调整至正常等操作。

2. 正常停车操作过程包括：停车准备、降量、降温及停燃料油系统、停燃料气及工艺物料、炉膛吹扫等操作。

3. 事故处理过程包括：燃料油火嘴堵塞、燃料气压力低、炉管破裂、燃料气调节阀卡、燃料气带液、燃料油带水、雾化蒸汽压力低、燃料油泵 A 停等事故的判断和处理操作。

4. 正常运行过程：主要维持各工艺参数稳定运行，密切注意参数变化。

安全窗：危险化学品的特性事故

根据化工生产过程、储存过程中使用的危险化学品特性，当其发生泄漏，可能发生的事故主要为火灾爆炸、化学灼伤、中毒和窒息及环境污染等。

1. 火灾爆炸

引起火灾爆炸的基本条件是燃烧，而燃烧必须有三要素即可燃物、助燃物和着火源。空气中的氧可以作助燃物，且广泛存在，故控制可燃物泄漏和控制点火源成为防止火灾爆炸的重点。

2. 化学灼伤

危险化学品由于设备缺陷或操作失误发生化学品泄漏，泄漏的化学品在人体敏感部位(尤其是眼部)，可导致化学灼伤，若在生产过程中员工违章操作、设备设施维护保养不够，而员工未采取有效的防护措施，易发生化学灼伤事故。

3. 中毒和窒息

操作工人在生产、储存过程中会接触到危险化学品，或者因设备设施缺陷、员工操作疏忽大意、违反操作规程等也有可能导致毒物直接与人体接触，长期接触可能造成中枢神经系统损害，或吸入蒸气引起中毒。

4. 环境污染

生产使用的固体废料、包装物随处丢弃；生产过程挥发或散发的溶剂和固体粉尘，随空气流动飘出厂区范围，这些都会给周边环境造成一定的危害和污染。

任务五 间壁式传热过程计算

任务目标

- 了解间壁式传热过程的特点；
- 学习掌握间壁式传热过程的传热速率方程和热量平衡；
- 掌握间壁式传热过程热负荷的确定、平均温度差计算和传热系数确定；
- 了解强化间壁式传热过程的途径和措施。

技能要求

- 掌握换热器的基本传热过程计算；
- 掌握强化换热器传热的方法。

一、间壁式传热过程

在化工过程中物料经常需要换热，当物料被加热或冷却时，常用另一种流体来供热或取走热量。这种用于加热或冷却物料的流体称为载热体。其中起加热作用的流体叫加热剂，如水蒸气、烟道气或其他高温流体等；其中起冷却作用的流体叫冷却剂，如冷却水、空气等。化工生产中，一般不允许两种流体直接混合换热，所以要通过间壁来传热。

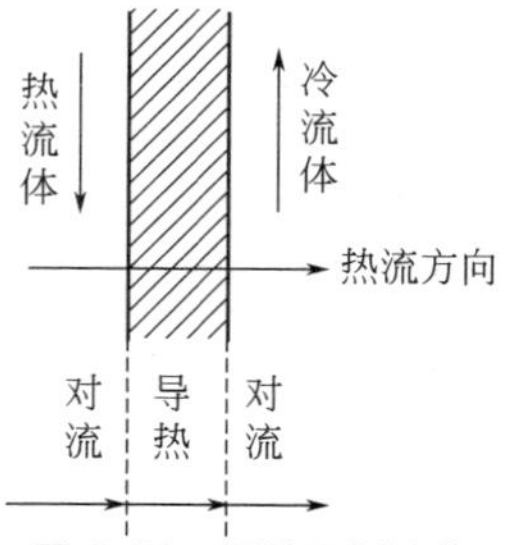

图 2-33 间壁两侧流体间的传热过程

如图 2-33 所示，冷、热流体分别在固体间壁的两侧，热交换过程包括以下三个串联的传热过程：

① 热流体以对流传热（给热）方式把热量传递给与之接触的一侧壁面；

② 间壁两侧温度不等，热量从靠热流体一侧壁面以导热方式传递给另一侧；

③ 另一侧壁面以对流传热方式把热量传递给冷流体。

在学习了热传导和对流传热的基础上，下面讨论间壁两侧流体间传热全过程的计算。

二、传热基本方程

间壁式换热器的传热速率与换热器的传热面积、传热推动力等有关，传热推动力就是流体的温度差。由于在换热器中，流体的进、出口温度会发生变化，使得温度差随位置的不同而变化。求整个换热器传热速率的传热推动力应采用整个换热器中热、冷流体温度差的平均值，称为传热平均推动力或传热平均温度差，以 Δt_m 表示。理论及实践证明：传热速率与换热器的传热面积成正比，与传热平均温度差成正比，即

$$Q \propto A\Delta t_m \tag{2-54}$$

引入比例系数，将上式写成等式，即

$$Q = KA\Delta t_m \tag{2-55}$$

或

$$Q = \frac{\Delta t_m}{\dfrac{1}{KA}} = \frac{\Delta t_m}{R} = \frac{\text{传热推动力(温度差)}}{\text{传热阻力(热阻)}} \tag{2-55a}$$

式中 Q—— 传热速率，W；

K—— 总传热系数（或传热系数），$W/(m^2 \cdot ℃)$ 或 $W/(m^2 \cdot K)$；

Δt_m—— 整个换热器的平均温度差，℃或 K；

A—— 传热面积，m^2；

R—— 换热器的总热阻，即间壁本身的导热热阻及其两侧的对流热阻三者之和，℃/W 或 K/W。

式(2-55) 称为传热基本方程（或称传热速率方程、总传热速率方程），传热系数 K、传热面积 A、平均温度差 Δt_m 合称传热过程的三要素。

化工过程的传热问题可分为两类：

① 设计型问题　即根据生产任务要求，选定或设计换热器，并确定适宜的操作条件。

② 操作型问题　即换热器已给定，要核算操作参数，如求换热器的传热量 Q、冷热流体流量、进出口温度及传热系数 K 等。

两者都是以传热基本方程为基础，传热基本方程是解决有关传热的核心方程。

三、热负荷确定

（一）热负荷与传热速率间的关系

热负荷是生产上要求换热器单位时间内传递的热量，是换热器的生产任务，由生产要求决定，而与换热器的结构无关；传热速率是换热器单位时间内能够传递的热量，是换热器本身在一定操作条件下的换热能力，是换热器本身的特性，二者是不相同的。为保证换热器能完成传热任务，换热器的传热速率必须大于（至少等于）其热负荷。

在换热器的选型或设计中，需确定所需的传热面积。计算传热面积时，需要先知道传热速率，但当换热器还未选定或设计出来之前，传热速率是无法确定的，而热负荷则可由生产任务求得。所以，在换热器的选型或设计中，可先用热负荷代替传热速率，求得传热面积后，再考虑一定的安全系数，然后进行选型或设计。这样选择或设计出来的换热器，就能够按要求完成传热任务。

（二）热负荷的确定

换热器的热负荷可以通过热量衡算确定。假设换热器绝热良好，即热损失可以忽略，对于稳定传热过程，则两流体流经换热器时，单位时间内热流体放出的热量等于冷流体吸收的热量。

流体热量的变化不只与温度有关，还与状态，即与是否发生相变有关，所以分两种情况来分析。

1. 无相变

若冷、热流体在换热过程中都不发生相变，并且比热容 c_p 取为常量，则

$$Q=m_{s1}c_{p1}(T_1-T_2)=m_{s2}c_{p2}(t_2-t_1) \tag{2-56}$$

式中 Q—— 流体放出或吸收的热量，即换热器的热负荷，W；

c_p—— 流体的比热容，可取为流体进、出口平均温度下的比热容，J/(kg·℃) 或 J/(kg·K)；

m_s—— 流体的质量流量，kg/s；

T—— 热流体的温度，℃或 K；

t——冷流体的温度，℃或 K。

温度的下标 1、2 分别表示进口和出口温度；m_s、c_p 的下标 1、2 分别表示热流体和冷流体。

2. 有相变

若流体在换热过程中发生相变，例如饱和蒸气冷凝，而冷流体无相变化，则

$$Q=m_{s1}[r+c_{p1}(T_s-T_2)]=m_{s2}c_{p2}(t_2-t_1) \tag{2-57}$$

式中 r—— 蒸气的冷凝潜热，J/kg；

T_s—— 蒸气饱和温度，℃或 K。

一般换热器中，冷凝液的出口温度 T_2 与饱和温度 T_s 接近，所放出的显热与潜热相比可以忽略，可认为冷凝液在饱和温度下出料，即 $T_2=T_s$，则上式简化为：

$$Q=m_{s1}r=m_{s2}c_{p2}(t_2-t_1) \tag{2-58}$$

【例 2-6】 工厂用 300kPa（绝压）的饱和水蒸气，将某水溶液由 105℃加热到 115℃，已知其流量为 200m³/h，密度为 1080kg/m³，比热容为 2.93kJ/(kg·℃)，试求水蒸气用量。又若传热系数为 690W/(m²·℃)，求所需的传热面积。计算温度差时水溶液的温度可近似取为其算术平均值。

解：热负荷计算

$$Q=m_{s2}c_{p2}(t_2-t_1)=V_{s2}\rho_2 c_{p2}(t_2-t_1)$$
$$=\frac{200}{3600}\times1080\times2.93\times10^3\times(115-105)\text{W}=1.76\times10^6\text{W}$$

又因为 $$Q=m_{s1}r$$

r 是饱和蒸气的冷凝潜热，查书后附录，压力 300kPa 的饱和水蒸气的 $r=2168\text{kJ/kg}$，$T_s=133.3℃$。

所以 $$m_{s1}=\frac{Q}{r}=\frac{1.76\times10^6}{2168\times10^3}\text{kg/s}=0.812\text{kg/s}$$

水溶液的平均温度 $$t=\frac{t_1+t_2}{2}=\frac{105+115}{2}℃=110℃$$

$$\Delta t_m=T_s-t=133.3℃-110℃=23.3℃$$

由传热基本方程可得

$$A=\frac{Q}{K\Delta t_m}=\frac{1.76\times10^6}{690\times23.3}\text{m}^2=109.5\text{m}^2$$

四、平均温度差

在传热基本方程中，Δt_m 代表整个换热器的传热平均温度差，即换热器中各截面的两

流体温度差的平均值。传热平均温度差的大小和计算方法与换热器中两流体的相互流动方向及温度变化情况有关。

换热器中两流体间的流动形式有多种。若两流体的流动方向相反，称为逆流；若两流体的流动方向相同，称为并流；若两流体的流动方向相互垂直，称为错流；若一种流体沿一方向流动，另一流体反复折流，称为简单折流；若两流体均做折流，或既有折流，又有错流，称为复杂折流。

按照温度变化情况，可分为恒温传热和变温传热。下面按这两种情况分别讨论。

（一）恒温传热时的 Δt_m

当两流体在换热过程中都只发生相变时，例如间壁的一侧饱和蒸气在温度 T 下冷凝，而另一侧液体在恒定的温度 t 下沸腾，热流体温度 T 和冷流体温度 t 不随换热器位置而变，这样的情况称为恒温传热。此时，各截面的温度差都相等，不沿管长变化，即 $\Delta t_m = T - t$，并且流体的流动方向对 Δt_m 无影响。

但这种情况很少，通常是变温传热。

（二）变温传热时的 Δt_m

大多数情况下，间壁一侧或两侧的流体温度沿换热器的管长而变化，称为变温传热。此时，换热器各截面的温度差不相同。变温传热时，若两流体的相互流向不同，则对 Δt_m 的影响也不相同，应予以分别讨论。

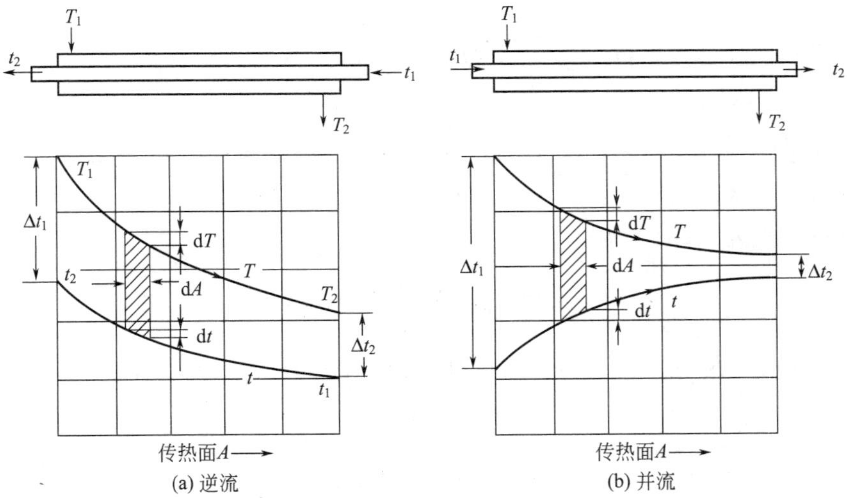

图 2-34 两侧流体均属变温时的温差变化

1. 逆流和并流时的 Δt_m

为便于推导 Δt_m 的计算公式，对传热过程做如下简化假定：

① 传热为稳定传热过程，两流体的质量流量为常量；

② 两流体的比热容均为常量；

③ 传热系数 K 不变，为常量；

④ 换热器的热损失可忽略不计。

下面以逆流为例，推导 Δt_m 的计算公式。

如图 2-34(a)，设热流体的质量流量 m_{s1}，比热容 c_{p1}，进出口温度为 T_1、T_2；冷流体

的质量流量 m_{s2}，比热容 c_{p2}，进出口温度为 t_1、t_2。

取换热器中一微元段为研究对象，此处冷、热流体温度分别是 t、T，温差 $\Delta t=T-t$，传热面积为 dA，在 dA 内热流体因放出热量温度下降 dT，冷流体因吸收热量温度升高 dt，传热量为 dQ。

从左向右，$dt<0$，$dT<0$，温度都是下降的。

对 dA 段，传热速率方程的微分式为

$$dQ=K(T-t)dA=K\Delta t\,dA \tag{a}$$

dA 段的热量衡算式为

$$dQ=-m_{s1}c_{p1}dT=-m_{s2}c_{p2}dt$$

所以

$$dT=-\frac{dQ}{m_{s1}c_{p1}} \tag{b}$$

$$dt=-\frac{dQ}{m_{s2}c_{p2}} \tag{c}$$

(b)、(c) 两式相减，可得

$$d\Delta t=\left(\frac{1}{m_{s2}c_{p2}}-\frac{1}{m_{s1}c_{p1}}\right)dQ \tag{d}$$

对整个换热器做热量衡算

$$Q=m_{s1}c_{p1}(T_1-T_2)=m_{s2}c_{p2}(t_2-t_1)$$

可得

$$\frac{1}{m_{s1}c_{p1}}=\frac{T_1-T_2}{Q},\frac{1}{m_{s2}c_{p2}}=\frac{t_2-t_1}{Q}$$

令

$$\Delta t_1=T_1-t_2,\Delta t_2=T_2-t_1$$

所以

$$\frac{1}{m_{s1}c_{p1}}-\frac{1}{m_{s2}c_{p2}}=\frac{T_1-T_2}{Q}-\frac{t_2-t_1}{Q}=\frac{(T_1-t_2)-(T_2-t_1)}{Q}=\frac{\Delta t_1-\Delta t_2}{Q} \tag{e}$$

将式(a)、式(e) 代入式(d)，则有

$$\frac{d(\Delta t)}{\Delta t}=\frac{\Delta t_1-\Delta t_2}{Q}K\,dA$$

如图 2-34(a) 所示，在边界条件（$A=0$ 时，$\Delta t=\Delta t_1=T_1-t_2$；$A=A$ 时，$\Delta t=\Delta t_2=T_2-t_1$）下积分，即

$$\int_{\Delta t_1}^{\Delta t_2}\frac{d\Delta t}{\Delta t}=\frac{\Delta t_1-\Delta t_2}{Q}K\int_0^A dA$$

积分，得

$$\ln\frac{\Delta t_1}{\Delta t_2}=\frac{\Delta t_1-\Delta t_2}{Q}KA$$

即

$$Q=KA\frac{\Delta t_1-\Delta t_2}{\ln\dfrac{\Delta t_1}{\Delta t_2}}$$

将上式与传热基本方程 $Q=KA\Delta t_m$ 比较，则有

$$\Delta t_m=\frac{\Delta t_1-\Delta t_2}{\ln\dfrac{\Delta t_1}{\Delta t_2}} \tag{2-59}$$

式中 Δt_m 又称为对数平均温度差。

如果从右向左积分，推出的结果与此相同。

若换热器中两流体做并流流动，也可推导出与式(2-59) 相同的结果。因此，式(2-59) 对逆流和并流是普遍适用的。

当 $1/2 \leqslant \Delta t_1/\Delta t_2 \leqslant 2$，可用算术平均值 $\Delta t_m = (\Delta t_1 + \Delta t_2)/2$ 代替对数平均值，其误差 $<4\%$，工程计算上是可以接受的。

【例 2-7】 在一列管式换热器，热流体在管内流动，进口温度为 245℃，出口温度下降到 175℃。冷流体在管外流动，进口温度为 120℃，出口温度上升到 160℃。试求：

(1) 并流和逆流时的平均温度差；

(2) 若已知热流体质量流量为 0.5kg/s，其比热容为 3kJ/(kg · K)，并流和逆流时的 K 均等于 100W/(m² · K)，求单位时间内传过相同热量分别所需要的传热面积。

解：(1) 求 Δt_m

流向对 Δt_m 有影响，为避免发生错误，先写出温度变化和流向。

逆流时　热流体 T　245℃→175℃

　　　　冷流体 t　160℃←120℃

　　　　Δt　85℃　55℃

所以
$$\Delta t_m = \frac{\Delta t_1 - \Delta t_2}{\ln \dfrac{\Delta t_1}{\Delta t_2}} = \frac{85-55}{\ln \dfrac{85}{55}} ℃ = 69℃$$

因为
$$\frac{\Delta t_1}{\Delta t_2} = \frac{85}{55} = 1.55 < 2$$

所以
$$\Delta t_m = \frac{(\Delta t_1 + \Delta t_2)}{2} = \frac{85+55}{2} ℃ = 70℃$$

误差为
$$\frac{70-69}{69} \times 100\% = 1.45\%$$

并流时　热流体 T　245℃——→175℃

　　　　冷流体 t　120℃——→160℃

　　　　$\Delta t_1 = 125℃$　$\Delta t_2 = 15℃$

所以
$$\Delta t_m = \frac{\Delta t_1 - \Delta t_2}{\ln \dfrac{\Delta t_1}{\Delta t_2}} = \frac{125-15}{\ln \dfrac{125}{15}} ℃ = 52℃$$

(2) 求所需传热面积 A

热负荷
$$Q = m_{s1} c_{p1} (T_1 - T_2) = 0.5 \times 3 \times 10^3 \times (245-175) \text{W} = 105000\text{W}$$

根据传热基本方程
$$Q = KA\Delta t_m$$

逆流时
$$A = \frac{Q}{K\Delta t_m} = \frac{105000}{100 \times 69} \text{m}^2 = 15.2\text{m}^2$$

并流时
$$A = \frac{Q}{K\Delta t_m} = \frac{105000}{100 \times 52} \text{m}^2 = 20.2\text{m}^2$$

可见，在变温差传热时，在进出口温度各自相同时，$\Delta t_{m,逆} > \Delta t_{m,并}$，即逆流时传热推动力比并流时的大，$Q$ 相同时，所需要的 A 小。

2. 折流或错流时的 Δt_m

在大多数的列管换热器中，两流体并非简单的逆流或并流，因为传热的好坏，除考虑温度差的大小外，还要考虑到影响传热系数的多种因素以及换热器的结构是否紧凑合理等。所以实际上两流体的流向，是比较复杂的折流或是错流。

对于常用的复杂折流或错流的换热器，也可用理论推导求得平均温度差的计算式，但形式将更为复杂。通常采用一种比较简便的计算方法，即先按逆流计算 $\Delta t_{m逆}$，再根据实际流动情况乘以温度差校正系数 φ，得到实际平均温度差 Δt_m。

$$\Delta t_{m错、折} = \varphi \cdot \Delta t_{m逆} \tag{2-59a}$$

温度差校正系数 φ 与流体的温度变化有关，可表示为两参数 R 和 P 的函数，即：

$$P = \frac{t_2 - t_1}{T_1 - t_1} = \frac{冷流体的温升}{两流体的最初温差}$$

$$R = \frac{T_1 - T_2}{t_2 - t_1} = \frac{热流体的温降}{冷流体的温升}$$

φ 可根据 R 和 P 的值由图 2-35 查取。

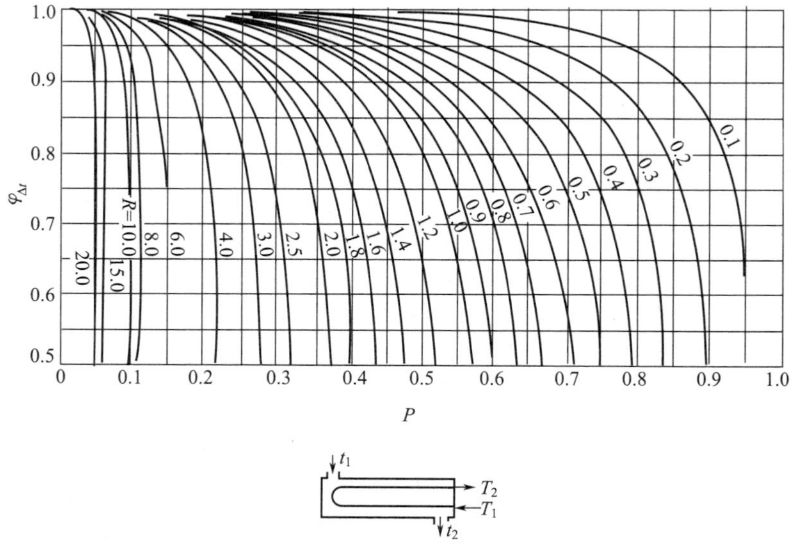

(a) 单壳程

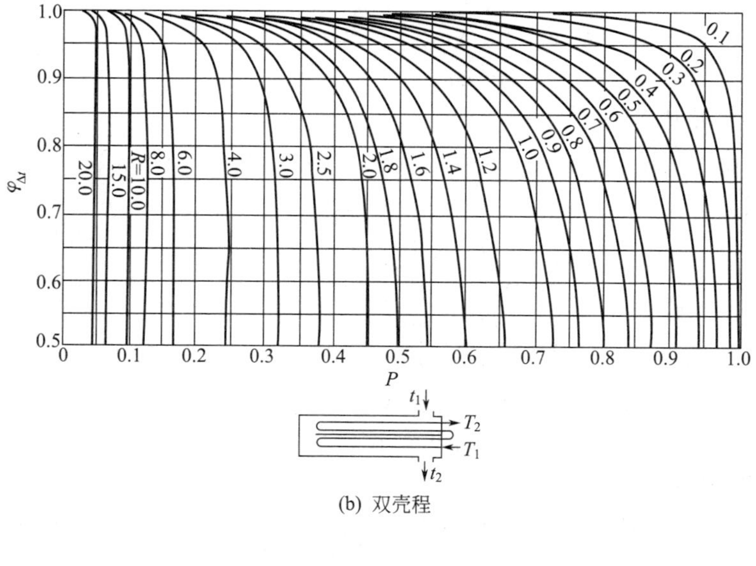

(b) 双壳程

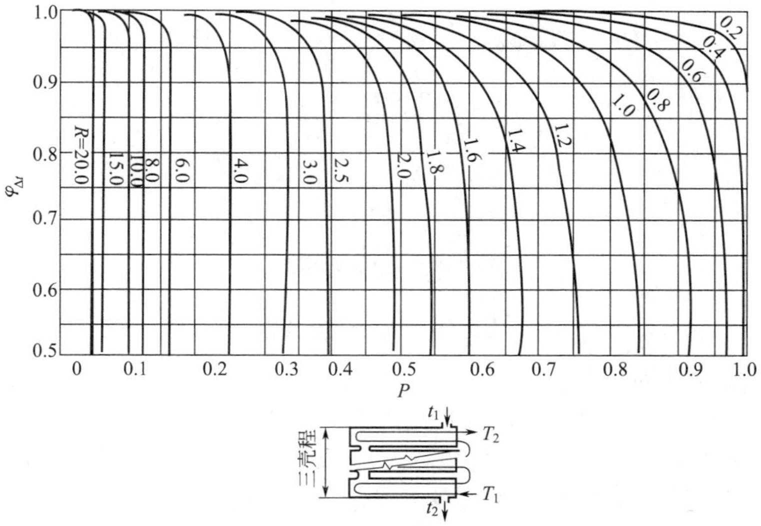

(c) 三壳程

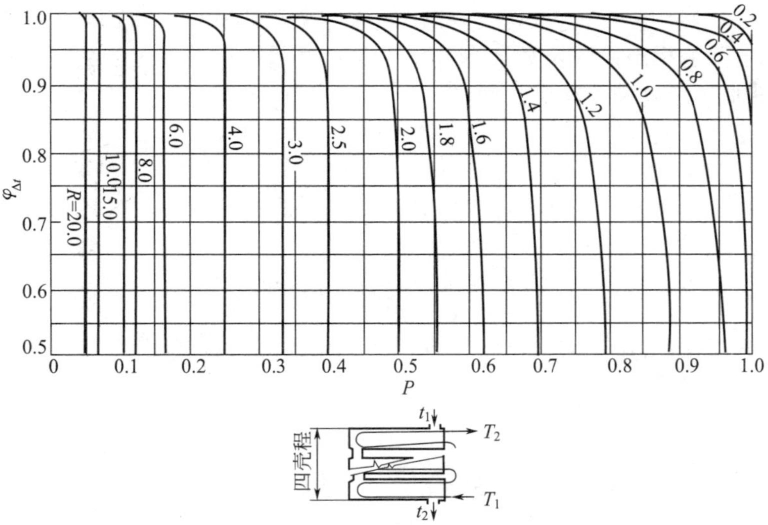

(d) 四壳程

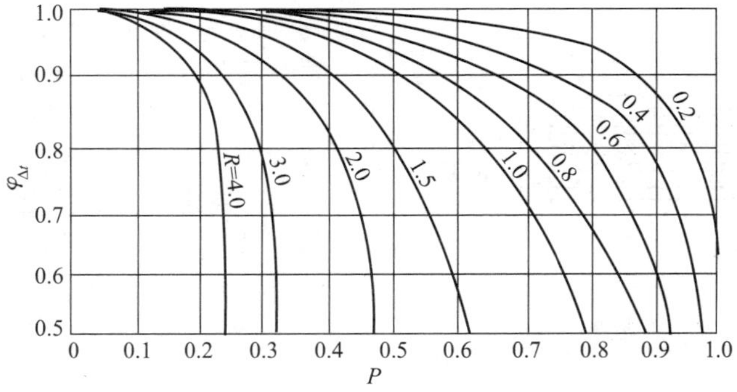

图 2-35

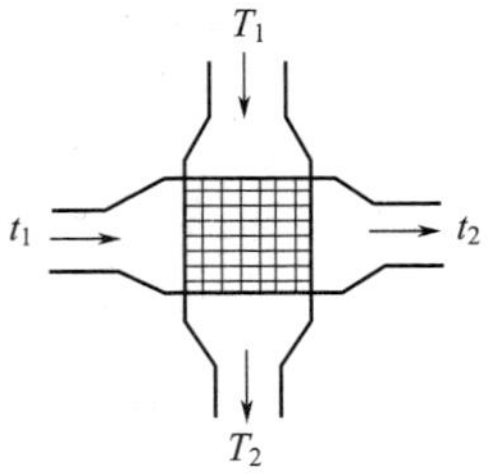

(e) 错流(两流体之间不混合)

图 2-35 温差修正系数图

由图 2-35 可见，温度差校正系数 ψ 值恒小于 1，这是由于各种复杂流动中同时存在逆流和并流的缘故，因此它们的 Δt_m 比纯逆流的小。在设计时应注意使 $\psi \geqslant 0.8$，否则经济上不合理，并且若操作温度稍有变动（P 稍增大），将会使 ψ 值急剧下降，即缺乏必要的操作稳定性。提高 ψ 的一个有效措施是改用多壳程，但壳方横向挡板的制造、安装是相当困难的，并且渗漏的可能性非常大，所以标准换热器都制成一壳程的，要用多壳程时是将几台换热器串联使用。

【例 2-8】 在一 1-4 型（壳方单程、管方 4 程）换热器中，冷、热流体进行换热。两流体的进、出口温度与上例的相同，试求此时的对数平均温度差；若进、出口温度不变，换热器改成 2-4 型换热器，求此时的对数平均温度差。

解：（1）对于 1-4 型换热器

$$P=\frac{t_2-t_1}{T_1-t_1}=\frac{160-120}{245-120}=0.32$$

$$R=\frac{T_1-T_2}{t_2-t_1}=\frac{245-175}{160-120}=1.75$$

由图 2-35(a) 查得 $\psi=0.89$，在例 2-7 中已算出逆流时的 $\Delta t_{m,逆}=69℃$

所以 $$\Delta t_m=\psi\Delta t_{m,逆}=0.89\times 69℃=61.4℃$$

（2）对于 2-4 型换热器

流体温度不变，则 P、R 也不变，换热器是 2-4 型的，查图 2-35(b)，得 $\psi\approx 0.98$

所以 $$\Delta t_m=\psi\Delta t_{m,逆}=0.98\times 69℃=67.6℃$$

【例 2-9】 在一列管式换热器（如图 2-36 所示），其传热面积为 $100m^2$，用作锅炉给水和原油之间的换热。已知水的质量流量为 550kg/min，进口温度为 35℃，出口温度为 75℃，油的温度要求由 150℃降到 65℃，由计算得出水与油间的传热系数为 $250W/(m^2 \cdot K)$，问：如果采用逆流操作，此换热器是否合用?

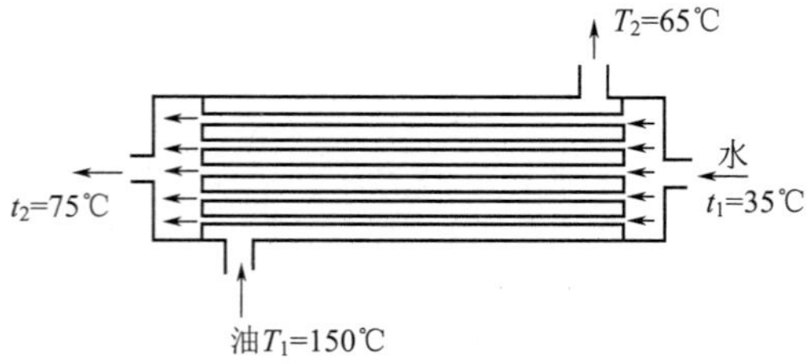

图 2-36 例 2-9 附图

解： 先求出 Δt_m

热流体 T	150℃→65℃	
冷流体 t	75℃←35℃	
Δt	75℃	30℃

$$\Delta t_{\mathrm{m}}=\frac{\Delta t_1-\Delta t_2}{\ln\dfrac{\Delta t_1}{\Delta t_2}}=\frac{75-30}{\ln\dfrac{75}{30}}℃=49.1℃$$

换热器的热负荷 $Q=m_{s2}c_{p2}(t_2-t_1)=\frac{550}{60}\times 4.187\times(75-35)\mathrm{kW}=1535\mathrm{kW}$

可用两种方法核算已给换热器是否合用。

① 按设计型计算

则要求的传热面积

$$A=\frac{Q}{K\Delta t_{\mathrm{m}}}=\frac{1535\times 1000}{250\times 49.1}\mathrm{m}^2=125\mathrm{m}^2>100\mathrm{m}^2\text{(换热器的面积)}$$

所以不合用。

② 按操作型计算

换热器能达到的传热量 $Q=KA\Delta t_{\mathrm{m}}=250\times 100\times 49.4\mathrm{kW}=123\mathrm{SkW}<1535\mathrm{kW}$（换热器的热负荷），所以不合用。

在各种流动形式中，逆流和并流可以看成是两种极端情况。在变温传热时，在流体进、出口温度相同时，逆流的平均温度差最大，并流时的最小，其他流动形式的 Δt_{m} 介于两者之间，即**逆流的传热推动力最大**。那么在换热器的热负荷 Q 和 K 一定时，采用逆流，**传热面积 A 小**。

逆流的另一个优点是可以节省加热剂或冷却剂的用量。这是由于当逆流操作时，热流体的出口温度 T_2 可以降低到接近冷流体的进口温度，而采用并流操作时，T_2 只能降低到接近冷流体的出口温度 t_2，即逆流时热流体的温降比并流时的温降大，所以逆流时加热剂用量较少。同理，逆流时冷流体的温升比并流时的温升大，所以冷却剂用量可少些。但应当注意，上述两个优点不一定同时具备，若是利用逆流代替并流而节省了加热剂或冷却剂，则其平均温度差就未必仍比并流时大。

由上分析可知，换热器应尽可能采用逆流操作。但从某些方面考虑，有时也采用其他流向。例如，当工艺上要求冷流体被加热时不得高于某一值，或热流体被冷却时不得低于某一值，此时则宜采用并流操作，并流操作比较容易控制出口温度。而且采用并流时，进口端的温度差较大，对黏性冷流体较为适宜，因为冷流体进入换热器后温度可迅速提高，黏度降低，有利于提高传热效果。采用折流和其他复杂流型的目的除了满足换热器的结构要求外，就是为了提高传热系数，提高传热系数往往比提高传热推动力更为有利，所以工程上多采用错流或折流。

当换热器中有一侧流体恒温，此时不论采用何种流动形式，只要流体的进、出口温度相同，则平均温度差 Δt_{m} 均相等。

五、总传热系数 K

传热系数是评价换热器传热性能的重要参数，又是对传热设备进行工艺计算的基本数据。K 的数值与流体的物性、传热过程的操作条件及换热器的类型等很多因素有关，因此 K 值的变动范围较大。传热系数的来源主要有以下三个方面。

（一）实验测定

对现有的换热器，通过实验测定有关的数据，如流体的流量、温度和换热器的尺寸等，然后根据测定的数据求得传热速率 Q、平均温度差 Δt_{m} 和传热面积 A，再由传热基本方程

计算 K 值。

显然，实验得到的 K 值可靠性较高，但是其使用范围有所限制，只有与测定情况（如换热器的类型、尺寸、流体的性质和操作条件）一致时才准确，但若使用情况与测定情况相似，所测 K 值仍有一定的参考价值。

实测 K 值，不仅可以为换热器的计算提供依据，而且可以了解换热器的性能，以便寻求提高换热器的传热能力的途径。

（二）公式计算

在换热器结构确定的前提下，传热系数 K 可用公式计算，计算公式可利用串联热阻加和原理导出。为方便推导，现假设热流体走换热器的管内，冷流体走管外。由前面的讨论已知，在换热器内两流体的热交换过程由三个串联的传热过程组成：热流体侧的对流、管壁内的热传导和冷流体侧的对流。

热流体一侧的对流传热速率：

$$Q_1=\frac{T-T_w}{\dfrac{1}{\alpha_i A_i}}$$

管壁内的热传导速率：

$$Q_2=\frac{T_w-t_w}{\dfrac{b}{\lambda A_m}}$$

冷流体一侧的对流传热速率：

$$Q_3=\frac{t_w-t}{\dfrac{1}{\alpha_o A_o}}$$

式中　A_i、A_o、A_m——分别是换热器管内表面积、管外表面积和管内外表面积平均值，m^2；

α_i、α_o——分别是管内、管外对流传热系数，$W/(m^2\cdot ℃)$ 或 $W/(m^2\cdot K)$；

T_w、t_w——分别是管壁热流体侧、冷流体侧的壁温；

T、t——分别是热流体和冷流体的温度。

对于稳定传热过程，通过各步骤的传热速率相等，即

$$Q=Q_1=Q_2=Q_3$$

由等比定理得

$$Q=\frac{T-t}{\dfrac{1}{\alpha_i A_i}+\dfrac{b}{\lambda A_m}+\dfrac{1}{\alpha_o A_o}}$$

与传热基本方程比较可得：

$$\frac{1}{KA}=\frac{1}{\alpha_i A_i}+\frac{b}{\lambda A_m}+\frac{1}{\alpha_o A_o} \tag{2-60}$$

若热流体走管外，推导得到的结果与式(2-60) 相同。

对于圆筒壁传热，传热系数 K 将随所取的传热面积 A 不同而异。A 可分别选取管外表面积 A_o、管内表面积 A_i 或管内外表面积平均值 A_m，而传热系数 K 必须与所选取的传热面积相对应。

若以管外表面积为基准，取 $A=A_o$，则有

$$\frac{1}{K_o}=\frac{1}{\alpha_o}+\frac{b}{\lambda}\frac{A_o}{A_m}+\frac{A_o}{\alpha_i A_i} \tag{2-61}$$

或

$$\frac{1}{K_o}=\frac{1}{\alpha_o}+\frac{b}{\lambda}\frac{d_o}{d_m}+\frac{d_o}{\alpha_i d_i} \tag{2-61a}$$

同理，若以管内表面积为基准，取 $A=A_i$，则有

$$\frac{1}{K_i}=\frac{d_i}{\alpha_o d_o}+\frac{b}{\lambda}\frac{d_i}{d_m}+\frac{1}{\alpha_i} \tag{2-61b}$$

若以管内外表面积平均值为基准，取 $A=A_m$，则有

$$\frac{1}{K_m}=\frac{d_m}{\alpha_o d_o}+\frac{b}{\lambda}+\frac{d_m}{\alpha_i d_i} \tag{2-61c}$$

式中 d_i、d_o、d_m——分别是换热管的管内径、管外径和管内外径的平均值，m；

K_i、K_o、K_m——分别是基于 A_i、A_o、A_m 的总传热系数，$W/(m^2 \cdot K)$。

在传热计算中，选择何种面积为计算基准，结果完全相同。但工程上，习惯以管外表面积为基准，除了特别说明外，手册中所列的 K 值都是基于管外表面积的，故以下的传热系数 K 都是对应于管外表面积的。换热器标准系列中的传热面积也是指管外表面积。

换热器在使用过程中，传热速率会逐渐下降，这是由于传热表面有污垢沉积的缘故，实践证明，表面污垢会产生相当大的热阻，在传热计算中，污垢热阻常常不能忽略。由于污垢层的厚度及其热导率不易测量，通常是根据经验估定污垢热阻，一些常见流体的污垢热阻的经验值列于表 2-9 中。如管壁内、外侧表面的污垢热阻分别用 R_{s_i}、R_{s_o} 表示，由于污垢层一般很薄，对于管内侧垢阻的传热面以管内表面积 A_i 计，对于管外侧垢阻的传热面以管外表面积 A_o 计。

表 2-9 常见流体的污垢热阻

流　体	R_s/[$(m^2 \cdot K)/kW$]	流　体	R_s/[$(m^2 \cdot K)/kW$]
水(>50℃)		水蒸气	
蒸馏水	0.09	优质不含油	0.052
海水	0.09	劣质不含油	0.09
清净的河水	0.21	液体	
已处理的锅炉用水	0.26	盐水	0.172
已处理的凉水塔用水	0.26	有机物	0.172
未处理的凉水塔用水	0.58	熔盐	0.086
硬水、井水	0.58	植物油	0.52
气体		燃料油	0.172～0.52
空气	0.26～0.53	重油	0.86
溶剂蒸气	0.172	焦油	1.72

根据串联热阻的加合原理

$$\frac{1}{K}=\frac{1}{\alpha_o}+R_{so}+\frac{b}{\lambda}\frac{d_o}{d_m}+R_{si}\frac{d_o}{d_i}+\frac{d_o}{\alpha_i d_i} \tag{2-62}$$

注意，K 的单位与 α 的一样，但意义不同。它们对应的推动力（温度差）不同，K 对应的温度差是壁面两侧流体间的温度差，α 对应的是一侧流体与同侧壁面间的温度差。它们对应的热阻也不同，K 对应的是传热总热阻，间壁两侧流体的对流传热热阻、污垢热阻及壁面导热热阻之和，而 α 对应的是一侧的对流传热热阻。

当传热壁面为平壁或薄管壁时，A_i、A_o、A_m 相等或近似相等，式(2-62) 可简化为

$$\frac{1}{K}=\frac{1}{\alpha_o}+R_{so}+\frac{b}{\lambda}+R_{si}+\frac{1}{\alpha_i} \tag{2-63}$$

（三）选取经验值

在换热器的工艺设计过程中，由于换热器的尺寸未知，因此传热系数 K 无法通过实测或计算来确定。此时，K 值通常选取经验值，即选取工艺条件相仿、设备类似而又比较成熟的经验数值。表 2-10 列出了列管换热器传热系数的大致范围，可供参考。

表 2-10　列管换热器中 K 值的大致范围

热流体	冷流体	$K/[W/(m^2 \cdot K)]$	热流体	冷流体	$K/[W/(m^2 \cdot K)]$
水	水	850～1700	水蒸气冷凝	水	1420～4250
轻油	水	340～910	水蒸气冷凝	气体	30～300
重油	水	60～280	水蒸气冷凝	水沸腾	2000～4250
气体	水	17～280	水蒸气冷凝	轻油沸腾	455～1020
低沸点烃类蒸气冷凝(常压)	水	455～1140	水蒸气冷凝	重油沸腾	140～425
高沸点烃类蒸气冷凝(减压)	水	60～170			

【例 2-10】 有一列管换热器，由 $\phi 25mm \times 2.5mm$ 的钢管组成，$\lambda = 46.5W/(m \cdot K)$。管内通冷却水，$\alpha_i = 400W/(m^2 \cdot K)$，管外为饱和水蒸气冷凝，$\alpha_o = 10000W/(m^2 \cdot K)$。由于换热器刚刚投入使用，污垢热阻可忽略。试计算：

(1) 总传热系数 K；(2) 将 α_o 增大一倍（其他条件不变）后 K 增大的百分率；(3) 将 α_i 增大一倍（其他条件不变）后 K 增大的百分率。

解：(1) 根据题意，有

$$\frac{1}{K} = \frac{1}{\alpha_o} + \frac{b}{\lambda}\frac{d_o}{d_m} + \frac{d_o}{\alpha_i d_i} = \frac{1}{10000} + \frac{0.0025 \times 25}{46.5 \times 22.5} + \frac{25}{400 \times 20}$$

$$= 0.0001 + 0.00006 + 0.003125 = 0.003285$$

所以

$$K = 304.4W/(m^2 \cdot K)$$

将各分热阻及所占比例的计算结果列于表 2-11。

表 2-11　各热阻值及其所占比例

热阻名称	热阻值/($\times 10^3 m^2 \cdot K/W$)	比例/%	热阻名称	热阻值/($\times 10^3 m^2 \cdot K/W$)	比例/%
总热阻 $1/K$	3.285	100	管外对流热阻 $\frac{1}{\alpha_o}$	0.1	3.04
管内对流热阻 $\frac{d_o}{\alpha_i d_i}$	3.125	95.13	壁面导热热阻 $\frac{b}{\lambda}\frac{d_o}{d_m}$	0.06	1.83

(2) 将 α_o 增大一倍，即 $\alpha_o' = 20000W/(m^2 \cdot K)$

$$K' = 1/(0.00005 + 0.00006 + 0.003125) = 309.1W/(m^2 \cdot K)$$

$$K\text{ 值增大的百分率} = \frac{309.1 - 304.4}{304.4} \times 100\% = 1.54\%$$

(3) 将 α_i 增大一倍，即 $\alpha_i' = 800W/(m^2 \cdot K)$

$$K'' = 1/(0.0001 + 0.00006 + 0.0015625) = 580.6W/(m^2 \cdot K)$$

$$K\text{ 值增大的百分率} = \frac{580.6 - 304.4}{304.4} \times 100\% = 90.7\%$$

计算结果表明，K 值总是接近热阻大的流体侧的 α（即小的 α）值，增大小的 α，对提高 K 值效果显著。

【例 2-11】 当例 2-10 中的换热器使用一段时间后形成了垢层，试计算该换热器在考虑有污垢热阻时的传热系数 K 值。

解：根据表 2-11 所列数据，取水的污垢热阻 $R_{s_i} = 0.58(m^2 \cdot K)/kW$，水蒸气的污垢热阻

$R_{s_o}=0.09(m^2\cdot K)/kW$。则有

$$\frac{1}{K'''}=\frac{1}{\alpha_o}+R_{so}+\frac{b}{\lambda}\frac{d_o}{d_m}+R_{si}\frac{d_o}{d_i}+\frac{d_o}{\alpha_i d_i}$$

$$=\frac{1}{10000}+0.00009+\frac{0.0025\times25}{46.5\times22.5}+0.00058\times\frac{25}{20}+\frac{25}{400\times20}$$

$$=0.0041$$

$$K'''=243.9W/(m^2\cdot K)$$

由于垢层的产生，使传热系数下降的百分率为：

$$\frac{K-K'''}{K}\times100\%=\frac{304.4-243.9}{304.4}\times100\%=19.9\%$$

通过本例说明，垢层的存在大大降低了传热速率，因此，在实际生产中，应该尽量减缓垢层的形成并及时清除污垢。

六、强化传热

所谓强化传热，就是提高换热器的传热速率。从传热基本方程可以看出，增大传热面积 A、提高传热平均温度差 Δt_m 和提高传热系数 K 都可以达到强化传热的目的。下面从这三方面来分别探讨强化传热的措施。

1. 增大传热面积 A

增大传热面积可以提高传热速率，但增大传热面积不能靠简单地增大换热器的尺寸来实现，而应从改进换热器的结构入手，提高单位体积的传热面积。目前出现的一些新型换热器，如板式、螺旋板式换热器，其单体体积的传热面积便大大超过了列管换热器。同时，还研制并成功使用了多种高效能传热面，如工程上在列管换热器中经常用到的带翅片或异形表面的传热管，它们不仅使传热表面有所增加，而且强化了流体的湍动程度，提高了对流传热系数 α，使传热速率显著提高。

2. 提高传热平均温度差 Δt_m

提高传热平均温度差 Δt_m 可以提高传热速率。平均温度差的大小取决于两流体的温度大小及其流动形式。一般来说，物料的温度由工艺条件所决定，不能随意变动，但加热剂或冷却剂的温度可以通过选择不同的介质和流量而有很大的变化。例如，用饱和水蒸气作为加热剂时，增加水蒸气的压力可以提高其温度。

当两侧流体均为变温的情况，应尽可能考虑从结构上采用逆流或增加壳程数，均可得到较大的平均温度差。在螺旋板式换热器和套管式换热器中可使两流体做严格的逆流流动，因而可获得较大的平均温度差。

3. 提高传热系数 K

提高传热系数 K，可以提高传热速率。这是强化传热过程中最现实和有效的途径。欲提高传热系数，就是要减小传热的总热阻。减小任一项分热阻，都可以提高 K，但要有效地提高 K 值，应设法减小其中对 K 值影响最大，最有控制作用的分热阻。一般，金属的导热热阻很小，不会成为传热的主要热阻。

提高 K 值的措施如下：

① 提高流体的 α 值　当两 α 相差很大时，要提高 K 值，应采取措施提高小的对流传热系数 α；当两 α 较为接近时，必须同时提高两侧的对流传热系数 α，才能有效提高 K 值。

提高对流传热系数 α 的具体措施前面已介绍，这里不再重复。

② 抑制污垢的生成或及时除垢　污垢热阻是一个可变的因素，在换热器刚投入使用时，污垢热阻很小，可不考虑。但随着使用时间的延长，污垢逐渐沉积，便可成为阻碍传热的主要因素，这时要提高 K 值，则必须设法减缓污垢的形成，同时及时清除污垢。

减小污垢热阻的具体措施有：提高流体的流速和扰动，以减弱垢层的沉积；加强水质处理，尽量采用软化水；加入阻垢剂，防止和减缓垢层的形成；定期采用机械或化学的方法清除污垢。

总之，强化传热的途径是多方面的，对于实际的传热过程要具体问题具体分析，并对换热器的结构与制造费用、动力消耗、检修操作等全面地考虑，采取经济合理的措施。

任务六　传热综合技能实训

任务目标

- 了解各种类型换热器的结构和工艺流程；
- 学习掌握各种类型换热器开、停车操作规程和要领；
- 能根据操作参数判断换热器常见事故并进行事故处理操作；
- 掌握传热系数的实验测定方法。

技能要求

- 掌握常见换热器的开车、停车及正常运行操作；
- 掌握换热器常见事故处理操作；
- 了解换热器的维护、保养和清洗操作。

一、实训目的

（1）使学生掌握传热过程的基本原理和流程。

（2）学会传热设备的操作，了解操作参数对传热过程的影响，学会处理传热过程的不正常情况。

（3）了解不同种类换热器的构造，以空气和水蒸气为传热介质，可以测定不同种类换热器的总传热系数，将研究用于教学实验、科研中和化工生产中。

（4）通过对换热器的实验研究，可以掌握总传热系数 K 的测定方法，加深对其概念和影响因素的理解。

（5）了解孔板流量计、液位计、流量计、压力表、温度计等仪表；掌握化工仪表和自动化在传热过程中的应用。

（6）传热实训装置能控制空气以一定流量通过不同的换热器（普通套管式换热器、强化套管式换热器、列管式换热器、螺旋板式换热器）后温度不低于规定值，应选择适宜的空气流量和操作方式，并采取正确的操作方法，完成实训指标。

传热工艺流程见图 2-37。

二、工艺流程

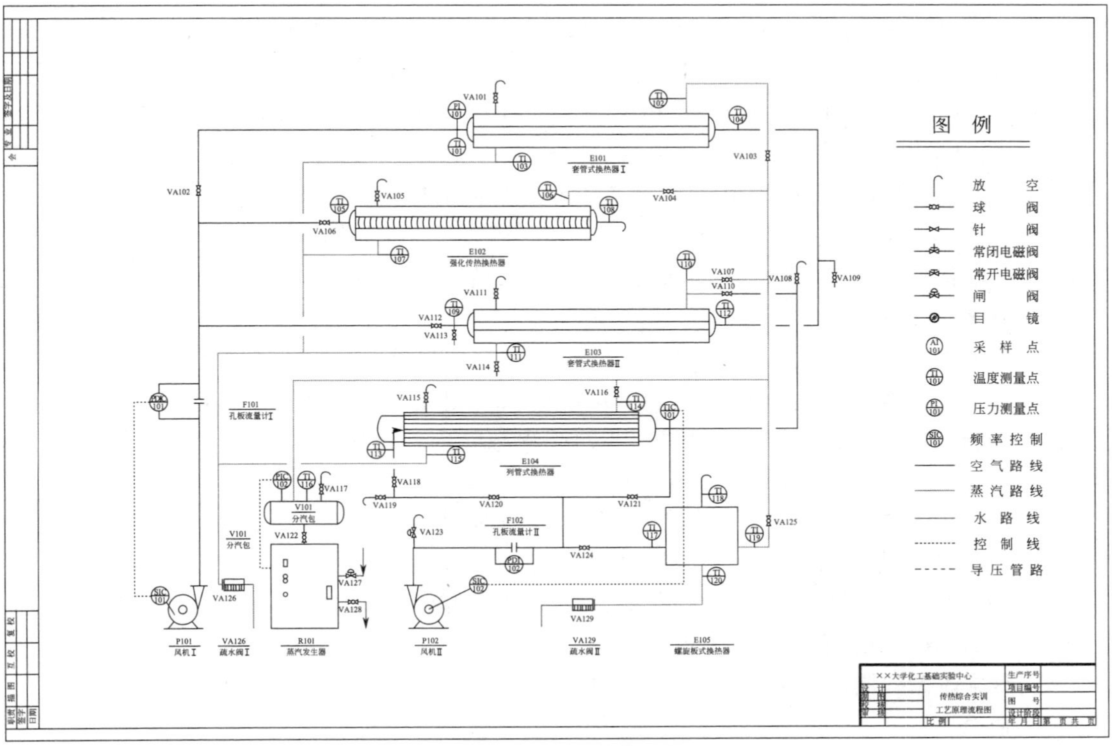

图 2-37 传热工艺流程图

三、训练项目

（一）套管换热器综合实训

1. 训练目的

（1）了解套管换热器的结构和工作原理。

（2）掌握换热器的开、停车操作。

（3）了解优化套管换热器以及增加其传热面积的方法。

（4）通过对换热器的实验研究，可以掌握总传热系数 K 的测定方法。

2. 工艺流程

（1）普通套管式换热器Ⅰ E101 流程

① 冷流体流向：冷空气由风机 P101 产生经过孔板流量计Ⅰ F101 计量，经过阀门 VA102 进入套管式换热器Ⅰ E101 的管内，在套管内与管外热蒸汽进行热传递后，经阀门 VA109 排出。

② 热流体流向：自来水经阀门 VA127 进入蒸汽发生器 R101 内，经过加热产生蒸汽，经过阀门 VA122 进入分汽包 V101，由 PIC104 控制一定压力经过阀门 VA103 进入套管式换

热器ⅠE101 的壳程，与管内的冷空气进行热传递，通过疏水阀 VA126 排出。

（2）强化套管式换热器 E102 流程　在套管内部放置一根蛇形强化管。蛇形强化管由直径 6mm 不锈钢管按一定节距绕成，插入管内并固定。流体由于螺旋管的作用发生旋转，同时还周期性受到螺旋管的扰动，使传热效果强化。

① 冷流体流向：冷空气由风机 P101 产生经过孔板流量计ⅠF101 计量，经过阀门 VA106 进入强化管换热器 E102 的管内，在套管内与管外热蒸汽进行热传递后排出。

② 热流体流向：自来水经阀门 VA127 进入蒸汽发生器 R101 内，经过加热产生蒸汽，经过阀门 VA122 进入分汽包 V101，由 PIC104 控制一定压力经过阀门 VA104 进入强化管换热器 E102 的壳程，与管内的冷空气进行热传递，通过疏水阀 VA126 排出。

（3）套管换热器 E101 与套管换热器 E103 串联流程

① 冷流体流向：冷空气由风机 P101 产生经过孔板流量计ⅠF101 计量，经过阀门 VA102 进入套管换热器 E101、套管换热器 E103 的管内，在套管内与管外热蒸汽进行热传递后经阀门 VA113 排出。

② 热流体流向：自来水经阀门 VA127 进入蒸汽发生器 R101 内经过加热产生蒸汽，经过阀门 VA122 进入分汽包 V101，由 PIC104 控制一定压力经过阀门 VA103、VA107 分别进入套管换热器 E101、套管换热器 E103 的壳程与管内的冷空气进行热传递，通过疏水阀 VA126 排出。

（4）套管换热器 E101 与套管换热器 E103 并联流程

① 冷流体流向：冷空气由风机 P102 产生经过孔板流量计ⅠF101 计量，经过阀门 VA102、VA112 分别进入套管换热器 E101、套管换热器 E103 的管内，在套管内与管外热蒸汽进行热传递后经阀门 VA109 排出。

② 热流体流向同串联流程。

3. 训练要领

（1）开车前的动、静设备检查训练　开车前首先检查管路、各种换热器、管件、仪表、流体输送设备、蒸汽发生器是否完好，检查阀门、分析测量点是否灵活好用。

检测方法如下：检查阀门能否开关。打开设备总电源开关，仪表全亮并且数字无任何闪动表示仪表正常。任意打开一种换热器的空气进出口阀门启动相应的旋涡气泵，如果出口有风冒出则说明气泵运转正常。打开水的总阀开关和进蒸汽发生器水阀开关，打开蒸汽发生器电源开关（蒸汽发生器面板上）后，检查蒸汽发生器侧面液位计里面液体的位置，如果液位计液面较低，会听见水泵进水的声音。打开蒸汽发生器出汽阀及任一换热器蒸汽进口阀，打开蒸汽发生器加热开关，过一段时间后发现疏水阀下方有蒸汽冒出，这说明蒸汽发生器可以正常工作（如果蒸汽发生器液面过低，也没有听见水泵进水的声音，有可能是进水泵发生气蚀，请打开蒸汽发生器侧门，打开水泵的放空螺栓放掉水泵的气体直到有水冒出）。

（2）传热过程岗位实训开车　动静态检查完毕后，首先打开任意一种换热器的蒸汽进出口阀，打开蒸汽发生器出汽阀，开蒸汽发生器的开关，打开蒸汽发生器的加热开关（两个开关一起开是 12kW），待管路蒸汽出口的疏水阀下方有蒸汽冒出，打开风机出口阀门，启动风机开关，等数据稳定后记录数据，改变压差等数据稳定后在记录数据。

（3）传热过程岗位实训停车　先关闭蒸汽发生器的加热开关，打开蒸汽发生器上分压包的放空阀门，放掉蒸汽发生器内的压力（避免蒸汽管路残存饱和蒸气压经过冷却后产生负压，从而把蒸汽发生器水箱内的水抽到分压包内），等蒸汽发生器内的压力降到零以后，停止风机开关，关闭阀门，最后关闭总电源开关。

（4）套管换热器综合实训

① 套管换热器 E101 操作技能训练。打开阀门 VA127 、VA102、VA109、VA122、VA103，打开总电源开关、打开蒸汽发生器电源开关、打开蒸汽发生器加热开关，待疏水阀 VA126 下方有蒸汽冒出，即可打开风机 P101 开关。慢慢旋开阀门 VA101 放出一点蒸汽（注：见到蒸汽即可，小心烫伤）。调节管路空气流量有两种方法：一种是通过仪表控制，另一种是通过电脑程序调节。在仪表或电脑程序界面上输入一定的压差（一般压差从小到大调节，压差是通过压差传感器 PIC101 测量的），等稳定六七分钟后记录 TI101、TI102、TI103、TI104 和 PDIC101 的读数，然后改变风机的压差，稳定后分别记录数据。

② 强化套管换热器 E102 操作技能训练。打开阀门 VA127 、VA106、VA104、VA122，打开总电源开关、打开蒸汽发生器电源开关、打开蒸汽发生器加热开关，待疏水阀 VA126 下方有蒸汽冒出，打开风机 P101 开关。慢慢旋开阀门 VA105 放出一点蒸汽（注：见到蒸汽即可，小心被烫伤）。调节管路空气流量有两种方法：一种是通过仪表控制，另一种是通过电脑程序调节。调节一定压差，等稳定六七分钟后记录 TI105、TI106、TI107、TI108 和 PDIC101 的读数，然后改变风机的压差，稳定后分别记录数据。

③ 套管式换热器 E101 和 E103 串联、并联及换热器切换操作技能训练。换热器 E101、E103 之间的串联操作：打开阀门 VA127、VA102、VA103、VA113、VA122、VA107，打开总电源开关、打开蒸汽发生器电源开关、打开蒸汽发生器加热开关，待疏水阀 VA126 下方有蒸汽冒出，打开风机 P101 开关。慢慢打开阀门 VA101、VA111（放出一点蒸汽，小心烫伤）。调节管路压差，稳定六七分钟，待数据稳定后记录 TI101、TI102、TI103、TI104、TI109、TI110、TI111、TI112 和 PDIC101 的读数，改变风机的压差，稳定后分别记录数据。

换热器 E101、E103 之间的并联操作：首先把所有阀门关闭。打开阀门 VA127、VA102、VA107、VA112、VA122、VA103、VA109，打开总电源开关、打开蒸汽发生器电源开关、打开蒸汽发生器加热开关，待疏水阀 VA126 下方有蒸汽冒出，打开风机 P101 开关。慢慢打开阀门 VA101、VA111（见到蒸汽即可，小心烫伤），通过仪表或电脑程序调节一定的压差，等稳定六七分钟后记录 TI101、TI102、TI103、TI104、TI109、TI110、TI111、TI112 和 PDIC101 的读数，然后改变风机的压差，稳定后分别记录数据。

（5）注意事项

① 开始加热前要打开进水阀 VA127 使蒸汽发生器 R101 的水箱充满水，避免干烧。如果蒸汽发生器 R101 进水泵一直处于开启状态（气蚀），要打开进水泵的放气阀放掉气体，使其自动停止。实验结束后要先关加热开关、在打开放空阀 VA117，卸掉管路压力。

② 旋涡气泵要正确开停车，即必须保持一通路，避免气泵被烧坏。

③ 通过放空阀排放换热器不凝气的时候，要缓慢打开阀门，见到蒸汽冒出即可，避免被烫伤。

④ 本实训设备的热流体为带有一定压力的蒸汽，所走管路均为红色保温带包裹，不要用手触摸红色区域，避免烫伤，最好带防护手套操作蒸汽管路。

⑤ 实验结束后要停水停电。

⑥ 本实训设备为 380V 高压电，切勿私自打开仪表柜后盖。

（二）列管换热器综合实训

1. 实训目的

（1）深刻理解列管换热器的结构和工作原理。

（2）理解不同流向对传热过程的不同影响。

（3）能够通过参数调节控制物料的出口温度。

2. 工艺流程

（1）列管式换热器 E104 逆流流程

① 冷流体流向：冷空气由风机 P102 产生经过孔板流量计Ⅱ F102 计量，经过阀门 VA120、VA118 进入列管换热器 E104 的管内，在套管内与管外热蒸汽进行热传递后经阀门 VA108 排出。

② 热流体流向：自来水经阀门 VA127 进入蒸汽发生器 R101 内经过加热产生蒸汽，经过阀门 VA122 进入分汽包 V101，由 PIC104 控制一定压力经过阀门 VA116 进入列管换热器 E104 的壳程与管内的冷空气进行热传递，通过疏水阀 VA126 排出。

（2）列管式换热器 E104 并流流程

① 冷流体流向：冷空气由风机 P102 产生经过孔板流量计Ⅱ F102 计量，经过阀门 VA121 进入列管换热器 E104 的管内，在套管内与管外热蒸汽进行热传递后经 VA118、VA119 排出。

② 热流体流向：自来水经阀门 VA127 进入蒸汽发生器 R101 内经过加热产生蒸汽，经过阀门 VA122 进入分汽包 V101，由 PIC104 控制一定压力经过阀门 VA116 进入列管换热器 E104 的壳程与管内的冷空气进行热传递，通过疏水阀 VA126 排出。

3. 训练要领

（1）列管换热器 E104 逆流操作技能训练　全开阀门 VA123，打开阀门 VA118 、VA120、VA127、VA108、VA107。打开总电源开关、打开蒸汽发生器电源开关、打开蒸汽发生器加热开关，待疏水阀 VA126 下方有蒸汽冒出，打开风机 P102 开关。慢慢旋开阀门 VA115，放出一点蒸汽（注：见到蒸汽即可，小心烫伤），改变阀门 VA123 的开度调节压差，等稳定六七分钟后记录 PDI102、TI113、TI114、TI115 和 TIC101 的读数。然后改变风机的压差，稳定后分别记录数据。

（2）列管换热器 E104 并流操作技能训练　列管换热器 E104 并流：打开阀门 VA127 、VA122、VA1119、VA1118、VA121、VA123。接通总电源、接通蒸汽发生器电源、打开蒸汽发生器加热开关，待疏水阀下方有蒸汽冒出，开风机 P102。慢慢打开阀门 VA1115（见到蒸汽即可小心烫伤），调节阀门 VA123 开度调节压差，稳定六七分钟后记录 TI113、PDI102、TI114、TI115 和 TIC101 的读数。然后改变风机的压差，稳定后分别记录数据。

（三）螺旋板式换热器综合实训

1. 实训目的

（1）理解螺旋板式换热器的结构和工艺流程。

（2）比较不同换热器传热性能的差别。

2. 工艺流程

① 冷流体流向：冷空气由风机 P102 产生经过孔板流量计Ⅱ F102 计量，经过阀门 VA124 进入螺旋板式换热器 E105，与板外热蒸汽进行热传递后排出。

② 热流体流向：自来水经阀门 VA127 进入蒸汽发生器 R101 内经过加热产生蒸汽，经过阀门 VA122 进入分汽包 V101，由 PIC104 控制一定压力经过阀门 VA125 进入螺旋板式换热器 E105 内与板外冷空气进行热传递，通过疏水阀 VA129 排出。

四、训练要领

全开阀门 VA123，打开阀门 VA122、VA124、VA125、VA127。接通总电源、接通蒸汽发生器电源、打开蒸汽发生器加热开关，待疏水阀下方有蒸汽冒出，开风机 P102。调节阀门 VA123 开度调节压差，稳定六七分钟后记录 PDI102、TI117、TI118、TI119、TI120 的读数。然后改变压差，稳定后分别记录数据。

异常现象产生原因及处理思路见表 2-12。

表 2-12　异常现象产生原因及处理思路

序号	故障现象	产生原因分析	处理思路
1	管路压差逐渐变小、换热器冷空气入口温度变大	泵、管路堵塞，温度计损坏	检查管路、泵 、温度计
2	疏水阀无蒸汽喷出或分汽包内压力降低	蒸汽发生器不加热、仪表控制参数有改动	检查仪表、检查蒸汽发生器
3	空气流量变大	泵出问题、流量控制仪表参数改动	检查泵和仪表
4	设备突然停止，仪表柜断电	停电或设备有漏电地方	检查仪表柜电路

五、换热器的操作与保养

为了保证换热器长久正常运转，提高生产效率，必须正确操作和使用换热器，并重视对设备的维护、保养和检修，将预防性维护放在首位，强调安全预防，减少任何可能发生的事故。

1. 换热器的基本操作

① 投产前应检查压力表、温度计、液位以及有关阀门是否齐全好用。

② 输送蒸汽前先打开冷凝水排放阀门，排除积水和污垢；再打开放空阀，排除空气和其他不凝性气体。

③ 换热器投产时，要先通入冷流体，缓慢或数次通入热流体，做到先预热后加热，切忌骤冷骤热，以免换热器受到损坏，影响其使用寿命。

④ 进入换热器的冷热流体如果含有固体杂质和纤维质，一定要提前过滤和清除（特别是对板式换热器），防止堵塞通道。

⑤ 经常检查两种流体的进出口温度和压力，发现温度、压力超出正常范围或有超出正常范围的趋势，要立即查出原因，采取措施，恢复正常。

⑥ 定期分析流体的成分，以确定有无内漏，以便及时处理：对列管换热器进行堵管或换管，对板式换热器修补或更换板片。

⑦ 定期检查换热器有无渗漏，外壳有无变形以及有无振动，有则及时处理。

⑧ 定期排放不凝性气体和冷凝液，定期进行清洗。

2. 换热器的维护和保养

① 保持设备外部整洁、保温层和油漆完好。

② 保持压力表、温度计、安全阀和液位计等仪表和附件齐全、灵敏和准确。

③ 发现阀门和法兰连接处泄漏时，应及时处理。

④ 开停换热器时，不要将阀门开得太猛，否则容易造成管子和壳体受到冲击，以及局部骤然胀缩，产生热应力，使局部焊缝开裂或管子连接口松弛。

⑤ 尽可能减少换热器的开停次数，停止使用时，应将换热器内液体清洗放净，防止冻裂和腐蚀。

⑥ 定期测量换热器的壳体厚度，一般两年一次。

列管换热器的常见故障和处理方法见表 2-13。

表 2-13 列管换热器的常见故障和处理方法

故障	产生原因	处理方法
传热效率下降	(1)列管结垢	(1)清洗管子
	(2)壳体内不凝气体或冷凝液增多	(2)排放不凝气体或冷凝液
	(3)列管、管路或阀门堵塞	(3)检查清理
振动	(1)壳程介质流动过快	(1)调节流量
	(2)管路振动所致	(2)加固管路
	(3)管束与折流挡板的结构不合理	(3)改进设计
	(4)机座刚度不够	(4)加固机座
管板与壳体连接处开裂	(1)焊接质量不好	(1)清除补焊
	(2)外壳歪斜，连接管线拉力或推力过大	(2)重新调整找正
	(3)腐蚀严重，外壳壁厚减薄	(3)鉴定后补修
管束、胀口渗漏	(1)管子被折流挡板磨破	(1)堵管或换管
	(2)壳体和管束温差过大	(2)补胀或焊接
	(3)管口腐蚀或胀(焊)接质量差	(3)换管或补胀(焊)

3. 换热器的清洗

换热器经过一段时间的运行，传热面上会产生污垢，使传热系数大大降低而影响传热效率，因此必须定期对换热器进行清洗，由于清洗的困难程度随着垢层厚度的增加而迅速增大，所以清洗间隔不宜过长。

换热器的清洗不外乎化学清洗和机械清洗两种方法。清洗方法的确定应根据换热器的形式、污垢的类型等情况而定。一般化学清洗适用于结构较复杂的情况，如列管换热器管间、U 形管内的清洗，由于清洗剂一般呈酸性，对设备多少会有一些腐蚀。机械清洗常用于坚硬的垢层、结焦或其他沉积物，但只能清洗清洗工具能够到达之处，如列管换热器的管内（卸下封头）、喷淋式蛇管换热器的外壁、板式换热器（拆开后），常用的清洗工具有刮刀、竹板、钢丝刷、尼龙刷等。另外，还可以用高压水进行清洗。

安全窗：化工事故管理的“四不放过”

安全生产事故会给国家和人民生命财产造成损失，影响社会稳定和企业效益，所有事故的原因虽然各有不同，但都能总结出许多教训，值得我们去深刻对待、吸取经验。

一、安全事故“四不放过”原则

1. 事故原因未查清不放过；

2. 事故当事人和群众没有受到教育不放过；

3. 事故责任人未受到处理不放过；

4. 事故单位没有制定切实可行的预防措施不放过。

二、“四不放过”原则的具体含义

1. 在调查处理伤亡事故时，首先要把事故原因分析清楚，不能在尚未找到事故主要原因时就轻易下结论，也不能把次要原因当成真正原因，找不到真正原因决不轻易放过，搞清各因素之间的因果关系才算达到事故原因分析的目的。

2. 对事故责任者要严格按照安全事故责任追究规定和有关法律、法规的规定进行严肃处理。

3. 在调查处理事故时必须使事故责任者和广大群众了解事故发生的原因及所造成的危害，并深刻认识到搞好安全生产的重要性，使大家从事故中吸取教训，在今后工作中更加重视安全工作。

4. 针对事故发生的原因，必须提出防止相同或类似事故发生的切实可行的预防措施，并督促事故发生单位加以实施。只有这样，才算达到了事故调查和处理的最终目的。

任务七　列管换热器选用设计

任务目标

- 掌握换热器的基本知识和计算过程；
- 通过具体案例学习掌握列管换热器设计选用的过程。

技能要求

- 强化传热过程综合计算能力；
- 掌握列管式换热器的设计选用步骤。

一、训练目标

1. 学会从资料、手册中查找有关的计算公式和数据；

2. 学习确定和评价换热器单元操作工艺流程及保证过程实现的措施；

3. 进行一系列的换热器单元过程的计算，并通过准确、严密的分析、论证，表达出自己的设计思想；

4. 能根据工艺计算的结果确定换热器结构尺寸及进行有关附属设备的选型；

5. 能根据自己对设备的安排和计算结果，对设备内所进行的过程进行流体力学条件的校核；

6. 能从理论上的正确性、技术上的可能性和经济上的合理性等方面对设计结果进行可行性和先进性的评价；

7. 学习绘制工艺流程图、设备的工艺条件图及简单设备的结构图；
8. 学习编制设计说明书。

二、训练要领

1. 流程的选择与确定；
2. 物性数据的搜集与整理；
3. 热负荷的计算；
4. 平均温度差的计算；
5. 传热总系数的计算；
6. 给热系数的计算；
7. 传热面积的确定；
8. 主要工艺尺寸的确定；
9. 流体力学的计算；
10. 主要辅助设备（进料泵）及管路的选用计算；
11. 绘制有关图纸；
12. 编写设计说明书。

三、列管换热器的工艺设计与选用

1. 列管换热器的型号与规格

鉴于列管换热器应用极为广泛，为了便于制造和选用，有关部门已制定了列管换热器的系列标准。

（1）基本参数　列管换热器的基本参数主要有：①公称换热面积 SN；②公称直径 DN；③公称压力 PN；④换热管规格；⑤换热管长度 L；⑥管子数量 n；⑦管程数 N_P 等。

（2）型号表示　列管换热器的型号由 5 部分组成：

$$\underset{1}{\underline{X}}\,\underset{2}{\underline{XXXX}}\,\underset{3}{\underline{X}}-\underset{4}{\underline{XX}}-\underset{5}{\underline{XXX}}$$

式中　1——换热器代号，如 G 表示固定管板式，F 表示浮头式等；
　　2——公称直径 DN，mm；
　　3——管程数 N_P，常见的有Ⅰ、Ⅱ、Ⅳ、Ⅵ程；
　　4——公称压力 PN，MPa；
　　5——公称换热面积 SN，m^2。

例如，G600Ⅱ—1.6—55 表示：公称直径 600mm、公称换热面积 55m^2、公称压力 1.6MPa 双管程固定管板式换热器。

列管换热器由于有系列标准，故工程上一般只需选型即可，只有在实际要求与标准系列相差较大时才需要自行设计。

2. 选型设计时应考虑的问题

（1）流动通道的选择

① 不清洁或易结垢的流体宜走管间，因为管程清洗较方便。
② 腐蚀性流体宜走管程，以免管子和壳体受到同时被腐蚀，且管子便于维修和更换。

③ 压力高的流体宜走管程，以免壳体受压，以节省壳体金属消耗量。

④ 被冷却的流体宜走壳程，便于散热，增强冷却效果。

⑤ 饱和蒸汽走壳程，便于及时排除冷凝水，且蒸汽较清洁，一般不需清洗。

⑥ 有毒流体走管程，以减少泄漏量。

⑦ 黏度大的液体或流量小的流体宜走壳程，因为折流挡板的作用，流速与流向不断改变，在较低 Re（$Re>100$）的情况下即可达到湍流，以提高传热效果。

⑧ 若两流体温度差较大，对流传热系数较大的流体走壳程，因为壁温接近于 α 较大的流体温度，以减小管子和壳体的温差，减小热应力。

在选择流体流动通道时，上述原则往往不能同时兼顾，应视具体情况分析。一般首先考虑压力、防腐及清洗等方面的要求。

（2）流速的选择

流体在管程或壳程中的流速，既影响对流给热系数，又影响流动阻力，也对管壁冲刷程度和污垢生成有影响。所以，最适宜的流速通过技术经济比较才能定出，一般管内、管外都要尽量避免出现层流状态，表 2-14 和表 2-15 列出了通常流速的范围，可供设计参考。

表 2-14 列管换热器内常用的流速范围

流体种类	流速/(m/s)	
	管程	壳程
一般液体	0.5～3	0.2～1.5
易结垢液体	＞1	＞5
气体	5～30	9～15

表 2-15 不同黏度液体在列管换热器中的流速（钢管中）

液体黏度/($\times10^{-3}$Pa·s)	最大流速/(m/s)	液体黏度/($\times10^{-3}$Pa·s)	最大流速/(m/s)
＞1500	0.6	100～35	1.5
1000～500	0.75	35～1	1.8
500～100	1.1	＜1	2.4

（3）流体两端温度和温度差的确定

若换热器中两侧均为工艺物料，一般两端温差不宜小于 20℃。选定热源或冷源时，通常其进口温度已知，例如对冷却水和空气的进口温度一般可取一年中最高的日平均温度；但其出口温度需要设计者选择，这也是一个经济权衡问题。如果冷却水出口温度越高，其用量就越少，输送流体的动力消耗越小，操作费用降低；但传热过程的平均推动力也就越小，所需的传热面积增大，使设备费用增加。一般高温端温差不应小于 20℃，低温端温差不应小于 5℃，平均温差不小于 10℃。此外，冷却水的出口温度不应高于 50～60℃，以免大量结垢；在采用多管程、多壳程的换热器时，冷却水的出口温度不应高于工艺物流的出口温度；在冷凝有惰性气体的工艺物料时，冷却水的出口温度应较工艺物料的露点低 5℃以上；这些都是技术上的限制。

（4）列管换热器类型的选择

热、冷流体的温度差在 50℃以内时，不需要热补偿，可选用结构简单、价格低廉且易清洗的固定管板式换热器。当热、冷流体的温度差超过 50℃时，需要考虑热补偿。若管程流体较为清洁，可选用价格相对便宜的 U 形管式换热器，否则应选用浮头式换热器。

当温度差校正系数 φ 小于 0.8 时，应采用多壳程换热器。由于壳内设置纵向隔板，在制造、安装和检修上有困难，故通常将几个单壳程换热器串联，以代替多壳程。例如，当需要两壳程时，可将总管数分为两部分，分别装在两个外壳内，然后将这两个换热器串联使用。

（5）管子规格与排列方式的选择

管子规格包括管径和管长。列管换热器标准中只采用 ϕ25mm×2.5mm（或 ϕ25mm×2.0mm）和 ϕ19mm×2.0mm 两种规格的管子。对于洁净的流体，可选择小管径，对于不洁净或易结垢的流体，可选择大管径管子。管长则以便于安装、清洗为原则。

管子在管板上常用的排列方式有正三角形和正方形两种。与正方形相比，正三角形排列比较紧凑，管外流体湍动程度较高，给热系数大。正方形排列比较松散，给热效果较差，但管外清洗比较方便，适宜于易结垢液体。如将正方形直列的管束斜转 45°安装成正方形错列，传热效果会有所改善。系列标准中，固定管板式换热器采用正三角形排列；U 形管式和浮头式换热器 ϕ19mm×2.0mm 的管子按正三角形排列，ϕ25mm×2.5mm 的管子多按正方形错列。管中心距 t 与管子和管板的连接方式有关，通常对 ϕ19mm 的管子，t 常取 25.4mm；ϕ25mm 的管子，t 常取 32mm。

（6）流体通过换热器的流动阻力计算

流体通过换热器的流动阻力越大，其动力消耗越高。设计选用列管换热器时，应对管程和壳程的流动阻力进行估算。

① 管程流动阻力压降 Δp_i　管程流动阻力可按一般流体流动阻力计算公式计算。对于多程换热器，以压降表示的管程总阻力 Δp_i 等于各程直管阻力 Δp_1 与回弯阻力和进出口等局部阻力 Δp_2 的总和。

$$\sum \Delta p_i = (\Delta p_1 + \Delta p_2) F_t N_s N_P \tag{2-64}$$

式中　Δp_1——因直管阻力引起的压力降，Pa；

Δp_2——因局部阻力引起的压力降，Pa；

F_t——结垢校正系数，对 ϕ25mm×2.5mm 的管子 $F_t=1.4$；对 ϕ19mm×2.0mm 的管子 $F_t=1.5$；

N_s——串联的壳程数；

N_P——每壳程的管程数。

式(2-64) 中的 Δp_1 可按直管阻力计算式进行计算；Δp_2 由下面经验式估算，即

$$\Delta p_2 = 3\left(\frac{\rho u_i^2}{2}\right) \tag{2-65}$$

② 壳程流动阻力压降 Δp_o　壳程流体的流动状况较管程更为复杂，计算壳程阻力的公式很多，不同公式计算的结果差别较大。当壳程采用标准的圆缺形折流挡板时，流体阻力主要有流体流过管束的阻力和通过折流挡板缺口的阻力。此时，壳程压力降可采用通用的埃索公式，即

$$\sum \Delta p_o = (\Delta p_1' + \Delta p_2') F_s N_s \tag{2-66}$$

其中
$$\Delta p_1' = F f_o n_c (N_B + 1) \frac{\rho u_o^2}{2} \tag{2-67}$$

$$\Delta p_2' = N_B \left(3.5 - \frac{2h}{D}\right) \frac{\rho u_o^2}{2} \tag{2-68}$$

式中 $\Delta p_1'$——流体流过管束的压力降，Pa；

$\Delta p_2'$——流体流过折流挡板缺口的压力降，Pa；

F_s——壳程结垢校正系数，对液体 $F_s=1.15$；对气体或蒸汽 $F_s=1$；

F——管子排列方式对压力降的校正系数，对正三角形排列 $F=0.5$；正方形直列 $F=0.3$，正方形错列 $F=0.4$；

f_o——流体的摩擦系数，当 $Re_0=\frac{d_o u_o \rho}{\mu}>500$ 时，$f_o=5.0Re_0^{-0.228}$；

N_B——折流挡板数；

h——折流挡板间距，m；

n_c——通过管束中心线上的管子数；

u_o——按壳程最大流通截面积 A_o 计算的流速，$A_o=h(D-n_c d_o)$。

3. 选型设计的步骤

（1）根据设计任务确定基本数据。包括两流体的流量、进出口温度、定性温度下的物性数据、操作压力等。

（2）确定流体在换热器内的流动通道。

（3）确定并计算热负荷。

（4）先按单壳程偶数管程计算平均温度差，根据温度差校正系数 ψ 不小于 0.8 的原则，确定壳程数或调整冷却剂（或加热剂）的出口温度。

（5）根据两流体的温度差和设计要求，确定换热器的类型。

（6）选取总传热系数，根据传热基本方程初算传热面积，以此选定换热器的型号或确定换热器的基本尺寸，并确定其实际换热面积 $S_{实}$，计算在 $S_{实}$ 下所需的传热系数 $K_{需}$。

（7）核算管程与壳程压降。根据初定设备的情况，检查计算结果是否合理或满足工艺要求。若压降不符合要求，则需要重新调整管程数和折流挡板间距，或选择其他型号换热器，直至压降满足要求。

（8）核算总传热系数。计算管、壳程的对流传热系数，确定污垢热阻，再计算总传热系数 $K_{计}$，由传热基本方程求出所需传热面积 $S_{需}$，再与换热器的实际换热面积 $S_{实}$ 比较，若 $S_{实}/S_{需}$ 在 1.1～1.25 之间（也可用 $K_{计}/K_{需}$），则认为合理，否则需另选换热器，重复上述计算步骤，直至符合要求。

【例 2-12】 某化工厂需要将 50℃液体苯从 80℃冷却到 35℃，拟用冷却水冷却，当地冬季水温为 5℃，夏季水温为 30℃。要求通过管程与壳程的压力降不大于 10kPa，试选择合适的换热器。

解：（1）基本数据的查取

苯的定性温度 $\frac{80+35}{2}$℃$=57.5$℃

冷却水进口温度取夏季水温 30℃，选择其出口温度为 38℃，

水的定性温度 $\frac{30+38}{2}$℃$=34$℃

查得苯在定性温度下物性数据：

$\rho=879\text{kg/m}^3$；$\mu=0.41\text{mPa}\cdot\text{s}$；$c_p=1.84\text{kJ/(kg}\cdot\text{K)}$；$\lambda=0.152\text{W/(m}\cdot\text{K)}$

查得水在定性温度下物性数据：

$\rho=995\text{kg/m}^3$；$\mu=0.743\text{mPa}\cdot\text{s}$；$c_p=4.174\text{kJ/(kg}\cdot\text{K)}$；$\lambda=0.625\text{W/(m}\cdot\text{K)}$；$Pr=4.98$

（2）流动通道的选择

为了利用壳体散热，增强冷却效果，苯走壳程，水走管程。

（3）热负荷的计算

由于换热目的是为将热流体冷却，热负荷应取苯的传热量，确定冷却水用量时，可以不考虑热损失。

$$Q=m_{sh}c_{ph}(T_1-T_2)=\frac{50\times879}{3600}\times1.84\times(80-35)\text{kW}=1.01\times10^3\text{kW}$$

冷却水用量

$$m_{sc}=\frac{Q}{c_{pc}(t_2-t_1)}=\frac{1.01\times10^3}{4.174\times(38-30)}\text{kg/s}=30.25\text{kg/s}$$

（4）暂按单壳程、偶数管程考虑，先求逆流时平均温度差

$$\Delta t_{m逆}=\frac{\Delta t_1-\Delta t_2}{\ln\dfrac{\Delta t_1}{\Delta t_2}}=\frac{(80-38)-(35-30)}{\ln\dfrac{80-38}{35-30}}℃=17.4℃=17.4\text{K}$$

计算 R 和 P

$$R=\frac{T_1-T_2}{t_2-t_1}=\frac{80-35}{38-30}=5.63$$

$$P=\frac{t_2-t_1}{T_1-t_1}=\frac{38-30}{80-30}=0.16$$

查图 2-35(a)，温度差校正系数 $\psi=0.82>0.8$，故选用单壳程、偶数管可行。

$$\Delta t_m=\psi\Delta t_{m逆}=0.82\times17.4\text{K}=14.3\text{K}$$

（5）估算传热面积

选 $K=450\text{W}/(\text{m}^2\cdot\text{K})$

$$S_{计}=\frac{Q}{K\Delta t_m}=\frac{1.01\times10^3\times10^3}{450\times14.3}\text{m}^2=157\text{m}^2$$

（6）初选换热器型号　由于两流体温度差小于 50℃，可选用固定管板式换热器，由固定管板式换热器的标准系列，初选换热器型号为：G1000Ⅳ-1.6-170。主要参数如下；

外壳直径	1000mm	公称压力	1.6MPa
公称面积	170m²	管子规格	ϕ25mm×2.5mm
管子数	758	管子排列方式	正三角形
管间距	32mm	管长	3000mm
管程数	4		

采用此换热器，要求的总传热系数为

$$K_{需}=\frac{Q}{S_{实}\ \Delta t_m}=\frac{1.01\times10^3\times10^3}{(3.14\times0.025\times3\times758)\times14.3}\text{W}/(\text{m}^2\cdot\text{K})=395.7\text{W}/(\text{m}^2\cdot\text{K})$$

（7）核算压降

① 管程压降

$$\sum\Delta p_i=(\Delta p_1+\Delta p_2)F_tN_sN_P\qquad F_t=1.4, N_s=1, N_P=4$$

管程流速

$$u_i=\frac{30.25/995}{\dfrac{\pi}{4}\times0.02^2\times758\div4}\text{m/s}=0.51\text{m/s}$$

$$Re_i=\frac{d_iu_i\rho}{\mu}=\frac{0.02\times0.51\times995}{0.73\times10^{-3}}=1.366\times10^4$$

对于钢管，取管壁粗糙度 $\varepsilon=0.1\text{mm}$，$\varepsilon/d=0.1/20=0.005$

查图 1-38，摩擦系数 $\lambda=0.037$

$$\Delta p_1=\lambda\frac{l}{d_i}\frac{\rho u_i^2}{2}=0.037\times\frac{3}{0.02}\times\frac{995\times0.51^2}{2}\text{Pa}=718.2\text{Pa}$$

$$\Delta p_2=3\left(\frac{\rho u_i^2}{2}\right)=3\times\left(\frac{995\times0.51^2}{2}\right)\text{Pa}=388.2\text{Pa}$$

$$\sum\Delta p_i=(\Delta p_1+\Delta p_2)F_tN_sN_P=(718.2+388.2)\times1.4\times4\text{Pa}=6196\text{Pa}$$

② 壳程压降

$$\sum\Delta p_o=(\Delta p_1'+\Delta p_2')F_sN_s \qquad F_s=1.15, N_s=1$$

$$\Delta p_1'=Ff_on_c(N_B+1)\frac{\rho u_o^2}{2}$$

管子为正三角形排列 $F=0.5$

$$n_c=\frac{D}{t}-1=\frac{1}{0.032}-1=30$$

取折流挡板间距 $h=0.2\text{m}$；$N_B=\frac{L}{h}-1=\frac{3}{0.2}-1=14$

$$A_o=h(D-n_cd_o)=0.2\times(1-30\times0.025)\text{m}^2=0.05\text{m}^2$$

壳程流速 $$u_o=\frac{50/3600}{0.05}=0.278\text{m/s}$$

$$Re_o=\frac{d_{oi}u_{oi}\rho}{\mu}=\frac{0.025\times0.278\times879}{0.41\times10^{-3}}=1.49\times10^4$$

$$f_o=5.0Re_o^{-0.228}=5.0\times(1.49\times10^4)^{-0.228}=0.559$$

$$\Delta p_1=0.5\times0.559\times30\times(14+1)\frac{879\times0.278^2}{2}\text{Pa}=4272\text{Pa}$$

$$\Delta p_2=N_B\left(3.5-\frac{2h}{D}\right)\frac{\rho u^2}{2}=14\times\left(3.5-\frac{2\times0.2}{1}\right)\frac{879\times0.278^2}{2}\text{Pa}=1474\text{Pa}$$

$$\sum\Delta p_o=(4272+1474)\times1.15\times1\text{Pa}=6608\text{Pa}$$

可见，管程和壳程压降都满足工艺要求。

(8) 核算传热系数

① 管程对流传热系数

$$\alpha_i=0.023\frac{\lambda}{d_i}Re^{0.8}Pr^{0.4}=0.023\times\frac{0.625}{0.02}\times(1.366\times10^4)^{0.8}4.98^{0.4}\text{W/(m}^2\cdot\text{K)}$$
$$=2778.6\text{W/(m}^2\cdot\text{K)}$$

② 壳程对流传热系数

$$\alpha_o=0.36\frac{\lambda}{d_o}\left(\frac{d_eu_o\rho}{\mu}\right)^{0.55}\left(\frac{c_p\mu}{\lambda}\right)^{1/3}\varphi_w$$

由于换热器采用正三角形排列，故

$$d_e=\frac{4\left(\frac{\sqrt{3}}{2}t^2-\frac{\pi}{4}d_o^2\right)}{\pi d_o}=\frac{4\left(\frac{\sqrt{3}}{2}\times0.032^2-0.785\times0.025^2\right)}{3.14\times0.025}\text{m}=0.02\text{m}$$

$$\frac{d_eu_o\rho}{\mu}=\frac{0.02\times0.278\times0.879}{0.41\times10^{-3}}=1.192\times10^4$$

$$\frac{c_p\mu}{\lambda}=\frac{1.84\times10^3\times0.41\times10^{-3}}{0.152}=4.963$$

壳程被冷却，取 $\varphi_w=0.95$

$$\alpha_o=0.36\times\frac{0.152}{0.02}\times(1.192\times10^4)^{0.55}\times4.963^{1/3}\times0.95\mathrm{W/(m^2\cdot K)}=773.5\mathrm{W/(m^2\cdot K)}$$

③ 污垢热阻　管内外污垢热阻分别取为

$$R_{si}=2.1\times10^{-4}\mathrm{m^2\cdot K/W}$$
$$R_{so}=1.72\times10^{-4}\mathrm{m^2\cdot K/W}$$

④ 总传热系数　忽略管壁热阻，则总传热系数为

$$K_{计}=\frac{1}{\dfrac{d_o}{\alpha_i d_i}+R_{si}+R_{so}+\dfrac{1}{\alpha_o}}=470.7\mathrm{W/(m^2\cdot K)}$$

$K_{计}/K_{需}=470.7/395.7=1.19$（在 1.1～1.25 之间）。故所选 G1000Ⅳ-1.6-170 换热器合适。

知识窗：技术新动向——热管换热器

热管换热器是一种高效的新型换热器，其在余热回收、降低能耗、节约能源、改善环境等方面具有较大的综合效益。其主要由管壳、端盖、吸液芯、管外肋片、管端捧气管及管内工质 6 个部分组成。热管的一端为蒸发段，另一端为冷凝段。当热管的蒸发段受热时，经管壁传到吸液芯中，液态工质便汽化、蒸发，借助压差使蒸气经热管的中心通道而迅速传到冷凝段，在此蒸气凝缩成液体，释放出巨大的潜热。在吸液芯的吸力作用下，液态工质又回到蒸发段。通过这种“蒸发—传输—冷凝”的反复循环而传递热量。

热管换热器结构简单、换热效率高，金属耗量少。经过多年努力，我国成功开发了气—气热管换热器、热管蒸汽发生器（废热锅炉）、高温热管（液态碱金属热管），在冶金、石油、化工、动力、陶瓷以及水泥等行业的应用取得可喜成果。

小结

本章主要介绍传热的基本原理和规律，并运用这些原理和规律去分析和解决传热过程的有关问题。中心内容是间壁两侧流体间的传热过程的分析和传热基本方程的应用。现将本章内容简要小结如下：

1. 认识化工传热过程

了解工业换热方式的类型和适用条件。

了解换热器的种类，间壁式换热器的主要类型、结构、性能特点及各适用场所。

2. 热量传递的基本理论

将传热的三种基本方式做一比较：

三种传热基本方式比较

传热方式	热　传　导	对 流 传 热	热　辐　射
描述定律	傅里叶定律 $Q=-\lambda\cdot A\dfrac{dt}{dn}$	牛顿冷却定律 $Q=\alpha A\Delta t$	辐射二定律 $E=C\left(\dfrac{T}{100}\right)^4$

续表

传热方式	热传导		对流传热	热辐射
$Q=\dfrac{t_1-t_{n+1}}{\sum\limits_{i=1}^{n}\dfrac{1}{2\pi L\lambda_i}\ln\dfrac{r_{i+1}}{r_i}}$ 计算	平壁 $Q=\dfrac{t_1-t_{n+1}}{\sum\limits_{i=1}^{n}\dfrac{b_i}{\lambda_i A}}$	圆筒	关键是确定 α，这里讨论的是流体与固体壁面间的对流传热。 流体在圆直管内做强制湍流时 $\alpha=0.023\dfrac{\lambda}{d}Re^{0.8}Pr^n$ 其他情况选用合适的关联式	$Q_{1-2}=C_{1-2}\varphi A\left[\left(\dfrac{T_1}{100}\right)^4-\left(\dfrac{T_2}{100}\right)^4\right]$
分析	各层 Q、q 都相等	各层 Q 相等、q 不相等	一般，气体的 α 较小，液体的较大，有相变时的 α 最大；强制对流的 α 比自然对流时的大	任何绝对温度大于零度，都会向外辐射能量，但只有在高温时才成为主要传热方式
组合结果	两流体通过间壁换热			高温设备散热

3. 传热过程计算

传热基本方程 $Q=KA\Delta t_m$ 是传热计算的基本公式，要掌握传热基本方程及其各项的含义和各参数的确定方法。K、A 和 Δt_m 称为传热三要素，注意 K 与 A 要对应。

(1) 热负荷的确定

无相变　　$Q=m_{s1}c_{p1}(T_1-T_2)=m_{s2}c_{p2}(t_2-t_1)$

有相变　　$Q=m_{s1}[r+c_{p1}(T_s-T_2)]=m_{s2}c_{p2}(t_2-t_1)$

若冷凝液在饱和温度下出料，即 $T_2=T_s$，则 $Q=m_{s1}r=m_{s2}c_{p2}(t_2-t_1)$

(2) 传热系数 K

掌握 K 的物理意义和单位，会确定 K 值。

计算式：

$$\frac{1}{K}=\frac{1}{\alpha_o}+R_{so}+\frac{b}{\lambda}\frac{d_o}{d_m}+R_{si}\frac{d_o}{d_i}+\frac{d_o}{\alpha_i d_i}$$

欲提高 K，应设法降低热阻，通常必须设法减小起主要作用的热阻。两流体通过间壁传热，若两个 α 相差较大，则壁温接近 α 大的一侧的流体温度，而接近小的 α。

(3) Δt_m 的求法

Δt_m 代表整个换热器的传热平均温度差，注意流向的影响。

逆流和并流时

$$\Delta t_m=\frac{\Delta t_1-\Delta t_2}{\ln\dfrac{\Delta t_1}{\Delta t_2}}$$

折流和错流时

$$\Delta t_m=\psi\Delta t_{m,逆}$$

若有一侧为恒温，则流向对 Δt_m 无影响。

在设计时应注意使 $\psi\geqslant0.8$，否则经济上不合理。

(4) 传热面积 A

套管换热器　　$A=\pi dL$

列管换热器　　$A=n\pi dL$

根据 $A=\dfrac{Q}{K\Delta t_m}$ 进行换热器选型。

(5) 强化传热　理解强化传热的途径。

4. 传热设备

换热器是化工生产中广泛应用的设备，掌握其分类及基本结构，尤其要掌握列管换热器的结构和工作原理、基本计算过程及设备类型选用。

通过管式加热炉与列管换热器的设备操作与仿真操作强化对设备的基本操作、维护保养及事故处理技能，利用换热器选型设计进一步掌握标准列管式换热器选用原则、方法和步骤；体察工程实际问题的复杂性；提高查阅资料、分析问题和解决问题的能力。

复习与思考

1. 工业换热方法有哪些？各应用在什么场合？

2. 换热器有哪几种类型？间壁式换热器主要有哪几种？

3. 试说明列管式换热器的类型、结构、特点及选用。

4. 传热的基本方式有哪些？试分析各种传热方式的特点。

5. 水在一圆形直管内做强制湍流流动时，假设物性均不变。若管内流体流量增大一倍，则管内对流传热系数为原来的多少倍？若流量不变而将管内径减半，则管内对流传热系数为原来的多少倍？

6. 蒸汽冷凝有几种方式？哪种传热效果好，为什么？

7. 饱和蒸汽加热流体，为何蒸汽通常走换热器的壳程？并且上进下出？

8. 列管式换热器为何常采用多管程？在壳程中设置折流挡板的作用是什么？

9. 如在列管式换热器使用过程中发现传热效率明显下降，请问何原因引起的？并且应如何处理？

10. 写出传热基本方程，并说明方程中各项的含义及单位。

11. 当间壁两侧流体的对流传热系数相差较大时，为了提高传热系数，应设法提高哪一侧流体的对流传热系数？为什么？

12. 在一台套管换热器中，冷热水流量均为 1kg/s，热水进口温度为 70℃，冷水进口温度为 10℃。现要求将冷水加热到 45℃，问并流操作能否实现？

13. 在套管换热器中，冷水和热气体逆流换热使热气体冷却。设流动均为湍流，气体侧的传热系数远小于水侧传热系数，污垢热阻和管壁热阻可忽略。试讨论：①若要求气体的生产能力增大 10%，可采取什么措施？并说明理由。②若因气候变化，冷水进口温度升高，要求维持原生产能力不变，应采取什么措施？说明理由。

14. 在换热器中，两流体的相互流向对传热有何影响？

15. 在列管式换热器中用水蒸气加热原油，问：

(1) 传热管壁接近于哪种流体温度？

(2) 总传热系数 K 接近于哪种流体的 α？

(3) 为强化传热应采取哪些措施？

(4) 如何确定两流体的流动通道？

16. 何谓换热器的传热速率和热负荷？两者关系如何？

17. 什么叫强化传热？强化传热的有效途径是什么，可采用哪些具体措施？

18. 换热器工作时，流体流速是否越大越好？

自测练习

一、填空题

1. 各种物体的热导率大小顺序为______________________。

2. 在通过三层平壁的稳定热传导过程中，各层平壁厚度相同，接触良好。三层平壁的热导率分别为 λ_1、λ_2、λ_3，则各层温度降的大小为________________________。

3. 在列管式换热器中，用饱和水蒸气加热空气，则传热管的壁温接近____________，总传热系数值接近______________________。

4. 为使房间内形成充分的自然对流，使温度均匀，则空调应放在房间的________部；暖气片应放在房间的________部。

5. 沸腾传热可分为三个区域，它们是___________、___________和___________，工业上宜维持在______________区内操作。

6. 套管冷凝器，管内走空气，管间走饱和水蒸气，如蒸汽压力一定，空气进口温度一定，当空气增加时，传热系数___________，空气出口温度_________。

7. 黑体的吸收率 $A=$________。

8. 套管换热器的内管为 $\phi 25\text{mm}\times 2\text{mm}$，外管为 $\phi 78\text{mm}\times 4\text{mm}$，则其环隙当量直径为__________。

9. 对于套管换热器，为强化传热，常在管内或管外加装翅片。原因在于：一是______________；二是______________。若用水冷却油，水走管内，油走管外，为强化传热，翅片应加在管的________侧。

10. 物体黑度是指在___________温度下，灰体的_____________与______________之比，在数值上它与同在温度下物体的_____________相等。

二、选择题

1. 根据量纲分析法，对于强制湍流传热，其特征数关联式可简化为（　　）。

A. $Nu=f(Re,Pr,Gr)$　　B. $Nu=f(Re,Pr)$

C. $Nu=f(Re,Gr)$

2. 温度对流体的黏度有一定的影响，当温度升高时，（　　）。

A. 液体和气体的黏度都降低　　B. 液体和气体的黏度都升高

C. 液体的黏度升高、而气体的黏度降低；　　D. 液体的黏度降低、而气体的黏度升高

3. 对间壁两侧流体一侧恒温，另一侧变温的传热过程，逆流和并流的 Δt_m 大小为（　　）。

A. $\Delta t_{m逆}>\Delta t_{m并}$　　B. $\Delta t_{m逆}<\Delta t_{m并}$

C. $\Delta t_{m逆}=\Delta t_{m并}$　　D. 无法确定

4. 蒸汽中不凝性气体的存在，会使它的对流传热系数 α 值（　　）。

A. 降低　　B. 升高　　C. 不变　　D. 都可能

5. 工业采用翅片状的暖气管代替圆钢管，其目的是（　　）。

A. 增加热阻，减少热量损失　　B. 节约钢材

C. 增强美观　　D. 增加传热面积，提高传热效果

6. 选用换热器时，在管壁与壳壁温度相差多少度时考虑需要进行热补偿。（　　）

A. 20℃　　B. 50℃　　C. 80℃　　D. 100℃

7. 为了减少室外设备的热损失，保温层外包的一层金属皮应采用（　　）。

A. 表面光滑，色泽较浅　　B. 表面粗糙，色泽较深

C. 表面粗糙，色泽较浅　　D. 以上都不是

8. 在管壳式换热器中，不洁净和易结垢的流体宜走管内，因为管内（　　）。

A. 清洗比较方便　　B. 流速较快　　C. 流通面积小　　D. 易于传热

9. 有三层相同厚度不同材料组成的圆筒壁，稳定传热中通过各层的（　　）相等。

A. 传热速率 Q　　B. 温度变化 Δt

C. 热通量 q　　D. 对数平均面积 A_m

10. 在管壳式换热器中，黏度大的液体或流量较小的流体宜走（　　），因流体在有折流挡板的壳程流动时，由于流速和流向的不断改变，在低 Re 值（$Re>100$）下即可达到湍流，以提高给热系数。

A. 管内　　B. 管间　　C. 管径　　D. 管轴

11. 工业设备的保温材料，一般都是取结构疏松、热导率（　　）的固体材料。

A. 较小　　B. 较大　　C. 无关　　D. 不一定

12. 多管程列管换热器比较适用于（　　）场合。

A. 管内流体流量小，所需传热面积大　　B. 管内流体流量小，所需传热面积小

C. 管内流体流量大，所需传热面积大　　D. 管内流体流量大，所需传热面积小

13. 夹套式换热器的优点是（　　）。

A. 传热系数大　　B. 构造简单，价格低廉，不占器内有效容积

C. 传热面积大　　D. 传热量小

14. 蛇管式换热器的优点是（　　）。

A. 结构简单，能承受高压　　B. 平均传热温度差大

C. 传热速率大　　D. 传热速率变化不大

15. 工业生产中常用的热源与冷源是（　　）。

A. 蒸汽与冷却水　　B. 蒸汽与冷冻盐水

C. 电加热与冷却水　　D. 导热油与冷冻盐水

16. 减少圆形管导热损失，采用包覆三种保温材料 a、b、c，若 $\delta_a=\delta_b=\delta_c$（厚度），热导率$\lambda_a>\lambda_b>\lambda_c$，则包覆的顺序从内到外依次为（　　）。

A. a，b，c　　B. a，c，b　　C. c，b，a　　D. b，a，c

17. 下列四种不同的对流给热过程：空气自然对流 α_1，空气强制对流 α_2（流速为 3m/s），水强制对流 α_3（流速为 3m/s），水蒸气冷凝 α_4。α 值的大小关系为（　　）。

A．$\alpha_3>\alpha_4>\alpha_1>\alpha_2$　　B. $\alpha_4>\alpha_3>\alpha_2>\alpha_1$

C．$\alpha_4>\alpha_2>\alpha_1>\alpha_3$　　D. $\alpha_3>\alpha_2>\alpha_1>\alpha_4$

18. 当换热器中冷热流体的进出口温度一定时，（　　）的说法是错误的。

A. 逆流时，Δt_m 一定大于并流、错流或折流时的 Δt_m

B. 采用逆流操作时可以节约热流体（或冷流体）的用量

C. 采用逆流操作可以减少所需的传热面积

D. 温度差校正系数 $\phi\Delta t$ 的大小反映了流体流向接近逆流的程度

19. 影响液体对流传热系数的因素不包括（　　）。

A. 流动形态　　B. 液体的物理性质　　C. 操作压力　　D. 传热面尺寸

20. 下列不属于强化传热的方法是（　　）。

A. 定期清洗换热设备　　B. 增大流体的流速　　C. 加装挡板　　D. 加装保温层

三、计算题

1. 某燃烧炉的平壁由下列三种材料依次组成：

耐火砖：热导率 $\lambda_1=1.05\text{W/(m·℃)}$，厚度 $b_1=0.23\text{m}$；

绝热层：热导率 λ_2＝0.144W/(m・℃)；

红砖：热导率 λ_3＝0.94W/(m・℃)，厚度 b_3＝0.23m。

已知耐火砖内侧温度为1300℃，红砖外侧温度为50℃，单位面积的热损失为607W/m^2。试求：①绝热层的厚度；②绝热层与红砖接触处温度。

2. ϕ60mm×3mm的钢管外包一层厚30mm软木后，又包一层厚30mm的石棉，软木和石棉的热导率分别是0.04W/(m・℃)和0.16W/(m・℃)。已知管内壁温度为－100℃，最外侧温度为20℃，求每米管长上所损失的冷量。

3. 一换热器，在 ϕ25mm×2.5mm管外用水蒸气加热管内的原油。已知管外蒸气冷凝的对流传热系数为10000W/(m^2・℃)；管内原油的对流传热系数为1000W/(m^2・℃)，管内污垢热阻为0.00015m^2・℃/W，管外污垢热阻及管壁热阻可忽略不计。试求总传热系数及各部分热阻的分配。

4. 水以2m/s的流速在长2m的 ϕ25mm×2.5mm管内由20℃加热到40℃，试求水与管壁之间的对流传热系数。

5. 今对一新型换热器进行性能试验，从现场测得：热流体进口温度为336K，出口温度为323K，比热容为4.2kJ/(kg・K)，流量为5.28kg/s。冷流体的进口温度为292K，出口温度为323K。冷、热流体按逆流方式流动，换热器的传热面积为4.2m^2，试计算该换热器的传热系数。若冷流体的比热容为2.8kJ/(kg・K)，问冷流体的流量为多少？

6. 某车间需将流量为30m^3/h的某溶液由20℃加热到60℃，加热介质为127℃的饱和蒸汽。操作条件下，此溶液 ρ＝1100kg/m^3，比热容 c_p＝3.8kJ/(kg・℃)。现有一台由72根3m长的 ϕ25mm×2mm钢管组成的列管换热器。让溶液走管程，对流传热系数 α_1＝2500W/(m^2・℃)，污垢热阻 R_{s1}＝0.0002m^2・℃/W；蒸汽走壳程，对流传热系数 α_2＝10000W/(m^2・℃)，污垢热阻 R_{s2}＝0.0001m^2・℃/W。碳钢的热导率 λ＝46W/(m・℃)。此台换热器能否合用？

7. 一传热面积为15m^2的列管式换热器，壳程用110℃饱和蒸汽将管程某溶液由20℃加热到80℃，溶液的处理量为2.5×10^4kg/h，比热容为4kJ/(kg・K)，试求此操作条件下的总传热系数。该换热器使用一年后，由于污垢热阻增加，溶液出口温度降到72℃，若要使出口温度仍为80℃，加热蒸汽温度至少要多高？

课程学习资源

序号	资源名称	资源类别	资源链接
1	工业上常见的换热方式	微课	网页：智慧职教→生物和化工大类→煤化工技术（国家级资源库）→素材中心→媒体类型：微课类→搜索栏→输入资源名称
2	热量传递的基本方式	微课	
3	傅里叶定律	微课	
4	热导率	微课	
5	多层平壁的稳定热传导	微课	
6	圆筒壁的稳定热传导	微课	
7	对流传热过程分析	微课	
8	蒸汽冷凝	微课	

续表

序号	资源名称	资源类别	资源链接
9	液体沸腾	微课	网页：智慧职教→生物和化工大类→煤化工技术（国家级资源库）→素材中心→媒体类型：微课类→搜索栏→输入资源名称
10	常用的加热剂和冷却剂	微课	
11	热负荷	微课	
12	逆流和并流时的平均温度差	微课	
13	总传热系数	微课	
14	强化传热	微课	
15	列管换热器	微课	
16	蛇管换热器	微课	
17	强化管式换热器	微课	
18	板式换热器	微课	
19	换热器工艺流程	仿真	
20	换热器单元复杂控制方案说明	仿真	
21	换热器冷态开车	仿真	
22	换热器正常停车	仿真	
23	套管换热器操作3D仿真	实训	
24	套管换热器操作	实训	

本项目符号说明

A——传热面积，m^2；
A——辐射吸收率，无量纲；
b——厚度，m；
b——润湿周边，m；
C——灰体的辐射系数，$W/(m^2 \cdot K^4)$；
C_0——黑体的辐射系数，$W/(m^2 \cdot K^4)$；
c_p——流体的比定压热容，$J(kg \cdot K)$；
D——换热器的壳径，m；
D——辐射透过率，无量纲；
d——管径，m；
E——辐射能力，W/m^2；
E_0——黑体的辐射能力，W/m^2；
f——校正系数，无量纲；
h——挡板间距，m；
H——高度，m；
K——传热系数，$W/(m^2 \cdot K)$；
l——长度，m；
M——冷凝负荷，$kg/(m \cdot s)$；
m_s——质量流量，kg/s；
p——压力，Pa；
Q——传热速率，W；
q——热通量，W/m^2；
R——热阻，K/W；
R——半径，m；
R——辐射反射率，无量纲；
r——潜热，kJ/kg；
r——半径，m；
S——截面积，m^2；
T——热流体温度，K；
T——热力学温度，K；
t——温度，K；
t——冷流体温度，K；
u——流速，m/s；
α——对流传热系数，$W/(m^2 \cdot K)$；
β——体积膨胀系数，1/K；
ε——黑度，无量纲；

λ——热导率，W/(m·K)；

μ——黏度，Pa·s；

ρ——密度，kg/m^3；

σ——表面张力，N/m；

σ_0——黑体辐射常数，$W/(m^2 \cdot K^4)$；

φ——角系数，无量纲。

参 考 文 献

[1] 谭天恩，等．化工原理（上册）．第4版．北京：化学工业出版社，2013.

[2] 陆美娟，张浩勤．化工原理（上册）．第3版．北京：化学工业出版社，2012.

[3] 张洪流，流体流动与传热．北京：化学工业出版社，2002.

[4] 冷士良，陆清，宋志轩．化工单元操作及设备．北京：化学工业出版社，2007.

[5] 夏清，陈常贵．化工原理（上册）．修订版．天津：天津大学出版社，2005.

[6] 张浩勤．化工原理学习指导．北京：化学工业出版社，2007.

[7] 柴诚敬，等．化工原理课程学习指导．天津：天津大学出版社，2003.

[8] 王志魁，向阳，王宇．化工原理．第5版．北京：化学工业出版社，2018.

项目三
蒸发操作

在工业生产过程中，蒸发是浓缩溶液的单元操作。例如，稀烧碱溶液的增浓、稀蔗糖溶液的浓缩、海水蒸发制取淡水等。

任务一　认识蒸发操作

任务目标

- 认识蒸发操作及其特点；
- 了解蒸发操作的化工应用；
- 了解蒸发的基本流程；
- 了解蒸发过程的分类。

技能要求

- 能认知蒸发过程，建立感观印象。

一、蒸发及其特点

蒸发的方式有自然蒸发和沸腾蒸发。自然蒸发是溶液中的溶剂在低于沸点下汽化，例如，海盐的晒制，溶剂的汽化仅发生在溶液的表面，蒸发速率缓慢。沸腾蒸发是溶液中的溶剂在沸腾时汽化，汽化过程中，溶液呈沸腾状态，溶剂的汽化不仅发生在溶液的表面，而且发生在溶液内部，溶液内部各个部分同时发生汽化现象。因此，沸腾蒸发速率远远超过自然蒸发速率。工业上的蒸发大多是采用沸腾蒸发。

蒸发过程中，将含有不挥发溶质的溶液加热沸腾，使其中的挥发性溶剂部分汽化，从而达到将溶液浓缩的生产目的。蒸发既是一个传热过程，同时又是一个溶剂汽化，产生大量蒸气的传质过程。但是，溶剂的汽化速率主要取决于热量的传递速率，所以，工程上通常把蒸发归类为传热过程。蒸发所用设备——蒸发器也属于传热设备。

但是，与一般的传热过程相比，蒸发又有其自身的特点：

（1）传热壁面一侧为加热蒸气冷凝，另一侧为溶液沸腾汽化，是两侧均有相变化的传热过程。

（2）被蒸发的物料是由挥发性溶剂和不挥发性溶质组成的溶液，在相同的压强下，溶液的沸点比纯溶剂的沸点要高，且一般随浓度的增加而升高。故在相同的条件下，蒸发溶液的传热温度差小于蒸发纯溶剂的传热温度差。在确定蒸发传热温度差时，必须考虑溶液沸点升高的影响。

（3）由于溶液的种类和性质不同，蒸发过程的设备和操作方法也有很大差异。例如，有些溶液在浓缩过程中可能析出结晶、结垢或产生泡沫；有些热敏性物料在达到一定温度时发生分解或变质；随浓度的增大，溶液的黏度增大；等等。因此，在选择蒸发方式和设备时，必须考虑物料的这些工艺特性。

（4）溶剂的汽化需要吸收大量的热能，如何充分利用能量和降低能耗，是蒸发操作的一个十分重要的课题。

二、蒸发的应用

蒸发操作广泛用于化工、轻工、制药、食品等工业生产中。其在化工生产中的主要作用为：

（1）浓缩溶液或将浓缩液进一步加工处理获取固体产品。例如电解法制得的稀烧碱溶液、蔗糖水溶液、牛奶、抗生素溶液等的蒸发。

（2）制取或回收纯溶剂。如海水淡化、有机磷农药苯溶液的浓缩脱苯等。

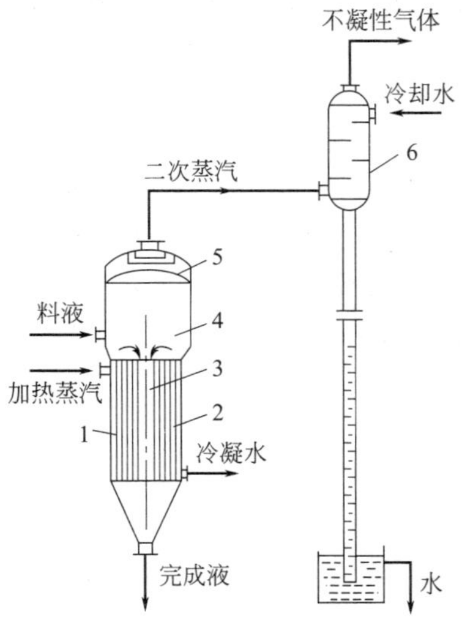

图 3-1 单效蒸发流程

1—加热室；2—加热管；3—中央循环管；4—蒸发室；5—除沫器；6—冷凝器

三、蒸发的流程

图 3-1 为一蒸发流程的示意图。其主体设备蒸发器由加热室和蒸发室（又称分离室）两部分组成。加热室内部装有垂直管束（称为加热管），在管外用加热剂（通常为饱和水蒸气）冷凝放热加热管内溶液，使之沸腾汽化。浓缩了的溶液（称为完成液）从蒸发器底部排出；产生的蒸汽经分离室和除沫器将夹带的液滴分离后，至冷凝器冷凝。为便于区别，通常将蒸出的蒸汽称为二次蒸汽，加热用的蒸汽称为加热蒸汽。

蒸发操作连续稳定进行的必要条件是：①不断地向溶液提供热能，以维持溶剂的汽化；②及时移走汽化产生的蒸汽，否则，蒸汽与溶液将逐渐趋于平衡，使汽化不能继续进行。

四、蒸发的分类

按照不同的分类方法，蒸发操作分成下列类型。

（1）直接加热蒸发与间接加热蒸发

通过喷嘴将燃料燃烧后的高温火焰或烟道气直接喷入被蒸发的溶液中，使溶剂汽化，这种直接接触式蒸发器传热效率高，金属消耗量小，但应用范围受到被蒸发物料和蒸发要求的限制，不属本章讨论范围。

间接加热蒸发，热量通过间壁式换热设备传给被蒸发溶液而使溶剂汽化。一般工业蒸发过程多属此类。

（2）单效蒸发与多效蒸发

若蒸发装置中只有一个蒸发器，蒸发时生成的二次蒸汽直接进入冷凝器而不再利用，称为单效蒸发。

将几个蒸发器按一定的方式组合起来，将前一个蒸发器产生的二次蒸汽作为后一个蒸发器的加热蒸汽，而最后一个蒸发器产生的二次蒸汽进入冷凝器被冷凝，这样的蒸发过程称为多效蒸发。蒸发器串联的个数称为效数。采用多效蒸发是减少加热蒸汽消耗量，节约能源的主要途径。

（3）常压蒸发、加压蒸发和真空蒸发

常压蒸发蒸发器加热室溶液侧的操作压强略高于大气压强，此时系统中不凝气体依靠其本身的压强排出。

加压蒸发可提高二次蒸汽的温度，从而提高其利用价值，但要求加热蒸汽的温度相对较高，在多效蒸发中，为了使前后生产过程的系统压强相匹配，前面几效通常采用加压操作。

真空蒸发溶液侧的操作压强低于大气压强，要依靠真空泵抽出不凝气体并维持系统的真空度。其目的是为了降低溶液的沸点和有效利用热源。与常压蒸发相比，真空蒸发可以使用低压蒸汽或废热蒸汽作热源；减小系统的热损失，有利于处理热敏性物料，在相同热源温度下可提高温度差。但溶液沸点的降低会使其黏度增大，沸腾时传热系数将降低；且系统需用真空装置，因而会增加一些额外的能量消耗和设备。

（4）间歇蒸发和连续蒸发

间歇蒸发又可分为一次进料、一次出料和连续进料、一次出料两种方式。排出的浓缩液通常称为完成液。在整个操作过程中，蒸发器内的溶液浓度和沸点均随时间而变化，因此传热的温度差、传热系数等各参数均随时间而变，达到一定溶液浓度后将完成液排出。

连续蒸发过程操作稳定，连续进料，完成液连续排出。一般大规模生产中多采用连续蒸发。

任务二　认识蒸发设备

任务目标

- 认识各种类型的蒸发器；
- 掌握各种蒸发器的基本特点；
- 认识蒸发器的辅助设备。

技能要求

- 感性认识各种蒸发器的基本构造；
- 了解各种蒸发器的使用特性和适用场合。

蒸发属于传热过程，所以蒸发设备与一般的传热设备并无本质区别。但是在蒸发过程中，需要不断移除产生的二次蒸汽，而且在二次蒸汽中往往会夹带一些溶液，因此，蒸发器一般包括加热室和进行汽液分离的蒸发室两部分。此外，蒸发设备通常还包括除沫器、冷凝器和真空泵等辅助设备。

一、蒸发器

间接加热的蒸发器类型有多种，基本可分为循环型和非循环型（单程型）两大类。

1. 循环型蒸发器

循环型蒸发器的特点是溶液在蒸发器内循环流动。根据造成循环的原因不同，又分为自然循环型蒸发器和强制循环型蒸发器。

（1）中央循环管式蒸发器

又称标准式蒸发器，是一种应用广泛的蒸发器，如图 3-2 所示。其下部加热室相当于垂直安装的固定管板式列管换热器，但管束中央有一根直径较大的管子，称为中央循环管，周围的加热管束称为沸腾管。中央循环管截面积一般约为沸腾管总截面积的 40%～100%。溶液在加热管和循环管内，加热蒸汽在管外冷凝放热。由于加热管内单位体积溶液的传热面积大于循环管内溶液的传热面积，加热管内溶液的受热程度较高，密度相对较小，从而产生循环管与加热管内溶液的密度差，在这个密度差的作用下，溶液自中央循环管下降，再由加热管上升，形成自然循环。溶液的循环速度取决于产生的密度差的大小以及管子的长度。密度差越大，管子越长，则循环速度越大。这种蒸发器的优点是：结构简单、制造方便、操作可靠、投资费用较小。其缺点是：由于结构上的限制，其循环速度较低（一般在 0.5m/s 以下），故传热系数较小，其清洗和检修也不太方便。适用于器内结晶不严重、腐蚀性小的溶液。

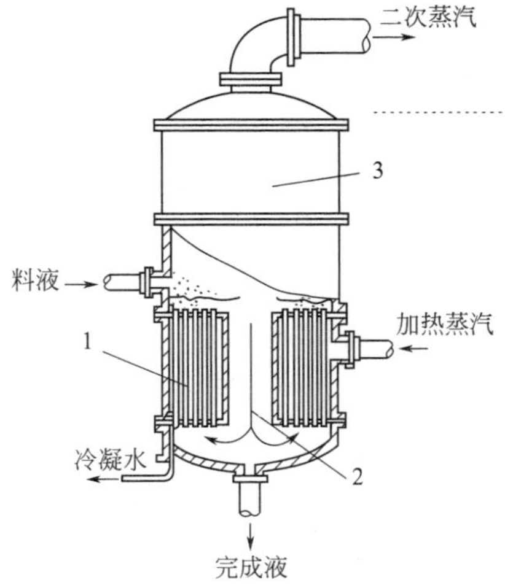

图 3-2 中央循环管式蒸发器

1—加热室；2—中央循环管；3—蒸发室

中央循环管式蒸发器

动画扫一扫

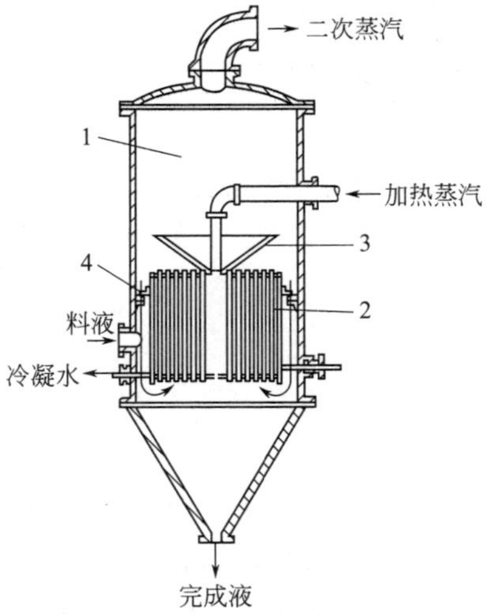

图 3-3 悬筐式蒸发器

1—蒸发室；2—加热室；3—除沫器；4—液沫回流管

（2）悬筐式蒸发器

如图 3-3 所示。它是中央循环管式蒸发器的改进，把加热室做成悬筐，悬挂在蒸发器壳体的下部，加热蒸汽从悬筐上部中央加入到加热管的管外冷凝，而溶液在加热室外壁与壳体内壁之间的环隙通道内下降，沿加热管内上升，形成自然循环。通常环隙截面积为加热管截面积的 100%～150%。悬筐式蒸发器的优点是：循环速度较高（约为 1～1.5m/s），传热系数较大；由于与壳体接触的是温度较低的溶液，其热损失较小；悬挂的加热室可以由蒸发器上方取出，故其清洗和检修都比较方便。其缺点是：结构复杂，金属消耗量大。适用于易结晶、结垢的溶液。

（3）外加热式蒸发器

如图 3-4 所示。把管束较长的加热室和分离室分开，加热室置于蒸发室的外侧。优点是：便于清洗和更换；既可降低整个设备的高度，又可采用较长的加热管束；循环管没有受到蒸汽加热，加大了溶液的密度差，加快了溶液循环的速度（可达 1.5m/s），有利于提高传热系数。缺点是：单位传热面积的金属耗量大，热损失也较大。

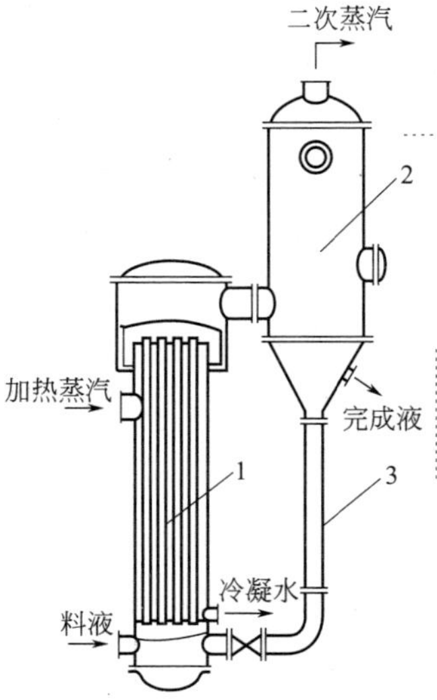

外加热式蒸发器 动画扫一扫

图 3-4 外加热式蒸发器

1—加热室；2—分离室；3—循环管

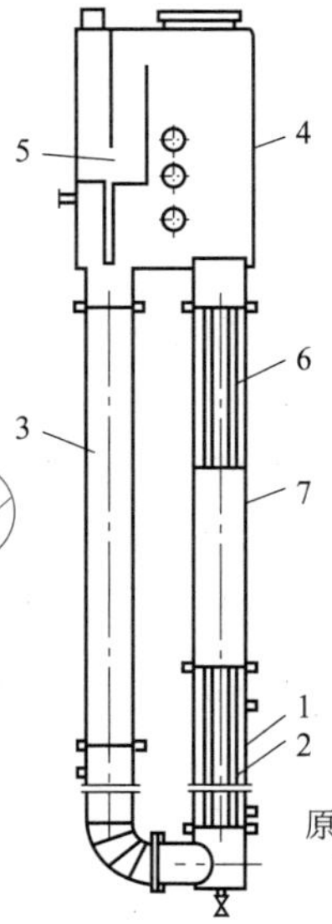

图 3-5 列文式蒸发器

1—加热室；2—加热管；3—循环管；4—蒸发室；5—除沫器；6—挡板；7—沸腾室

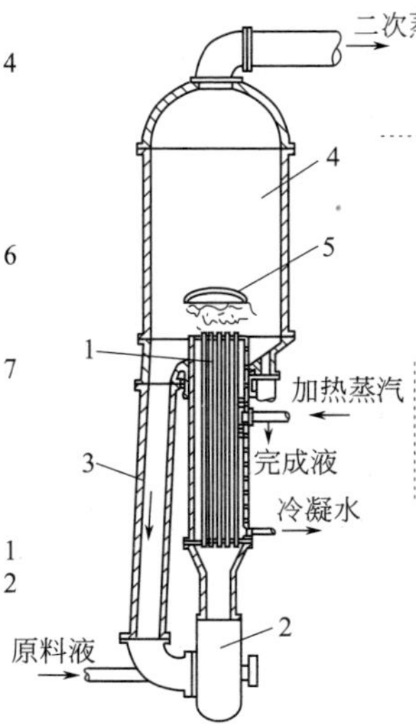

强制循环蒸发器 动画扫一扫

图 3-6 强制循环蒸发器

1—加热管；2—循环泵；3—循环管；4—蒸发室；5—除沫器

（4）列文式蒸发器

如图 3-5 所示。为了进一步提高循环速度，提高传热系数列文式蒸发器在加热室的上部增设一个沸腾室。这样，加热室内的溶液由于受到上方沸腾室液柱产生的压力，在加热室内不能沸腾，只有上升到沸腾室时才能汽化，这就避免了结晶在加热室析出，垢层也不易形成。此外，由于循环管高度大，截面积大（约为加热管总截面积的 200%～350%），循环管又未被加热，故能产生很大的循环推动力。列文蒸发器的优点是：循环速度大（可达 2～3m/s），传热效果好。其缺点是：设备庞大，需要的厂房高；由于管子长，产生的静压大，要求加热蒸汽的压力较高。列文蒸发器适用于易结晶或结垢的溶液。

（5）强制循环蒸发器

上述四种自然循环型蒸发器，由于循环速度较低，导致传热系数较小，物料容易在加热管生成结晶或结垢。为了提高循环速度，可采用如图 3-6 所示的强制循环型蒸发器。它是利用外加动力（循环泵）促使溶液循环，循环速度的大小可通过调节循环泵的流量来控制，其循环速度一般在 2.5m /s 以上。其优点是：传热系数大，对于黏度大、易结晶和结垢的溶液，适应性好。其缺点是需要消耗动力和增加循环泵。

循环型蒸发器的共同特点是：溶液必须多次循环通过加热管才能达到要求的蒸发量，故设备内存液量较多，液体停留时间长，器内溶液浓度变化不大且接近于出口液浓度，减少了有效温度差，并特别不利于热敏性物料的蒸发。

2. 非循环型（单程型）蒸发器

这类蒸发器的基本特点是：溶液通过加热管一次即达到所要求的浓度。在加热管中液体多呈膜状流动，故又称为膜式蒸发器。其克服了循环型蒸发器的本质缺点，并适用于热敏性物料的蒸发，但其设计与操作要求较高。

（1）升膜式蒸发器

如图 3-7 所示。加热室由垂直长管组成，管长为 3～5m，直径为 25～50mm，其长径比为 100～150。预热后的料液由底部进入加热管，加热蒸汽在管外冷凝，料液受热沸腾后迅速汽化，产生的二次蒸汽在管内以很高的速度（常压操作时加热管出口蒸汽速度可达 20～50m/s，减压操作时可达 100～160m /s 以上）上升，带动溶液沿管内壁呈膜状向上流动，上升的液膜因不断受热而继续汽化，溶液自底部上升至顶部就浓缩到要求的浓度。汽、液一起进入分离室，分离后二次蒸汽从分离室上部排出，完成液则从分离室下部引出。升膜式蒸发器适用于稀溶液（蒸发量大）、热敏性和易起泡的溶液，但不适用于黏度大、易结晶或结垢的浓度较大的溶液。

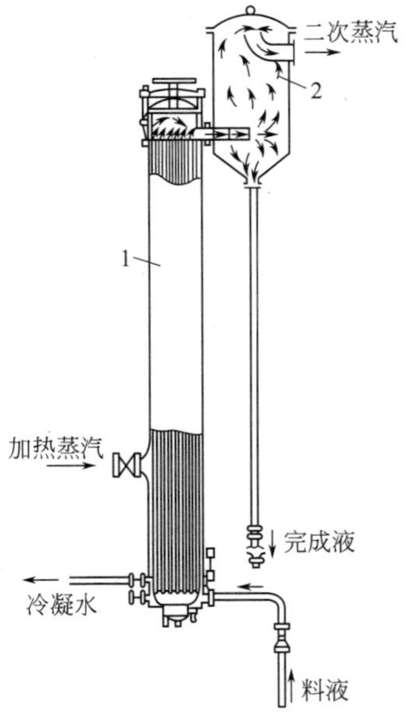

图 3-7 升膜蒸发器

1—蒸发器；2—分离器

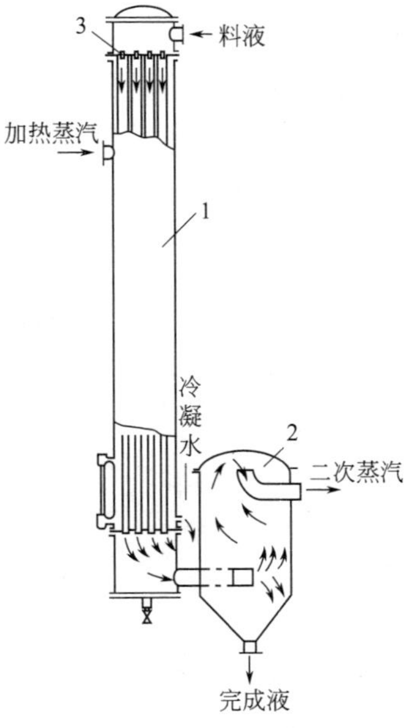

图 3-8 降膜蒸发器

1—蒸发器；2—分离器；3—液体分布器

（2）降膜蒸发器

如图 3-8 所示，它与升膜式蒸发器的区别在于原料液由加热管的顶部进入。溶液在自身重力作用下沿管内壁呈膜状下降，并被蒸发浓缩，汽液混合物由加热管底部进入分离室，经汽液分离后，完成液从加热管的底部排出。为使溶液能在管壁上均匀成膜，在加热室顶部每根加热管上都要设置液膜分布器，能否均匀成膜是这种蒸发器设计和操作的关键。液膜分布器的形式有多种，图 3-9 列举了常用的几种。降膜蒸发器仍不适用于易结垢、有结晶析出的溶液。

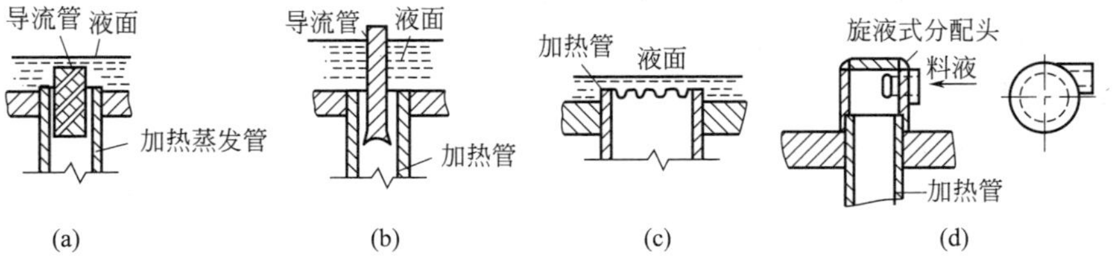

图 3-9　降膜蒸发器的液体分布器

（3）刮板薄膜蒸发器

如图 3-10 所示，它有一个带加热夹套的壳体，壳体内装有旋转刮板，旋转刮板有固定的和活动的两种，前者与壳体内壁的间隙为 0.75～1.5mm，后者与器壁的间隙随旋转速度而改变。溶液在蒸发器上部切向进入，利用旋转刮板带动旋转，在加热管内壁形成旋转下降的液膜，在此过程中溶液被蒸发浓缩，完成液由底部排除，二次蒸汽上升到顶部经分离器后进入冷凝器。这种蒸发器的优点是适应性非常强，对高黏度和易结晶、结垢的溶液均能适用。其缺点是结构较为复杂，动力消耗大，传热面积小（一般为 3～4m^2，最大不超过 20m^2），故处理量小。

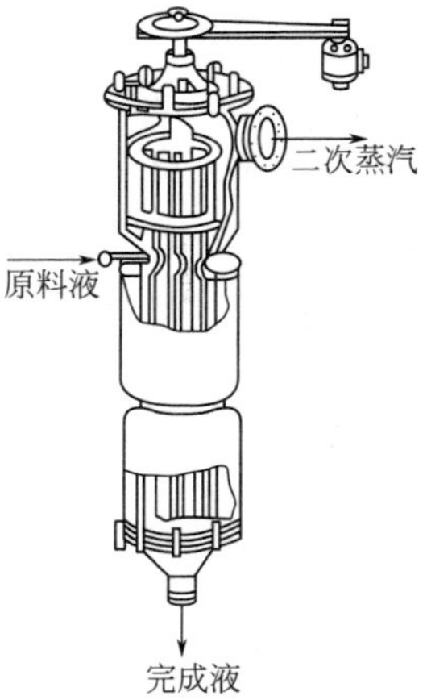

图 3-10　刮板薄膜蒸发器

3. 蒸发器性能的比较

在选择蒸发器时，除了要求结构简单、易于制造、清洗和维修方便外，更主要的是看它能否满足无物料的工艺特性，包括物料的黏性、热敏性、腐蚀性、结晶和结垢性等，然后全面综合考虑才能决定。表 3-1 列举了常见蒸发器的主要性能，供选型时参考。

表 3-1　常见蒸发器的主要性能

蒸发器类型	造价	传热系数		溶液在管内流速/(m/s)	料液停留时间	完成液浓度控制	浓缩比	处理量	对溶液适应性					
		稀溶液	高黏度						稀溶液	高黏度	易气泡	易结垢	热敏性	结晶析出
标准式	最廉	较高	较低	0.1～0.5	长	易恒定	较高	一般	适	尚适	尚可	尚可	较差	尚可
悬筐式	较高	较高	较低	1～1.5	长	易恒定	较高	一般	适	尚适	尚可	尚可	较差	尚可
外加热式	廉	高	较低	0.4～1.5	较长	易恒定	较高	较大	适	较差	可适	尚可	较差	尚可
列文式	高	高	较低	1.5～2.5	较长	易恒定	较高	大	适	较差	可适	适	较差	尚可
强制循环	高	高	高	2.0～3.5	较长	易恒定	高	大	适	适	适	适	较差	适
升膜式	廉	低	低	0.4～1.0	短	难恒定	高	大	适	较差	适	尚可	适	不适
降膜式	廉	较高	较高	0.4～1.0	短	尚能	高	较大	能适	适	可适	不适	适	不适
刮板式	最高	高	高	—	短	尚能	高	较小	能适	适	可适	适	适	适

二、蒸发器辅助设备

1. 除沫器

蒸发器操作中产生的二次蒸汽，在分离室与液体分离后，仍夹带有一定的液沫或液滴。

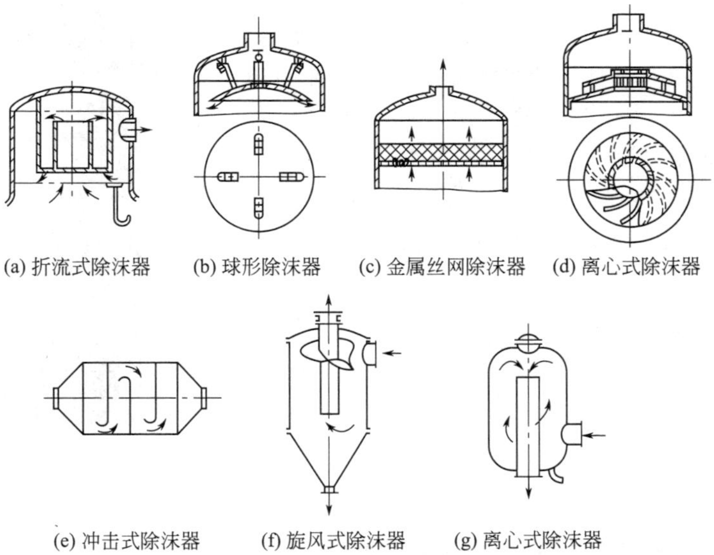

图 3-11 除沫器的主要类型

为了防止液体产品的损失或冷凝液被污染，在蒸发器顶部蒸汽出口附近需要设置除沫器。除沫器类型很多，常见的几种如图 3-11 所示，其中（a）～（d）直接装在蒸发器内分离室的顶部，（e）～（g）则要安装在蒸发器的外部。

2. 冷凝器

冷凝器的作用是将二次蒸汽冷凝成水后排出。冷凝器有间壁式和直接接触式两类。当二次蒸汽为有价值的产品需要回收，或会严重污染冷却水时，应采用间壁式冷凝器；否则会采用直接接触式冷凝器。图 3-12 所示为常见的直接接触式冷凝器。

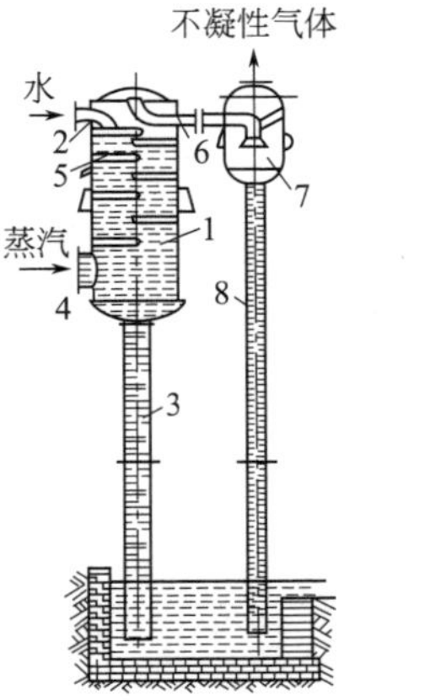

图 3-12 直接接触式冷凝器

1—外壳；2—进水口；3，8—气压管；4—蒸汽进口；5—淋水板；6—不凝气体管；7—分离器

当蒸发器采用减压操作时，无论采用哪一种冷凝器，均需在冷凝器后安装真空装置，将冷凝液中的不凝性气体抽出，从而维持蒸发操作所需的真空度。常用的真空装置有喷射泵、往复式真空泵以及水环式真空泵等。

名人窗：“侯氏制碱法”创始人——侯德榜

侯德榜（1890—1974），名启荣，字致本，生于福建闽侯，著名科学家，杰出化学家，侯氏制碱法的创始人，中国重化学工业的开拓者，近代化学工业的奠基人之一，是世界制碱业的权威。

20 世纪 20 年代，侯德榜突破氨碱法制碱技术的奥秘，主持建成亚洲第一座纯碱厂，1926 年中国“红三角”牌纯碱入选万国博览会，获金质奖章；30 年代，领导建成了中国第一座兼产合成氨、硝酸、硫酸和硫酸铵的联合企业；40 年代初期，又发明了连续生产纯碱与氯化铵的联合制碱新工艺，即侯氏制碱法，这个新工艺使食盐利用率从 70%一下子提高到 96%，也使原来无用的氯化钙转化成化肥氯化铵，解决了氯化钙占地毁田、污染环境的难题，把世界制碱技术水平推向了一个新高度，赢得了国际化工界的极高评价；50 年代，发明了碳化法合成氨流程制碳酸氢铵化肥新工艺；60 年代，对联合制碱新工艺继续进行补充试验和中间试验，并使之实现了工业化和大面积推广。此外，他还积极传播交流科学技术，培育了很多科技人才，为发展科学技术和化学工业做出了卓越贡献。

侯德榜一生为化学工业奋斗，以独创的制碱工艺闻名于世界，是他一手托起了中国现代化学工业，他是中国的骄傲！

任务三　单效蒸发的工艺计算

任务目标

- 了解单效蒸发的主要计算内容；
- 掌握单效蒸发水分蒸发量、加热蒸汽消耗量和传热面积的计算；
- 理解蒸发温度差损失的基本概念；
- 理解蒸发器生产能力和生产强度。

技能要求

- 能计算确定蒸发器水分蒸发量、加热蒸汽消耗量和传热面积；
- 能了解蒸发过程进行物料衡算和热量衡算。

单效蒸发的工艺计算问题，通常给定要处理的原料液的流量、浓度和温度，要求达到的完成液的浓度，所用加热蒸汽的压力以及冷凝器的操作压力。要求计算的内容如下：

① 水分蒸发量和完成液的量；

② 加热蒸汽的消耗量；

③ 蒸发器的传热面积。

这些参数可以通过对蒸发系统的物料衡算、热量衡算和传热基本方程来确定。

一、水分蒸发量

在蒸发操作中，单位时间内从溶液蒸发出来的水分量可以通过物料衡算求得。如图 3-13 所示的单效蒸发，溶质在蒸发过程中不挥发，故进出口溶液中溶质量不变。

对蒸发器做溶质的物料衡算，可得

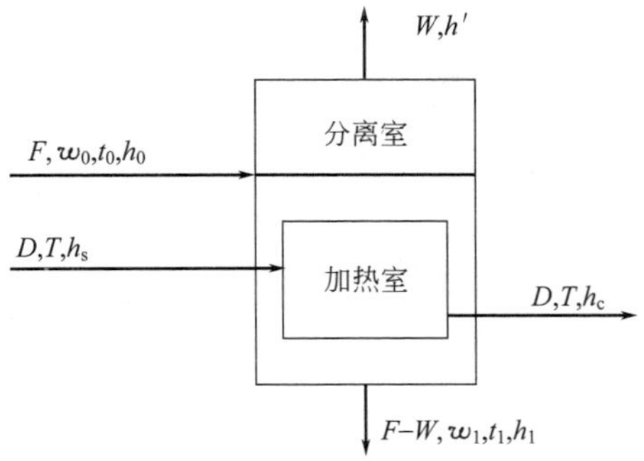

图 3-13 单效蒸发的物料衡算和热量衡算示

$$Fw_0=(F-W)w_1 \tag{3-1}$$

则水分蒸发量

$$W=F\left(1-\frac{w_0}{w_1}\right) \tag{3-2}$$

完成液的质量分数

$$w_1=\frac{Fw_0}{F-W} \tag{3-3}$$

式中 F——进料量，kg/h；

W——蒸发水分量，kg/h；

w_0——原料中溶质质量分数；

w_1——完成液中溶质质量分数。

二、加热蒸汽消耗量

对图 3-13 系统做热量衡算可得

$$Dh_s+Fh_0=Wh'+(F-W)h_1+Dh_c+Q_L \tag{3-4}$$

$$D=\frac{Wh'+(F-W)h_1-Fh_0+Q_L}{h_s-h_c} \tag{3-5}$$

式中 D——加热蒸汽消耗量，kg/h；

h——加热蒸汽的焓，kJ/kg；

h_0——原料液的焓，kJ/kg；

h'——二次蒸汽的焓，kJ/kg；

h_1——完成液的焓，kJ/kg；

h_c——冷凝水的焓，kJ/kg；

Q_L——蒸发器的热损失，kJ/h。

讨论：

若加热蒸汽的冷凝水在饱和温度下排出，则 $h_s-h_c=r$，r 为加热蒸汽的冷凝潜热，kJ/kg。式(3-5) 改写为

$$D=\frac{Wh'+(F-W)h_1-Fh_0+Q_L}{r} \tag{3-6}$$

对于浓缩热（稀释热）效应不大的溶液，溶液的焓值可由比热容近似计算。规定以 0℃下的液态水与固体溶质为溶液焓的基准，则

$$h_0=c_0t_0 \tag{3-7}$$

$$h_1=c_1t_1 \tag{3-8}$$

式中 t_0——原料液进口温度,℃；

t_1——完成液出口温度,℃；

c_0——原料液的平均比定压热容，kJ/(kg·℃)；

c_1——完成液的平均比定压热容，kJ/(kg·℃)。

对于浓缩热（稀释热）效应不大的溶液，比热容可近似用线性加和法原则求取，即

$$c_0=c_w(1-w_0)+c_Bw_0 \tag{3-9}$$

$$c_1=c_w(1-w_1)+c_Bw_1 \tag{3-10}$$

式中 c_w——水的平均比定压热容，kJ/(kg·℃)；

c_B——溶质的平均比定压热容，kJ/(kg·℃)。

为简化计算可忽略原料液与完成液的比热容差异，即 $c_0 \approx c_1$，故式(3-6) 可化简为

$$D=\frac{W(h'-c_0t_1)-Fc_0(t_1-t_0)+Q_L}{r} \tag{3-11}$$

若 h' 近似取温度 t_1 时的饱和蒸汽的焓，并忽略溶质对比热容的影响，则

$$h'-c_0t_1 \approx (c_wt_1+r')-c_wt_1=r' \tag{3-12}$$

式中 r'——温度为 t_1 时水的汽化潜热，kJ/kg。

将式(3-12) 代入式(3-11) 得

$$D=\frac{Wr'+Fc_0(t_1-t_0)+Q_L}{r} \tag{3-13}$$

可见，加热蒸汽相变放出的潜热用于：使原料液由 t_0 升温到沸点 t_1；使水在温度 t_1 下汽化生成二次蒸汽；补偿蒸发器的热损失。

对于浓缩热（稀释热）效应大的溶液，其焓值不能用上述简化的比热容法计算，需由专门的焓浓图查得。

定义 $\frac{D}{W}=e$，称为**单位蒸汽消耗量**，即每汽化 1kg 水需要消耗的加热蒸汽量，kg 蒸汽/kg 水。这是蒸发器的一项重要技术经济指标。

若原料在沸点下加入，则 $t_0=t_1$，忽略热损失，则 $Q_L=0$，式(3-13) 可简化为

$$e=\frac{D}{W}=\frac{r'}{r} \tag{3-14}$$

在较窄的范围内，水的汽化潜热变化不大，若再近似认为 $r=r'$，则 $D \approx W$，$e \approx 1$，也就是说在上述假设条件下，采用单效蒸发时，汽化 1kg 水需要消耗 1kg 加热蒸汽。实际上，由于溶液的热效应存在和热损失不能忽略，$e \geqslant 1.1$。

三、蒸发器的传热面积

与间壁式换热器传热面积计算相似，蒸发器的传热面可有传热基本方程求得

$$A=\frac{Q}{K\Delta t_m} \tag{3-15}$$

式中 Q——蒸发器的传热速率（热负荷），W；

K——蒸发器的传热系数，W/(m^2·℃) 或 W/(m^2·K)；

Δt_m——加热室间壁两侧流体的传热平均温度差,℃或 K；

A——蒸发器的传热面积，m^2。

1. 蒸发器的传热速率

由于蒸发器的热损失占总供热负荷的比例较小，故 Q 可近似按下式计算

$$Q \approx D(h_s-h_c)=Dr \tag{3-16}$$

2. 传热系数 K

与间壁式换热器类似，蒸发器的传热系数可以选取经验数值，也可以用实验测定，亦可用基于管外表面积的传热系数计算式计算

$$\frac{1}{k_o}=\frac{d_o}{\alpha_i d_i}+R_{si}\frac{d_o}{d_i}+\frac{bd_o}{\lambda d_m}+R_{so}+\frac{1}{\alpha_o} \tag{3-17}$$

3. 传热平均温度差

（1）蒸发器的最大可能温度差 Δt_{max}

如果不考虑由于溶质存在引起的溶液沸点升高，也不考虑加热室加热管中液柱高度对液体内部实际压强的影响，以及被蒸发出的二次蒸汽从分离室流到冷凝室的管路阻力引起的压降，那么蒸发器中溶液的沸腾温度可看为等于冷凝器操作压强 p_c 下水的沸点 t_c，因此蒸发器加热室两侧的最大可能温度差为

$$\Delta t_{max}=t_s-t_c \tag{3-18}$$

式中　t_s——加热管外加热蒸汽压强下的饱和温度,℃。

（2）温差损失

实际上上述假设并不成立，加热室内溶液的平均沸点 t_B 要高于 t_c，令 $t_B-t_c=\Delta$，称为单效蒸发的总温度差损失。

$$\Delta=\Delta'+\Delta''+\Delta''' \tag{3-19}$$

式中　Δ'——由于溶质存在使溶液沸点升高引起的温差损失,℃；

Δ''——由于加热室加热管中液柱高度而引起沸点升高导致的温差损失,℃；

Δ'''——由于二次蒸汽从分离室流到冷凝室的管路阻力引起的温差损失,℃。

① Δ'的求取　常用杜林规则估算。杜林规则表明：一定浓度的水溶液的沸点与相同压力下纯水的沸点呈线性关系。根据杜林规则，以某种溶液的沸点为纵坐标，以相同压力下水的沸点为横坐标作图，所得图形为一直线，称为杜林直线。如图 3-14 所示，为不同浓度下 NaOH 水溶液的杜林曲线。图中每一条直线代表某一浓度下该溶液在不同压力下的沸点与对应压力下水对沸点之间的关系。每一浓度下溶液的杜林线与纯水的杜林线之间的垂直距离即为相应压强下该溶液的沸点升高值，也即 Δ'。

此外，为便于确定由溶质引起的沸点升高，还可将各类溶液在指定压力下的沸点升高与浓度间的关系曲线绘制在同一张图上，如图 3-15 所示。

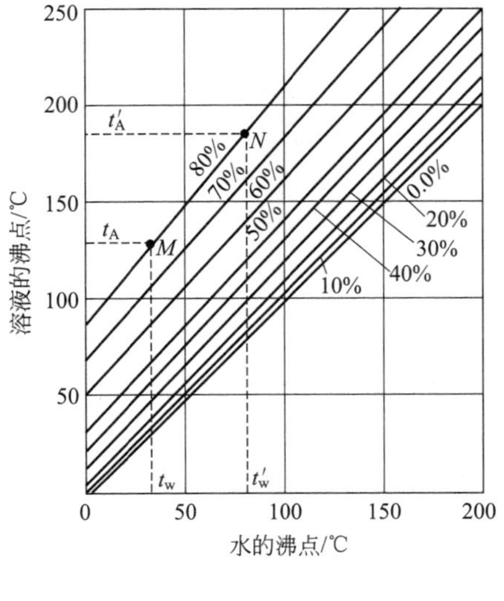

图 3-14　NaOH 水溶液的杜林曲线

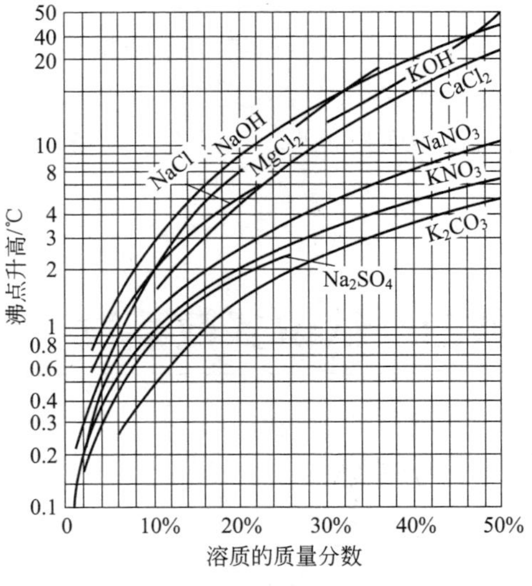

图 3-15　101.3kPa 下的沸点升高与浓度间的关系曲线

② Δ''的求取　在蒸发器中，加热管内必定有一定的液柱高度。按静力学方程，不同

液层高度处压强不同。一般取溶液的平均沸点为加热管内静液柱中部的平均压强 p_m 下的沸点。

$$p_m = p + \frac{\rho g l}{2} \tag{3-20}$$

式中 p——分离室内的压强，Pa；

ρ——溶液的密度，kg/m^3；

l——加热管内静液柱高度，m，一般为加热管长的 1/2～2/3 左右。

由于加热室加热管中液柱高度而引起沸点升高导致的温差损失为

$$\Delta'' = t_{p_m} - t_p \tag{3-21}$$

式中 t_{p_m}，t_p——分别为 p_m、p 下水的沸点，℃。

③ Δ'''的求取　由管路阻力引起的沸点升高 Δ'''的确定通常是取经验值。对单效蒸发，取 $\Delta'''=1.5$℃；对多效蒸发，效间取 $\Delta'''=1$℃，末效取 $\Delta'''=1.5$℃。

（3）蒸发器的有效传热温度差 Δt_m

$$\Delta t_m = \Delta t_{max} - \Delta \tag{3-22}$$

四、蒸发器的生产能力和生产强度

（1）生产能力（W）

是指蒸发器单位时间内蒸发的溶剂量，kg/s 或 kg/h，由生产要求确定。

（2）生产强度（U）

是指蒸发器单位加热室传热面积上单位时间内所蒸发的溶剂量，表示为

$$U = \frac{W}{A} \quad \text{kg/(m}^2\cdot\text{s)} \tag{3-23}$$

式中 W——蒸发器的生成能力，kg/h；

A——蒸发器加热室的传热面积，m^2。

生产强度是评价蒸发器性能优劣的一个重要指标。对于给定的蒸发量，生产强度越大，则所需传热面积越小，因此蒸发设备的投资越小。

任务四　认识多效蒸发

任务目标

- 了解多效蒸发的目的；
- 掌握多效蒸发流程；
- 理解多效蒸发的最佳效数。

技能要求

- 能根据不同多效蒸发流程的特点，确定蒸发操作流程；
- 了解多效蒸发的最佳效数的确定。

由于蒸发过程是一个耗能较大的单元操作，能耗是评价过程优劣的一个非常重要指标。为了节约能源，降低能耗，必须提高加热蒸汽的经济性，其中最有效的途径就是采用多效蒸发。

在多效蒸发中，为了保证每一效都有一定的传热推动力，各效的操作压力必须依次降低，相应的，各效的沸点和二次蒸汽的压力也依次降低。

一、多效蒸发流程

按物料与蒸汽的相对流向的不同，多效蒸发常见有四种操作流程。

1. 并流加料流程

如图 3-16 所示，溶液与蒸汽的流向相同，均由第一效流至末效。

并流加料流程的优点是：溶液从压力和沸点较高的蒸发器流向沸点较低的蒸发器，溶液可以利用效间压差在效间的输送，而不需要用泵；溶液从温度和压强较高的上一效进入温度和压强较低的下一效时处于过热状态，放出的热量会使部分溶剂蒸发，产生额外的汽化（也称为自蒸发），因而产生的二次蒸汽较多；完成液在末效排除，温度较低，总的热量消耗较低。

并流加料流程的缺点是：各效溶液浓度依次增高，而温度依次降低，因此溶液的黏度依次增加，使加热室的传热系数依次下降，导致整个蒸发装置的生产能力降低或传热面积增加。因此，并流加料流程不适用于黏度随浓度的增加变化很大的物料。

2. 逆流加料流程

如图 3-17 所示，溶液与蒸汽流向相反，即蒸汽从第一效加入，而溶液从末效加入。

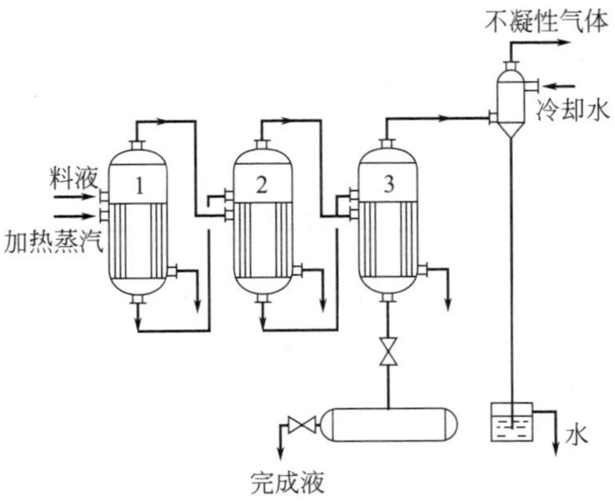

图 3-16　并流加料蒸发操作流程

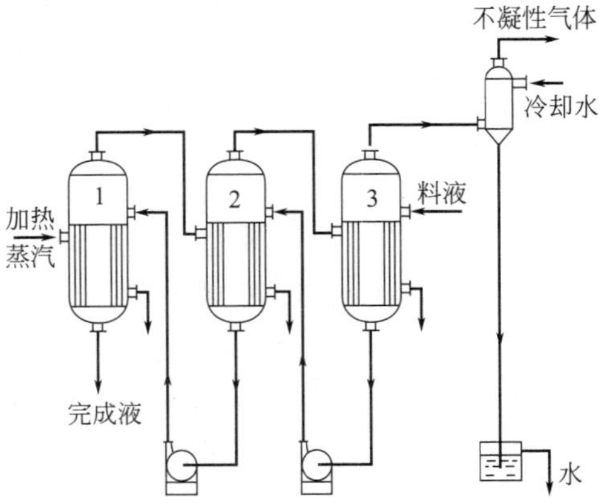

图 3-17　逆流加料蒸发操作流程

逆流加料流程的优点是：溶液浓度在各效依次增加的同时，温度也随之增高，因而各效溶液的黏度变化不大，各效的传热系数差别不大。因此，逆流加料流程适用于黏度随浓度的增加变化很大的物料。

逆流加料流程的缺点是：溶液从低压流向高压，效间必须用泵输送；溶液在效间是从低温流向高温，没有自蒸发，产生的二次蒸汽量少于并流流程。完成液在第一效排出，其温度较高，带走热量较多，总热量消耗较多。

3. 平流加料流程

如图 3-18 所示，原料分成几股平行加入各效，完成液分别从各效排出，蒸汽仍然是从第一效流至末效。

平流加料流程的特点是溶液不需在效间流动，因而特别适用于处理那些蒸发过程容易有结晶析出的物料或要求得到不同浓度溶液的场合。

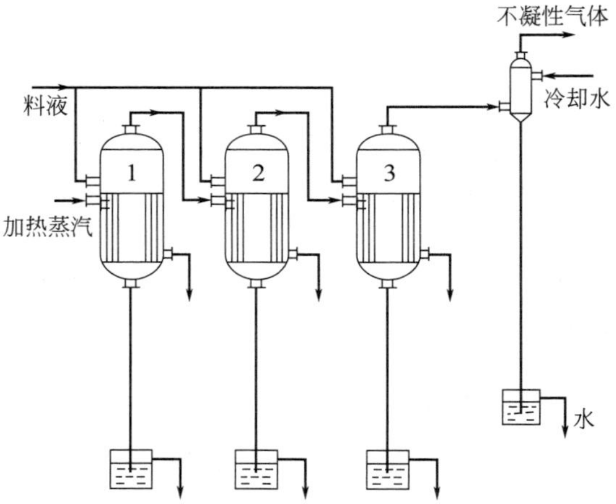

图 3-18　平流加料蒸发操作流程

4. 错流加料流程

错流加料是指在流程中部分采用并流加料、部分采用逆流加料，以利用逆流和并流流程各自的长处。但操作比较复杂。

采用何种蒸发流程，主要是根据所处理的溶液的具体特性及操作要求来选择。

二、多效蒸发的最佳效数

对于单效蒸发。理论上，单位蒸汽消耗量 $e=1$，也就是说，汽化 1kg 水需要消耗 1kg 加热蒸汽。如果采用多效蒸发，由于除了第一效需要消耗新鲜加热蒸汽外，其余各效都是利用前一效的二次蒸汽，提高了蒸汽的经济性，且效数越多，蒸汽的利用程度越高。对于多效蒸发不难得出，其单位蒸汽消耗量 $e=\dfrac{1}{n}$（n 为效数），即汽化 1kg 水需要消耗 $1/n$ kg 加热蒸汽。如果考虑热损失、不同压力下汽化潜热的差别等因素，则单位蒸汽消耗量比 $1/n$ 稍大。表 3-2 列出了不同效数时单位蒸汽消耗量的理论值与实际值。

表 3-2　不同效数蒸发的单位蒸汽消耗量

效　　数		1	2	3	4	5
e/(kg 汽/kg 水)	理论值	1	0.5	0.33	0.25	0.2
	实际值	1.1	0.57	0.4	0.3	0.27

由上表可见，随效数增加，所节省的生蒸汽量越来越少，但设备费则随效数的增多成正比增加，所以蒸发器的效数必定存在最佳值，使设备费和操作费之和最小。

另外，因为每效都有温度差损失，随着效数的增加，总温度差损失也会增大，使总传热有效温度差减小。当效数增加到一定程度，甚至可能出现总温度差损失大于或等于总理论传热温度差的情况，则总传热有效温度差小于或等于零，此时蒸发操作无法进行。因此为了保证一定的传热推动力，多效蒸发的效数必须有一定限制。

多效蒸发的效数取决于溶液的性质和温度差损失的大小等多方的因素。为了保证各效都有一定的传热温度差，通常要求每一效的温度差不低于 5～7℃；如果溶液的沸点升高大，则宜采用较少的效数（如 NaOH 水溶液一般采用 2～3 效蒸发）；如果溶液的沸点升高小，可采用较多的效数（如糖水溶液的蒸发为 4～6 效，海水淡化蒸发可达 20～30 效）。

任务五　蒸发器的操作

任务目标

- 掌握蒸发器的结构性能；
- 掌握蒸发器的开、停车操作规程。

技能要求

- 认识蒸发器的主要构造；
- 能操作蒸发器，并能够处理其操作过程中出现的异常现象。

现以工业上常见的饱和水蒸气间接加热，多效并流的水溶液连续蒸发操作流程为例，对蒸发操作要点进行介绍。

一、开、停车及正常操作

1. 开车前的准备工作

① 检查排净蒸发器内存水、检查压力表、真空表及控制仪表是否完好。

② 检查所属管路上所有阀门是否灵活好用，各种蒸发器视镜是否完好。

③ 打开一效加热蒸汽进口阀，各效不凝气体阀和各效疏水阀的旁路阀。

④ 合上自动控制系统电源、检查各自控阀是否灵活并调整各自控阀处于关闭状态，然后打开一效进料阀。

⑤ 打开末效抽真空冷凝器水阀，要求循环水具有一定压力（一般在 0.3MPa）。

⑥ 若锅炉是原始送汽，初送汽时，要将蒸汽总管各个排冷凝水阀门打开，直至无冷凝水排出，管内无汽锤声后，关闭各个排冷凝水阀。

2. 开车操作

① 用加料泵向蒸发器加入料液至操作液面。

② 加料完毕，液位到达规定操作液面，然后缓慢打开蒸汽进口阀。刚开汽时，一效蒸汽进口压力不能过高，应缓慢升压。开汽一定时间后，关闭不凝气体排放阀。

③ 当末效达到一定浓度，完成液排出，进入正常操作。

3. 正常运行与控制

① 开车正常后，按操作控制指标，调节好各效蒸汽压力和液面。

② 各效不凝性气体，间隔一定时间排放一次。

③ 对蒸发料液有结晶析出的情况，一般要进行洗罐操作，洗罐时间间隔根据工艺要求和生产情况，视结晶程度，灵活掌握。

4. 正常停车

① 关闭蒸汽总阀，停汽。

② 倒罐或短期检修、洗罐，将各效半成品送往其贮槽。

③ 用料液或其他液冲洗各蒸发器并排入母液槽，如需检修应洗净管道及设备。

二、异常情况及处理过程

1. 紧急停车

① 突然停电。遇到突然停电时，应迅速关闭各效进料阀。如局部停电，应及时请电工处理。如停电时间较长，各效液面无法维持，应停蒸汽。

② 突然停水。适当降低蒸汽压力。若停水时间较长或送水后，锅炉未能及时送汽，则按正常停车处理。

③ 突然停汽。关蒸汽总阀。若停汽时间较长，则按正常停车处理。

④ 恶性事故。迅速停汽，停汽后，立即处理事故。

2. 紧急停车后处理

① 短时间停车不必倒罐，长时间停车应做倒罐处理。

② 恶性事故应立即倒罐处理。

3. 异常现象及处理过程

异常现象	产生原因	处理方法
(1)加热室压力高，浓度不上升	①液面过高	①往次效过料，降低液面
	②加热室存水	②检查疏水器，调整冷凝水排放量
	③蒸发室析晶挡板脱落	③停车处理
	④加热管结垢或沸腾管严重堵塞	④洗罐处理
(2)冷凝水带浓液	①加热室漏或一效液面高，造成二次蒸汽带浓液	①检查确认后停车检修
	②预加热器漏	②分段检查，找出问题，检修处理
	③水和料液连通或串漏	③检查各连接水管阀门和堵漏
(3)真空度低	①停循环水或循环水量不足	①加大循环水量
	②漏真空	②详细检查处理
	③过料管跑真空	③注意操作防止串气
	④真空管堵塞	④检查清理
	⑤蒸发器通道堵塞或冷凝器故障	⑤停车检查、检修
(4)气压大，沸腾好，但蒸发效率低	①过料阀失灵或加料管窜入水	①检查处理
	②冷凝器(真空)返水	②调节水量或检修
(5)蒸汽管振动或有猛烈锤击声	①总管冷凝水多	①打开蒸汽总管冷凝水阀排水
	②蒸汽阀开得过猛，压力升高快	②关小蒸汽总阀，降低蒸汽压力
(6)蒸发器系统气压高，蒸汽流量低，沸腾不好	加热室存水	检查处理疏水器及阀门

安全窗：化工装置为什么要定期停工检修

石油化工装置的连续化生产以及装置生产工艺、介质具有高温、高压、易燃、易爆、腐蚀和有毒的行业特点，决定了其停工检修项目施工管理的重要性。

石油工业生产中使用的设备，多数是重型、大型或大容量的，而且是在重载、高速、高压、高温等条件下运行，机械化及自动化程度也都比较高，这些设备本身都需要使用大量不同的金属材料来制造，并由多种零部件、辅助装置及控制元件等组装而成，一个极微小的内在缺陷，或制造过程中未能消除的附加应力，都将成为重大事故的隐患。此外，大量的管道及各种阀件，出于同样的原因，泄漏、断裂等事故也时有发生。石油工业生产物料主要是易燃易爆的油与气，因此，机械事故发生后所产生的后果，与其他工业部门相比，就严重得多。

在现代化石油工业生产中，自动化、密闭化及连续化生产程度高，仪器与仪表在生产过程中使用品种多、数量大。仪器与仪表是工业生产中的眼睛，而仪器与仪表都属于精密机械，其灵敏度和可靠性至关重要，在石油生产过程中，仪器与仪表一旦失灵或损坏，就有可能酿成一场重大事故。

此外，石油工业生产物料的特殊性，生产场所存在泄漏可能，因此在聚积的场所，包括电动机、变压器、供电线路照明灯具及其他电气设备等一切电气设施，在运行、启动及停止过程中绝不允许有电火花及电弧产生。在上述场所中，电气设施应与生产场所隔离；不能隔离者，必须使用有防爆性能的电气设施。

为了实现安全生产，提高设备效率，降低消耗，保证产品质量，获取最大经济效益，必须做到有计划地对装置进行定期的停工检修。

知识窗：技术新动向——MVR蒸发器

MVR是"机械式蒸汽再压缩"的英文简称（mechanical vapor recompression）。其基本原理是：对蒸发过程中产生的废热蒸汽通过逆流洗涤及机械再压缩，提高废热蒸汽的清洁度及热焓，重新利用，达到节能与环保的目的。由于其节能效果显著，广泛应用于工业废水处理及制糖、造纸、海水淡化、炼焦、盐化工等很多生产领域。

MVR蒸发器的特点：

（1）没有废热蒸汽排放，节能效果十分显著，相当于10效蒸发器。

（2）运用该技术可实现对二次蒸汽的逆流洗涤，因此冷凝水干物含量远低于多效蒸发器。

（3）采用低温负压蒸发（58～80℃），有利于防止被蒸发物料的高温变性。

（4）MVR蒸发器是传统多效降膜蒸发器的换代产品，凡单效及多效蒸发器适用的物料，均适合采用MVR蒸发器，技术上具有可替代性，并具有更优良的环保与节能特性。

小结

蒸发操作属于传热过程，其基本的计算公式与传热类同。重点掌握蒸发器的基本结构与特点，单效蒸发过程的计算，多效蒸发流程的特点。现将本章内容简要小结如下：

1. 认识蒸发操作

了解蒸发的基本概念。

认识蒸发器的主要类型、结构、性能特点及各适用场所。

2. 单效蒸发的计算

学习掌握确定蒸发器水分蒸发量、加热蒸汽消耗量和蒸发器传热面积的计算。

理解蒸发器的温度差损失产生的原因及计算方法。

了解蒸发器的生产强度和生产能力的基本概念。

3. 多效蒸发

掌握多效蒸发的不同流程的特点及其适用场合。

理解多效蒸发的最佳效数确定的依据。

4. 蒸发器的操作

掌握蒸发过程的操作要点。

复习与思考

1. 什么是蒸发？蒸发操作具体有哪些特点？

2. 常压、加压和减压操作各有何优缺点，各适用于什么场合？

3. 蒸发器与一般换热器在结构上有何区别？举出 3～4 种常见的蒸发器，并简要说明各自的特点和适用的场合。

4. 在蒸发装置中，有哪些辅助设备？各起什么作用？

5. 单位蒸汽消耗量与哪些因素有关？

6. 在蒸发器中，溶液的沸点升高由哪些因素造成？

7. 在并流加料的多效蒸发装置中，一般传热系数逐效减小，而蒸发量却逐效增加，试分析其原因。

8. 简述采用多效蒸发的意义以及效数受到限制的原因。

9. 蒸发操作需要消耗大量的热能，工业上常采取哪些方法以降低能量消耗？

自测练习

一、填空题

1. 通过加热使溶液中的一部分______汽化并除去的操作，叫蒸发。

2. 蒸发操作的必要条件是，必须______和______。

3. 在蒸发过程中，只有溶剂是______，溶质是______。

4. 蒸发操作按照操作压力可分为______、______和______。

5. 根据溶液在加热室的运动情况蒸发器分为______和______。

6. 循环型蒸发器包括______、______、______、______和______。

7. 膜式蒸发器包括______、______、______和______。

8. 蒸发器内溶液的沸点升高包括______、______和______。

9. 提高蒸发强度的基本途径是______和______。

10. 在多效蒸发的流程中，并流加料是指______都从第一效流至末效。

11. 并流加料的多效蒸发适用于那些黏度随______的增加和______的降低而增加的不大的溶液。

12. 蒸发速度与______、______和______有关。

13. 在多效蒸发流程中，平流加料是指各效都______和______，其特别适用于蒸发。

14. 逆流加料蒸发流程的优点是随溶液浓度的增加，温度______，适用于处理黏度随浓度和温度变化______的物料。

二、选择题

1. 蒸发操作的目的是将溶液进行（　　）。

A. 浓缩　B. 结晶　C. 溶剂与溶质的彻底分离　D. 不能确定

2. 膜式蒸发器适用于（　　）的蒸发。

A. 普通溶液　B. 热敏性溶液　C. 恒沸溶液　D. 不能确定

3. 为了提高蒸发器的强度，可（　　）。

A. 采用多效蒸发　B. 加大加热蒸汽侧的对流传热系数

C. 增加换热面积　D. 提高沸腾侧的对流传热系数

4. 在蒸发操作中，若使溶液在（　　）下沸腾蒸发，可降低溶液沸点而增大蒸发器的有效温度差。

A. 减压　B. 常压　C. 加压　D. 变压

5. 逆流加料多效蒸发过程适用于（　　）。

A. 黏度较小溶液的蒸发　B. 有结晶析出的蒸发

C. 黏度随温度和浓度变化较大的溶液的蒸发

6. 有结晶析出的蒸发过程，适宜流程是（　　）。

A. 并流加料　B. 逆流加料　C. 分流（平流）加料　D. 错流加料

7. 不适宜于处理热敏性溶液的蒸发器有（　　）。

A. 升膜式蒸发器　B. 强制循环蒸发器　C. 降膜式蒸发器　D. 水平管型蒸发器

三、计算题

今欲利用一单效蒸发器将某溶液从5%浓缩至25%（质量分数），每小时处理的原料量为2000kg。(1) 试求每小时应蒸发的溶剂量。(2) 如实际蒸发出的溶剂为1800kg/h，求浓缩后溶液的浓度。

本项目符号说明

F——进料量，kg/h；

W——蒸发水分量，kg/h；

w_0——原料中溶质质量分数；

w_1——完成液中溶质质量分数；

D——加热蒸汽消耗量，kg/h；

H——加热蒸汽的焓，kJ/kg；

h_0——原料液的焓，kJ/kg；

h'——二次蒸汽的焓，kJ/kg；

h_1——完成液的焓，kJ/kg；

h_c——冷凝水的焓，kJ/kg；

Q_L——蒸发器的热损失，kJ/h；

t_0——原料液进口温度，℃；

t_1——完成液出口温度，℃；

c_0——原料液的平均比定压热容，kJ/(kg·℃)；

c_1——完成液的平均比定压热容，kJ/(kg·℃)；

c_w——水的平均比定压热容，kJ/(kg·℃)；

c_B——溶质的平均比定压热容，kJ/(kg·℃)；

e——单位蒸汽消耗量，kg蒸汽/kg水；

Q——蒸发器的传热速率（热负荷），W；

K——蒸发器的传热系数，W/(m^2·℃)或W/(m^2·K)；

Δt_m——加热室间壁两侧流体的传热平均温度差，℃或K；

A——蒸发器的传热面积，m^2；

Δ——总温度差损失，℃；

Δ'——由于溶质存在使溶液沸点升高引起的温差损失，℃；

Δ''——由于加热室加热管中液柱高度而引起沸点升高导致的温差损失，℃；

Δ'''——由于二次蒸汽从分离室流到冷凝室的管路阻力引起的温差损失，℃；

W——蒸发器生产能力，kg/s；

U——蒸发器生产强度，kg/(m^2·s)。

参 考 文 献

[1] 谭天恩，等．化工原理（上册）．第4版．北京：化学工业出版社，2013.
[2] 陆美娟，张浩勤．化工原理（上册）．第3版．北京：化学工业出版社，2012.
[3] 张洪流．流体流动与传热．北京：化学工业出版社，2002.
[4] 冷士良，陆清，宋志轩．化工单元操作及设备．北京：化学工业出版社，2007.
[5] 夏清，陈常贵．化工原理（上册）．修订版．天津：天津大学出版社，2005.
[6] 张浩勤．化工原理学习指导．北京：化学工业出版社，2007.
[7] 柴诚敬，等．化工原理课程学习指导．天津：天津大学出版社，2003.
[8] 刘爱民，陆小荣．化工单元操作实训．北京：化学工业出版社，2002.

项目四

结晶操作

在工业生产过程中，经常遇到将固体物质以晶体状态从溶液或熔融物中析出的过程，如糖、各种盐类、染料及其中间体、化肥、药品、味精等的分离与提纯过程，这就要涉及结晶操作。

任务一　认识结晶过程

任务目标

- 了解结晶单元操作相关基本概念、工业应用；
- 理解结晶实质、结晶过程的推动力、晶核的形成以及影响晶核成长的因素；
- 理解晶体的成长过程以及影响晶体成长的因素。

技能要求

- 能掌握结晶操作的特点；
- 能理解结晶与溶解度、过饱和度、超溶解度曲线、介稳区、不稳区等概念。

一、结晶及其工业应用

1. 结晶的工业应用

结晶是固体物质以晶体状态从蒸汽、溶液或熔融物中析出的过程。结晶是一个重要的化工单元操作，主要用于以下两方面。

（1）制备产品与中间产品。结晶产品易于包装、运输、贮存和使用，因此许多化工产品常以晶体形态出现，其生产过程都与结晶过程有关。

（2）获得高纯度的纯净固体物料。工业生产中，即使原溶液中含有杂质，经过结晶所得的产品都是能达到相当高的纯净度，故结晶是获得纯净固体物质的重要方法之一。工业结晶过程不但要求产品有较高的纯度和较大的产率，而且对晶形、晶粒大小及粒度范围（即晶粒大小分布）等也常加以规定。颗粒大且粒度均匀的晶体不仅易于过滤和洗涤，而且贮存时胶结现象（即多个粒体互相胶黏成块）大为减少。

2. 结晶操作的特点

与其他单元操作相比，结晶操作的特点是：

（1）能从杂质含量较多的溶液或多组分熔融混合物中分离出高纯度或超纯度的晶体；

（2）高熔点混合物、相对挥发度小的物系及共沸物、热敏性物质等难分离物系，可考虑采用结晶操作加以分离，这是因为沸点相近的组分其熔点可能有显著差别；

（3）结晶操作能耗低，可在较低温度下进行，对设备材质要求不高操作相对安全，一般无有毒废气逸出，有利于环境保护。

3. 基本概念

（1）*结晶*　在固体物质溶解的同时，溶液中还进行着一个相反的过程，即已溶解的溶质粒子撞击到固体溶质表面时，又重新变成固体而从溶剂中析出，这个过程称为结晶。

（2）*晶体*　晶体是化学组成均一的固体，组成它的分子（原子或离子）在空间格架的结点上对称排列，形成有规则的结构。

（3）*晶系和晶习*　构成晶体的微观粒子（分子、原子或离子）按一定的几何规则排列，由此形成的最小单元称为晶格。晶体可按晶格空间结构的区别分为不同的晶系。同一种物质在不同的条件下可形成不同的晶系，或为两种晶系的混合物。例如，熔融的硝酸铵在冷却过程中可由立方晶系变成斜棱晶系、长方晶系等。

微观粒子的规则排列可以按不同方向发展，即各晶面以不同的速率生长，从而形成不同外形的晶体，这种习性以及最终形成的晶体外形称为晶习。同一晶系的晶体在不同结晶条件下的晶习不同，改变结晶温度、溶剂种类、pH 值以及少量杂质或添加剂的存在往往因改变晶习而得到不同的晶体外形。例如，因结晶温度不同，碘化汞的晶体可以是黄色或红色；NaCl 从纯水溶液中结晶时为立方晶体，但若水溶液中含有少许尿素，则 NaCl 形成八面体的结晶。控制结晶操作的条件以改善晶习，获得理想的晶体外形，是结晶操作区别于其他分离操作的重要特点。

（4）*晶核*　溶质从溶液中结晶出来的初期，首先要产生微观的晶粒作为结晶的核心，这些核心称为晶核。即晶核是过饱和溶液中首先生成的微小晶体粒子，是晶体生长过程必不可少的核心。

（5）*晶浆和母液*　溶液在结晶器中结晶出来的晶体和剩余的溶液构成的悬混物称为晶浆，去除晶体后所剩的溶液称为母液。结晶过程中，含有杂质的母液会以表面黏附或晶间包藏的方式夹带在团体产品中。工业上，通常在对晶浆进行固液分离以后，再用适当的溶剂对固体进行洗涤，以尽量除去由于黏附和包藏母液所带来的杂质。

二、固液体系相平衡

1. 相平衡与溶解度

在一定温度下，任何固体溶质与溶液接触时，如溶液尚未饱和，则溶质溶解；当溶解过程进行到溶液恰好达到饱和，此时，固体与溶液互相处于相平衡状态，这时的溶液称为饱和溶液，其浓度即是在此温度条件下该物质的溶解度（平衡浓度）；如溶液超过了可以溶解的极限（过饱和），此时，溶液中所含溶质的量超过该物质的溶解度，超过溶解度的那部分过量物质要从溶液中结晶析出。

结晶过程的进行，取决于固体与溶液之间的平衡关系，这种平衡关系通常可用固体在溶剂中的溶解度来表示，即在 100g 水或其他溶剂中最多能溶解无水盐溶质的质量。物质的溶解度与其化学性质、溶剂的性质及温度有关。一定物质在一定溶剂中的溶解度主要随温度变化，而随压力的变化很小，常可忽略不计。

溶解度曲线表示溶质在溶剂中的溶解度随温度变化而变化的关系，如图 4-1 所示。许多物质的溶解度曲线是连续的，中间无断折，且物质的溶解度随温度升高而明显增加，如 $NaNO_3$、KNO_3 等；但也有一些水合盐（含有结晶水的物质）的溶解度曲线有明显的转折点（变态点），它表示其组成有所改变，如 $Na_2SO_4 \cdot 10H_2O$ 转变为 Na_2SO_4（变态点温度为 32.4℃）；另外还有一些物质，其溶解度随温度升高反而减小，例如 Na_2SO_4；至于 NaCl 温度对其溶解度的影响很小。

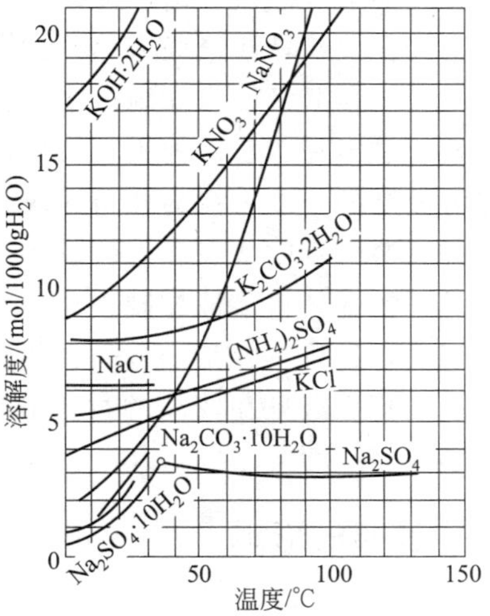

图 4-1 某些无机盐在水中的溶解度曲线

了解物质的溶解度特性有助于结晶方法的选择。对于溶解度随温度变化敏感的物质，可选用变温方法结晶分离；对于溶解度随温度变化缓慢的物质，可用蒸发结晶的方法（移除一部分溶剂）分离。

2. 过饱和度

溶液质量浓度等于溶解度的溶液称为饱和溶液；低于溶质的溶解度时，为不饱和溶液；大于溶解度时，称为过饱和溶液。同一温度下，过饱和溶液与饱和溶液间的浓度差称为过饱和度。各种物系的结晶都不同程度地存在过饱和度，过饱和度是结晶过程必不可少的推动力。

过饱和溶液性质很不稳定，只要稍加振动或向它投入一小粒溶质时，那些含在过饱和溶液中的多余溶质，便会从溶液中分离出来，直到溶液变成饱和溶液为止。

在适当的条件下，可制备过饱和溶液。其条件为：溶液要纯洁，未被杂质或灰尘所污染；装溶液的容器要干净；溶液要缓慢降温；不使溶液受到搅拌、振荡、超声波的振动或刺激。某些溶液降到饱和温度时，不会有晶体析出，要降低到更低的温度，甚至要降到饱和温度以下才有晶体析出。这种低于饱和温度的温度差称为过冷度。如硫酸铵水溶液可以维持到饱和温度以下 17℃而不结晶。

3. 溶液过饱和度与结晶关系

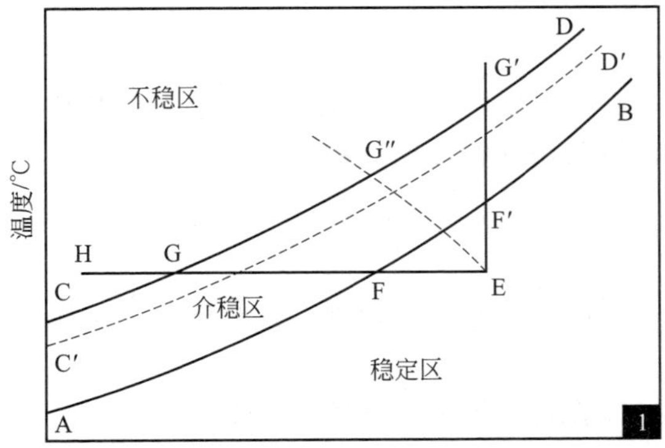

图 4-2 溶液的过饱和度与超溶解曲线

根据大量的实验，溶液的过饱和度与结晶的关系可用图 4-2 表示。图中 AB 线为普通的溶解度曲线（即溶解度随温度升高而增大），线上任意一点，表示溶液刚达到饱和状况，理论上可以结晶，但实际上不能结晶，溶液必须具有一定的过饱和度，才能析出晶体。CD 线表示溶液达到过饱和，其溶质能自发地结晶析出的浓度曲线，称为超溶解度曲线，它与溶解度曲线大致平行。超溶解度曲线与溶解度曲线有所不同：一个特定的物系只有一条明确的溶解度曲线，但超溶解度曲线的位置却要受到许多因素的影响，例如有无搅拌、搅拌强度的大小、有无晶种（在过饱和溶液中加入少量小颗粒的溶质晶体，称为晶种）、晶种的大小与多少、冷却速率快慢等。

超溶解度曲线和溶解度曲线将浓度-温度图分割为3个区域：在AB线以下的区域为稳定区，在此区域溶液尚未达到饱和，因此没有结晶的可能；CD线以上为不稳定区，也即在此区域中，溶液能自发地产生晶核；AB和CD线之间的区域称介稳区，在此区域中，溶液虽处于过饱和状态，但不会自发地产生晶核，如果在溶液中加入晶种，晶种会逐渐增大，促使溶液结晶，故可视为介稳区决定了诱导结晶时的浓度和温度间的关系。

超溶解度曲线、介稳区及不稳区这些概念，对结晶操作具有重要的实际意义。例如，在结晶过程中，将溶液控制在介稳区且在较低的过饱和度内，则在较长时间内只能有少量的晶核产生，而且主要是加入晶种的长大，于是可得到粒度大而均匀的结晶产品；反之，将溶液控制在不稳区且在较高的过饱和度内，则会有大量的晶核产生，于是所得产品中晶粒必然很小。

三、晶核的形成

1. 晶核的形成

晶体主要是溶质在过饱和度的推动力下结晶析出的，结晶作用实质上是使质点从不规则排列到规则排列而形成晶格。溶质从溶液中结晶出来经历两个步骤：首先是要产生称为晶核的微观晶粒作为结晶的核心；其次是晶核长大成为宏观的晶粒，即晶核的生成和晶体成长过程。

在高度过饱和溶液中，在成核之初溶液中快速运动的溶质元素（原子、离子或分子）相互碰撞首先结合成线体单元；当线体单元增长到一定限度后成为晶胚；晶胚极不稳定，有可能继续长大，亦可能重新分解为线体单元或单一元素；当晶胚进一步长大即成为稳定的晶核。

成核的机理有3种：初级均相成核、初级非均相成核和二次成核。初级均相成核是指溶液在较高过饱和度下自发生成晶核的过程；初级非均相成核是溶液在外来物的诱导下生成晶核的过程，它可以在较低的过饱和度下发生；二次成核是有晶体存在下的成核，其中又分为流体剪切成核和接触成核。接触成核指晶体之间或晶体与搅拌桨叶、器壁或挡板之间的碰撞、晶体与晶体之间的碰撞都有可能产生接触成核；剪切成核指由于过饱和液体与正在成长的晶体之间的相对运动，在晶体表面产生的剪切力将附着于晶体之上的微粒子扫落，而成为新的晶核。

由于初级均相成核速率受溶液过饱和度的影响非常敏感，因而操作时对溶液过饱和度的控制要求过高而不宜采用。初级非均相成核因需引入诱导物而增加操作步骤。因此，一般工业结晶主要采用二次成核。

2. 影响因素

成核速率的大小，取决于溶液的过饱和度、温度、杂质及其他因素，其中起重要作用的是溶液的化学组成和晶体的结构特点。

（1）过饱和度（溶液推动力）的影响。成核速率随过饱和度的增加而增大，由于生产工艺要求控制结晶产品中的晶粒大小，不希望产生过量的晶核，因此过饱和度的增加有一定的限度。晶核的形成速率也与溶液的过冷度有关。

（2）机械作用的影响。对均相成核来说，在过饱和溶液中发生轻微震动或搅拌，成核速率明显增加。对二级成核，搅拌时碰撞的次数与冲击能的增加，成核速率也有很大的影响。

此外，超声波、电场、磁场、放射性射线对成核速率均有影响。

（3）杂质的影响。过饱和溶液形成时，杂质的存在导致两个结果。当杂质存在时，物质的溶解度发生变化，因而导致溶液的过饱和度发生变化，也就是对溶液的极限过饱和度有影响。故杂质的存在对成核过程可能加快，也可能减慢。

3. 在结晶过程中控制成核的条件

（1）维持稳定的过饱和度，防止结晶器在局部范围内（如蒸发面、冷却表面、不同浓度的两流体的混合区内）产生过大的过饱和度。

（2）尽可能减少晶体的机械碰撞能量或概率。

（3）结晶器液面应保持一定的高度，如果液面太低，会破坏悬浮液床层，使过饱和度越过介稳区，产生大量晶核。

（4）应防止系统带气，否则会破坏晶浆床层，使液面翻腾，溢流带料严重。

（5）应限制晶体的生长速率，即不以盲目提高过饱和度的方法，来达到提高产量的目的。

（6）对溶液进行加热、过滤等预处理，以消除溶液中可能成为过多晶核的微粒。

（7）从结晶器中及时移除过量的微晶。产品按粒度分级排出，使符合粒度要求的晶粒能作为产品及时排出，而不使其在器内继续参与循环。

（8）含有过量细晶的母液取出后加热或稀释，使细晶溶解，然后送回结晶器。

（9）母液温度不宜相差过大，避免过饱和度过大，晶核增多。

（10）调节原料溶液的 pH 值或加入某些具有选择性的添加剂以改变成核速率。

（11）操作工应认真负责，在结晶操作上要勤检查、稳定工艺，保证生产在最佳条件下进行。

四、晶体的成长

1. 晶体的成长过程

晶体成长系指过饱和溶液中的溶质质点在过饱和度推动力作用下，向晶核或加入晶种运动并在其表面上层层有序排列，使晶核或晶种微粒不断长大的过程。晶体的成长可用液相扩散理论描述。按此理论，晶体的成长过程有如下 3 个步骤，见图 4-3 所示。

（1）*扩散过程* 溶质质点以扩散方式由液相主体穿过靠近晶体表面的层流液层（边界层）转移至晶体表面。

（2）*表面反应过程* 到达晶体表面的溶质质点按一定排列方式嵌入晶面，使晶体长大并放出结晶热。

（3）*传热过程* 放出的结晶热传导至液相主体中。

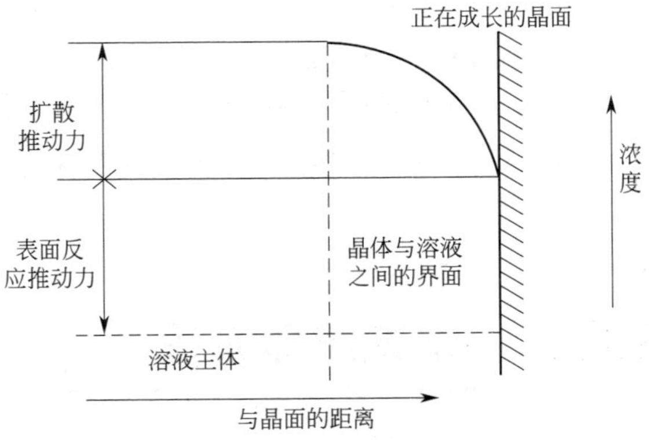

图 4-3 晶体成长示意图

2. 影响因素

（1）*过饱和度的影响* 过饱和度是产生结晶的先决条件，是结晶过程的根本动力。它的大小直接影响着晶核的形成和晶体成长过程的快慢，而这两个过程的快慢又影响着结晶的粒度及粒度分布，因此，过饱和度是结晶操作中一个极其重要的参数。一般说来，溶液的过饱和程度对不加晶种的结晶有如下影响：

① 若溶液过饱和度大，冷却速度快，强烈地搅拌，则晶核形成的速度快，数量多，但晶粒小；

② 若过饱和度小，使其静止不动和缓慢冷却，则晶核形成速度慢，得到的晶体颗粒较大；

③ 对于等量的结晶产物，若在结晶过程中，晶核形成的速度大于晶体成长的速度时，则产品的晶体颗粒大而少；若此两速度相近时，则产品的晶体颗粒大小参差不齐。

（2）温度的影响　温度是影响晶体生长速率的重要参数之一。在其他所有条件相同时，生长速率应随温度的提高而加快，但实际并非如此。这是由于不仅粒子的扩散速度和相界面上的表面反应过程速度与温度有关，而且许多其他的数值和特性也与温度有关（如液相的黏度），更重要的是溶解度及过冷度均取决于温度，而过饱和度或过冷度通常是随温度的提高而降低的。因此，晶体生长速率一方面由于粒子相互作用的过程加速，应随温度的提高而加快，另一方面则由于伴随着温度提高，过饱和度或过冷度降低而减慢。

（3）搅拌强度的影响　搅拌是影响结晶粒度分布的重要因素。适当地增加搅拌强度，可以降低过饱和度，从而减少了大量晶核析出的可能。但搅拌强度过大，将使“介稳区”缩小，容易超越“介稳区”而产生细晶，同时使大粒晶体摩擦、撞击而破碎。

（4）冷却速度的影响　冷却是使溶液产生过饱和度的重要手段之一。冷却速度快，过饱和度增大就快。在结晶操作中，太大的过饱和度，容易超越“介稳区”极限，将析出大量晶核，影响结晶粒度。因此，结晶过程的冷却速度不宜太快。

（5）杂质的影响　物系中杂质的存在对晶体的生长往往有很大的影响，而成为结晶过程的重要问题之一。溶液中杂质对晶体成长速率的影响颇为复杂，有的能抑制晶体的成长；有的能促进成长；还有的能对同一种晶体的不同晶面产生选择性的影响，从而改变晶形；有的杂质能在极低的浓度下产生影响；有的却需在相当高的浓度下才能起作用。

杂质影响晶体生长速率的途径也各不相同，有的是通过改变溶液的结构或溶液的平衡饱和浓度；有的是通过改变晶体与溶液界面处液层的特性而影响溶质质点嵌入晶面；有的是通过本身吸附在晶面上而发生阻挡作用；如果晶格类似，则杂质能嵌入晶体内部而产生影响等。

杂质对晶体形状的影响，对于工业结晶操作有重要意义。在结晶溶液中，杂质的存在或有意识地加入某些物质，就会起到改变晶习的效果。

（6）晶种的影响　加入一定大小和数量的晶种，并使其均匀地悬浮于溶液中，溶液中溶质质点便会在晶种的各晶面上排列，使晶体长大。晶种可使晶核形成的速度加快，晶种粒子大，长出的结晶颗粒也大，所以，比较容易控制产品晶粒的大小和均匀程度。

任务二　认识结晶方法

任务目标

- 掌握几种结晶单元操作的方法；

• 掌握每种结晶方法的适用场合以及优、缺点。

技能要求

• 能根据生产任务选择适当的结晶方法。

一、冷却结晶

冷却结晶法基本上不去除溶剂，溶液的过饱和度系借助冷却获得，故适用于溶解度随温度降低而显著下降的物系，如 KNO_3，$NaNO_3$，$MgSO_4$ 等。

冷却的方法可分为自然冷却、间壁冷却和直接接触冷却 3 种。自然冷却是使溶液在大气中冷却而结晶，其设备构造及操作均较简单，但由于冷却缓慢，生产能力低，不易控制产品质量，在较大规模的生产中已不被采用。间壁冷却是广泛应用的工业结晶方法，与其他结晶方法相比所消耗的能量较少，但由于冷却传热面上常有晶体析出（晶垢），使传热系数下降，冷却传热速率较低，甚至影响生产的正常进行，故一般多用在产量较小的场合，或生产规模虽较大但用其他结晶方法不经济的场合。直接接触冷却法是以空气或与溶液不互溶的烃类化合物或专用的液态物质为冷却剂与溶液直接接触而冷却，冷却剂在冷却过程中则被汽化的方法。直接接触冷却法有效地克服了间壁冷却的缺点，传热效率高，没有晶垢问题，但设备体积较大。

二、蒸发结晶

蒸发结晶是使溶液在常压（沸点温度下）或减压（低于正常沸点）下蒸发，部分溶剂汽化，从而获得过饱和溶液。此法主要适用于溶解度随温度的降低而变化不大的物系或具有逆溶解度变化的物系，如 NaCl 及无水硫酸铜等。蒸发结晶法消耗的热能最多，加热面的结垢问题也会使操作遇到困难，故除了对以上两类物系外，其他场合一般不采用。

三、真空冷却结晶

真空冷却结晶是使溶液在较高真空度下绝热蒸发，一部分溶剂被除去，溶液则因为溶剂汽化带走了一部分潜热而降低了温度。此法实质上是冷却与蒸发两种效应联合来产生过饱和度，适用于具有中等溶解度物系的结晶，如 KCl、$MgBr_2$ 等。该法所用的主体设备较简单，操作稳定。最突出之处是器内无换热面，因而不存在晶垢妨碍传热而需经常清洗的问题，且设备的防腐蚀问题也比较容易解决，操作人员的劳动条件好，劳动生产率高，是大规模生产中首先考虑采用的结晶方法。

四、盐析结晶

盐析结晶是在混合液中加入盐类或其他物质以降低溶质的溶解度从而析出溶质的方法。所加入的物质叫做稀释剂，它可以是固体、液体或气体，但加入的物质要能与原来的溶剂互溶，又不能溶解要结晶的物质，且和原溶剂要易于分离。一个典型例子是从硫酸钠盐水中生产 $Na_2SO_4 \cdot H_2O$，通过向硫酸钠盐水中加入 NaCl 可降低 $Na_2SO_4 \cdot H_2O$ 的溶解度，从而提高 $Na_2SO_4 \cdot H_2O$ 的结晶产量。又如，向氯化铵母液中加盐（氯化钠），母液中的氯化铵因溶解度降低而结晶析出。向有机混合液中加水，使其中不溶于水的有机溶质析出，这种盐析方法又称水析。

盐析的优点是直接改变固液相平衡，降低溶解度，从而提高溶质的回收率；结晶过程的温度比较低，可以避免加热浓缩对热敏物的破坏；在某些情况下，杂质在溶剂与稀释剂的混合物中有较高的溶解度，较多地保留在母液中，这有利于晶体的提纯。

此法最大的缺点是需配置回收设备，以处理母液，分离溶剂和稀释剂。

五、反应沉淀结晶

反应沉淀是液相中因化学反应生成的产物以结晶或无定形物析出的过程。例如，用硫酸吸收焦炉气中的氨生成硫酸铵，由盐水及窑炉气生产碳酸氢铵等并以结晶析出，经进一步固液分离、干燥后获得产品。

沉淀过程首先是反应形成过饱和度，然后成核、晶体成长。与此同时，还往往包含了微小晶粒的成簇及熟化现象。显然，沉淀必须以反应产物在液相中的浓度超过溶解度为条件，此时的过饱和度取决于反应速率。因此，反应条件（包括反应物浓度、温度、pH 及混合方式等）对最终产物晶粒的粒度和晶形有很大影响。

六、升华结晶

物质由固态直接相变而成为气态的过程称为升华，其逆过程是蒸汽的骤冷直接凝结成固态晶体，这就是工业上升华结晶的全部过程。工业上有许多含量要求较高的产品，如碘、萘、蒽醌、氯化铁、水杨酸等都是通过这一方法生产的。

七、熔融结晶

熔融结晶是在接近析出物熔点温度下，从熔融液体中析出组成不同于原混合物的晶体的操作，过程原理与精馏中因部分冷凝（或部分汽化）而形成组成不同于原混合物的液相相类似。熔融结晶过程中，固液两相需经多级（或连续逆流）接触后才能获得高纯度的分离。

熔融结晶主要用做有机物的提纯、分离，以获得高纯度的产品。如将萘与杂质（甲基萘等）分离可制得纯度达 99.9%的精萘；从混合二甲苯中提取纯对二甲苯；从混合二氯苯中分离获取纯对二氯苯等。熔融结晶的产物往往是液体或整体固相，而非颗粒。

文化窗：共和国第一个石油工业基地——玉门油田

“苏联有巴库，中国有玉门，凡有石油处，就有玉门人”。玉门油田诞生了新中国第一口油井、第一个油田、第一个石油工业基地。它位于河西走廊祁连山北麓，曾经赢得了“新中国石油工业摇篮”的美誉。

1939 年 3 月，位于老君庙北 15 米处的 1 号井人工挖掘方井见油，8 月 11 日，老一井探明 K 油层，由此揭开了玉门油矿工业开发的序幕。1949 年 9 月 25 日，玉门油矿获得解放。新中国成立前的 10 年，油田累计生产原油 52 万吨，占当时全国石油产量的 95%以上。

为了振兴民族石油工业，1953 年到 1957 年，国家集中力量加快新中国第一个石油工业基地建设。玉门油田迅速成长壮大为一座集地质勘探、钻井、采油、炼油、机械制造、油田工程建设、石油科技、教育等为一体，门类齐全、设施完备的大型现代石油工业基地。

此外，玉门油田还义不容辞地担负起了支援国家新油田建设的历史重任。据统计，自 50 年代以来，玉门油田仅千人以上的人员大调出就有近 20 次，先后向全国 50 多个石油、石化、地矿单位输送骨干力量近 10 万人，各类精良设备 4000 多台套。

经过几代玉门石油人的努力，玉门油田的勘探区域已达到贺兰山以西、河西走廊及附近地区，共包含 7 个盆地，17 个区块已探矿藏，勘探面积为 6.6 万平方公里，已探明资源储量为 1.5 亿吨，17 个区块的资源总量为 9.56 亿吨。“涅磐”之后的玉门，再次焕发出了青春。

任务三　认识结晶设备与操作

任务目标

- 认识常见的结晶设备；
- 了解结晶设备的作用及主要结构；
- 掌握结晶设备的类型及特点。

技能要求

- 能从外观上结晶设备，并能指出结晶设备的主要构造；
- 能根据生产任务选择适宜的结晶设备。

一、常见结晶设备

1. 结晶设备的类型、特点及选择

结晶设备一般按改变溶液浓度的方法分为移除部分溶剂（浓缩）结晶器、不移除部分溶

剂（冷却）结晶器及其他结晶器。

移除部分溶剂的结晶器，主要是借助于一部分溶剂在沸点时的蒸发或在低于沸点时的气化而达到溶液的过饱和，进而析出结晶的设备，适用于溶解度随温度的降低变化不大的物质的结晶，例如 NaCl、KCl 等。

不移除溶剂的结晶器，则是采用冷却降温的方法使溶液达到过饱和而结晶（自然结晶或晶种结晶）的，并不断降温，以维持溶液一定的过饱和度进行育晶。此类设备用于温度对溶解度影响比较大的物质结晶，例如 KNO_3、NH_4Cl 等。

结晶设备按操作方式不同，可分为间歇式结晶设备和连续式结晶设备两种。间歇式结晶设备结构比较简单，结晶质量好，结晶收率高，操作控制比较方便，但设备利用率较低，操作劳动强度大。连续式结晶设备结构比较复杂，所得的晶体颗粒较细小，操作控制比较困难，消耗动力大，但设备利用率高，生产能力大。

结晶设备通常都装有搅拌器，搅拌作用会使晶体颗粒保持悬浮和均匀分布于溶液中，同时又能提高溶质质点的扩散速度，以加速晶体长大。

在结晶操作中应根据所处理物系的性质、杂质的影响、产品的粒度和粒度分布要求、处理量的大小、能耗、设备费用和操作费用等多种因素来考虑选择哪种结晶设备。

首先考虑的是溶解度与温度的关系。对于溶解度随温度降低而大幅度降低的物系可选用冷却结晶器或真空结晶器；而对于溶解度随温度降低而降低很小、不变或少量上升的物系则可选择蒸发结晶器。

其次考虑的是结晶产品的形状、粒度及粒度分布的要求。要想获得颗粒较大而且均匀的晶体，可选用具有粒度分级作用的结晶器。这类结晶器生产的晶体颗粒也便于过滤、洗涤、干燥等后处理，从而获得较纯的结晶产品。

2. 常见的结晶设备

(1) 移除部分溶剂的结晶器

① 蒸发结晶器　蒸发结晶器与用于溶液浓缩的普通蒸发器，在设备结构及操作上完全相同。它是靠加热使溶液沸腾，溶剂蒸发汽化使溶液浓缩达到过饱和状态而结晶析出。

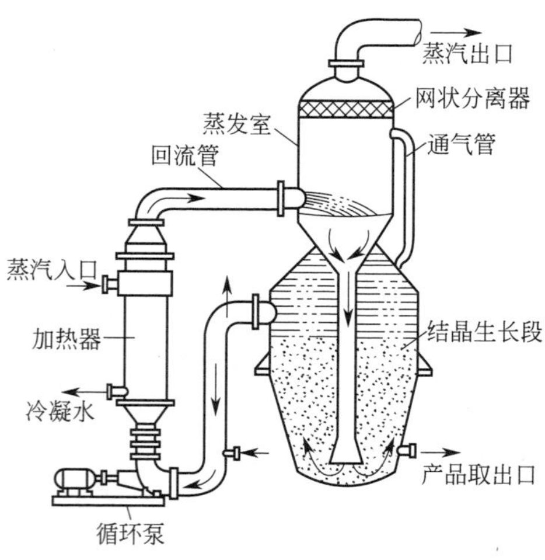

图 4-4　Krystal-Oslo **型蒸发结晶器**

这种结晶器由于是在减压下操作，故可维持较低的温度，使溶液产生较大的过饱和度；此外在局部（加热面）附近溶剂汽化较快，溶液的过饱和度不易控制，因而也难以控制晶体颗粒的大小。它适用于对产品晶粒大小要求不严格的结晶。

图 4-4 所示的是 Krystal-Oslo 型（强制循环型）蒸发结晶器。结晶器由蒸发室与结晶室两部分组成。原料液经外部加热器预热之后，在蒸发器内迅速被蒸发，溶剂被抽走，同时起到了制冷作用，使溶液迅速进入介稳区之内并析出结晶。其操作方式是典型的母液循环式，优点是循环液中基本不含晶体颗粒，从而避免发生泵的叶轮与晶粒之间的碰撞而造成的过多二次成核，加上结晶室的粒度分级作用，使该结晶器产生的结晶产品颗粒大而均匀。其缺点是操作弹性较

小，因母液的循环量受到了产品颗粒在饱和溶液中沉降速度的限制；此外加热器内容易出现结晶层而导致传热系数降低。

图 4-5 所示的是 DTB（导流管与挡板）型蒸发式结晶器。它的特点是蒸发室内有一个导流管，管内装有带螺旋桨的搅拌器，它把带有细小晶体的饱和溶液快速推升到蒸发表面，由于系统处在真空状态，溶剂产生闪蒸而造成了轻度的过饱和度，然后过饱和液沿环形面流向下部时释放其过饱和度，使晶体得以长大。在器底部设有一个分级腿，这些晶浆又与原料液混合，再经中心导流管而循环。当结晶长大到一定大小后就沉淀在分级腿内，同时对产品也进行一洗涤，保证了结晶产品的质量和粒径均匀，不夹杂细晶。

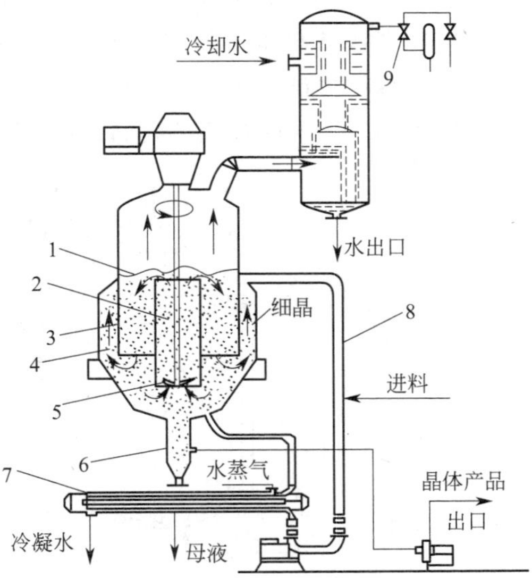

图 4-5 DTB（导流管与挡板）型蒸发式结晶器

1—沸腾液面；2—导液筒；3—挡板；4—澄清区；5—螺旋桨；6—淘洗腿；7—加热器；8—循环管；9—喷射真空泵

DTB 型结晶器属于典型的晶浆内循环器，性能优良，生产强度大，产生大粒结晶产品，器内不易结垢，已成为连续结晶器的最主要形式之一。

② 真空结晶器　真空结晶器可以是间歇操作，也可以是连续操作。图 4-6 所示为一连续真空结晶器。热的料液自进料口连续加入，晶浆（晶体与母液的悬混物）用泵连续排出，结晶器底部管路上的循环泵使溶液做强制循环流动，以促进溶液均匀混合，维持有利的结晶条件。蒸出的溶剂（气体）由器顶部逸出，至高位混合冷凝器中冷凝。双级蒸汽喷射泵的作用是使冷凝器和结晶器整个系统造成真空，不断抽出不凝性气体。通常，真空结晶器内的操作温度都很低，所产生的溶剂蒸气不能在冷凝器中被水冷凝，此时可用蒸气喷射泵喷射加压，将溶剂蒸气在冷凝之前加以压缩，以提高它的冷凝温度。

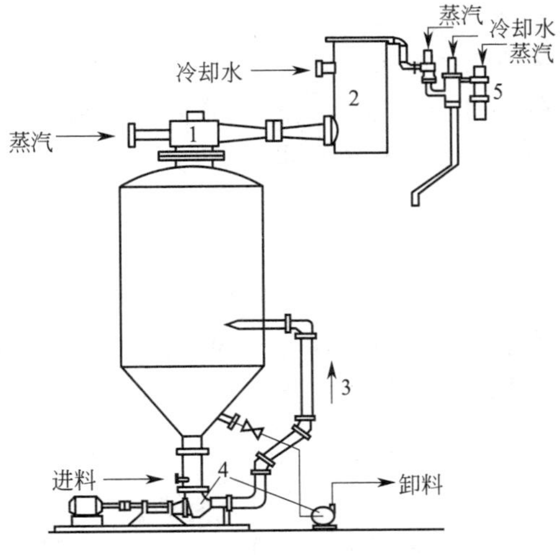

图 4-6　连续真空结晶器

1—蒸汽喷射泵；2—冷凝器；3—循环管；4—泵；5—双级式蒸汽喷射泵

真空结晶器结构简单、无运动部件，当处理腐蚀性溶液时，器内可加衬里或用耐腐蚀材料制造；溶液是绝热蒸发而冷却，不需要传热面，因此在操作时不会出现晶体结垢现象；操作易控制和调节，生产能力大。但该设备操作时必须使用蒸汽，且蒸汽、冷却水消耗量较大。

③ 喷雾结晶器　喷雾结晶器主要由加热系统、结晶塔、气固分离器等组成。溶液由塔顶或塔中部的喷布器喷入塔中，其液滴向塔底降落过程中与自塔底部通入的热空气逆向接

触，液滴中的部分溶剂被汽化并及时被上升气流带走。同时，液滴因部分溶剂汽化吸热而冷却，使溶液到达过饱和而产生结晶。

喷雾结晶的关键在于喷嘴能保证将溶液高度分散开。一般可得到细小粉末状的结晶产品，适用于不宜长时间加热的物料结晶，但设备庞大，装置复杂，动力消耗多。

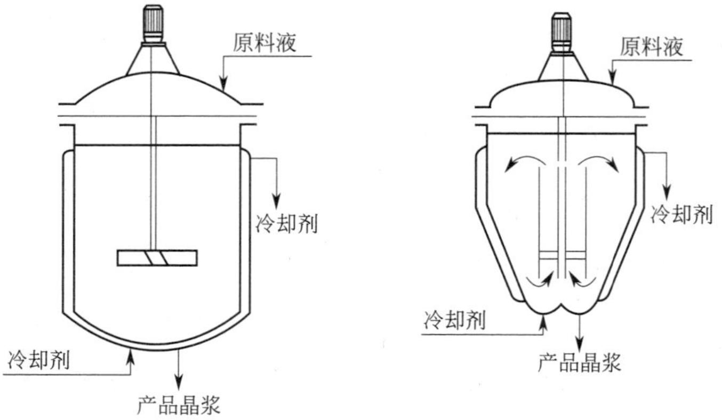

图 4-7　内循环釜式冷却结晶器

（2）不移除溶剂的结晶器

间接换热釜式结晶器是目前应用较广的冷却结晶器，图 4-7 为内循环釜式冷却结晶器，图 4-8 为外循环釜式冷却结晶器。冷却结晶过程所需冷量由夹套或外部换热器提供。内循环式结晶器由于换热面积的限制，换热量不能太大。而外循环式结晶器通过外部换热器传热，由于溶液的强制循环，传热系数较大，还可根据需要加大换热面积。但必须选用合适的循环泵，以避免悬浮晶体的磨损破碎。这两种结晶器可连续操作，亦可间歇操作。

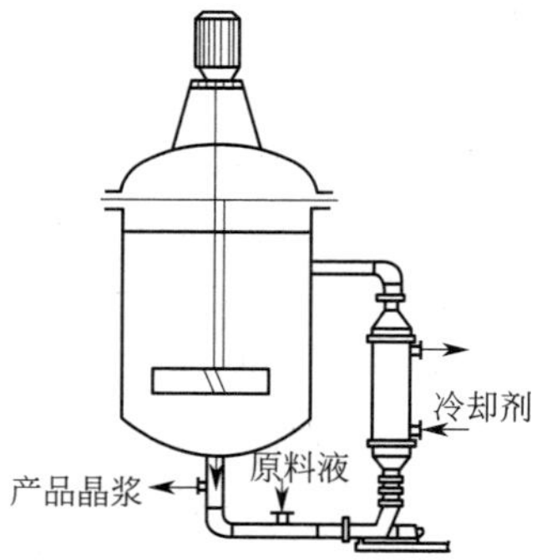

图 4-8　外循环釜式冷却结晶器

二、间歇结晶操作

在中小规模的结晶过程中广泛采用间歇操作，其优点是操作简单，易于控制。其结晶过程借助计算机辅助控制与操作手段实现最佳操作时间，即按一定的操作程序不断地调节其操作参数，控制结晶器内的过饱和度，使结晶的成核与结垢减低到最少。

间歇结晶操作有加晶种和不加晶种两种结晶情况，可用溶解度-超溶解度曲线表示，如图 4-9 冷却结晶的不同操作方式所示。图 4-9(a) 表示不加晶种而迅速冷却的情况，此时溶液的状态很快穿过介稳区而到达超溶解度曲线上的某一点，出现初级成核现象，溶液中有大量微小的晶核陡然产生出来，属于无控制结晶。图 4-9(b) 表示不加晶种而缓慢冷却的情形，此时溶液的状态也会穿过介稳区而到达超溶解度曲线，产生较多的晶

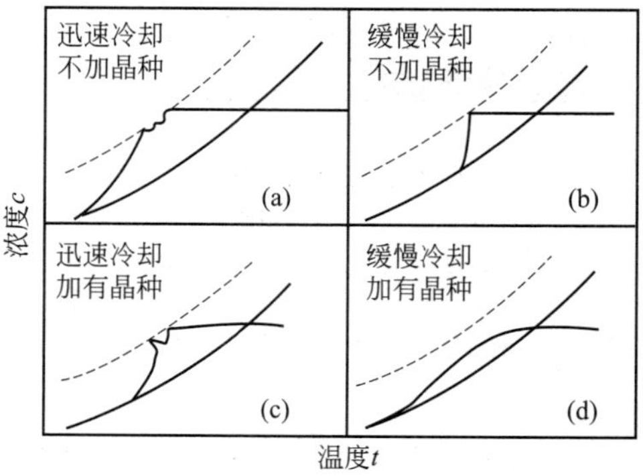

图 4-9　冷却结晶的不同操作方式

核，过饱和度因成核有所消耗后，溶液的状态立即离开超溶解度曲线，不再有晶核生成，由于晶体生长，过饱和度迅速降低。此法对结晶过程的控制有限，因初级成核速率随过饱和度的加大而显著增大，其晶核的生成量不可能正好适应需要，故所得的晶体粒度范围往往很宽。图 4-9(c) 表示加有晶种而迅速冷却的情形，溶液的状态一旦越过溶解度曲线，晶种便开始长大，而由于溶质结晶出来，在介稳区中溶液的浓度有所降低；但由于冷却迅速，溶液仍可很快地到达不稳区，因而不可避免地会有细小的晶核产生。图 4-9(d) 表示加有晶种而缓慢冷却的情形，由于溶液中有晶种存在，且降温速率得到控制，在操作过程中溶液始终保持在介稳状态，不进入不稳区，不会发生初级成核现象，而且晶体的生长速率完全由冷却速率加以控制。这种“控制结晶”操作方法能够产生预定粒度的、合乎质量要求的均匀晶体。许多工业规模的间歇结晶操作采用加晶种的控制结晶操作方式。晶种的加入量取决于整个结晶过程中可被结晶出来的溶质量、晶种的粒度和产品粒度。如制糖工业，在蔗糖的结晶过程中，可以使用小至 5μm 的微晶作为晶种，每 50m^3 的糖浆中加 500g 这样的晶种就足够了。

间歇结晶操作在获得良好质量的晶体产品前提下，也要求能尽量缩短操作所需时间，以得到尽可能多的产品。对于不同的结晶物系，应能确定一个适宜的操作程序，使得在整个间歇结晶过程中，能维持一个恒定的最大允许的过饱和度，使晶体能在指定的速率下生长。若过饱和度超过此值，会影响产品质量；若低于此值，又会降低设备的生产能力。虽然物系中只有为数很小的由晶种提供的晶体表面，但不高的能量传递速率（溶剂的蒸发速率或溶液的冷却速率）就足以使溶液中形成巨大的过饱和度，使操作偏离正常状态。随着晶体的长大，晶体表面积增大，则可相应地逐步提高能量传递速率。

知识窗：技术新动向——熔融结晶

熔融结晶技术是根据混合物物质组分之间熔点不同，逐步降低液态混合物温度，使待分离组分物质达到相平衡冰点和过饱和状态，从混合物中逐步析出结晶，并通过重熔纯化来实现产品的分离。

熔融结晶过程的推动力是熔融液中某组分的过饱和度或者过冷度，其过程分为结晶和发汗两个部分。结晶过程中，熔融液的温度在逐渐下降的过程中，某组分在熔融液中处于过饱和状态，开始成核，并逐渐增长为晶体；晶体在增长过程中，不可避免地会将母液的杂质包藏到粗晶体中，所以粗晶体要经过发汗过程来提纯。

熔融结晶技术作为一种节能低碳和环境友好的分离提纯技术，操作温度低，伴随副反应少，产品纯度高，能耗低，广泛应用于化工中间体、医药中间体、生化制品的精制提纯。

小结

结晶是化工生产中主要应用在于从溶液或熔融物中获得固体产品，随着精细化工在化工领域内比重的日益增多，结晶的应用也越来越广泛，特别是在中间体的制备中有着很大的优势，读者应给予足够重视。本章主要内容如下：

1. 结晶操作的基本概念：结晶、晶体、晶系和晶习、晶核、晶浆和母液。
2. 固液体系相平衡关系和影响结晶过程的因素。
3. 结晶方法：冷却结晶、蒸发结晶、真空冷却结晶、盐析结晶、反应沉淀结晶、升华结晶、熔融结晶。

4. 常见结晶设备：主要包括移除部分溶剂结晶器和不移除部分溶剂结晶器两类。

复习与思考

1. 解释下列现象:

(1) 食盐水加热煮沸，时间久了有食盐结晶析出。

(2) 鱼在煮沸过的冷水里不能生存。

2. 解释人工降雨的过程原理。

3. 结晶过程中控制成核有哪些条件?

4. 过饱和度与结晶有何关系?

5. 影响晶体的成长和结晶粒度的因素有哪些?

6. 设备有几种操作方式?各有什么特点?结晶设备按改变溶液浓度的方法分几大类?

7. 选择结晶设备时要考虑哪些因素?

8. 蒸发结晶器与普通蒸发器在设备结构及操作上怎样?工作原理有何区别?

9. 工业上有哪些常用的结晶方法?它们各适用于什么场合?

10. 如含水的湿空气骤冷形成雪属于什么过程?

参 考 文 献

[1] 谭天恩，等. 化工原理（上册）. 第4版. 北京：化学工业出版社，2013.

[2] 陆美娟，张浩勤. 化工原理（上册）. 第3版. 北京：化学工业出版社，2012.

[3] 张洪流，流体流动与传热. 北京：化学工业出版社，2002.

[4] 冷士良，陆清，宋志轩. 化工单元操作及设备. 北京：化学工业出版社，2007.

[5] 夏清，陈常贵. 化工原理（上册）. 修订版. 天津：天津大学出版社，2005.

[6] 沈复，李阳初. 石油加工单元过程原理（上册）. 北京：中国石化出版社，2006.

项目五
非均相混合物的分离

化工生产中的原料、半成品、排放的废物等大多为混合物，为了进行加工、得到纯度较高的产品以及环保的需要等，常常要对混合物进行分离。混合物可分为均相（混合）物系和非均相（混合）物系。本章将介绍非均相物系的分离，即如何将非均相物系中的分散相和连续相分离开。通过学习能够利用流体力学原理实现非均相物系分离，掌握过程的基本原理、过程和设备的计算以及分离设备的选型。

任务一　认识非均相物系

任务目标

- 掌握非均相物系的概念；
- 掌握非均相物系的分类。

技能要求

- 能认识非均相混合物；
- 能了解分离非均相混合物在工业中的应用。

一、非均相物系的概念

在热力学中，将物质的聚集状态称为相（态）。按聚集状态的不同有气相、液相与固相之分。对处于同相态的混合物系称为均相物系，对处于不同相态的混合物系称为非均相物系。常见的有气-固混合物（如含尘气体）、液-固混合物（悬浮液）、液-液混合物（互不相溶液体形成的乳浊液），气-液混合物以及固体混合物等。非均相物系中，有一相处于分散状态，称为分散相，如雾中的小水滴、烟尘中的尘粒、悬浮液中的固体颗粒、乳浊液中分散成小液滴的那个液相；另一相必然处于连续状态，称为连续相（或分散介质），如雾和烟尘中的气相、悬浮液中的液相、乳浊液中处于连续状态的那个液相。分散相与连续相的密度往往存在一定的差异，密度较大者称为重相，反之则称为轻相。

二、非均相物系的分类

依据连续相的物理状态，可将非均相物系分为气态非均相物系和液态非均相物系。如含尘气体属于气态非均相物系，其中气体是连续相（轻相），而尘埃是分散相（重相）；悬浮液则属于液态非均相物系，其中液相是连续相（轻相），而固相是分散相（重相）。

三、非均相混合物的分离的工业应用

非均相物系的分离是将连续相与分散相加以分离的单元操作。它在工业生产的应用如下：

① 满足对连续相或分散相进一步加工的需要。如乳浊液中的两相组分及组成是各不相同的，经过分离后可分别进行加工处理等。

② 回收有价值的物质。如从气流干燥器出口的气-固混合物中，分离出干燥操作的成品等。

③ 除去以下工序有害的物质。如气体在进入压缩机的入口前必须除去其中的液滴或固体颗粒，以避免引起对气缸的冲击或磨损等。

④ 减少对环境的污染。如工业废气在排放前必须除去其中的粉尘和酸雾，以减少对环境的污染等。

任务二　沉降操作

任务目标

- 了解常见重力沉降设备、离心沉降设备的结构特点与用途；
- 了解重力沉降设备、离心沉降设备生产能力与沉降面积、沉降高度的关系；
- 理解影响沉降的主要因素；
- 掌握沉降过程的有关计算。

技能要求

- 能够运用颗粒与流体之间的相对运动规律理解非均相混合物分离过程；
- 能根据工艺要求和物系特性进行沉降室设计和离心分离设备选型。

沉降过程涉及由颗粒和流体组成的两相流动体系，属于流体相对于颗粒的绕流问题。液-固之间的相对运动有三种情况，即

① 流体静止，固体颗粒做沉降运动；

② 固体静止，流体对固体做绕流；

③ 流体和固体都运动，但二者保持一定的相对速度。

只要相对速度相同，上述三种情况并无本质区别。

沉降运动发生的前提条件是固体颗粒与流体之间存在密度差，同时有外力场存在。外力场有重力场和离心力场，因此，发生的沉降过程分别称为重力沉降和离心沉降。

一、重力沉降

在重力场中进行的沉降过程就称为重力沉降。

（一）球形颗粒的自由沉降

1. 沉降速度

（1）沉降颗粒受力分析

若将一个表面光滑的刚性球形颗粒置于静止的流体中，如果颗粒的密度大于流体的密度，则颗粒所受重力大于浮力，颗粒将在流体中降落。此时颗粒受到三个力的作用，即重力 F_g、浮力 F_b 与阻力 F_d，如图 5-1 所示。重力向下，浮力向上，阻力与颗粒运动方向相反（即向上）。对于一定的流体和颗粒，重力和浮力是恒定的，而阻力却随颗粒的降落速度而变。

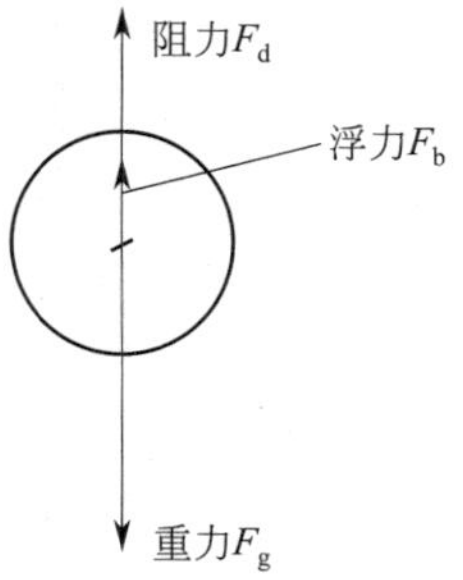

图 5-1 沉降颗粒受力情况

若颗粒的密度为 ρ_s，直径为 d，流体的密度为 ρ，则颗粒所受的三个力为：

重力
$$F_g=\frac{\pi}{6}d^3\rho_s g \tag{5-1}$$

浮力
$$F_b=\frac{\pi}{6}d^3\rho g \tag{5-2}$$

阻力
$$F_d=\zeta A\frac{\rho u^2}{2} \tag{5-3}$$

式中 ζ——阻力系数，无因次；

A——颗粒在垂直于其运动方向的平面上的投影面积，$A=\frac{\pi}{4}d^2$，m^2；

u——颗粒相对于流体的降落速度，m/s。

静止流体中颗粒的沉降速度一般经历加速和恒速两个阶段。颗粒开始沉降的瞬间，初速度 u 为零使得阻力 F_d 为零，因此加速度 a 为最大值；颗粒开始沉降后，阻力随速度 u 的增加而加大，加速度 a 则相应减小，当速度达到某一值 u_t 时，阻力、浮力与重力平衡，颗粒所受合力为零，使加速度为零，此后颗粒的速度不再变化，开始做速度为 u_t 的匀速沉降运动。

（2）沉降的加速阶段

根据牛顿第二运动定律可知，上面三个力的合力应等于颗粒的质量与其加速度 a 的乘积，即

$$F_g-F_b-F_d=ma \tag{5-4}$$

或
$$\frac{\pi}{6}d^3(\rho_s-\rho)g-\zeta\frac{\pi}{4}d^2\left(\frac{\rho u^2}{2}\right)=\frac{\pi}{6}d^3\rho_s\frac{du}{d\theta} \tag{5-4a}$$

式中 m——颗粒的质量，kg；

a——加速度，$a=\frac{du}{d\theta}$，m/s^2；

θ——时间，s。

由于小颗粒的比表面积很大，使得颗粒与流体间的接触面积很大，颗粒开始沉降后，在极短的时间内阻力便与颗粒所受的净重力（即重力减浮力）接近平衡。因此，颗粒沉降时加速阶段时间很短，对整个沉降过程来说往往可以忽略。

（3）沉降的等速阶段

匀速阶段中颗粒相对于流体的运动速度 u_t 称为沉降速度，由于该速度是加速段终了时颗粒相对于流体的运动速度，故又称为“终端速度”，也可称为自由沉降速度。从式(5-4a)可得出沉降速度的表达式。当 $a=0$ 时，$u=u_t$，则

$$u_t=\sqrt{\frac{4gd(\rho_s-\rho)}{3\zeta\rho}} \tag{5-5}$$

式中 u_t——颗粒的自由沉降速度，m/s；

d——颗粒直径，m；

ρ_s，ρ——分别为颗粒和流体的密度，kg/m^3；

g——重力加速度，m/s^2。

2. 阻力系数 ζ

（1）阻力系数 ζ 的实验测定

用式(5-5)计算沉降速度时，首先需要确定阻力系数 ζ 值。根据因次分析，ζ 是颗粒与流体相对运动时雷诺准数 Re_t 的函数，ζ 随 Re 及 φ_s 变化的实验测定结果见图 5-2。图中，φ_s 为球形度，Re_t 为雷诺准数，其定义为

$$Re_t=\frac{du_t\rho}{\mu} \tag{5-6}$$

式中 μ——流体的黏度，Pa·s。

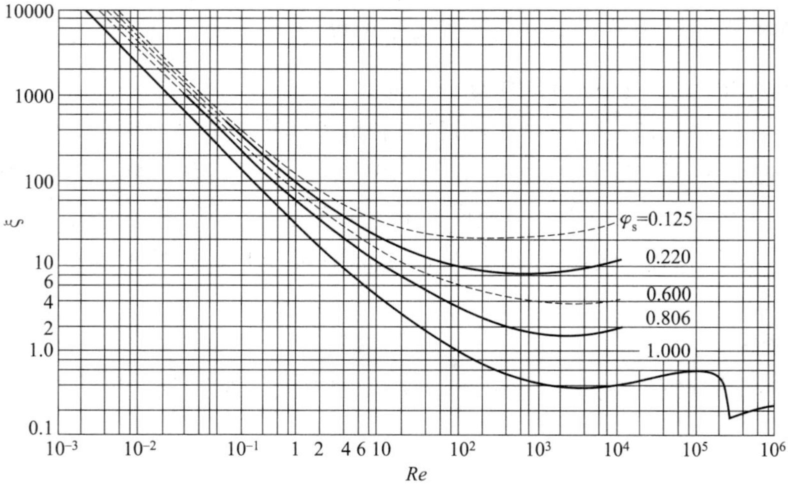

图 5-2 不同球形度下的 ζ 与 Re 的关系曲线

从图中可以看出，对球形颗粒（$\varphi_s=1$），曲线按 Re_t 值大致分为三个区域，各区域内的曲线可分别用相应的关系式表达如下：

Re_t（$10^{-4}<Re_t<1$）非常低时的流动称为爬流（又称蠕动流），此时黏性力占主导地位，动量方程中的惯性力项可忽略不计，可以推出流体对球形颗粒的阻力为

$$F_d = 3\pi\mu u_t d \tag{5-7}$$

式(5-7) 称为斯托克斯（Stokes）定律，$10^{-4} < Re_t < 1$ 的区域称为滞流区或斯托克斯定律区。与式(5-3) 比较可得

$$\zeta = \frac{24}{Re_t} \tag{5-8}$$

过渡区或艾仑（Allen）定律区（$1 < Re_t < 10^3$）

$$\zeta = \frac{18.5}{Re_t^{0.6}} \tag{5-9}$$

湍流区或牛顿（Newton）定律区（$10^3 < Re_t < 2\times10^5$）

$$\zeta = 0.44 \tag{5-10}$$

（2）颗粒的沉降速度

将式(5-8)～式(5-10) 分别代入式(5-5)，便可得到球形颗粒在相应各区的沉降速度公式，即

滞流区
$$u_t = \frac{d^2(\rho_s - \rho)g}{18\mu} \tag{5-11}$$

过渡区
$$u_t = 0.27\sqrt{\frac{d(\rho_s - \rho)g}{\rho}Re_t^{0.6}} \tag{5-12}$$

湍流区
$$u_t = 1.74\sqrt{\frac{d(\rho_s - \rho)g}{\rho}} \tag{5-13}$$

式(5-11)～式(5-13) 分别称为斯托克斯（Stokes）公式、艾仑（Allen）公式和牛顿（Newton）公式。球形颗粒在流体中的沉降速度可根据不同流型，分别选用上述三式进行计算。由于沉降操作中涉及的颗粒直径都较小，操作通常处于滞流区，因此，斯托克斯公式应用较多。

3. 影响沉降速度的因素

沉降速度由颗粒特性（ρ_s、形状、大小及运动的取向）、流体物性（ρ、μ）及沉降环境综合因素所决定。

上面得到的式(5-11)～式(5-13) 是表面光滑的刚性球形颗粒在流体中做自由沉降时的速度计算式。自由沉降是指在沉降过程中，任一颗粒的沉降不因其他颗粒的存在而受到干扰。即流体中颗粒的含量很低，颗粒之间距离足够大，并且容器壁面的影响可以忽略。单个颗粒在大空间中的沉降或气态非均相物系中颗粒的沉降都可视为自由沉降。相反，如果分散相的体积分率较高，颗粒间有明显的相互作用，容器壁面对颗粒沉降的影响不可忽略，这时的沉降称为干扰沉降或受阻沉降。液态非均相物系中，当分散相浓度较高时，往往发生干扰沉降。在实际沉降操作中，影响沉降速度的因素有：

（1）流体的黏度

在滞流沉降区内，由流体黏性引起的表面摩擦力占主要地位。在湍流区内，流体黏性对沉降速度已无明显影响，而是流体在颗粒后半部出现的边界层分离所引起的形体阻力占主要地位。在过渡区，则表面摩擦阻力和形体阻力都不可忽略。在整个范围内，随雷诺准数 Re_t 的增大，表面摩擦阻力的作用逐渐减弱，形体阻力的作用逐渐增强。当雷诺准数 Re_t 超过 2×10^5 时，出现湍流边界层，此时边界层分离的现象减弱，所以阻力系数 ζ 突然下降，但

在沉降操作中很少达到这个区域。

（2）颗粒的体积浓度

当颗粒的体积浓度小于0.2%时，前述各种沉降速度关系式的计算偏差在1%以内。当颗粒浓度较高时，由于颗粒间相互作用明显，便发生干扰沉降。

（3）器壁效应

容器的壁面和底面会对沉降的颗粒产生曳力，使颗粒的实际沉降速度低于自由沉降速度。当容器尺寸远远大于颗粒尺寸时（例如100倍以上），器壁效应可以忽略，否则，则应考虑器壁效应对沉降速度的影响。在斯托克斯定律区，器壁对沉降速度的影响可用下式修正：

$$u_t'=\frac{u_t}{1+2.1\dfrac{d}{D}} \tag{5-14}$$

式中 u_t'——颗粒的实际沉降速度，m/s；

D——容器直径，m。

（4）颗粒形状的影响

同一种固体物质，球形或近球形颗粒比同体积的非球形颗粒的沉降要快一些。非球形颗粒的形状及其投影面积 A 均对沉降速度有影响。

由图5-2可见，相同 Re_t 下，颗粒的球形度越小，阻力系数 ζ 越大，但 φ_s 值对 ζ 的影响在滞流区内并不显著。随着 Re_t 的增大，这种影响逐渐变大。

（5）颗粒的最小尺寸

上述自由沉降速度的公式不适用于非常细微颗粒（如<0.5mm）的沉降计算，这是因为流体分子热运动使得颗粒发生布朗运动。当 $Re_t>10^{-4}$ 时，布朗运动的影响可不考虑。

需要指出，液滴和气泡的运动规律与刚性颗粒的运动规律也不尽相同。

4. 沉降速度的计算

在给定介质中颗粒的沉降速度可采用以下计算方法：

（1）试差法

根据式(5-11)～式(5-13)计算沉降速度 u_t 时，首先需要根据雷诺准数 Re_t 值判断流型，才能选用相应的计算公式。但是，Re_t 中含有待求的沉降速度 u_t，所以沉降速度 u_t 的计算需采用试差法，即：先假设沉降属于某一流型（例如滞流区），选用与该流型相对应的沉降速度公式计算 u_t，然后用求出的 u_t 计算 Re_t 值，检验是否在原假设的流型区域内。如果与原假设一致，则计算的 u_t 有效。否则，按计算的 Re_t 值所确定的流型，另选相应的计算公式求 u_t，直到用 u_t 的计算值算出的 Re_t 值与选用公式的 Re_t 值范围相符为止。

（2）摩擦数群法

为避免试差，可将图5-2加以转换，使其两个坐标轴之一变成不包含 u_t 的无因次数群，进而便可求得 u_t。

由式(5-5)可得：

$$\zeta=\frac{4d(\rho_s-\rho)g}{3\rho u_t^2}$$

又因为

$$Re_t^2=\frac{d^2u_t^2\rho^2}{\mu^2}$$

上两式相乘可消去 u_t，即

$$\zeta Re_t^2=\frac{4d^3\rho(\rho_s-\rho)g}{3\mu^2} \tag{5-15}$$

再令

$$K=d\sqrt[3]{\frac{\rho(\rho_s-\rho)g}{\mu^2}} \tag{5-16}$$

得到

$$\zeta Re_t^2=\frac{4}{3}K^3 \tag{5-16a}$$

因 ζ 是 Re_t 的函数，则 ζRe_t^2 必然也是 Re_t 的函数，所以，图 5-2 的 ζ-Re_t 曲线可转化成 ζRe_t^2-Re_t 曲线，如图 5-3 所示。

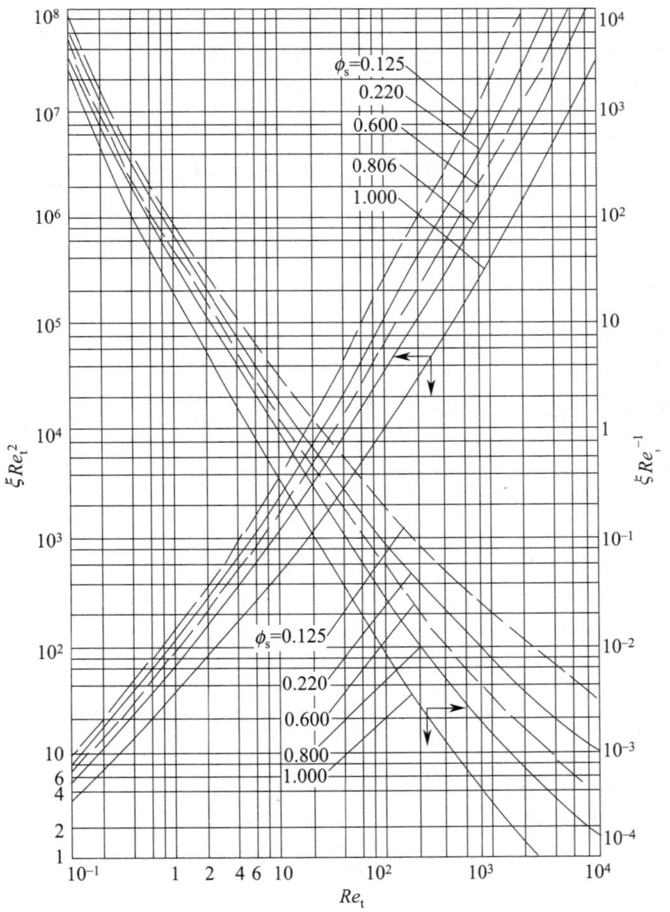

图 5-3 ζRe_t^2 及 ζRe_t^{-1}-Re_t 的关系曲线

计算 u_t 时，可先将已知数据代入式（5-15）求出 ζRe_t^2 值，再由图 5-3 的 ζRe_t^2-Re_t 曲线查出 Re_t，最后由 Re_t 反求 u_t，即

$$u_t=\frac{\mu Re_t}{d\rho}$$

若要计算介质中具有某一沉降速度 u_t 的颗粒的直径，可用 ζ 与 ζRe_t^{-1} 相乘，得到一不含颗粒直径 d 的无因次数群 ζRe_t^{-1}，即

$$\zeta Re_t^{-1}=\frac{4\mu(\rho_s-\rho)g}{3\rho^2 u_t^3} \tag{5-17}$$

同理，ζRe_t^{-1}-Re_t 曲线绘于图 5-3 中。根据 ζRe_t^{-1} 值查出 Re_t，再反求直径，即

$$d=\frac{\mu Re_t}{\rho u_t}$$

(3) 无因次判别因子

依照摩擦数群法的思路，可以设法找到一个不含 u_t 的无因次数群作为判别流型的判据。将式(5-11) 代入雷诺准数定义式，根据式(5-16) 得

$$Re_t=\frac{d^3(\rho_s-\rho)\rho g}{18\mu^2}=\frac{K^3}{18} \tag{5-18}$$

在斯托克斯定律区，$Re_t \leqslant 1$，则 $K \leqslant 2.62$，同理，将式(5-12) 代入雷诺准数定义式，由 $Re_t=1000$ 可得牛顿定律区的下限值为 69.1。因此，$K \leqslant 2.62$ 为斯托克斯定律区，$2.62<K<69.1$ 为艾仑定律区，$K>69.1$ 为牛顿定律区。

这样，计算已知直径的球形颗粒的沉降速度时，可根据 K 值选用相应的公式计算 u_t，从而避免试差。

【例 5-1】 直径为 90mm，密度为 3000kg/m³ 的固体颗粒分别在 25℃的空气和水中自由沉降，试计算其沉降速度。

解：沉降速度可用上述三种方法计算。即

(1) 在 25℃水中的沉降

假设颗粒在滞流区内沉降，沉降速度可用式(5-11) 计算，即

$$u_t=\frac{d^2(\rho_s-\rho)g}{18\mu}$$

由附录查得，25℃水的密度为 996.9kg/m³，黏度为 0.8973×10^{-3} Pa · s。

$$u_t=\frac{(90\times10^{-6})^2\times(3000-996.9)\times9.81}{18\times0.8973\times10^{-3}}\text{m/s}=9.855\times10^{-3}\text{m/s}$$

核算流型

$$Re_t=\frac{du_t\rho}{\mu}=\frac{90\times10^{-6}\times9.855\times10^{-3}\times996.9}{0.8973\times10^{-3}}=0.9854<1$$

原设滞流区正确，所求沉降速度有效。

(2) 在 25℃空气中的沉降

由附录查得，25℃时空气的密度为 1.185kg/m³，黏度为 1.84×10^{-5} Pa · s。根据无因次数群 K 值判别颗粒沉降流型。将已知数值代入式(5-16) 得

$$K=d\sqrt[3]{\frac{\rho(\rho_s-\rho)g}{\mu^2}}=90\times10^{-6}\times\sqrt[3]{\frac{1.185\times(3000-1.185)\times9.81}{(1.84\times10^{-5})^2}}=4.22$$

由于 K 值大于 2.62 而小于 69.1，所以沉降在过渡区，可用艾仑公式计算沉降速度。由式(5-12) 得

$$u_t=\frac{0.154g^{1/1.4}d^{\frac{1.6}{1.4}}(\rho_s-\rho)^{1/1.4}}{\rho^{\frac{0.4}{1.4}}\mu^{\frac{0.6}{1.4}}}$$

$$=\frac{0.154\times9.81^{1/1.4}\times(90\times10^{-6})^{1.6/1.4}\times(3000-1.185)^{1/1.4}}{1.185^{0.4/1.4}\times(1.84\times10^{-5})^{0.6/1.4}}\text{m/s}=0.580\text{m/s}$$

颗粒的沉降速度也可用摩擦数群法计算。

由式(5-16a) 计算不包括 u_t 的摩擦数群，即

$$\zeta Re_t^2=\frac{4}{3}K^3=\frac{4}{3}\times4.22^3=100.2$$

对于球形颗粒，$\phi_s=1$，由 ζRe_t^2 数值查得 $Re_t=3.0$，则

$$u_t=\frac{Re_t\mu}{d\rho}=\frac{3.0\times1.84\times10^{-5}}{90\times10^{-6}\times1.185}\text{m/s}=0.5176\text{m/s}$$

两法求得的 u_t 相差不大。

从以上计算看出，同一颗粒在不同介质中沉降时，具有不同的沉降速度，且属于不同的流型。所以，沉降速度 u_t 是由颗粒特性和流体特性综合决定的。

（二）重力沉降设备

1. 降尘室

降尘室是依靠重力沉降从气流中分离出尘粒的设备。

(1) 单层降尘室

最常见的降尘室如图 5-4 所示。含尘气体进入沉降室后，颗粒随气流有一水平向前的运动速度 u，同时，在重力作用下，以沉降速度 u_t 向下沉降。只要颗粒能够在气体通过降尘室的时间降至室底，便可从气流中分离出来。颗粒在降尘室的运动情况示于图 5-4 中。

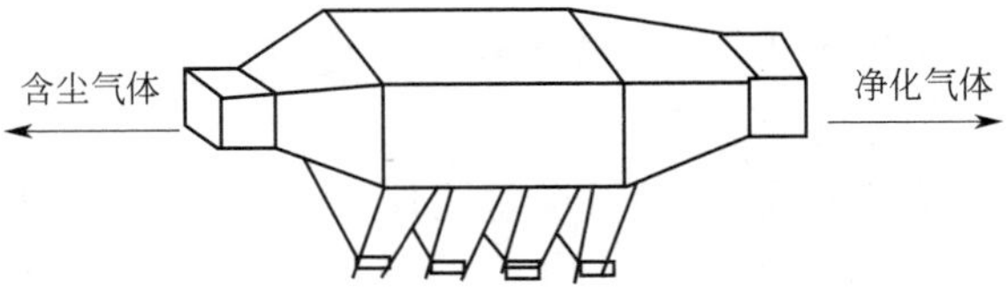

(a) 沉降室

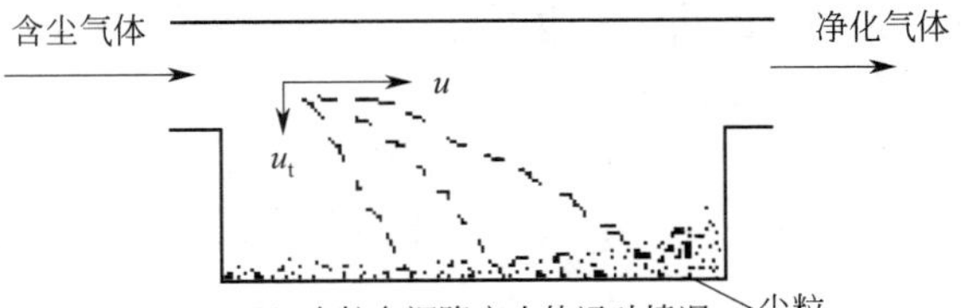

(b) 尘粒在沉降室内的运动情况

图 5-4 沉降室示意图

对于指定粒径的颗粒能够被分离出来的必要条件是气体在降尘室内的停留时间等于或大于颗粒从设备最高处降至底部所需要的时间。

设降尘室的长度为 l，m；宽度为 b，m；高度为 H，m；降尘室的生产能力(即含尘气通过降尘室的体积流量) 为 V_s，m^3/s；气体在降尘室内的水平通过速度为 u，m/s；则位于降尘室最高点的颗粒沉降到室底所需的时间为：

$$\theta_t=\frac{H}{u_t}$$

气体通过降尘室的时间为

$$\theta=\frac{l}{u}$$

若使颗粒被分离出来，则气体在降尘室内的停留时间至少需等于颗粒的沉降时间，即

$$\theta \geqslant \theta_t \text{ 或 } \frac{l}{u} \geqslant \frac{H}{u_t} \tag{5-19}$$

根据降尘室的生产能力，气体在降尘室内的水平通过速度为

$$u=\frac{V_s}{Hb}$$

将此式代入式(5-19) 并整理得 $V_s \leqslant blu_t$ (5-20)

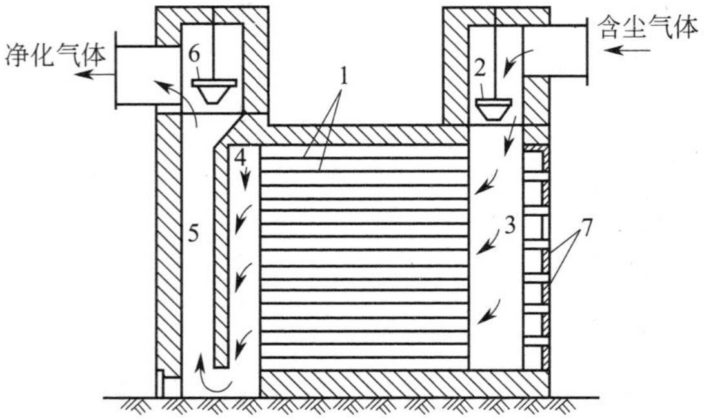

图 5-5 多层隔板式降尘室

1—隔板；2,6—调节阀；3—气体分配道；4—气体集聚道；5—气道；7—出灰口

(2) 多层降尘室

式(5-20) 表明，理论上降尘室的生产能力只与其沉降面积 bl 及颗粒的沉降速度 u_t 有关，而与降尘室高度 H 无关。所以降尘室一般设计成扁平形，或在室内均匀设置多层水平隔板，构成多层降尘室，如图 5-5 所示。通常隔板间距为 40～100mm。

若降尘室内设置多层水平隔板，则多层降尘室的生产能力变为

$$V_s=(n+1)blu_t \tag{5-20a}$$

降尘室高度的选取还应考虑气体通过降尘室的速度不应过高，一般应保证气体流动的雷诺准数处于层流状态，气速过高会干扰颗粒的沉降或将已沉降的颗粒重新扬起。

通常，被处理的含尘气体中的颗粒大小不均，沉降速度 u_t 应根据需完全分离的最小颗粒尺寸计算。

降尘室结构简单，流体阻力小，但体积庞大，分离效率低，通常只适用于分离粒度大于 50μm 的粗粒，一般作为预除尘使用。多层降尘室虽能分离较细的颗粒且节省占地面积，但清灰比较麻烦。

【例 5-2】 采用降尘室回收常压炉气中所含的球形固体颗粒。降尘室底面积为 $10m^2$，宽和高均为 2m。操作条件下，气体密度为 $0.75kg/m^3$，黏度为 $2.6\times10^{-5}Pa\cdot s$；固体的密度为 $3000kg/m^3$；降尘室的生产能力为 $3m^3/s$。求：(1) 理论上能完全捕集的最小颗粒直径；(2) 粒径为 40mm 的颗粒回收百分率；(3) 欲完全回收直径为 10mm 的尘粒，在原降尘室内应设置多少层水平隔板。

解：(1) 理论上能捕集的最小颗粒直径

由式(5-20) 可知，降尘室能够完全分离出来的最小颗粒的沉降速度为

$$u_t=\frac{V_s}{bl}=\frac{3}{10}m/s=0.3m/s$$

假设沉降在斯托克斯定律区，则

$$d_{min}=\sqrt{\frac{18\mu u_t}{(\rho_s-\rho)g}}\approx\sqrt{\frac{18\times2.6\times10^{-5}\times0.3}{3000\times9.81}}m=6.907\times10^{-5}m$$

核算沉降流型

$$Re_t=\frac{du_t\rho}{\mu}=\frac{6.907\times10^{-5}\times0.3\times0.75}{2.6\times10^{-5}}=0.598<1$$

沉降在滞流区，能被分离出来的最小粒径为 69.07μm。

(2) 粒径为 40μm 的颗粒回收百分率

由以上计算知，直径为 40μm 的颗粒的沉降必定在滞流区，其沉降速度可用斯托克斯公式计算。

假设在降尘室入口处的炉气中是均匀分布的，则颗粒在降尘室内的沉降高度与降尘室高度之比约等于该尺寸颗粒被分离下来的百分率。因此，直径为 40μm 的颗粒被回收的百分率约为

$$\frac{H'}{H}=\left(\frac{u'_t\theta}{u_t\theta}\right)=\left(\frac{d'}{d}\right)^2=\left(\frac{40}{69.07}\right)^2=0.3354 \text{ 即 } 33.54\%$$

(3) 欲完全回收直径为 10μm 的颗粒应设置的水平隔板数

多层降尘室中需设置的水平隔板数 n 用式(5-20a) 计算。

从以上计算知，直径为 10μm 的颗粒的沉降在滞流区内，故

$$u_t=\frac{d^2(\rho_s-\rho)g}{18\mu}$$

$$=\frac{(10\times10^{-6})^2\times(3000-0.75)\times9.81}{18\times2.6\times10^{-5}}\text{m/s}=0.006287\text{m/s}$$

对于多层降尘室

$$V_s=(n+1)blu_t$$

$$n=\frac{V_s}{blu_t}-1=\frac{3}{10\times0.006287}-1=46.72$$

取 $n=47$，则隔板间距为

$$h=\frac{H}{n+1}=\frac{2}{48}\text{m}=0.04167\text{m}$$

校核气体通过多层降尘室的 Re：

$$u=\frac{V_s}{Hb}=\frac{3}{2\times2}\text{m/s}=0.75\text{m/s}$$

$$d_e=\frac{4bh}{2(b+h)}=\frac{4\times2\times0.04167}{2\times(2+0.04167)}=0.08164$$

$$Re=\frac{\rho ud_e}{\mu}=\frac{0.75\times0.75\times0.08164}{2.6\times10^{-5}}=1766<2000$$

即在原降尘室内设置 47 层隔板，理论上可全部回收直径为 10μm 的颗粒，且气体在降尘室中的流动处于层流状态。

2. 沉降槽

沉降槽是利用重力沉降来提高悬浮液浓度并同时得到澄清液体的设备。所以，沉降槽又称为增浓器和澄清器。沉降槽可间歇操作也可连续操作。

间歇沉降槽通常是带有锥底的圆槽。需要处理的悬浮液在槽内静置足够时间后，增浓的沉渣由槽底排出，清液则由槽上部排出管抽出。

连续沉降槽是底部略成锥状的大直径浅槽，如图 5-6 所示。悬浮液经中央进料口送到液面以下 0.3～1.0m 处，在尽可能减小扰动的情况下，迅速分散到整个横截面上，液体向上流动，清液经由槽顶端四周的溢流堰连续流出，称为溢流；固体颗粒下沉至底部，槽底有徐徐旋转的耙将沉渣缓慢地聚拢到底部中央的排渣口连续排出。排出的稠浆称为底流。

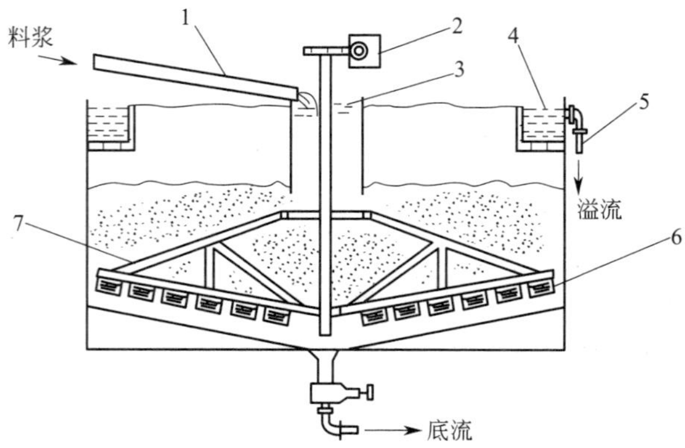

图 5-6 连续沉降槽

1—进料槽道；2—转动机构；3—料井；4—溢流槽；5—溢流管；6—叶片；7—转耙

连续沉降槽的直径，小者为数米，大者可达数百米；高度为 2.5～4m。有时将数个沉降槽垂直叠放，共用一根中心竖轴带动各槽的转耙。这种多层沉降槽可以节省地面，但操作控制较为复杂。

连续沉降槽适合于处理量大、浓度不高、颗粒不太细的悬浮液，常见的污水处理就是一例。经沉降槽处理后的沉渣内仍有约 50%的液体。

沉降槽有澄清液体和增浓悬浮液的双重功能。为了获得澄清液体，沉降槽必须有足够大的横截面积，以保证任何瞬间液体向上的速度小于颗粒的沉降速度。为了把沉渣增浓到指定的稠度，要求颗粒在槽中有足够的停留时间。所以沉降槽的加料口以下的增浓段必须有足够的高度，以保证压紧沉渣所需要的时间。在沉降槽的增浓段中，大都发生颗粒的干扰沉降，所进行的过程称为沉聚过程。

为了在给定尺寸的沉降槽内获得最大可能的生产能力，应尽可能提高沉降速度。向悬浮液中添加少量电解质或表面活性剂，使颗粒发生“凝聚”或“絮凝”；改变一些物理条件（如加热、冷冻或振动），使颗粒的粒度或相界面积发生变化，都有利于提高沉降速度；沉降槽中的装置搅拌耙，除能把沉渣导向排出口外，还能减低非牛顿型悬浮物物系的表观黏度，并能促使沉淀物的压紧，从而加速沉聚过程。搅拌耙的转速应选择适当，通常小槽耙的转速为 1r/min，大槽耙的转速在 0.1r/min 左右。

3. 分级器

利用重力沉降可将悬浮液中不同粒度的颗粒进行粗略分离，或将两种不同密度的颗粒进行分类，这样的过程统称为分级，实现分级操作的设备称为分级器。

二、离心沉降

惯性离心力作用下实现的沉降过程称为离心沉降。对于两相密度差较小，颗粒较细的非均相物系，在离心力场中可得到较好的分离。通常，气固非均相物质的离心沉降是在旋风分离器中进行，液固悬浮物系的离心沉降可在旋液分离器或离心机中进行。

（一）惯性离心力作用下的沉降速度

当流体围绕某一中心轴做圆周运动时，便形成了惯性离心力场。在与轴距离为 R、切向速度为 u_T 的位置上，离心加速度为$\frac{u_T^2}{R}$。显见，离心加速度不是常数，它随位置及切向速度而变，其方向是沿旋转半径从中心指向外周。而重力加速度 g 基本上可视作常数，其方向指向地心。

当流体带着颗粒旋转时，如果颗粒的密度大于流体的密度，则惯性离心力将会使颗粒在径向上与流体发生相对运动而飞离中心。和颗粒在重力场中受到三个作用相似，惯性离心力场中颗粒在径向上也受到三个力的作用，即惯性离心力、向心力（相当于重力场中的浮力，其方向为沿半径指向旋转中心）和阻力（与颗粒的运动方向相反，其方向为沿半径指向中心）。如果球形颗粒的直径为 d、密度为 ρ_s，流体密度为 ρ，颗粒与中心轴的距离为 R，切向速度为 u_T，则上述三个力分别为

$$惯性离心力=\frac{\pi}{6}d^3\rho_s\frac{u_T^2}{R}$$

$$向心力=\frac{\pi}{6}d^3\rho\frac{u_T^2}{R}$$

$$阻力=\zeta\frac{\pi}{4}d^2\frac{\rho u_r^2}{2}$$

式中　u_r——颗粒与流体在径向上的相对速度，m/s。

平衡时颗粒在径向上相对于流体的运动速度 u_r 便是它在此位置上的离心沉降速度：

$$u_r=\sqrt{\frac{4d(\rho_s-\rho)}{3\rho\zeta}\times\frac{u_T^2}{R}} \tag{5-21}$$

比较式(5-21) 与式(5-5) 可以看出，颗粒的离心沉降速度 u_r 与重力沉降速度 u_t 具有相似的关系式，若将重力加速度 g 用离心加速度 $\frac{u_T^2}{R}$ 代替，则式(5-5) 便成为式(5-21)。但是离心沉降速度 u_r 不是颗粒运动的绝对速度，而是绝对速度在径向上的分量，且方向不是向下而是沿半径向外；另外，离心沉降速度 u_r 随位置而变，不是恒定值，而重力沉降速度 u_t 则是恒定不变的。

离心沉降时，若颗粒与流体的相对运动处于滞流区，阻力系数 ζ 可用式(5-8) 表示，于是得到：

$$u_r=\frac{d^2(\rho_s-\rho)}{18\mu}\times\frac{u_T^2}{R} \tag{5-22}$$

式(5-22) 与式(5-11) 相比可知，同一颗粒在相同介质中的离心沉降速度与重力沉降速度的比值为

$$\frac{u_r}{u_t}=\frac{u_T^2}{gR}=K_c \tag{5-23}$$

比值 K_c 就是粒子所在位置上的惯性离心力场强度与重力场强度之比，称为离心分离因数。分离因数是离心分离设备的重要指标。某些高速离心机，分离因数 K_c 值可高达数十万。旋风或旋液分离器的分离因数一般在 5～2500 之间。例如，当旋转半径 $R=0.3$m、切向速度 $u_T=20$m/s 时，分离因数为

$$K_c=\frac{20^2}{9.81\times0.3}=136$$

这表明颗粒在上述条件下的离心沉降速度比重力沉降速度大百倍以上，足见离心沉降设备的分离效果远较重力沉降设备为高。

（二）离心沉降分离设备

1. 旋风分离器

（1）旋风分离器的结构与操作原理

旋风分离器是利用惯性离心力的作用从气体中分离出尘粒的设备。图 5-7 所示是旋风分离器代表性的结构形式，称为标准旋风分离器。主体的上部为圆筒形，下部为圆锥形。各部位尺寸均与圆筒直径成比例，比例标注于图中。

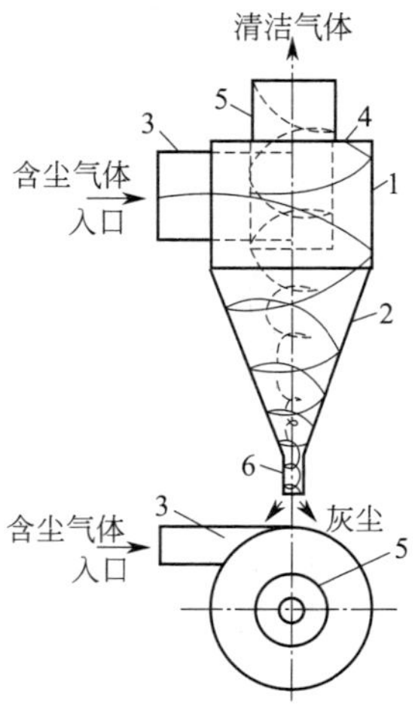

图 5-7 旋风分离器

1—外壳；2—锥形底；3—气体入口管；4—上盖；5—气体出口管；6—除尘管

含尘气体由圆筒上部的进气管切向进入，受器壁的约束由上向下做螺旋运动。在惯性离心力作用下，颗粒被抛向器壁，再沿壁面落至锥底的排灰口而与气流分离。净化后的气体在中心轴附近由下而上做螺旋运动，最后由顶部排气管排出。图 5-7 的侧视图上描绘了气流在器内的运动情况。通常，把下行的螺旋形气流称为外旋流，上行的螺旋形气流称为内旋流（又称气芯）。内、外旋流气体的旋转方向相同。外旋流的上部是主要除尘区。上行的内旋流形成低压气心，其压力低于气体出口压力，要求出口或集尘室密封良好，以防气体漏入而降低除尘效果。

旋风分离器的应用已有近百年的历史，因其结构简单，造价低廉，没有活动部件，可用多种材料制造，操作范围广，分离效率较高，所以至今仍在化工、采矿、冶金、机械、轻工等行业广泛采用。旋风分离器一般用来除去气流中直径在 5μm 以上的颗粒。对颗粒含量高于 $200g/m^3$ 的气体，由于颗粒聚结作用，它甚至能除去 3μm 以下的颗粒。旋风分离器还可以从气流中分离除去雾沫。对于直径在 5μm 以下的小颗粒，需用袋滤器或湿法捕集。旋风分离器不适用于处理黏性粉尘、含湿量高的粉尘及腐蚀性粉尘。

(2) 旋风分离器的性能

评价旋风分离器性能的主要指标是从气流中分离颗粒的效果及气体经过旋风分离器的压力降。分离效果可用临界粒径和分离效率来表示。

① 临界粒径　临界粒径是指理论上能够完全被旋风分离器分离下来的最小颗粒直径。临界粒径是判断旋风分离器分离效率高低的重要依据之一。临界粒径越小，说明旋风分离器的分离性能越好。

临界粒径的大小很难精确测定，一般可在如下简化条件下推出临界粒径的近似计算式。

a. 进入旋风分离器的气流严格按螺旋形路线做等速运动，其切向速度恒定且等于进口气速 u_i。

b. 颗粒向器壁沉降时，其沉降距离为整个进气管宽度 B。

c. 颗粒在滞流区做自由沉降，其径向沉降速度可用式(5-22) 计算。

对气固混合物，因为固体颗粒的密度远大于气体密度，即 $\rho \leqslant \rho_s$，故式(5-21) 中的 $\rho_s-\rho \approx \rho_s$；同时旋转半径 R 可取平均值 R_m，则气流中颗粒的离心沉降速度为：

$$u_r=\frac{d^2\rho_s u_i^2}{18\mu R_m}$$

颗粒到达器壁所需的沉降时间为

$$\theta_t=\frac{B}{u_r}=\frac{18\mu R_m B}{d^2\rho_s u_i^2}$$

令气流的有效旋转圈数为 N_e，则气流在器内运行的距离为 $2\pi R_m N_e$，因此停留时间为

$$\theta=\frac{2\pi R_m N_e}{u_i}$$

若某种尺寸的颗粒所需的沉降时间 θ_t 恰好等于停留时间 θ，该颗粒就是理论上能被完全分离下来的最小颗粒。其直径即为临界粒径，用 d_c 表示，则

$$\frac{18\mu R_{m}B}{d_{c}^{2}\rho_{s}u_{i}^{2}}=\frac{2\pi R_{m}N_{e}}{u_{i}}$$

得
$$d_{c}=\sqrt{\frac{9\mu B}{\pi N_{e}\rho_{s}u_{i}}} \tag{5-24}$$

在推导式(5-24)时所做的a、b两项假设与实际情况差距较大，但这个公式非常简单，只要给出合适的 N_e 值，尚属可用。N_e 的数值一般为0.5～3.0，标准旋风分离器的 N_e 为5。

由于旋风分离器的其他尺寸均与 D 成一定比例，由式(5-24)可见，临界粒径随分离器尺寸增大而加大，因此分离效率随分离器尺寸增大而减小。所以，当气体处理量很大时，常将若干个小尺寸的旋风分离器并联使用（称为旋风分离器组），如图5-8所示，以维持较好的除尘效果。

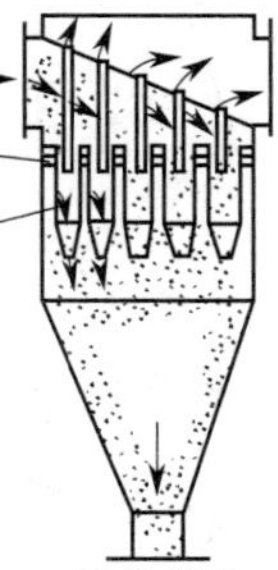

图5-8 旋风分离器组

② 分离效率 旋风分离器的分离效率有两种表示法：一是总效率，以 η_0 代表；二是分效率，又称粒级效率，以 η_p 代表。

a. 总效率 η_0。总效率是指进入旋风分离器的全部颗粒中被分离下来的质量分率，即

$$\eta_{0}=\frac{C_{1}-C_{2}}{C_{1}} \tag{5-25}$$

式中 C_1——旋风分离器进口气体含尘浓度，g/m^3；

C_2——旋风分离器出口气体含尘浓度，g/m^3。

总效率是工程中最常用的，也是最易于测定的分离效率。但这种表示方法的缺点是不能表明旋风分离器对各种尺寸粒子的不同分离效率。

b. 粒级效率 η_{pi}。按各种粒度分别表明其被分离下来的质量分率，称为粒级效率。通常是把气流中所含颗粒的尺寸范围分成 n 个小段，而其中有 i 个小段范围的颗粒（平均粒径为 d_i）的粒级效率定义为

$$\eta_{pi}=\frac{C_{1i}-C_{2i}}{C_{1i}} \tag{5-26}$$

式中 C_{1i}——进口气体中粒径在第 i 小段范围内的颗粒的浓度，g/m^3；

C_{2i}——出口气体中粒径的第 i 小段范围内的颗粒的浓度，g/m^3。

粒级效率 η_p 与颗粒直径 d_i 的对应关系可用曲线表示，称为粒级效率曲线。这种曲线可通过实测旋风分离器进、出气流中所含尘粒的浓度及粒度分布而获得。

通常，把旋风分离器的粒级效率 η_p 标成粒径比 $\frac{d}{d_{50}}$ 的函数曲线。d_{50} 是粒级效率恰为50%的颗粒直径，称为分割粒径。对图5-7所示的标准旋风分离器，其 d_{50} 可用下式估算

$$d_{50}\approx 0.27\sqrt{\frac{\mu D}{u_{i}(\rho_{s}-\rho)}} \tag{5-27}$$

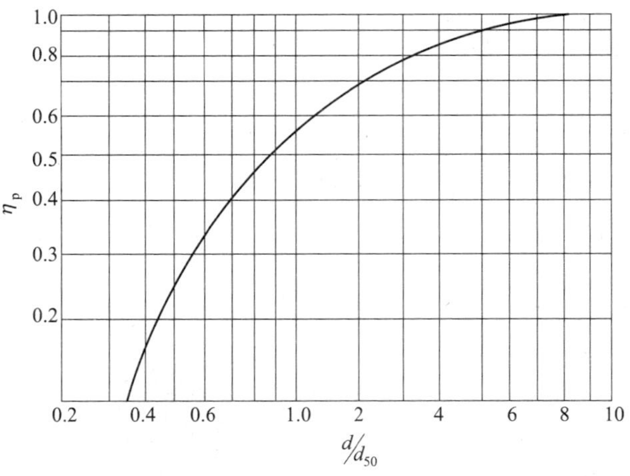

图 5-9　标准旋风分离器的粒级效率

标准旋风分离器的粒级效率 η_p-$\frac{d}{d_{50}}$ 曲线见图 5-9。对于同一类型且尺寸比例相同的旋风分离器，无论大小，皆可通用同一条 η_p-$\frac{d}{d_{50}}$ 曲线，这就给旋风分离器效率的估算带来了很大方便。

c. 由粒级效率估算总效率。前述的旋风分离器总效率 η_0，不仅取决于各种颗粒的粒级效率，而且取决于气流中所含尘粒的粒度分布。即使同一设备处于同样操作条件下，如果气流含尘的粒度分布不同，也会得到不同的总效率。如果已知粒级效率曲线及气流中颗粒的粒度分布数据，则可按下式估算总效率：

$$\eta_0 = \sum_{i=1}^{n} x_i \eta_{pi} \tag{5-28}$$

式中　x_i——粒径在第 i 小段范围内的颗粒占全部颗粒的质量分率；

η_{pi}——第 i 小段粒径范围内颗粒的粒级效率；

n——全部粒径被划分的段数。

③ 压力降　气体经过旋风分离器时，由于进气管和排气管及主体器壁所引起的摩擦阻力，流动时的局部阻力以及气体旋转运动所产生的动能损失等，造成气体的压力降。压力降的大小，直接影响动力消耗，也为工艺条件所限制。可以仿照项目一中流动阻力计算的方法，将压力降看作与气体进口动能成正比，即

$$\Delta p = \zeta \frac{\rho u_i^2}{2} \tag{5-29}$$

式中　ζ——比例系数，亦即阻力系数。

对于同一结构类型及尺寸比例的旋风分离器，ζ 为常数，不因尺寸大小而变。例如图 5-7 所示的标准旋风分离器，其阻力系数 $\zeta=8.0$。旋风分离器的压降一般为 500～2000Pa。

④ 影响旋风分离器性能的因素　气流在旋风分离器内的流动情况和分离机理均非常复杂，因此影响旋风分离器性能的因素较多，其中最重要的是物系性质及操作条件。一般说来，颗粒密度大、粒径大、进口气速高及粉尘浓度高等情况均有利于分离。譬如，含尘浓度高则有利于颗粒的聚结，可以提高效率，而且颗粒浓度增大可以抑制气体涡流，从而使阻力下降，所以较高的含尘浓度对压力降与效率两个方面都是有利的。但有些因素对这两方面的影响是相互矛盾的，譬如进口气速稍高有利于分离，但过高则导致涡流加剧，增大压力降也不利于分离。因此，旋风分离器的进口气速在 10～25m/s 范围内为宜。气量波动对除尘效果及压力降影响明显。

(3) 旋风分离器类型与选用

旋风分离器的性能不仅受含尘气的物理性质、含尘浓度、粒度分布及操作条件的影响，还与设备的结构尺寸密切相关。只有各部分结构尺寸恰当，才能获得较高的分离效率和较低

的压力降。

近年来，为提高分离效率或降低压降，在旋风分离器的结构设计中，主要从以下几个方面进行改进：

① 采用细而长的器身。减小器身直径可增大惯性离心力，增加器身长度可延长气体停留时间，所以，细而长的器身有利于颗粒的离心沉降，使分离效率提高。

② 减小上涡流的影响。含尘气体自进气管进入旋风分离器后，有一小部分气体向顶盖流动，然后沿排气管外侧向下流动，当达到排气管下端时汇入上升的内旋气流中，这部分气流称为上涡流。上涡流中的颗粒也随之由排气管排出，使旋风分离器的分离效率降低。采用带有旁路分离室或采用异形进气管的旋风分离器，可以改善上涡流的影响。

③ 消除下旋流影响。在标准旋风分离器内，内旋流旋转上升时，会将沉集在锥底的部分颗粒重新扬起，这是影响分离效率的另一重要原因。为抑制这种不利因素设计了扩期式旋风分离器。

④ 排气管和灰斗尺寸的合理设计都可使除尘效率提高。

鉴于以上考虑，对标准旋风分离器加以改进，设计出一些新的结构形式。目前我国对各种类型的旋风分离器已制定了系列标准，各种型号旋风分离器的尺寸和性能均可从有关资料和手册中查到。现列举几种化工中常见的旋风分离器类型。

① XLT/A 型。这种旋风分离器具有倾斜螺旋面进口，其结构如图 5-10 所示。倾斜方向进气可在一定程度上减小涡流的影响，并使气流阻力较低（阻力系数 ζ 值可取 5.0～5.5）。

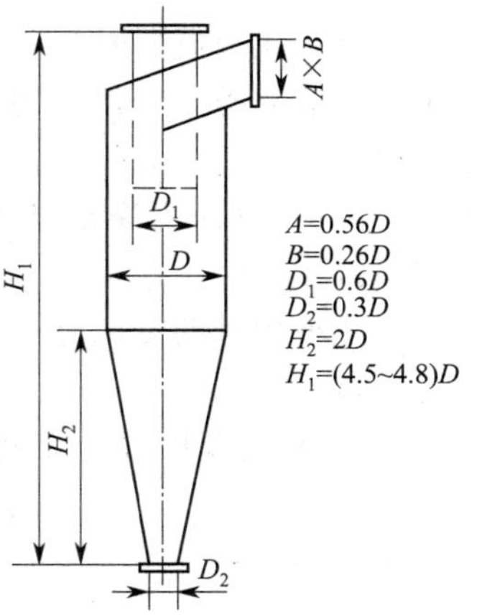

图 5-10 XLT/A 型旋风分离器

② XLP 型。XLP 型是带有旁路分离室的旋风分离器，采用蜗壳式进气口，其上沿较器体顶盖稍低。含尘气进入器内后即分为上、下两股旋流。“旁室”结构能迫使被上旋流带到顶部的细微尘粒聚结并由旁室进入向下旋转的主气流而得以捕集，对 5μm 以上的尘粒具有较高的分离效果。根据器体及旁路分离室形状的不同，XLP 型又分为 A 和 B 两种形式，图 5-11 所示为 XLP/B 型，其阻力系数值可取 4.8～5.8。

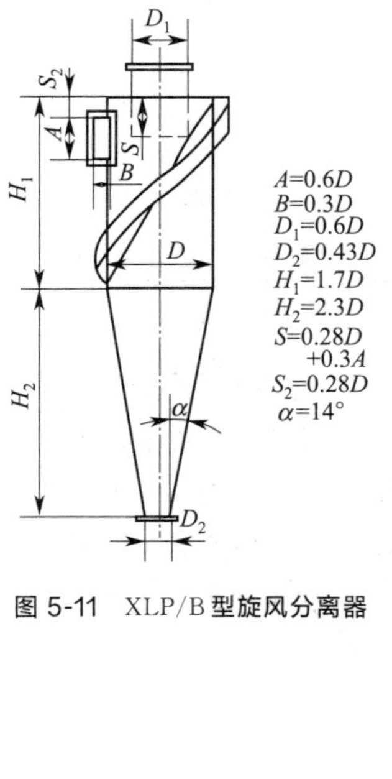

图 5-11 XLP/B 型旋风分离器

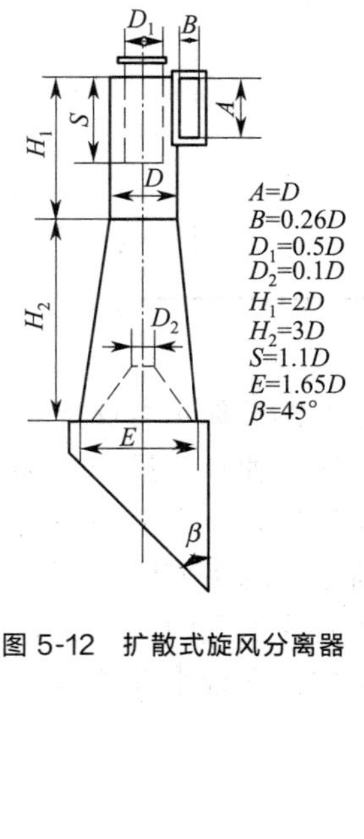

图 5-12 扩散式旋风分离器

③ 扩散式。扩散式旋风分离器的结构如图 5-12 所示，其主要特点是具有上小下大的外壳，并在底部装有挡灰盘（又称反射屏）。挡灰盘为倒置的漏斗型，顶部中央有孔，下沿与器壁底圈留有缝隙。沿壁面落下的颗粒经此缝隙降至集尘箱内，而气流主体被挡灰盘隔开，少量进入箱内的气体则经挡灰盘顶部的小孔返回器内，与上升旋流汇合经排气管排出。挡灰盘有效地防止了已沉下的细粉被气流重新卷起，因而使效率提高，尤其对 10μm 以下的颗粒，分离效果更为明显。

几种类型旋风分离器的主要性能列于表 5-1。

表 5-1 几种类型旋风分离器主要性能

类　型	标　准　式	XLT/A	XLP/B	扩　散　式
适宜进口气速 u_i/(m/s)	10～20	10～18	12～20	12～16
阻力系数 ζ	8	5.0～5.5	4.8～5.8	6.5～7.0
对粒度适应性/μm	10 以上	10 以上	5 以上	10 以下
对浓度适应性/(g/m³)		4.0～50	宽范围	1.7～200

选择旋风分离器时，首先应根据具体的分离含尘气体任务，结合各型设备的特点，选定旋风分离器的类型，而后通过计算决定尺寸与个数。计算的主要依据有：含尘气的体积流量；要求达到的分离效率；允许的压力降。表 5-2 中所列生产能力的数值为气体流量，单位为 m^3/h；所列压力降是当气体密度为 $1.2kg/m^3$ 时的数值，当气体密度不同时，压力降数值应予以校正。

当几种型号的旋风分离器可同时满足生产能力和压力降要求时，则应比较其除尘效率并参考价格。

XLP/B 型及扩散式旋风分离器的性能分别列于表 5-2 及表 5-3 中。

表 5-2 XLP/B 型旋风分离器的生产能力　　单位：m^3/h

型　号	圆筒径 D/mm	进口气速 u_i/(m/s)		
		12	16	20
		压力降 Δp/Pa		
		412	67	1128
XLP/B-3.0	300	700	930	1160
XLP/B-4.2	420	1350	1800	2250
XLP/B-5.4	540	2200	2950	3700
XLP/B-7.0	700	3800	5100	6350
XLP/B-8.2	820	5200	6900	8650
XLP/B-9.4	940	6800	9000	11300
XLP/B-10.6	1060	8550	11400	14300

2. 旋液分离器

旋液分离器又称水力旋流器，是利用离心沉降原理从悬浮液中分离固体颗粒的设备，它的结构与操作原理和旋风分离器类似。设备主体也是由圆筒和圆锥两部分组成，如图 5-13 所示。悬浮液经入口管沿切向进入圆筒部分。向下做螺旋形运动，固体颗粒受惯性离心力作用被甩向器壁，随下旋流降至锥底的出口，由底部排出的增浓液称为底流；清液或含有微细颗粒的液体则为上升的内旋流，从顶部的中心管排出，称为溢流。顶部排出清液的操作称为增浓，顶部排出含细小颗粒液体的操作称为分级。内层旋流中心有一个处于负压的气柱。气柱中的气体是由料浆中释放出来的，或者是由溢流管口暴露于大气中时而将空气吸入器内的。

表 5-3　扩散式旋风分离器的生产能力　　单位：m^3/h

型号	圆筒径 D/mm	进口气速 u_i/(m/s)			
		14	16	18	20
		压力降 Δp/Pa			
		78	1030	1324	1570
1	250	820	920	1050	1170
2	300	1170	1330	1500	1670
3	370	1790	2000	2210	2500
4	455	2620	3000	3380	3760
5	525	3500	4000	4500	5000
6	585	4380	5000	5630	6250
7	645	5250	6000	6750	7500
8	695	6130	7000	7870	8740

旋液分离器的结构特点是直径小而圆锥部分长。因为液固密度差比气固密度差小，在一定的切线进口速度下，较小的旋转半径可使颗粒受到较大的离心力而提高沉降速度；同时，锥形部分加长可增大液流的行程，从而延长了悬浮液在器内的停留时间，有利于液固分离。

旋液分离器中颗粒沿器壁快速运动，对器壁产生严重磨损，因此，旋液分离器应采用耐磨材料制造或采用耐磨材料做内衬。

旋液分离器不仅可用于悬浮液的增浓、分级，而且还可用于不互溶液体的分离、气液分离以及传热、传质和雾化等操作中，因而广泛应用于多种工业领域中。

近年来，世界各国对超小型旋液分离器（指直径小于 15mm 的旋液分离器，如图 5-13 所示）进行开发。超小型旋液分离器组适用于微细物料悬浮液的分离操作，颗粒直径可小到 2～5μm。

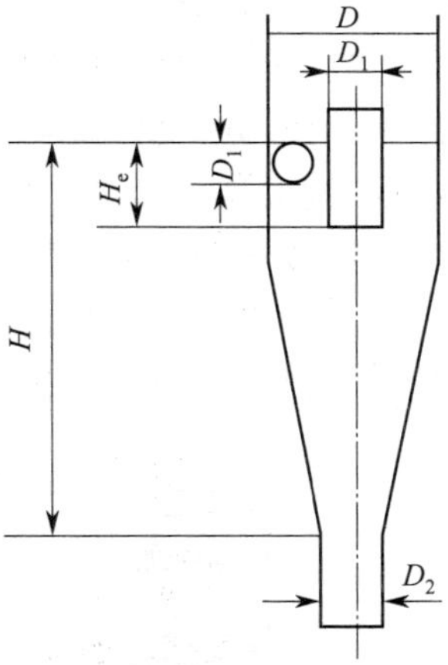

图 5-13　旋液分离器

3. 沉降分离离心机

离心机是利用惯性离心力分离非均相混合物的机械。它与旋液分离器的主要区别在于离心力是由设备（转鼓）本身旋转而产生的。由于离心机可产生很大的离心力，故可用来分离用一般方法难于分离的悬浮液或乳浊液。

沉降式或分离式离心机的鼓壁上没有开孔。若被处理物料为悬浮液，其中密度较大的颗粒沉积于转鼓内壁而液体集中于中央并不断引出，此种操作即为离心沉降；若被处理物料为乳浊液，则两种液体按轻重分层，重者在外，轻者在内，各自从适当的径向位置引出，此种操作即为离心分离。

根据转鼓和固体卸料机构的不同，离心机可分为无孔转鼓式、碟片式、管式等类型。

根据分离因数又可将离心机分为：

常速离心机 $K_c < 3\times10^3$（一般为 600～1200）

高速离心机 $K_c = 3\times10^3 \sim 5\times10^4$

超速离心机 $K_c > 5\times10^4$

最新式的离心机，其分离因数可高达 5×10^5 以上，常用来分离胶体颗粒及破坏乳浊液

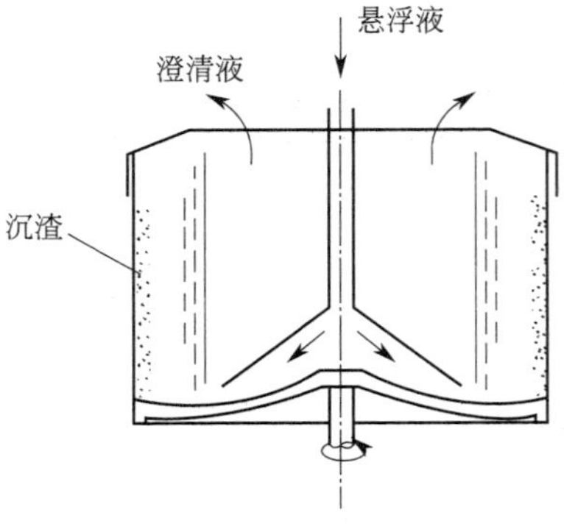

图 5-14 转鼓式离心机示意图

等。分离因数的极限值取决于转动部件的材料强度。

离心机的操作方式也分为间歇操作与连续操作。此外，还可根据转鼓轴线的方向将离心机分为立式与卧式。

① 无孔转鼓式离心机 无孔转鼓式离心机（如图 5-14）的主体为一无孔的转鼓。由于扇形板的作用，悬浮液被转鼓带动做高速旋转。在离心力场中，固粒一方面向鼓壁做径向运动，另一方面随流体做轴向运动。上清液从撇液管或溢流堰排出鼓外，固粒留在鼓内间歇或连续地从鼓内卸出。

颗粒被分离出去的必要条件是悬浮液在鼓内的停留时间要大于或等于颗粒从自由液面到鼓壁所需的时间。

无孔转鼓式离心机的转速大多在 450～4500r/min 的范围内，处理能力为 $6\sim10m^3/h$，悬浮液中固相体积分率为 3%～5%。主要用于泥浆脱水和从废液中回收固体。

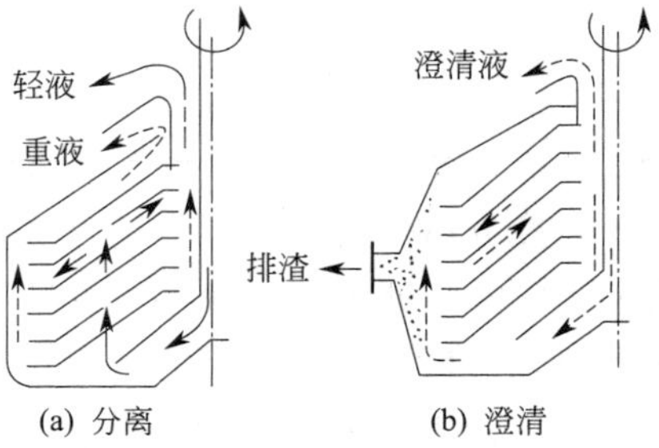

图 5-15 碟式分离机

② 蝶式分离机（如图 5-15） 蝶式分离机的转鼓内装有许多倒锥形碟片，碟片直径一般为 0.2～0.6m，碟片数目为 50～100 片。转鼓以 4700～8500r/min 的转速旋转，分离因数可达 4000～10000。这种分离机可用作澄清悬浮液中少量粒径小于 0.5μm 的微细颗粒以获得清净的液体，也可用于乳浊液中轻、重两相的分离，如油料脱水等。

用于分离操作时，碟片上带有小孔，料液通过小孔分配到各碟片通道之间。在离心力作用下，重液（及其夹带的少量固体杂质）逐步沉于每一碟片的下方并向转鼓外缘移动，经汇集后由重液出口连续排出。轻液则流向轴心由轻液出口排出。

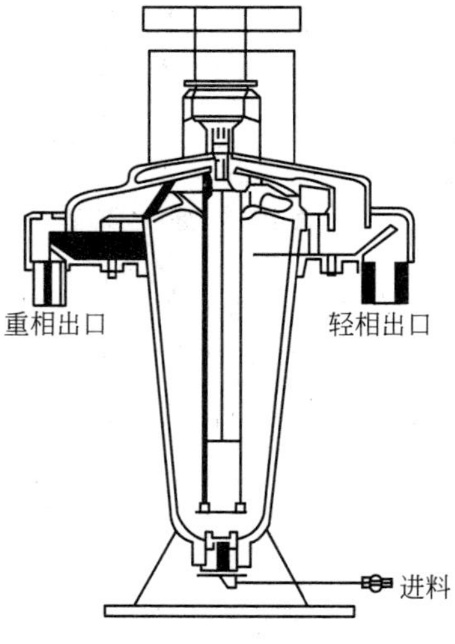

图 5-16 管式高速离心机

用于澄清操作时，碟片上不开孔，料液从转动碟片的四周进入碟片间的通道并向轴心流动。同时，固体颗粒则逐渐向每一碟片的下方沉降，并在离心力作用下向碟片外缘移动。沉积在转鼓内壁的沉渣可在停车后用人工卸除或间歇地用液压装置自动地排除。重液出口用垫圈堵住，澄清液体由轻液出口排出。蝶式分离机适合于净化带有少量微细颗粒的黏性液体（涂料、油脂等），或润滑油中少量水分的脱除等。

③ 管式高速离心机（如图 5-16） 管式高速离心机的结构特点是转鼓成为细高的管式构形。管式高速离心机是一种能产生高强度离心力场的分离机，其转速高达 8000～50000r/min，具有很高的分离因数（K_c＝15000～60000），能分离普通离心机难以处理的物料，如分离乳浊液及含有稀薄微细颗粒的悬浮液。

乳浊液或悬浮液在表压 0.025～0.03MPa 下，由底部进料管送入转鼓，鼓内有径向安装的挡板（图中未画出），以便带动液体迅速旋转。如处理乳浊液，则液体分轻重两层各由上部不同的出口流出；如处理悬浮液，则可只有一个液体出口，而微粒附着于鼓壁上，一定时间后停车取出。

【例 5-3】 用如图 5-7 所示的标准旋风分离器净化含尘气体。已知固体密度为 $1100kg/m^3$、颗粒直径为 $5.5\mu m$；气体密度为 $1.2kg/m^3$、黏度为 $1.8\times10^{-5}Pa\cdot s$、流量为 $0.40m^3/s$；允许压力降为 2000Pa。试估算采用以下各方案时的设备尺寸及分离效率。

（1）一台旋风分离器。

（2）四台相同的旋风分离器串联。

（3）四台相同的旋风分离器并联。

解： 本题在规定气体处理量及允许压力降条件下，比较不同方案的除尘效率及设备尺寸（即设备投资）。

（1）一台旋风分离器

标准型旋风分离器的阻力系数为 8.0，依式(5-29) 可得

$$u_i=\sqrt{\frac{2\Delta p}{\zeta\rho}}=\left(\frac{2\times2000}{8.0\times1.2}\right)^{0.5}m/s=20.41m/s$$

旋风分离器进口截面积为

$$hB=\frac{D^2}{8}\text{同时 }hB=\frac{V_s}{u_i}$$

故旋风分离器的圆筒直径为

$$D=\sqrt{\frac{8V_s}{u_i}}=\sqrt{\frac{8\times0.40}{20.41}}m=0.3960m$$

再依式(5-27) 计算分割粒径，即

$$d_{50}\approx0.27\sqrt{\frac{\mu D}{u_i(\rho_s-\rho)}}=0.27\times\sqrt{\frac{(1.8\times10^{-5})\times0.396}{20.41\times(1100-1.2)}}m=4.813\times10^{-6}m$$

$$=4.813\mu m$$

$$\frac{d}{d_{50}}=\frac{5.5}{4.814}=1.143$$

查图 5-9 得：$\eta=52\%$

（2）四台旋风分离器串联

当四台相同的旋风分离器串联时，若忽略级间连接管的阻力，则每台旋风分离器允许的压力降为

$$\Delta p=\frac{1}{4}\times2000Pa=500Pa$$

则各级旋风分离器的进口气速为

$$u_i=\sqrt{\frac{2\Delta p}{\zeta\rho}}=\sqrt{\frac{2\times500}{8.0\times1.2}}m/s=10.21m/s$$

每台旋风分离器的直径为

$$D=\sqrt{\frac{8V_s}{u_i}}=\sqrt{\frac{8\times0.40}{10.21}}m=0.5598m$$

又

$$d_{50} \approx 0.27 \times \sqrt{\frac{(1.8\times10^{-5})\times0.5598}{10.21(1100-1.2)}}\,\mathrm{m}=8.091\times10^{-6}\,\mathrm{m}=8.091\mu\mathrm{m}$$

$$\frac{d}{d_{50}}=\frac{5.5}{8.091}=0.6798$$

查图 5-9 得每台旋风分离器的效率为 33%，则串联四级旋风分离器的总效率为

$$\eta=1-(1-0.33)^4=79.85\%$$

（3）四台旋风分离器并联

当四台旋风分离器并联时，每台旋风分离器的气体流量为 $\frac{1}{4}\times0.4\mathrm{m^3/s}=0.1\mathrm{m^3/s}$，而每台旋风分离器的允许压力降仍为 2000Pa，则进口气速仍为 20.41m/s。因此每台分离器的直径为

$$D=\sqrt{\frac{8\times0.1}{20.41}}\,\mathrm{m}=0.1980\mathrm{m}$$

$$d_{50} \approx 0.27 \times \sqrt{\frac{1.8\times10^{-5}\times0.1980}{20.41(1100-1.2)}}\,\mathrm{m}=3.404\times10^{-6}\,\mathrm{m}=3.404\mu\mathrm{m}$$

$$\frac{d}{d_{50}}=\frac{5.5}{3.404}=1.616$$

查图 5-9 得：$\eta=68\%$

由上面的计算结果可以看出，在处理气量及压力降相同的条件下，本例中串联四台与并联四台的效率比较接近，但并联时所需的设备尺寸小、投资省。

文化窗：中国石油精神

回顾中国石油工业 70 余年发展历史，“石油精神”涵盖从抗日战争时期的“埋头苦干”“一滴油一滴血”的牺牲精神，到建国初期的玉门精神、克拉玛依精神、柴达木精神等；从“石油师”的红色基因，到“爱国、创业、求实、奉献”的大庆铁人精神；从 1964 年毛泽东主席号召“工业学大庆”，到 2016 年习近平总书记批示“弘扬石油精神”，以“苦干实干”“三老四严”为核心的“石油精神”成为中华民族精神的重要组成部分。

“苦干实干”，“干”不仅仅是一般意义上的“干”，而是像老黄牛一样地埋头苦干实干。“宁可少活二十年，拼命也要拿下大油田”“有条件要上，没有条件创造条件也要上”……这震撼人心的话语，无一不是和埋头苦干实干联系在一起的，苦干实干，是新中国石油工业得以建立和发展壮大的根基，是石油工业在不同历史时期克服艰难险阻的力量所在。

“三老四严”——“对待革命事业，要当老实人，说老实话，做老实事；对待工作要有严格的要求，严密的组织，严肃的态度，严明的纪律”。

石油精神所蕴含的对党和国家的无限忠诚、崇高的思想觉悟、严谨的工作态度和无私的奉献精神，体现了石油人对中华民族精神的传承。扎根时代，接续传统，苦干实干，改革创新，续写石油精神新的时代篇章。

任务三 过滤操作

任务目标

- 掌握过滤原理，过滤基本方程式；
- 了解过滤的基本设备的作用及主要结构；
- 掌握过滤设备的类型以特点。

技能要求

- 能从外观上识别过滤设备；
- 能认识常见的过滤设备，并能指出其内部的主要构造；
- 能根据滤浆特性和工艺要求选择过滤设备。

过滤属于流体通过颗粒床层的流动现象，过滤操作是分离固-液悬浮物系最普通、最有效的单元操作之一。通过过滤操作可获得清净的液体或固相产品。与蒸发、干燥等加热去湿方法相比，过滤方法去湿能量消耗比较低。在某些情况，过滤是沉降的后继操作。

一、过滤过程

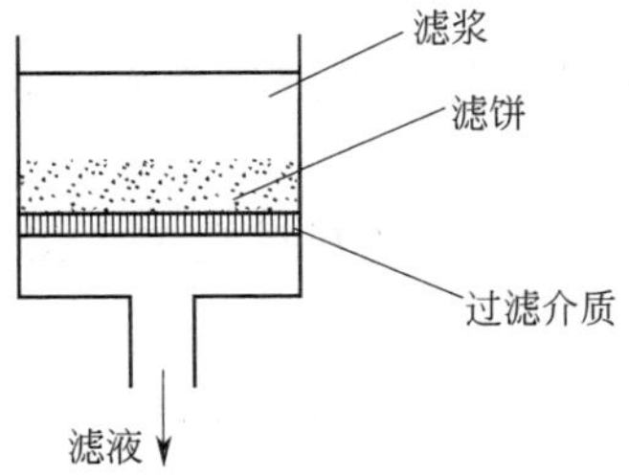

图 5-17 过滤操作示意图

过滤是在外力作用下，使悬浮液中的液体通过多孔介质的孔道，而固体颗粒被截留在介质上，从而实现固、液分离的操作。其中多孔介质称为过滤介质，所处理的悬浮液称为滤浆或料浆，滤浆中被过滤介质截留的固体颗粒称为滤渣或滤饼，滤浆中通过滤饼及过滤介质的液体称为滤液。图 5-17 为过滤操作示意图。

实现过滤操作的外力可以是重力、压力差或惯性离心力。在化工中应用最多的是以压力差为推动力的过滤。

1. 过滤方式

工业上的过滤操作主要分为饼层过滤和深床过滤。

（1）饼层过滤

悬浮液置于过滤介质的一侧，固体物质沉积于介质表面而形成滤饼层。过滤介质中微细孔道的尺寸可能大于悬浮液中部分小颗粒的尺寸，因而，过滤之初会有一些细小颗粒穿过介质而使滤液浑浊，但是不久颗粒会在孔道中发生“架桥”现象（如图 5-18），使小于孔道尺寸的细小颗粒也能被截留，此时滤饼开始形成，滤液变清，过滤真正开始进行。所以说在饼层过滤中，真正发挥截留颗粒作用的主要是滤饼层而不是过滤介质。通常，过滤

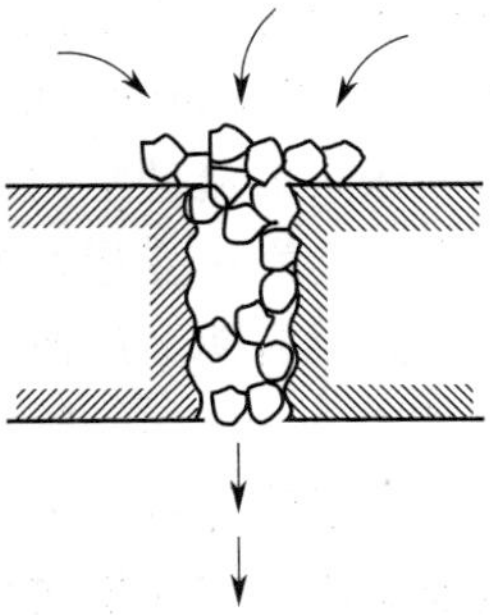
图 5-18 架桥现象

开始阶段得到的浑浊液，待滤饼形成后应返回滤浆槽重新处理。饼层过滤适用于处理固体含量较高（固相体积分率约在1%以上）的悬浮液。

（2）深床过滤

过滤介质是很厚的颗粒床层，过滤时并不形成滤饼，悬浮液中的固体颗粒沉积于过滤介质床层内部，悬浮液中的颗粒尺寸小于床层孔道尺寸。当颗粒随流体在床层内的曲折孔道中流过时，在表面力和静电的作用下附着在孔道壁上。这种过滤适用于处理固体颗粒含量极少（固相体积分率在0.1%以下）、颗粒很小的悬浮液。自来水厂饮用水的净化及从合成纤维丝液中除去极细固体物质等均采用这种过滤方法。

另外，膜过滤作为一种精密分离技术，近年来发展很快，已应用于许多行业。膜过滤是利用膜孔隙的选择透过性进行两相分离的技术。以膜两侧的流体压差为推动力，使溶剂、无机离子、小分子等透过膜，而截留微粒及大分子。膜过滤又分为微孔过滤和超滤，微孔过滤截留0.5～50μm的颗粒，超滤截留0.05～10μm的颗粒，而常规过滤截留50μm以上的颗粒。

化工中所处理的悬浮液固相浓度往往较高，以饼层过滤较常见，故本节只讨论饼层过滤。

2. 过滤介质

（1）对过滤介质的性能要求

过滤介质起着支撑滤饼的作用，对其基本要求是具有足够的机构强度和尽可能小的流动阻力，同时，还应具有相应的耐腐蚀性和耐热性。

（2）工业上常用的过滤介质的种类

① 织物介质（又称滤布） 指由棉、毛、丝、麻等天然纤维及合成纤维制成的织物，以及由玻璃丝、金属丝等织成的网。这类介质能截留颗粒的最小直径为5～65μm。织物介质在工业上应用最为广泛。

② 堆积介质 由各种固体颗粒（砂、木炭、石棉、硅藻土）或非编织纤维等堆积而成，多用于深床过滤中。

③ 多孔固体介质 具有很多微细孔道的固体材料，如多孔陶瓷、多孔塑料及多孔金属制成的管或板，能截拦1～3μm的微细颗粒。

④ 多孔膜 用于膜过滤的各种有机高分子膜和无机材料膜。广泛使用的是粗醋酸纤维素和芳香聚酰胺系两大类有机高分子膜。

3. 滤饼的压缩性和助滤剂

随着过滤操作的进行，滤饼的厚度逐渐增加，因此滤液的流动阻力也逐渐增加。构成滤饼的颗粒特性决定流动阻力的大小。颗粒如果是不易变形的坚硬固体（如硅藻土、碳酸钙等），则当滤饼两侧的压力差增大时，颗粒的形状和颗粒间的空隙不会发生明显变化，单位厚度床层的流动阻力可视作恒定，这类滤饼称为不可压缩滤饼。相反，如果滤饼中的固体颗粒受压会发生变形，如一些胶体物质，则当滤饼两侧的压力差增大时，颗粒的形状和颗粒间的空隙会有明显的改变，单位厚度饼层的流动阻力随压力差增大而增大，这种滤饼为可压缩滤饼。

为了降低可压缩滤饼的过滤阻力，可加入助滤剂以改变滤饼的结构。助滤剂是某种质地坚硬而能形成疏松饼层的固体颗粒或纤维状物质，将其混入悬浮液或预涂于过滤介质上，可以改善饼层的性能，使滤液得以畅流。

对助滤剂的基本要求如下：

① 能形成多孔饼层的刚性颗粒，以保持滤饼有较高的空隙率，使滤饼有良好的渗透性及较低的流动阻力。

② 具有化学稳定性，不与悬浮液发生化学反应，不溶于液相中。

一般只有在以获得清净滤液为目的时，才使用助滤剂。常用的助滤剂有粒状（硅藻土、珍珠岩粉、碳粉或石棉粉等）和纤维状（纤维素、石棉等）两大类。

二、过滤基本方程式

1. 滤液通过饼层的流动特点

（1）非定态过程

过滤操作中，滤饼厚度随过程进行而不断增加，若过滤过程中维持操作压力不变，则随滤饼增厚，过滤阻力加大，滤液通过的速度将减小；若要维持滤液通过速率不变，则需不断增大操作压力。

（2）滞流流动

由于构成滤饼层的颗粒尺寸通常很小，形成的滤液通道不仅细小曲折，而且相互交联，形成不规则的网状结构，所以滤液在通道内的流动阻力很大，流速很小，多属于滞流流动的范围。关于固定床压降的计算式可用来描述过滤操作，于是可用康采尼公式描述

$$u=\frac{\varepsilon^3}{5\alpha^2(1-\varepsilon)^2}\times\frac{\Delta p_c}{\mu L} \tag{5-30}$$

式中 Δp_c——滤液通过滤饼层的压降，Pa；

L——床层厚度，m；

μ——滤液黏度，Pa·s；

ε——床层空隙率，m^3/m^3；

α——颗粒比表面积，m^2/m^3；

u——按整个床层截面计算的滤液流速，m/s。

2. 过滤速率与速度

通常将单位时间获得的滤液体积称为过滤速率，单位为 m^3/s。过滤速度是单位过滤面积上的过滤速率，应注意不要将二者相混淆。若过滤过程中其他因素维持不变，则由于滤饼厚度不断增加过滤速度会逐渐变小。任一瞬间的过滤速度应写成如下形式：

$$u=\frac{dV}{A\,d\theta}=\frac{\varepsilon^3}{5\alpha^2(1-\varepsilon)^2}\times\frac{\Delta p_c}{\mu L} \tag{5-30a}$$

而过滤速率为

$$\frac{dV}{d\theta}=\frac{\varepsilon^3}{5\alpha^2(1-\varepsilon)^2}\times\frac{A\Delta p_c}{\mu L} \tag{5-30b}$$

式中 V——滤液量，m^3；

θ——过滤时间，s；

A——过滤面积，m^2。

3. 过滤阻力

(1) 滤饼的阻力

式(5-30a) 和式(5-30b) 中的$\frac{\varepsilon^3}{5a^2\ (1-\varepsilon)^2}$反映了颗粒及颗粒床层的特性，其值随物料不同而异，但对于特定的不可压缩滤饼其为定值。若以 r 代表其倒数，即

$$r=\frac{5a^2(1-\varepsilon)^2}{\varepsilon^3} \tag{5-31}$$

式中　r——滤饼的比阻，$1/m^2$。

则式(5-30a) 可写成

$$\frac{dV}{A\,d\theta}=\frac{\Delta p_c}{\mu rL}=\frac{\Delta p_c}{\mu R} \tag{5-32}$$

式中　R——滤饼阻力，1/m。其计算式为

$$R=r\,L \tag{5-33}$$

显然，式(5-32) 具有速度=推动力/阻力的形式，式中 μrL 或 μR 为过滤阻力。其中 μr 为比阻，但因 μ 代表滤液的影响因素，rL 代表滤饼的影响因素，因此习惯上将 r 称为滤饼的比阻，R 称为滤饼阻力。

比阻 r 是单位厚度滤饼的阻力，它在数值上等于黏度为 1Pa·s 的滤液以 1m/s 的平均流速通过厚度为 1m 的滤饼层时所产生的压力降。比阻反映了颗粒形状、尺寸及床层的空隙率对滤液流动的影响。床层空隙率 ε 愈小及颗粒比表面积 α 愈大，则床层愈致密，对流体流动的阻滞作用也愈大。

(2) 过滤介质的阻力

过滤介质的阻力与其材质、厚度等因素有关。通常把过滤介质的阻力视为常数，仿照式(5-32) 可以写出滤液穿过过滤介质层的速度关系式

$$\frac{dV}{A\,d\theta}=\frac{\Delta p_m}{\mu R_m} \tag{5-34}$$

式中　Δp_m——过滤介质上、下游两侧的压力差，Pa；

　　　R_m——过滤介质阻力，1/m。

(3) 过滤总阻力

由于过滤介质的阻力与最初形成的滤饼层的阻力往往是无法分开的，因此很难划定介质与滤饼之间的分界面，更难测定分界面处的压力，所以过滤计算中总是把过滤介质与滤饼联合起来考虑。

通常，滤饼与滤布的面积相同，所以两层中的过滤速度应相等，则

$$\frac{dV}{A\,d\theta}=\frac{\Delta p_c+\Delta p_m}{\mu(R+R_m)}=\frac{\Delta p}{\mu(R+R_m)} \tag{5-35}$$

式中 $\Delta p=\Delta p_c+\Delta p_m$，代表滤饼与滤布两侧的总压力降，称为过滤压力差。在实际过滤设备上，常有一侧处于大气压下，此时 Δp 就是另一侧表压的绝对值，所以 Δp 也称为过滤的表压力。式(5-35) 表明，过滤推动力为滤液通过串联的滤饼与滤布的总压力降，过滤总阻力为滤饼与过滤介质的阻力之和，即 $\sum R=\mu\ (R+R_m)$。

为方便起见，假设过滤介质对滤液流动的阻力相当于厚度为 L_e 的滤饼层的阻力，即

$$rL_e=R_m$$

于是，式(5-35) 可写为

$$\frac{dV}{A\,d\theta}=\frac{\Delta p}{\mu(rL+rL_e)}=\frac{\Delta p}{\mu r(L+L_e)} \tag{5-36}$$

式中 L_e——过滤介质的当量滤饼厚度，或称虚拟滤饼厚度，m。

在一定操作条件下，以一定介质过滤一定悬浮液时，L_e 为定值；但同一介质在不同的过滤操作中，L_e 值不同。

4. 过滤基本方程式

过滤过程中，饼厚 L 难以直接测定，而滤液体积 V 则易于测量，故用 V 来计算过滤速度更为方便。

若每获得 $1m^3$ 滤液所形成的滤饼体积为 $v m^3$，则任一瞬间的滤饼厚度与当时已经获得的滤液体积之间的关系为：

$$LA=vV$$

则

$$L=\frac{vV}{A} \tag{5-37}$$

式中 v——滤饼体积与相应的滤液体积之比，无因次，或 m^3/m^3。

同理，如生成厚度为 L_e 的滤饼所应获得的滤液体积以 V_e 表示，则

$$L_e=\frac{vV_e}{A} \tag{5-38}$$

式中 V_e——过滤介质的当量滤液体积，或称虚拟滤液体积，m^3。

V_e 是与 L_e 相对应的滤液体积，因此，一定的操作条件下，以一定介质过滤一定的悬浮液时，V_e 为定值，但同一介质在不同的过滤操作中，V_e 值不同。

如果知道悬浮液中固相的体积分率 X_V 和滤饼的孔隙率，可通过物料衡算求得 L 与 V 之间的关系，即

$$V_F=V+LA$$

$$V_F X_V=LA(1-\varepsilon)$$

解得

$$L=\frac{V}{A}\times\frac{X_V}{(1-\varepsilon-X_V)}$$

显然

$$v=\frac{LA}{V}=\frac{X_V}{1-\varepsilon-X_V} \tag{5-39}$$

式中 V_F——悬浮液体积，m^3；

X_V——悬浮液中固相的体积分率。

(1) 不可压缩滤饼的过滤基本方程式

将式(5-37)、式(5-38) 代入式(5-36) 中，得

$$\frac{dV}{d\theta}=\frac{A^2\Delta p}{\mu rv(V+V_e)} \tag{5-40}$$

若令 $q=\dfrac{V}{A}$，$q_e=\dfrac{V_e}{A}$

则
$$\frac{dq}{d\theta}=\frac{\Delta p}{\mu r\upsilon(q+q_e)} \tag{5-40a}$$

式中 q——单位过滤面积所得滤液体积，m^3/m^2；

q_e——单位过滤面积所得当量滤液体积，m^3/m^2。

式(5-40a) 是过滤速率与各相关因素间的一般关系式，为不可压缩滤饼的过滤基本方程式。

(2) 可压缩滤饼的过滤基本方程式

对可压缩滤饼，比阻在过滤过程中不再是常数，它是两侧压力差的函数。通常用下面的经验公式来粗略估算压力差增大时比阻的变化，即

$$r=r'(\Delta p)^s \tag{5-41}$$

式中 r'——单位压力差下滤饼的比阻，$1/m^2$；

Δp——过滤压力差，Pa；

s——滤饼的压缩性指数，无因次。

一般情况下，$s=0\sim1$。对于不可压缩滤饼，$s=0$。几种典型物料的压缩指数列于表 5-4 中。

表 5-4 典型物料的压缩指数

物料	硅藻土	碳酸钙	钛白(絮凝)	高岭土	滑石	黏土	硫酸锌	氢氧化铝
s	0.01	0.19	0.27	0.33	0.51	0.56～0.6	0.69	0.9

在一定压力差范围内，上式对大多数可压缩滤饼都适用。

将式(5-41) 代入式(5-40)，得到

$$\frac{dV}{d\theta}=\frac{A^2\Delta p^{1-s}}{\mu r'\upsilon(V+V_e)} \tag{5-42}$$

或
$$\frac{dq}{d\theta}=\frac{\Delta p^{1-s}}{\mu r'\upsilon(q+q_e)} \tag{5-42a}$$

上式为过滤基本方程式的一般表达式，适用于可压缩滤饼及不可压缩滤饼。表示过滤进程中任一瞬间的过滤速率与各有关因素间的关系，是过滤计算及强化过滤操作的基本依据。对于不同压缩滤饼，因 $s=0$，上式即简化为式(5-40)。

5. 强化过滤的途径

过滤技术大体上向两个方向发展：开发新的过滤方法和过滤设备，以适应物料特性；加快过滤速率以提高过滤机的生产能力。

就加速过滤过程而言，可采取如下途径：

① 改变悬浮液中颗粒的聚集状态 采取措施对原料液进行预处理使细小颗粒聚集成较大颗粒。预处理包括添加凝聚剂、絮凝剂。调整物理条件（加热、冷冻、超声波震动、电磁场处理、辐射等）。

② 改变滤饼结构 通常改变滤饼结构的方法是使用助滤剂（掺滤和预敷）。助滤剂不但

能改变滤饼结构，降低滤饼可压缩性，减小流动阻力，而且还可防止过滤介质早期堵塞和吸附悬浮液中细小颗粒获得清洁滤液的作用。

③ 采用机械的、水力的或电场人为地干扰（或限制）滤饼的增厚 近几年开发的动态过滤技术可大大加速过滤速率。

适当提高悬浮液温度以降低滤液黏度，当压缩指数 $s<1$ 时加大过滤推动力，选择阻力小的滤布等对加快对滤速率都有一定效果。

6. 过滤操作方式

应用过滤基本方程式时，需针对具体的操作方式积分式(5-42)，得到过滤时间与所得滤液体积之间的关系。过滤的操作方式有两种，即恒压过滤及恒速过滤。有时，为避免过滤初期因压力差过高而引起滤液浑浊或滤布堵塞，可采用先恒速后恒压的复合操作方式，过滤开始时以较低的恒定速度操作，当表压升至给定数值后，再转入恒压操作。当然，工业上也有既非恒速亦非恒压的过滤操作，如用离心泵向压滤机送浆即属此例。

三、过滤设备

在工业生产中，需要过滤的悬浮液的性质有很大差别，生产工艺对过滤的要求也各不相同，为适应各种不同的要求开发了多种形式的过滤机。过滤设备按照操作方式可分为间歇过滤机与连续过滤机；按照采用的压强差可分为压滤、吸滤和离心过滤机。工业上应用最广泛的板框过滤机和叶滤机为间歇压滤型过滤机，转筒真空过滤机则为吸滤型连续过滤机。离心过滤机有三足式及活塞推料式、卧式刮刀卸料式等。

（一）板框压滤机

板框过滤机在工业生产中应用最早，至今仍沿用不衰。它由多块带凹凸纹路的滤板和滤框交替排列组装于机架而构成，如图 5-19 所示。

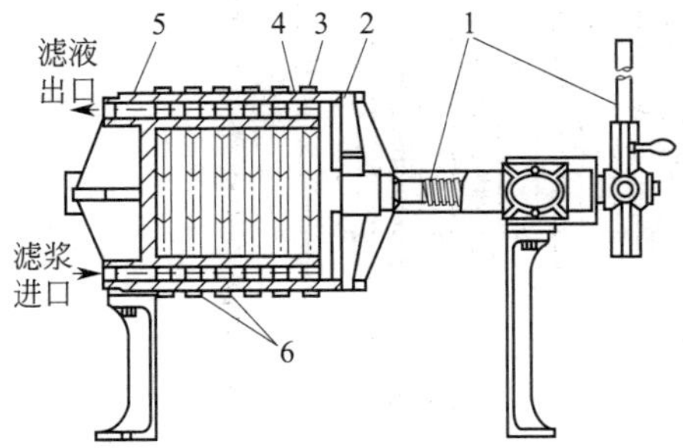

图 5-19 板框压滤机

1—压紧装置；2—可动头；3—滤框；
4—滤板；5—固定头；6—滤布

板和框一般制成正方形，如图 5-20 所示。板和框的角端均开有圆孔，装合、压紧后即构成供滤浆、滤液或洗涤液流动的通道。框的两侧覆以滤布，空框与滤布围成了容纳滤浆及滤饼的空间。板又分为洗涤板与过滤板两种。压紧装置的驱动可用手动、电动或液压传动等方式。

过滤时，悬浮液在指定的压力下，经滤浆通道由滤框角端的暗孔进入框内，滤液分别穿过两侧滤布，再经邻板板面流到滤液出口排走，固体则被截留于框内，待滤饼充满滤框后，即停止过滤。滤液的排出方式有明流与暗流之分。若滤液经由每块滤板底部侧管直接排出（如图 5-20 所示），则称为明流。若滤液不宜暴露于空气中，则需将各板流出的滤液汇集于总管后送走（如图 5-19 所示），称为暗流。

若滤饼需要洗涤，可将洗水压入洗水通道，经洗涤板角端的暗孔进入板面与滤布之间。此时，应关闭洗涤板下部的滤液出口，洗水便在压力差推动下穿过一层滤布及整个厚度的滤饼，然后再横穿另一层滤布，最后由过滤板下部的滤液出口排出，如图 5-21 所示。这种操作方式称为横穿洗涤法，其作用在于提高洗涤效果。

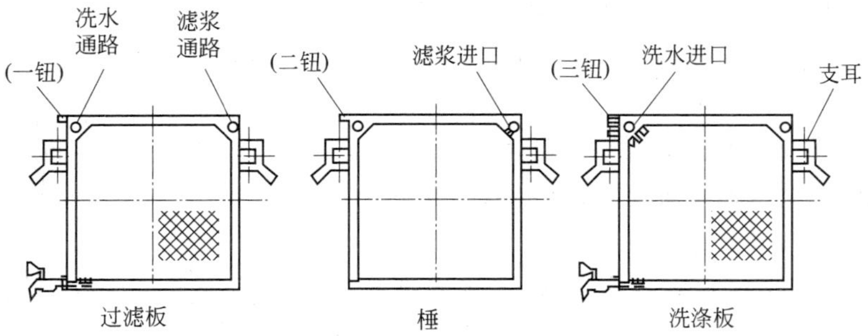

图 5-20 滤板和滤框

洗涤结束后，旋开压紧装置并将板框拉开，卸出滤饼，清洗滤布，重新组合，进入下一个操作循环。

板框压滤机的操作表压，一般在 $3\times10^5\sim8\times10^5$Pa 范围内，有时可高达 15×10^5Pa。滤板和滤框可由金属材料（如铸铁、碳钢、不锈钢、铝等）、塑料及木材制造。我国已有板框压滤机系列标准及规定代号，如 BMS20/635-25，其中 B 表示板框压滤机，M 表示明流式（若为 A，则表示暗流式），S 表示手动压紧（若为 Y，则表示液压压紧），20 表示过滤面积为 $20m^2$，635 表示滤框边长为 635mm 的正方形，25 表示滤框的厚度为 25mm。在板框压滤机系列中，框每边长 320～1000mm，厚度为 25～50mm。滤板和滤框的数目，可根据生产任务自行调节，一般为 10～60 块，所提供的过滤面积为 $2\sim80m^2$。

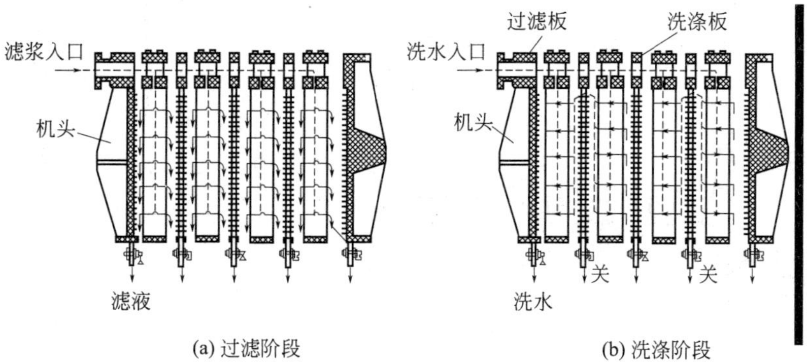

图 5-21 板框压滤机内液体流动路径

板框压滤机结构简单、制造方便、占地面积较小而过滤面积较大，操作压力高，适应能力强，故应用颇为广泛。它的主要缺点是间歇操作，生产效率低，劳动强度大，滤布损耗也较快。近来，各种自动操作板框压滤机的出现，使上述缺点在一定程度上得到改善。

（二）加压叶滤机

图 5-22 所示的加压叶滤机是由许多不同的长方形或圆形滤叶装合于能承受内压的密闭机壳内而成。滤叶由金属多孔板或金属网制造，内部具有空间，外罩滤布。滤浆用泵压送到机壳内，滤液穿过滤布进入叶内，汇集至总管后排出机外，颗粒则积于滤布外侧形成滤饼。

滤饼的厚度通常为5～35mm，视滤浆性质及操作情况而定。

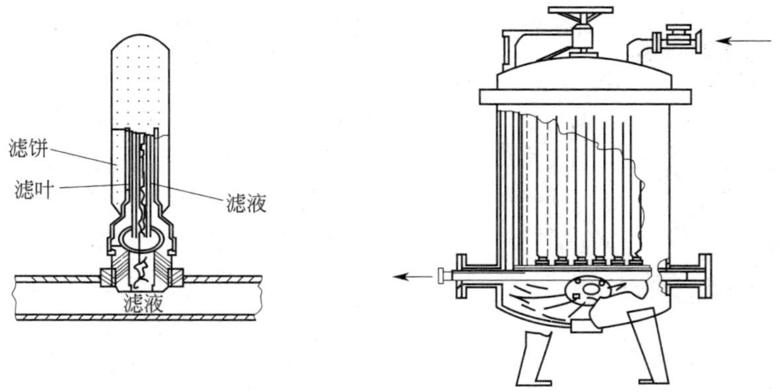

图 5-22 加压叶滤机

若滤饼需要洗涤，则于过滤完毕后通入洗水，洗水的路径与滤液相同，这种洗涤方法称为置换洗涤法。洗涤过后打开机壳上盖，拨出滤叶卸除滤饼。

加压叶滤机也是间歇操作设备，其优点是过滤速度大，洗涤效果好，占地省，密闭操作，改善了操作条件；缺点是造价较高，更换滤面（尤其对于圆形滤叶）比较麻烦。

（三）厢式压滤机

厢式压滤机（如图5-23）与板框压滤机外表相似，但厢式压滤机仅由滤板组成。每块滤板凹进的两个表面与另外的滤板压紧后组成过滤室。料浆通过中心孔加入，滤液在下角排除，带有中心孔的滤布覆盖在滤板上，滤布的中心加料孔部位压紧在两壁面上或把两壁面的滤布用编织管缝合。工业上，自动厢式压滤机已达到较高的自动化程度。

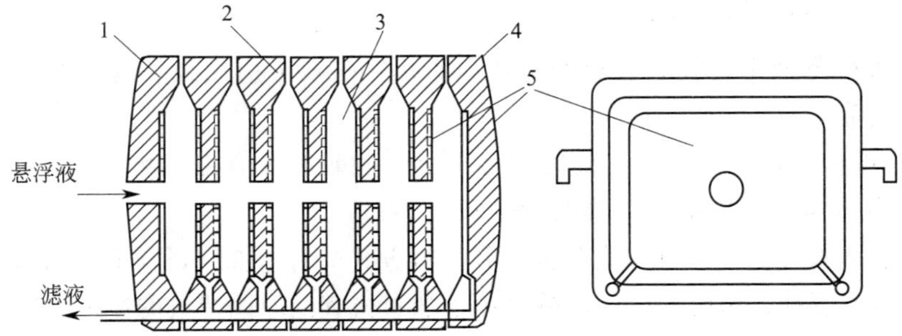

(a) 厢式压滤机 (b) 滤板

图 5-23 厢式压滤机示意图

1，4—端头；2—滤板；3—滤饼空间；5—滤布

（四）转筒真空过滤机

转筒真空过滤机是一种工业上应用较广的连续操作吸滤型过滤机械。设备的主体是一个能转动的水平圆筒，其表面有一层金属网，网上覆盖滤布，筒的下部浸入滤浆中，如图5-24

所示。

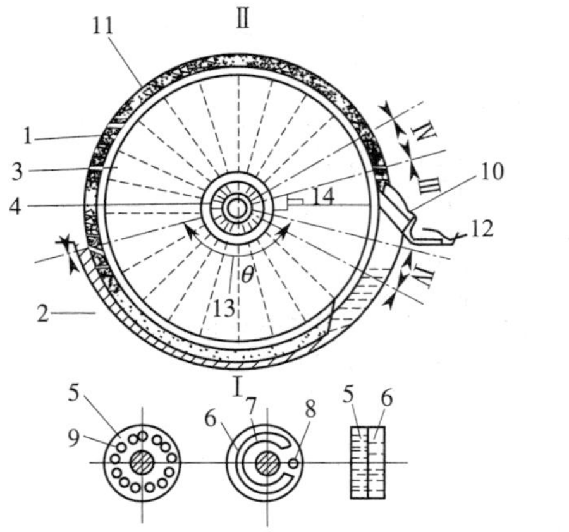

图 5-24 转筒真空过滤机工作原理示意图

Ⅰ—滤饼形成区；Ⅱ—吸干区；Ⅲ—反吹区；Ⅳ—休止区；
1—空心转筒；2—污泥槽；3—扇形格；4—分配头；
5—转动部件；6—固定部件；7—与真空泵通的缝；
8—与空压机通的孔；9—与各扇形格相通的孔；10—刮刀；
11—泥饼；12—皮带输送器；13—真空管路；14—压缩空气管路

圆筒沿径向分隔成若干扇形格，每格都有孔道通至分配头上。凭借分配头的作用，圆筒转动时，这些孔道依次分别与真空管及压缩空气管相连通，从而在圆筒回转一周的过程中，每个扇形表面即可顺序进行过滤、洗涤、吸干、吹松、卸饼等操作，对圆筒的每一块表面，转筒转动一周经历一个操作循环。

分配头是转筒真空过滤机的关键部件，它由紧密贴合着的转动盘与固定盘构成，转动盘随着筒体一起旋转，固定盘不动，其内侧面各凹槽分别与各种不同作用的管道相通。如图 5-24 所示。

转筒的过滤面积一般为 5～40m^2，浸没部分占总面积的 30%～40%。转速可在一定范围内调整，通常为 0.1～3r/min。滤饼厚度一般保持在 40mm 以内，转筒过滤机所得滤饼中的液体含量很少低于 10%，常可达 30%左右。

转筒真空过滤机能连续自动操作，节省人力，生产能力大，对处理量大而容易过滤的料浆特别适宜，对难于过滤的胶体物系或细微颗粒的悬浮液，若采用预涂助滤剂措施也比较方便。但转筒真空过滤机附属设备较多，过滤面积不大。此外，由于它是真空操作，因而过滤推动力有限，尤其不能过滤温度较高（饱和蒸气压高）的滤浆，滤饼的洗涤也不充分。

（五）过滤离心机

离心过滤是指借旋转液体所受到的离心力而通过介质和滤饼，固体颗粒被截留于过滤介质表面的操作过程。离心过滤的推动力即离心力。

离心机转鼓的壁面上开孔，就成为过滤离心机。工业上应用最多的有如下几种。

1. 三足式离心机

图 5-25 所示的三足式离心机是间歇操作、人工卸料的立式离心机，在工业上采用较早，目前仍是国内应用最广、制造数目最多的一种离心机。

三足式离心机有过滤式和沉降式两种，其卸料方式又有上部卸料与下部卸料之分。离心机的转鼓支承在装有缓冲弹簧的杆上，以减轻由于加料或其他原因造成的冲击。国内生产的三足式离心机技术参数范围如下：

转鼓直径/m	0.45～1.5
有效容积/m^3	0.02～0.4
过滤面积/m^2	0.6～2.7
转速/(r/min)	730～1950
分离因数 K_c	450～1170

三足式离心机结构简单，制造方便，运转平稳，适应性强，所得滤饼中固体含量少，滤饼中固体颗粒不易受损伤，适用于间歇生产中小批量物料，尤其适用于盐类晶体的过滤和脱

水。其缺点是卸料时劳动强度大，生产能力低。近年来已出现了自动卸料及连续生产的三足式离心机。

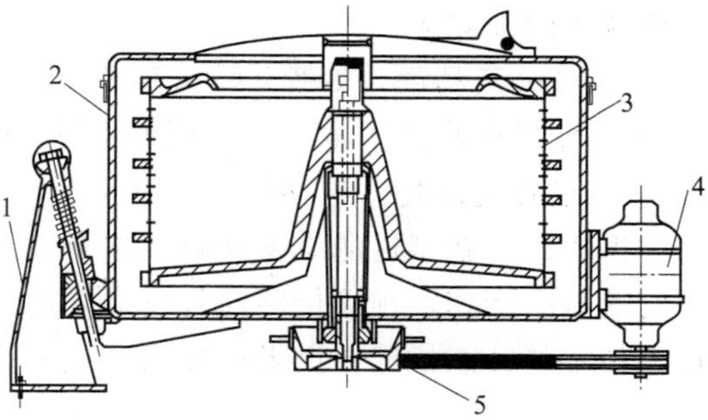

图 5-25 三足式离心机

1—支脚；2—外壳；3—转鼓；4—马达；5—皮带轮

2. 卧式刮刀卸料离心机

卧式刮刀卸料离心机是连续操作的过滤式离心机，其特点是在转鼓全速运动中自动地依次进行加料、分离、洗涤、甩干、卸料、洗网等操作，每批操作周期为 35～90s。每一工序的操作时间可按预定要求实行自动控制。其结构及操作示意于图 5-26。

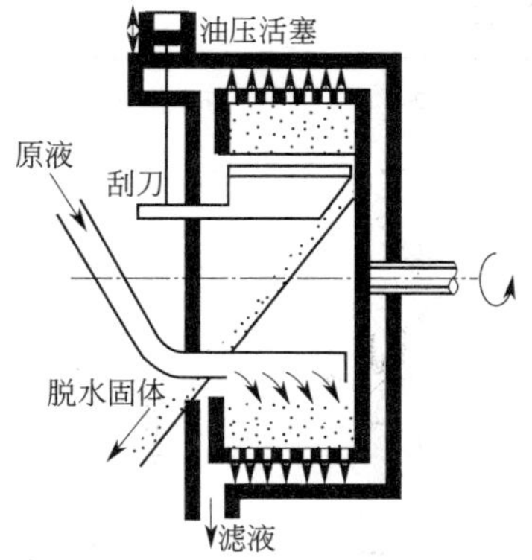

图 5-26 卧式刮刀卸料离心机示意图

操作时，悬浮液从进料管进入全速运转的鼓内，液相经滤网及鼓壁小孔被甩到鼓外，再经机壳的排液口流出。留在鼓内的固相被耙齿均匀分布在滤网面上。当滤饼达到指定厚度时，进料阀门自动关闭，停止进料进行冲洗，再经甩干一定时间后，刮刀自动上升，滤饼被刮下并经倾斜的溜槽排出。刮刀升至极限位置后自动退下，同时冲洗阀又开启，对滤网进行冲洗，即完成一个操作循环，重新开始进料。

此种离心机可连续运转，自动操作，生产能力大，劳动条件好，适宜于大规模连续生产，目前已较广泛地用于石油、化工行业中，如硫铵、尿素、碳酸氢铵、聚氯乙烯、食盐、糖等物料的脱水，由于用刮刀卸料，使颗粒破碎严重，对于必须保持晶粒完整的物料不宜采用。

3. 活塞推料离心机

活塞推料离心机，如图 5-27 所示，也是一种连续操作的过滤式离心机。在全速运转的情况下，料浆不断由进料管送入，沿锥形进料斗的内壁流至转鼓的滤网上。滤液穿过滤网经滤液出口连续排出，积于滤网内面上的滤渣则被往复运动的活塞推送器沿转鼓内壁面推出。滤渣被推至出口的途中，可用由冲洗管出来的水进行喷洗，洗水则由另一出口排出。整个过程在转速不同的部位连续自动进行。

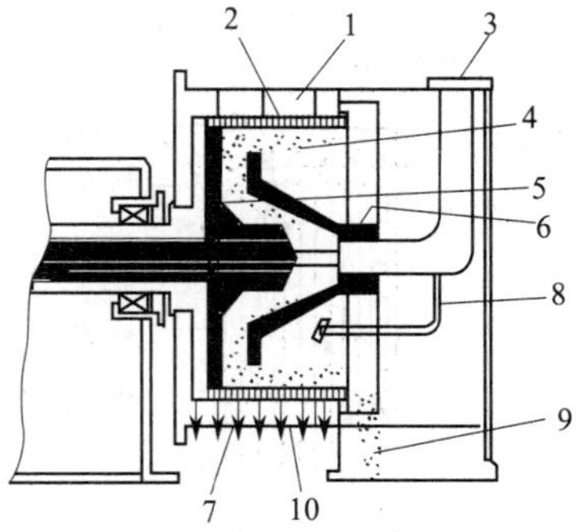

图 5-27 活塞推料离心机

1—转鼓；2—滤网；3—进料管；4—滤饼；5—活塞推送器；6—进料斗；7—滤液出口；8—冲洗管；9—固体排出；10—洗水出口

活塞冲程约为转速全长的 1/10，往复次数约 30 次/min。

活塞推料离心机主要适用于处理含固量 $<10\%$、$d>0.15\text{mm}$ 并能很快脱水和失去流动性的悬浮液。生产能力可达每小时 0.3～25t 的固体。卸料时晶体破碎程度小。

活塞推料离心机除单级外，还有双级、四级等各种形式。采用多级活塞推料离心机能改善其工作状况、提高转速及分离较难处理的物料。

近十年来，过滤技术很快，其发展方向为：

① 提高分离速率，如动态过滤技术，应用电磁场、

超声波等附加效应。

② 高分离精度，如膜过滤分离等。

③ 滤饼的高含固量，降低后继干燥操作耗能，如压榨过滤等。

④ 过程连续化、自动化、控制系统智能化。

近年来，新型过滤设备及新过滤介质的开发取得可观成绩，有些已在大型生产中获得很好的效益。诸如，预涂层转筒真空过滤机、真空带式过滤机、节约能源的压榨机，采用动态过滤技术的叶滤机等。读者可参阅有关专著。

任务四　认识气体的其他净制设备与方法

任务目标

- 掌握其他几种气体的分离方法；
- 了解掌握其他几种气体的分离设备；
- 掌握气体分离设备的类型及特点。

技能要求

- 能从外观上认识气体分离设备；
- 能认识常见的气体的分离设备类型，并能指出其内部的主要构造。

气体的净制是化工生产过程中较为常见的分离操作。实现气体的净制除可利用前面介绍的沉降与过滤方法外，还可利用惯性、袋滤、静电、洗涤等分离方法。下面对这些分离方法及设备做概略介绍。

一、袋滤器

当含尘气体中尘粒的直径小于 5μm 时，可采用袋滤器进行捕集。袋滤器是工业过滤除尘设备中使用最广的一类，它的捕集效率高，一般不难达到 99% 以上，而且可以捕集不同性质的粉尘，适用性广，处理气体量可由每小时几百立方米到数十万立方米，使用灵活，结构简单，性能稳定，维修也较方便；但其应用范围主要受滤材的耐温、耐腐蚀性的限制，一般用于 300℃以下，也不适用于黏性很强及吸湿性强的粉尘；设备尺寸及占地面积也很大。图 5-28 所示为脉冲反吹灰袋滤器。

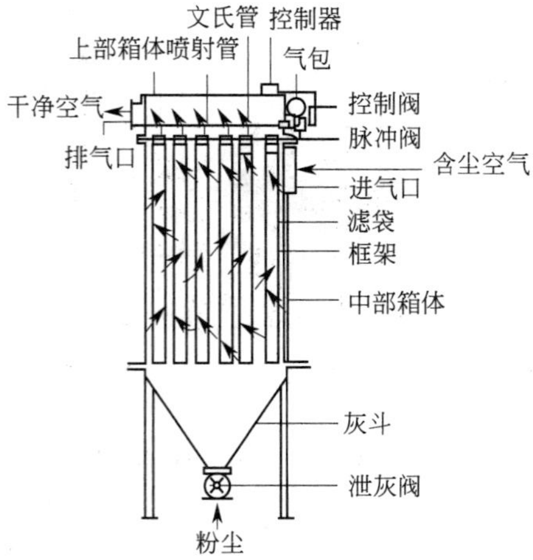

图 5-28　脉冲反吹灰袋滤器

在袋滤器中，过滤过程分成两个阶段，首先是含尘气体通过清洁滤材，由于前述的惯性碰撞、拦截、扩散、沉降等各种机理的联合作用而把气体中的粉尘颗粒捕集在滤材上；当这些捕集的粉尘不断增加时，一部分粉尘嵌入或附着在滤材上形成粉尘层。此时的过滤主要是依靠粉尘层的筛滤效应，捕集效率显著提高，但压降也随之增大。由此可见，工业袋式过滤器的除尘性能受滤材上粉尘层的影响很大，所以根据粉尘的性质而合理地选用滤材是保证过滤效率的关键。一般当滤材孔径与粉尘直径之比小于10时，粉尘就易在滤材孔上架桥堆积而形成粉尘层。

通常滤材上沉积的粉尘负荷量达到0.1～0.3kg/m^3，压降达到1000～2000Pa时，便需进行清灰。袋滤器的结构类型很多，按滤袋形状可分为圆袋及扁袋两种，前者结构简单，清灰容易，应用最广；后者可大大提高单位体积内的过滤面积。按清灰方式分为：机械清灰、逆气流清灰、脉冲喷吹清灰及逆气流振动联合清灰等。

二、惯性分离器

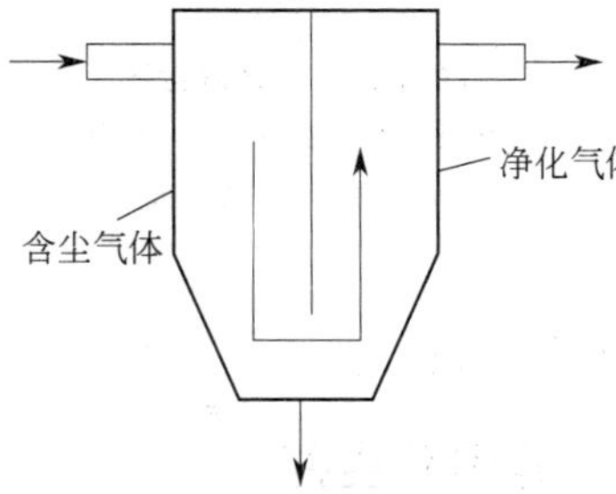

图 5-29 惯性分离器

惯性分离器是利用夹带于气流中的颗粒或液滴的惯性进行分离。在气体流动的路径上设置障碍物，气流或液流绕过障碍物时发生突然的转折，颗粒或液滴便撞击在障碍物上被捕集下来，如图5-29所示。

惯性分离器的操作原理与旋风分离器相近，颗粒的惯性愈大，气流转折的曲率半径愈小，则其分离效率愈高。所以颗粒的密度与直径愈大，则愈易分离；适当增大气流速度及减小转折处的曲率半径也有利于提高分离效率。一般来说，惯性分离器的分离效率比降尘室略高，能有效捕集10μm以上的颗粒，压力降在100～1000Pa，可作为预除尘器使用。

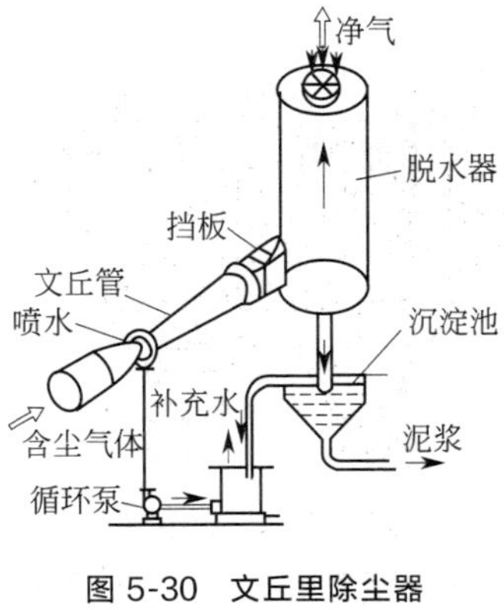

图 5-30 文丘里除尘器

三、文丘里除尘器

文丘里除尘器是一种湿法除尘设备。其结构如图5-30所示，由收缩管、喉管及扩散管三部分组成，喉管四周均匀地开有若干径向小孔，有时扩散管内设置有可调锥，以适应气体负荷的变化。操作中，含尘气体以50～100m/s的速度通过喉管时，液体由喉管外经径向小孔进入喉管内，并喷成很细的雾滴，促使尘粒润湿并聚积变大，随后引入旋风分离器或其他分离设备进行分离。

文丘里除尘器结构简单紧凑、造价较低、操作简便，但阻力较大，其压降一般为2000～5000Pa，需与其他分离设备联合使用。

四、泡沫除尘器

泡沫除尘器又称泡沫洗涤器，简称泡沫塔，也是常用的湿法除尘设备之一。如图5-31所示。在设备中液体与气体相互作用，呈运动着的泡沫状态，使气液之间有很大的接触面积，尽可能地增强气液两相的湍流程度，保证气液两相接触表面有效的更新，达到高效净化气体中尘、烟、雾的目的。可分为溢流式和淋降式两种。在圆筒型溢流式泡沫塔内，设有一块或多块多孔筛板，洗涤液加到顶层塔板上，并保持一定的原始液层，多余液体沿水平方向

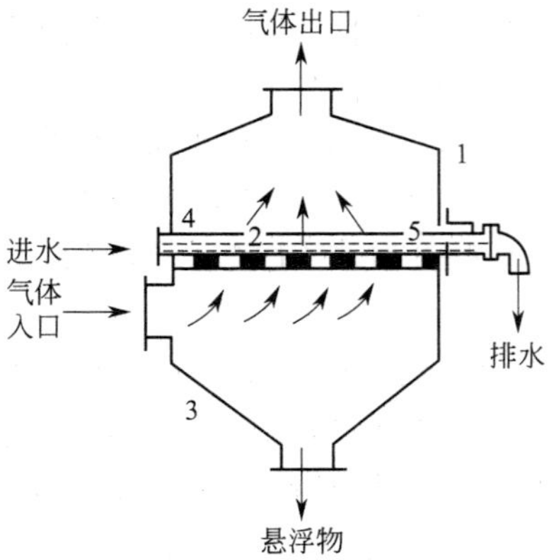

图 5-31　泡沫除尘器

1—塔体；2—筛板；3—锥形斗；4—液体接受室；5—溢流室

横流过塔板后进入溢流管。待净化的气体从塔的下部导入，均匀穿过塔板上的小孔而分散于液体中，鼓泡而出时产生大量泡沫。泡沫除尘器的效率，包括传热、传质及除尘效率，主要取决于泡沫层的高度和泡沫形成的状况。气体速度较小时，鼓泡层是主要的，泡沫层高度很小；增加气体速度，鼓泡层高度便逐渐减少，而泡沫层高度增加；气体速度进一步提高，鼓泡层便趋于消失，全部液体几乎全处在泡沫状态；气体速度继续提高，则烟雾层高度显著增加，机械夹带现象严重，对传质产生不良影响。

泡沫除尘器具有分离效率高、构造简单、操作安全可靠、阻力较小的优点，当气体中所含的微粒大于 5μm 时，分离效率可高达 99%，而且压力降仅为 4～23kPa。但对设备的安装要求严格，特别是筛板是否水平放置对操作影响很大。

五、静电除尘器

当对气体的除尘（雾）要求极高时，可用静电除尘器进行分离。

静电除尘器（如图 5-32）的工作原理：含有粉尘颗粒的气体，在接有高压直流电源的阴极线（又称电晕极）和接地的阳极板之间所形成的高压电场通过时，由于阴极发生电晕放电、气体被电离，此时，带负电的气体离子，在电场力的作用下，向阳极板运动，在运动中与粉尘颗粒相碰，则使尘粒荷以负电，荷电后的尘粒在电场力的作用下，亦向阳极板运动，到达阳极板后，放出所带的电子，尘粒则沉积于阳极板上，而得到净化的气体排出防尘器外。

目前常见的静电除尘器可概略地分为以下几类：按气流方向分为立式和卧式，按沉淀极形式分为板式和管式，按沉淀极板上粉尘的清除方法分为干式和湿式等。

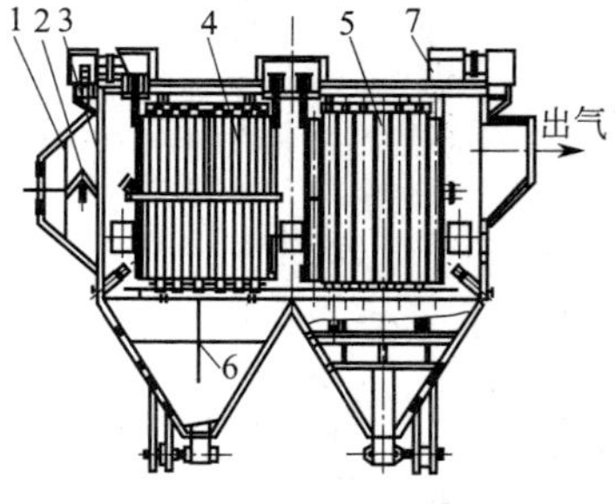

图 5-32　静电除尘器

1—气体分布板；2—分布板振打装置；3—气孔分布板；4—电晕极；5—收尘极；6—阻力板；7—保温箱

静电除尘器的优点如下。

① 净化效率高，能够捕集 0.01μm 以上的细粒粉尘。在设计中可以通过不同的操作参数，来满足所要求的净化效率。

② 阻力损失小，一般在 $20mmH_2O$ 以下，和旋风除尘器比较，即使考虑供电机组和振打机构耗电，其总耗电量仍比较小。

③ 允许操作温度高，如 SHWB 型静电除尘器允许操作温度 250℃，其他类型还有达到 350～400℃或者更高的。

④ 处理气体范围量大。

⑤ 可以完全实现操作自动控制。

静电除尘器的缺点如下。

① 设备比较复杂，要求设备调运和安装以及维护管理水平高。

② 对粉尘比电阻有一定要求，所以对粉尘有一定的选择性，不能使所有粉尘都能获得很高的净化效率。

③ 受气体温、湿度等操作条件影响较大，同是一种粉尘如在不同温度、湿度下操作，所得的效果不同，有的粉尘在某一个温度、湿度下使用效果很好，而在另一个温度、湿度下由于粉尘电阻的变化，几乎不能使用静电除尘器了。

④ 一次投资较大，卧式静电除尘器占地面积较大。

任务五　非均相混合物分离方法选择

任务目标

- 了解分离非均相混合物方法选择的依据；
- 了解气-固非均相物系的分离方法及设备选择；
- 了解液-固非均相物系的分离方法及设备选择。

技能要求

- 能根据工艺条件选择适宜的分离非均相物系的方法。

非均相物系的分离方法及设备选择，应从生产要求、物系性质以及生产成本等多方面综合考虑。

1. 气-固非均相物系的分离方法及设备选择

下面主要从生产中要求除去的最小颗粒大小出发，简略介绍气-固非均相物系的分离设备的选择。

① 50μm 以上的颗粒：降尘室。

② 5μm 以上的颗粒：旋风分离器。

③ 5μm 以下的颗粒：湿法除尘设备、电除尘器、袋滤器等。其中文丘里除尘器可除去 1μm 以上的颗粒，袋滤器可除去 0.1μm 以上的颗粒，电除尘器可除去 0.01μm 以上的颗粒。

2. 液-固非均相物系的分离方法及设备选择

对于液-固非均相物系的分离方案及设备选择，主要从分离目的出发，进行介绍。

(1) 以获得固体产品为目的

颗粒浓度＜1%（体积分数，下同）：以连续沉降槽、旋液分离器、离心沉降机等进行浓缩，以便于进一步进行分离。

颗粒浓度＞10%、粒径＞50μm：离心过滤机。

颗粒粒径＜50μm：压差式过滤机。

颗粒浓度＞5%，可采用转筒真空过滤机。颗粒浓度较低时，可采用板框过滤机。

(2) 以澄清液体为目的

本着节能、高效的原则，分别选用各种分离设备对不同大小的颗粒进行分离。为提高澄清效率，可在料液中加入助滤剂或絮凝剂，若澄清要求非常高，可用深层过滤作为澄清操作的最后一道工序。

名人窗：中国石油化学之父——萧光琰

今天，当我们乘坐以燃油为能源的轮船、汽车、飞机，惬意地享受海、陆、空逍遥游的时候，我们不能忘记一个人，他就是中国石油化学领域的奠基人——萧光琰（1920—1968）。

1945 年，萧光琰获得芝加哥大学物理化学博士学位，时年 25 岁；1947～1950 年萧光琰连续四年获得美国石油的最高荣誉“石油金质奖章”，年仅 28 岁的他，成为美国知名的石油化学科学家。

1949 年，萧光琰带着他在美国石油工业部门和高等学府从事科学研究的实际工作经验和宽厚的专业知识，积极投身于新中国石油加工和石油化学学科的创建工作，填补了中国石油技术领域的空白。

1950 年初，我国在炼油厂的建设过程中采用了萧光琰的建议，用了昂贵的铂作催化剂，催化效率高，石油回收率高。此后北京石油炼制所成立后，铂重整中间放大试验大获成功，成为当时中国最重大的五项科技突破之一。

1961 年，萧光琰开发出了一项超越时代的技术——生物催化剂，这项技术，西方国家在 1990 年前后才开始展开研究，2000 年才正式实践。

1964 年，我国的大庆油田在制取航空煤油和低凝柴油的过程中遇到了大难题，萧光琰仅仅用了 4 个月就解决了难题。

萧光琰是当之无愧的中国石油化学领域奠基人，是我国在石油催化裂化和固体酸催化剂研究领域的一位先驱者，对推动我国石油工业的发展做出了积极贡献。

任务六　转筒真空过滤机的操作

任务目标

- 掌握转筒真空过滤机的工艺流程；
- 掌握转筒真空过滤机的操作流程。

技能要求

- 能认转筒真空过滤机并能指出其主要构造；
- 能操作转筒真空过滤机，并能够处理其操作过程中出现的异常现象。

以图 5-24 所示的转筒真空过滤机说明其操作。

一、开、停车操作

1. 开车前的准备工作

① 检查滤布。滤布应清洁无缺损，注意不能有干浆。

② 检查滤浆。滤浆槽内不能有沉淀物或杂物。

③ 检查转鼓与刮刀之间的距离，一般为 1～2mm。

④ 查看真空系统真空度大小和压缩空气系统压力大小是否符合要求。

⑤ 给分配头、主轴瓦、压辊系统、搅拌器和齿轮等传动机构加润滑脂和润滑油，检查和补充减速机的润滑油。

2. 开车

① 盘车启动。观察各传动机构运转情况，如平稳、无振动、无碰撞声，可试空车和洗车 15min。

② 开启进滤浆阀门向滤槽中注入滤浆，当液面上升到滤槽高度的 1/2 时，再打开真空、洗涤、压缩空气等阀门。开始正常生产。

3. 停车

① 关闭滤浆入口阀门，再依次关闭洗涤水阀门、真空和压缩空气阀门。

②洗车。除去转鼓和滤槽内的物料。

二、正常操作

① 经常检查滤槽内的液面高低，保持液面高度为滤槽的 60%～75%，高度不够会影响滤饼的厚度。

② 经常检查各管路、阀门是否有渗漏，如有渗漏应停车修理。

③ 定期检查真空度、压缩空气压力是否达到规定值，洗涤水分布是否均匀。

④ 定时分析过滤效果，如滤饼的厚度、洗涤水是否符合要求。

三、转鼓真空过滤机操作常见异常现象与处理

异常现象	原因	处理方法
滤饼厚度达不到要求，滤饼不干	真空度达不到要求	查真空管路有无漏气
	滤槽内滤浆液面低	增加进料量
	滤布长时间未清洗或清洗不干净	清洗、更换滤布
真空度过低	①分配头磨损	①修理分配头
	②真空泵效率低或管路漏气	②检修真空泵和管路
	③滤布有破损	③更换滤布
	④错气窜风	④调整操作区域

四、转筒真空过滤机的使用与维护

① 要保持各转动部位有良好的润滑状态，不可缺油。

② 随时检查紧固件的工作情况，发现松动，及时拧紧，发现振动，及时查明原因。

③ 滤槽内不允许有物料沉淀和杂物。

④ 备用过滤机应每隔 24h 转动一次。

知识窗：技术新动向——膜分离技术

膜分离技术是分离、纯化与浓缩的一种新型高效的分离技术。以选择性透过膜为分离介质，当膜两侧存在某种推动力（如压力差、浓度差、电位差、温度差等）时，原料侧组分选择性地透过膜，以达到分离、提纯的目的。已研制的分离膜包括：反渗透膜（0.0001～0.005μm）、纳滤膜（0.001～0.005μm）、超滤膜（0.001～0.1μm）、微滤膜（0.1～1μm）、电渗析膜、渗透气化膜、液体膜、气体分离膜、电极膜等。膜本身可以由聚合物或无机材料等制成，其结构可以是均质或非均质的，多孔或无孔的，固体的或液体的，荷电的或中性的。膜的厚度可以薄至100μm，厚至几毫米。不同的膜具有不同的微观结构和功能。

膜分离过程不发生相变及副反应，无二次污染，分离效率高，操作条件温和，能耗低，是缓解资源短缺、能源危机和治理环境污染的重要措施，得到世界各国普遍重视。

小结

非均相物系分离是化工生产中应用极为广泛的单元操作，特别是在环境保护方面更见优势。它主要是依靠两相物理性质的不同，借助机械方式造成两相的相对运动来实现的，因此，具有简单易行，投资少，能耗低的优点。学习中要分清不同分离方法的特点与应用场合，做到学以致用，弄清以下内容。

1. 重力沉降： 掌握重力沉降的基本概念和基本计算；掌握各种重力沉降设备的构造、工作原理、性能及影响因素；掌握颗粒沉降速度的计算和设备临界直径的计算，掌握沉降设备尺寸的确定及操作方法。

2. 离心沉降： 掌握离心沉降的基本概念；掌握各种离心分离设备的构造、工作原理、性能及影响因素；掌握离心分离设备尺寸的确定及操作方法。

3. 过滤： 掌握过滤的基本概念；掌握各种过滤设备的构造、工作原理、性能及影响因素；掌握过滤设备尺寸的确定及操作方法。

4. 了解其他气体净化设备的构造、工作原理、性能及操作特点。

5. 了解非均相物系分离方法的选择过程。

6. 掌握转鼓真空过滤机的操作要点。

复习与思考

1. 非均相物系分离在化工生产中有哪些应用?举例说明?
2. 非均相物系的分离方法有哪些类型?各是如何实现两相分离的?
3. 影响实际沉降的因素有哪些?在操作中要注意哪些方面?
4. 确定降尘室高度要注意哪些问题?
5. 离心沉降与重力沉降有何异同?
6. 如何提高离心分离因数?
7. 简述板框压滤的工作过程。

8. 过滤一定要使用助滤剂吗?为什么?

9. 工业生产中，提高过滤速率的方法有哪些?

10. 影响过滤速率的因素有哪些?过滤操作中如何利用好这些影响因素?

11. 简述转鼓真空过滤机的操作要点。

12. 如何根据生产任务，合理选择非均相物系的分离方法?

自测练习

1. 密度为 $2650kg/m^3$ 的球形石英颗粒在20℃空气中自由沉降，计算服从斯托克斯公式的最大颗粒直径及服从牛顿公式的最小颗粒直径。

2. 在底面积为 $40m^2$ 的除尘室内回收气体中的球形固体颗粒。气体的处理量为 $3600m^3/h$，固体的密度 $\rho_s=3000kg/m^3$，操作条件下气体的密度 $\rho=1.06kg/m^3$，黏度为 $2\times10^{-5}Pa\cdot s$。试求理论上能完全除去的最小颗粒直径。

3. 用一多层除尘室除去炉气中的矿尘。矿尘最小粒径为8m，密度为 $4000kg/m^3$。除尘室长4.1m，宽1.8m，高4.2m，气体温度为427℃，黏度为 $3.4\times10^{-5}Pa\cdot s$，密度为 $0.5kg/m^3$。若每小时的炉气量为2160标准 m^3，试确定降尘室内隔板的间距及层数。

4. 已知含尘气体中尘粒的密度为 $2300kg/m^3$，气体流量为 $1000m^3/h$、黏度为 $3.6\times10^{-5}Pa\cdot s$、密度为 $0.674kg/m^3$，采用如图5-7所示的标准型旋风分离器进行除尘。若分离器圆筒直径为0.4m，试估算其临界粒径、分割粒径及压力降。

5. 某旋风分离器出口气体含尘量为 $0.7\times10^{-3}kg/m^3$ 标况，气体流量为 $5000m^3/h$，每小时捕集下来的灰尘量为21.5kg。出口气体中的灰尘粒度分布及捕集下来的灰尘粒度分布测定结果列于本题附表中：

习题5附表

粒径范围/μm	0～5	5～10	10～20	20～30	30～40	40～50	>50
在出口灰尘中所占的质量分率/%	16	25	29	20	7	2	1
在捕集的灰尘中所占的质量分率/%	4.4	11	26.6	20	18.7	11.3	3

试求：(1) 除尘效率；(2) 绘出该旋风分离器的粒级效率曲线。(提示：作 $d_i\sim\eta_{p,i}$ 曲线)

本项目符号说明

a——加速度，m/s^2；

B——降尘室宽度，m；

d——颗粒直径，m；

d_c——旋风分离器的临界粒径，m；

H——降尘室高度，m；

K_c——分离因数；

L——降尘室长度，m；

n——离心分离设备的转速，r/min；

q_v——体积流量，m^3/s；

u——流速，m/s；

u_R——径向速度或离心沉降速度，m/s；

u_t——沉降速度，m/s；

θ——停留时间，s；

θ_t——沉降时间，s；

μ——流体的黏度，$Pa\cdot s$；

ρ——流体的密度，kg/m^3；

ρ_s——颗粒的密度，kg/m^3；

Φ_s——颗粒的球形度。

参考文献

[1] 谭天恩，等. 化工原理（上册）. 第3版. 北京：化学工业出版社，2006.
[2] 陆美娟，张浩勤. 化工原理（上册）. 第3版. 北京：化学工业出版社，2012.
[3] 张洪流，流体流动与传热. 北京：化学工业出版社，2002.
[4] 冷士良，陆清，宋志轩. 化工单元操作及设备. 北京：化学工业出版社，2007.
[5] 夏清，陈常贵. 化工原理（上册）. 修订版. 天津：天津大学出版社，2005.
[6] 马秉骞. 化工设备使用与维护. 北京：高等教育出版社，2007.
[7] 王志魁，向阳，王宇. 化工原理. 第5版. 北京：化学工业出版社，2018.

自测练习参考答案

项目一　流体输送技术

一、填空题

1. 减小，温度，压力
2. 2.066，2.026，2.026×105，1520，20.66
3. 1.66m/s，1990kg/(m^2·s)，36000kg/h
4. 湍流
5. 增大为4倍
6. 定值，增加
7. 18662，－140
8. 正比，反比
9. 18522
10. 层流，湍流，大于4000
11. 增大，减小
12. 文丘里流量计，孔板流量计
13. 叶轮，泵壳，轴封装置；流量、扬程、轴功率、效率
14. 19.93m H_2O
15. 60.9%
16. 离心式、容积式（正位移）、流体动力式
17. 通风机、鼓风机、压缩机、真空泵
18. 填料函壳、转轴，密封
19. 液体密度、液体黏度、轴的转速、叶轮直径
20. 泵的特性曲线、管路的特性曲线
21. 灌泵，关闭出口阀
22. 离心泵进口压力小于液体在操作温度下的饱和蒸气压
23. 泵的特性，管路特性
24. 旁路调节、改变原动机转速、改变活塞冲程

二、选择题

1～5	DBBCD	6～10	BDCAB
11～15	ABDBB	16～20	CBCAC
21～25	BCCCA	26～30	ADCBC
31～35	BBABA	36～40	DADBD

三、计算题

1. 55.6m^3/h，0.81m/s
2. 170.6kPa

3. 56.2m^3/h
4. 52.0m
5. 2.35m/s
6. （1）5.2J/kg （2）0.338kgf/cm^2 （3）27kW
7. 17.6mH_2O
8. 57070Pa
9. 可用，不能正常操作
10. （1）满足要求 Q=123.8m^3/h（2）32kW

项目二 传热技术

一、填空题

1. 金属固体＞非金属固体＞液体＞气体
2. $\Delta t_1 : \Delta t_2 : \Delta t_3 = \frac{1}{\lambda_1} : \frac{1}{\lambda_2} : \frac{1}{\lambda_3}$
3. 水蒸气，空气
4. 上，下
5. 自然对流阶段、泡核沸腾阶段、膜状沸腾阶段，泡核沸腾阶段
6. 增大，减小
7. 1
8. 45mm
9. 增大传热面积，增大传热系数，外
10. 同一，辐射能力，黑体的辐射能力，吸收率

二、选择题

1～5 *BDCAD* 6～10 *BAAAB*

11～15 *AABAA* 16～20 *CBBCD*

三、计算题

1. ①绝热层的厚度 0.23m；②绝热层与红砖接触处温度 198.5℃。
2. 每米管长上所损失的冷量 38W/m。
3. 总传热系数 800$W/(m^2 \cdot ℃)$，管外蒸气热阻占 8%，管内原油热阻占 80%，管内污垢热阻占 12%。
4. 水与管壁之间的对流传热系数 7986.8$W/(m^2 \cdot ℃)$。
5. 该换热器的传热系数 3306.4$W/(m^2 \cdot ℃)$。冷流体的流量为 3.32kg/s。
6. $Q_{实际}$=1711kW，$Q_{需要}$=1393.3kW，此台换热器合用。
7. 操作条件下的总传热系数 2040$W/(m^2 \cdot ℃)$。加热蒸汽温度至少要 133.7℃。

项目三 蒸发操作

一、填空题

1. 溶剂
2. 加热，去除气化溶剂蒸汽
3. 挥发，不挥发
4. 加压、常压、真空
5. 循环型、非循环型

6. 中央循环管、悬框式、外加式、列文式、强制循环
7. 升膜、降膜、刮板薄膜
8. 溶质存在引起的、液柱压力引起的、流动阻力引起的沸点升高
9. 提高传热系数、提高溶液与蒸汽平均温度差
10. 原料和蒸汽
11. 浓度，温度
12. 温度、压力、蒸汽分压
13. 加原料，出浓缩液
14. 升高，较大

二、选择题

1～5 *ABDAC*　　6～7 *CD*

三、计算题

（1）1600kg/h　（2）50%

项目五　非均相混合物的分离

1. d_{max}=57.4μm，d_{min}=1513μm
2. d=17.5μm
3. h=80.8mm，n=51
4. d_c=8.04μm，d_{50}=5.73μm，Δp=520Pa
5. （1）η_0=86%；　（2）略

附　　录

一、计量单位换算

1. 质量

kg	t(吨)	lb(磅)
1	0.001	2.20462
1000	1	2204.62
0.4536	4.536×10^{-4}	1

2. 长度

m	in(英寸)	ft(英尺)	yd(码)
1	39.3701	3.2808	1.09361
0.025400	1	0.073333	0.02778
0.30480	12	1	0.33333
0.9144	36	3	1

3. 力

N	kgf	lbf	dyn
1	0.102	0.2248	1×10^{5}
9.80665	1	2.2046	9.80665×10^{5}
4.448	0.4536	1	4.448×10^{5}
1×10^{-5}	1.02×10^{-6}	2.248×10^{-6}	1

4. 流量

L/s	m^3/s	USgal/min	ft^3/s
1	0.001	15.850	0.03531
0.2778	2.778×10^{-4}	4.403	9.810×10^{-3}
1000	1	1.5850×10^{-4}	35.31
0.06309	6.309×10^{-5}	1	0.002228
7.866×10^{-3}	7.866×10^{-6}	0.12468	2.778×10^{-4}
28.32	0.02832	448.8	1

5. 压力

Pa	bar	kgf/cm^2	atm	mmH_2O	mmHg	lbf/in^2
1	1×10^{-5}	1.02×10^{-5}	0.99×10^{-5}	0.102	0.0075	14.5×10^{-5}
1×10^5	1	1.02	0.9869	10197	750.1	14.5
98.07×10^3	0.9807	1	0.9678	1×10^4	735.56	14.2
1.01325×10^5	1.013	1.0332	1	1.0332×10^4	760	14.697
9.807	9.807×10^{-5}	0.0001	0.9678×10^{-4}	1	0.0736	1.423×10^{-3}
133.32	1.333×10^{-3}	0.136×10^{-2}	0.00132	13.6	1	0.01934
6894.8	0.06895	0.703	0.068	703	51.71	1

6. 功、能和热

J(N・m)	kgf・m	kW・h	马力・时	kcal	英热单位(B. T. U.)	英尺・磅
1	0.102	2.778×10^{-7}	3.725×10^{-7}	2.39×10^{-4}	9.485×10^{-4}	0.7377
9.8067	1	2.724×10^{-6}	3.653×10^{-6}	2.342×10^{-3}	9.296×10^{-3}	7.233
3.6×10^6	3.671×10^5	1	1.3410	860.0	3413	2655×10^3
2.685×10^6	273.8×10^3	0.7457	1	641.33	2544	1980×10^3
4.1868×10^3	426.9	1.1622×10^{-3}	1.5576×10^{-3}	1	3.963	3087
1.055×10^3	107.58	2.930×10^{-4}	3.926×10^{-4}	0.2520	1	778.1
1.3558	0.1383	0.3766×10^{-6}	0.5051×10^{-6}	3.239×10^{-4}	1.285×10^{-3}	1

7. 动力黏度（简称黏度）

Pa・s	P	cP	磅/(英尺・秒)	$kgf\cdot s/m^2$
1	10	1×10^3	0.672	0.102
1×10^{-1}	1	1×10^2	0.0672	0.0102
1×10^{-3}	0.01	1	6.720×10^{-4}	1.02×10^{-4}
1.4881	14.881	1488.1	1	0.1519
9.81	98.1	9810	6.59	1

8. 运动黏度

m^2/s	cm^2/s	英尺^2/秒
1	10^4	10.76
10^{-4}	1	1.076×10^{-3}
92.9×10^{-3}	929	1

9. 功率

W	kgf・m/s	英尺・磅/秒	马力	kcal/s	英热单位/秒
1	0.10197	0.7376	1.341×10^{-3}	2.389×10^{-4}	9.486×10^{-4}
9.8067	1	7.23314	0.01315	2.342×10^{-3}	9.293×10^{-3}
1.3558	0.13825	1	0.0018182	3.238×10^{-4}	1.2851×10^{-3}
745.69	76.0375	550	1	0.17803	0.70675
4186.8	426.85	3087.44	5.6135	1	3.9683
1055	107.58	778.168	1.4148	0.251996	1

10. 比热容（热容）

kJ/(kg·K)	kcal/(kg·℃)	英热单位/(磅·℉)
1	0.2389	0.2389
4.1868	1	1

11. 热导率（导热系数）

W/(m·℃)	J/(cm·s·℃)	cal/(cm·s·℃)	kcal/(m·h·℃)	英热单位/(英尺·时·℉)
1	1×10^{-2}	2.389×10^{-3}	0.8598	0.578
1×10^{2}	1	0.2389	86.0	57.79
418.6	4.186	1	360	241.9
1.163	0.0116	0.2778×10^{-2}	1	0.6720
1.73	0.01730	0.4134×10^{-2}	1.488	1

12. 传热系数

W/(m²·℃)	kcal/(m²·h·℃)	cal/(cm²·s·℃)	英热单位/(英尺²·时·℉)
1	0.86	2.389×10^{-5}	0.176
1.163	1	2.778×10^{-5}	0.2048
4.186×10^{4}	3.6×10^{4}	1	7374
5.678	4.882	1.356×10^{-4}	1

13. 表面张力

N/m	kgf/m	dyn/cm	lbf/ft
1	0.102	10^{3}	6.852×10^{-2}
9.81	1	9807	0.6720
10^{-3}	1.02×10^{-4}	1	6.852×10^{-5}
14.59	1.488	1.459×10^{4}	1

14. 温度

$$^\circ C=(^\circ F-32)\times\frac{5}{9}$$

$$^\circ F=^\circ C\times\frac{9}{5}+32$$

$$K=273.15+^\circ C$$

$$^\circ R=459.7+^\circ F$$

$$K=^\circ R\times\frac{9}{5}$$

15. 气体常数

$$\begin{aligned}R&=8.314\text{kJ/(kmol·K)}\\&=848\text{kgf·m/(kmol·K)}\\&=82.06\text{atm·cm}^3\text{/(mol·K)}\\&=0.08206\text{atm·m}^3\text{/(kmol·K)}\\&=1.987\text{kcal/(kmol·K)}\\&=1.987\text{B. t. u./(lbmol·}^\circ\text{R)}\\&=1545\text{ft·lb/(lbmol·}^\circ\text{R)}\end{aligned}$$

二、某些液体的重要物理性质

名　称	化学式	摩尔质量 /(kg/kmol)	密度(20℃) /(kg/m^3)	沸点(101.3kPa) /℃	汽化热(101.3kPa) /(kJ/kg)
水	H_2O	18.02	998	100	2258
氯化钠盐水(25%)			1186(25℃)	107	
氯化钙盐水(25%)			1228	107	
硫酸	H_2SO_4	98.08	1831	340(分解)	
硝酸	HNO_3	63.02	1513	86	481.1
盐酸(30%)	HCl	36.47	1149		
二硫化碳	CS_2	76.13	1262	46.3	352
戊烷	C_5H_{12}	72.15	626	36.07	357.4
己烷	C_6H_{14}	86.17	659	68.74	335.1
庚烷	C_7H_{16}	100.2	684	98.43	316.5
辛烷	C_8H_{18}	114.22	703	125.67	306.4
三氯甲烷	$CHCl_3$	119.38	1489	61.2	253.7
四氯化碳	CCl_4	153.82	1594	76.8	195
1,2-二氯乙烷	$C_2H_4Cl_2$	98.96	1253	83.6	324
苯	C_6H_6	78.11	879	80.10	393.9
甲苯	C_7H_8	92.13	867	110.63	363
邻二甲苯	C_8H_{10}	106.16	880	144.42	347
间二甲苯	C_8H_{10}	106.16	864	139.10	343
对二甲苯	C_8H_{10}	106.16	861	138.35	340
苯乙烯	C_8H_9	104.1	911(15.6℃)	145.2	(352)
氯苯	C_6H_5Cl	112.56	1106	131.8	325
硝基苯	$C_2H_5NO_2$	123.17	1203	210.9	396
苯胺	$C_6H_5NH_2$	93.13	1022	184.4	448
酚	C_6H_5OH	94.1	1050(50℃)	181.8(熔点 40.9℃)	511
萘	$C_{10}H_8$	128.17	1145(固体)	217.9(熔点 80.2℃)	314
甲醇	CH_3OH	32.04	791	64.7	1101
乙醇	C_2H_5OH	46.07	789	78.3	846
乙二醇	$C_2H_4(OH)_2$	62.05	1113	197.6	780
甘油	$C_3H_5(OH)_3$	92.09	1261	290(分解)	
乙醚	$(C_2H_5)_2O$	74.12	714	34.6	360
乙醛	CH_3CHO	44.05	783(18℃)	20.2	574
糠醛	$C_5H_4O_2$	96.09	1168	161.7	452
丙酮	CH_3COCH_3	58.08	792	56.2	523
甲酸	HCOOH	46.03	1220	100.7	494
醋酸	CH_3COOH	60.03	1049	118.1	406
醋酸乙酯	$CH_3COOC_2H_5$	88.11	901	77.1	368
煤油			780～820		
汽油			680～800		

名　称	比热容(20℃) /[kJ/(kg·℃)]	黏度(20℃) /(mPa·s)	热导率(20℃) /[W/(m·℃)]	体积膨胀系数(20℃) /(1/℃)	表面张力(20℃) /(mN/m)
水	4.183	1.005	0.599	1.82×10^{-4}	72.8
氯化钠盐水(25%)	3.39	2.3	0.57(30℃)	(4.4×10^{-4})	
氯化钙盐(25%)	2.89	2.5	0.57	(3.4×10^{-4})	
硫酸	1.47(98%)	23	0.38	5.7×10^{-4}	
硝酸		1.17(10℃)			
盐酸(30%)	2.55	2(31.5%)	0.42		
二硫化碳	1.005	0.38	0.16	12.1×10^{-4}	32

续表

名称	比热容(20℃)/[kJ/(kg·℃)]	黏度(20℃)/(mPa·s)	热导率(20℃)/[W/(m·℃)]	体积膨胀系数(20℃)/(1/℃)	表面张力(20℃)/(mN/m)
戊烷	2.24(15.6℃)	0.229	0.113	15.9×10^{-4}	16.2
己烷	2.31(15.6℃)	0.313	0.119		18.2
庚烷	2.21(15.5℃)	0.411	0.123		20.1
辛烷	2.19(15.6℃)	0.540	0.131		21.8
三氯甲烷	0.992	0.58	0.138(30℃)	12.6×10^{-4}	28.5(10℃)
四氯化碳	0.850	1.0	0.12		26.8
1,2-二氯乙烷	1.26	0.83	0.14(50℃)		30.8
苯	1.704	0.737	0.148	12.4×10^{-4}	28.6
甲苯	1.70	0.675	0.138	10.9×10^{-4}	27.9
邻二甲苯	1.74	0.811	0.142		30.2
间二甲苯	1.70	0.611	0.167	10.1×10^{-4}	29.0
对二甲苯	1.704	0.643	0.129		28.0
苯乙烯	1.733	0.72			
氯苯	1.298	0.85	0.14(30℃)		32
硝基苯	1.47	2.1	0.15		41
苯胺	2.07	4.3	0.17	8.5×10^{-4}	42.9
酚		3.4(50℃)			
萘	1.80(100℃)	0.59(100℃)			
甲醇	2.48	0.6	0.212	12.2×10^{-4}	22.6
乙醇	2.39	1.15	0.172	11.6×10^{-4}	22.8
乙二醇	2.35	23			47.7
甘油		1499	0.59	5.3×10^{-4}	63
乙醚	2.34	0.24	0.14	16.3×10^{-4}	18
乙醛	1.9	1.3(18℃)			21.2
糠醛	1.6	1.15(50℃)			43.5
丙酮	2.35	0.32	0.17		23.7
甲酸	2.17	1.9	0.26		27.8
醋酸	1.99	1.3	0.17	10.7×10^{-4}	23.9
醋酸乙酯	1.92	0.48	0.14(10℃)		
煤油		0.15	0.13		
汽油		0.7～0.8	0.19(30℃)	12.5×10^{-4}	

三、某些固体材料的物理性质（密度、热导率和比热容）

1. 金属

名称	密度/(kg/m^3)	热导率/[W/(m·℃)]	比热容/[kJ/(kg·℃)]
钢	7850	45.3	0.48
不锈钢	7900	17	0.50
铸铁	7220	62.8	0.50
铜	8800	383.8	0.41
青铜	8000	64.0	0.38
黄铜	8600	85.5	0.38
铝	2670	203.5	0.92
镍	9000	68.2	0.46
铅	11400	34.9	0.13

2. 塑料

名称	密度/(kg/m³)	热导率/[W/(m・℃)]	比热容/[kJ/(kg・℃)]
聚氯乙烯	1380～1400	0.16	1.8
聚苯乙烯	1050～1070	0.08	1.3
低压聚乙烯	940	0.29	2.6
高压聚乙烯	920	0.26	2.2
有机玻璃	1180～1190	0.14～0.20	

3. 建筑材料、绝热材料、耐酸材料及其他

名称	密度/(kg/m³)	热导率/[W/(m・℃)]	比热容/[kJ/(kg・℃)]
干砂	1500～1700	0.45～0.48	0.8
黏土	1600～1800	0.47～0.53	0.75(−20～20℃)
黏土砖	1600～1900	0.47～0.60	0.92
耐火砖	1840	1.05(800～1100℃)	0.88～1.0
混凝土	2000～2400	1.3～1.55	0.84
松木	500～600	0.07～0.10	2.7(0～100℃)
软木	100～300	0.041～0.064	0.96
石棉板	770	0.11	0.816
玻璃	2500	0.74	0.67
橡胶	1200	0.16	1.38
冰	900	2.3	2.11

四、干空气的重要物理性质（101.3kPa）

温度 /℃	密度 /(kg/m³)	比定压热容 /[kJ/(kg・℃)]	热导率 /[W/(m・℃)]	黏度 /(μPa・s)	普朗特数 *Pr*
−50	1.548	1.013	0.0204	14.6	0.728
−40	1.515	1.013	0.0212	15.2	0.728
−30	1.453	1.013	0.0220	15.7	0.723
−20	1.395	1.009	0.0228	16.2	0.716
−10	1.342	1.009	0.0236	16.7	0.712
0	1.293	1.005	0.0244	17.2	0.707
10	1.247	1.005	0.0251	17.7	0.705
20	1.205	1.005	0.0259	18.1	0.703
30	1.165	1.005	0.0267	18.6	0.701
40	1.128	1.005	0.0276	19.1	0.699
50	1.093	1.005	0.0283	19.6	0.698
60	1.060	1.005	0.0290	20.1	0.696
70	1.029	1.009	0.0297	20.6	0.694
80	1.000	1.099	0.0305	21.1	0.692
90	0.972	1.009	0.0313	21.5	0.690
100	0.946	1.009	0.0321	21.9	0.688
120	0.898	1.009	0.0334	22.9	0.686
140	0.854	1.013	0.0349	23.7	0.684
160	0.815	1.017	0.0364	24.5	0.682
180	0.779	1.022	0.0378	25.3	0.681
200	0.746	1.026	0.0393	26.0	0.680
250	0.674	1.038	0.0429	27.4	0.677
300	0.615	1.048	0.0461	29.7	0.674
350	0.566	1.059	0.0491	31.4	0.676
400	0.524	1.068	0.0521	33.0	0.678

续表

温度 /℃	密度 /(kg/m³)	比定压热容 /[kJ/(kg·℃)]	热导率 /[W/(m·℃)]	黏度 /(μPa·s)	普朗特数 Pr
500	0.456	1.093	0.0576	36.2	0.687
600	0.404	1.004	0.0622	39.1	0.699
700	0.362	1.135	0.0671	41.8	0.706
800	0.329	1.156	0.0718	44.3	0.713
900	0.301	1.173	0.0763	46.7	0.717
1000	0.277	1.185	0.0804	49.0	0.719

五、水的重要物理性质

温度 /℃	饱和蒸气 压/kPa	密度 /(kg/m³)	焓 /(kJ/kg)	比热容 /[kJ/(kg·℃)]	热导率 /[W/(m·℃)]	黏度 /(mPa·s)	体积膨胀 系数/(1/℃)	表面张力 /(mN/m)	普朗特 数 Pr
0	0.608	999.9	0	4.212	0.551	1.7921	-0.63×10^{-4}	75.6	13.67
10	1.226	999.7	42.04	40191	0.575	1.3077	0.70×10^{-4}	74.1	9.52
20	2.335	998.2	83.90	4.183	0.599	1.0050	1.82×10^{-4}	72.6	7.02
30	4.247	995.7	125.7	4.174	0.618	0.8007	3.21×10^{-4}	71.2	5.42
40	7.377	992.2	167.5	4.174	0.634	0.6560	3.87×10^{-4}	69.6	4.31
50	12.31	988.1	209.3	4.174	0.648	0.5494	4.49×10^{-4}	67.7	3.54
60	19.92	983.2	251.1	4.178	0.659	0.4688	5.11×10^{-4}	66.2	2.98
70	31.16	977.8	293	4.178	0.668	0.4061	5.70×10^{-4}	64.3	2.55
80	47.38	971.8	334.9	4.195	0.675	0.3565	6.32×10^{-4}	62.6	2.21
90	90.14	965.3	377	4.208	0.680	0.3165	6.59×10^{-4}	60.7	1.95
100	101.3	958.4	419.1	4.220	0.683	0.2838	7.52×10^{-4}	58.8	1.75
110	143.3	951.0	461.3	4.238	0.685	0.2589	8.08×10^{-4}	56.9	1.60
120	198.6	943.1	503.7	4.250	0.686	0.2373	8.64×10^{-4}	54.8	1.47
130	270.3	934.8	546.4	4.266	0.686	0.2177	9.19×10^{-4}	52.8	1.36
140	361.5	926.1	589.1	4.287	0.685	0.2010	9.72×10^{-4}	50.7	1.26
150	476.2	917.0	632.2	4.312	0.684	0.1863	10.3×10^{-4}	48.6	1.17
160	618.3	907.4	675.3	4.346	0.683	0.1736	10.7×10^{-4}	46.6	1.10
170	792.6	897.3	719.3	4.379	0.679	0.1628	11.3×10^{-4}	45.3	1.05
180	1003.5	886.9	763.3	4.417	0.675	0.1530	11.9×10^{-4}	42.3	1.00
190	1225.6	876.0	807.6	4.460	0.670	0.1442	12.6×10^{-4}	40.8	0.96
200	1554.8	863.0	852.4	4.505	0.663	0.1363	13.3×10^{-4}	38.4	0.93
210	1917.7	852.8	897.7	4.555	0.655	0.1304	14.1×10^{-4}	36.1	0.91
220	2320.9	840.3	943.7	4.614	0.645	0.1246	14.8×10^{-4}	33.8	0.89
230	2798.6	827.3	990.2	4.681	0.637	0.1197	15.9×10^{-4}	31.6	0.88
240	3347.9	813.6	1037.5	4.756	0.628	0.1147	16.8×10^{-4}	29.1	0.87
250	3977.7	799.0	1085.6	4.844	0.618	0.1098	18.1×10^{-4}	26.7	0.86
260	4693.8	784.0	1135.0	4.949	0.604	0.1059	19.7×10^{-4}	24.2	0.87
270	5504.0	767.9	1185.3	5.070	0.590	0.1020	21.6×10^{-4}	21.9	0.88
280	6417.2	750.7	1236.3	5.229	0.575	0.0981	23.7×10^{-4}	19.5	0.90
290	7443.3	732.3	1289.9	5.485	0.558	0.0942	26.2×10^{-4}	17.2	0.93
300	8592.9	712.5	1344.8	5.736	0.540	0.0912	29.2×10^{-4}	14.7	0.97

六、饱和水蒸气表（按温度排列）

温度/℃	绝对压力/kPa	蒸汽密度/(kg/m³)	液体焓/(kJ/kg)	蒸汽焓/(kJ/kg)	汽化热/(kJ/kg)
0	0.6082	0.00484	0	2491	2491
5	0.8730	0.00680	20.9	2500.8	2480
10	1.226	0.00940	41.9	2510.4	2469

续表

温度/℃	绝对压力/kPa	蒸汽密度/(kg/m^3)	液体焓/(kJ/kg)	蒸汽焓/(kJ/kg)	汽化热/(kJ/kg)
15	1.707	0.01283	62.8	2520.5	2458
20	2.335	0.01719	83.7	2530.1	2446
25	3.168	0.02304	104.7	2539.7	2435
30	4.247	0.03036	125.6	2549.3	2424
35	5.621	0.03960	146.5	2559.0	2412
40	7.377	0.05114	167.5	2568.6	2401
45	9.584	0.06543	188.4	2577.8	2389
50	12.34	0.0830	209.3	2587.4	2378
55	15.74	0.1043	230.3	2596.7	2366
60	19.92	0.1301	251.2	2606.3	2355
65	25.01	0.1611	272.1	2615.5	2343
70	31.16	0.1979	293.1	2624.3	2331
75	38.55	0.2416	314.0	2633.5	2320
80	47.38	0.2929	334.9	2642.3	2307
85	57.88	0.3531	355.9	2651.1	2295
90	70.14	0.4229	376.8	2659.9	2283
95	84.56	0.5039	397.8	2668.7	2271
100	101.3	0.5970	418.7	2677.0	2258
105	120.85	0.7036	440.0	2685.0	2245
110	143.31	0.8254	461.0	2693.4	2232
115	169.11	0.9635	482.3	2702.3	2219
120	198.64	1.1199	503.7	2708.9	2205
125	232.19	1.296	525.0	2716.4	2191
130	270.25	1.494	546.4	2723.9	2178
135	313.11	1.715	567.7	2731.0	2163
140	361.47	1.962	589.1	2737.7	2149
145	415.72	2.238	610.9	2744.4	2134
150	476.24	2.543	632.2	2750.7	2119
160	618.28	3.252	675.8	2762.9	2087
170	792.59	4.113	719.3	2773.3	2054
180	1003.5	5.145	763.3	2782.5	2019
190	1255.6	6.378	807.6	2790.1	1982
200	1554.8	7.840	852.0	2795.5	1944
210	1917.7	9.567	897.2	2799.3	1902
220	2320.9	11.60	942.4	2801.0	1859
230	2798.6	13.98	988.5	2800.1	1812
240	3347.9	16.76	1034.6	2796.8	1762
250	3977.7	20.01	1081.4	2790.1	1709
260	4693.8	23.82	1128.8	2780.9	1652
270	5504.0	28.27	1176.9	2768.3	1591
280	6417.2	33.47	1225.5	2752.0	1526
290	7443.3	39.60	1274.5	2732.3	1457
300	8592.9	46.93	1325.5	2708.0	1382

七、饱和水蒸气表（按压力排列）

绝对压力/kPa	温度/℃	蒸汽密度/(kg/m^3)	液体焓/(kJ/kg)	蒸汽焓/(kJ/kg)	汽化热/(kJ/kg)
1.0	6.3	0.00773	26.5	2503.1	2477
1.5	12.5	0.01133	52.3	2515.3	2463
2.0	17.0	0.01486	71.2	2524.2	2453
2.5	20.9	0.01836	87.5	2531.8	2444
3.0	23.5	0.02179	98.4	2536.8	2438

续表

绝对压力/kPa	温度/℃	蒸汽密度/(kg/m³)	液体焓/(kJ/kg)	蒸汽焓/(kJ/kg)	汽化热/(kJ/kg)
3.5	26.1	0.02523	109.3	2541.8	2433
4.0	28.7	0.02867	120.2	2546.8	2427
4.5	30.8	0.03205	129.0	2550.9	2422
5.0	32.4	0.03537	135.7	2554.0	2418
6.0	35.6	0.04200	149.1	2560.1	2411
7.0	38.8	0.04864	162.4	2566.3	2404
8.0	41.3	0.05514	172.7	2571.0	2398
9.0	43.3	0.06056	181.2	2574.8	2394
10.0	45.3	0.06798	189.6	2578.5	2389
15.0	53.5	0.09956	224.0	2594.0	2370
20.0	60.1	0.1307	251.5	2602.4	2355
30.0	66.5	0.1909	288.8	2622.4	2334
40.0	75.0	0.2498	315.9	2634.1	2312
50.0	81.2	0.3080	339.8	2644.3	2304
60.0	85.6	0.3651	358.2	2652.1	2294
70.0	89.9	0.4223	376.6	2659.8	2283
80.0	93.2	0.4781	390.1	2665.3	2275
90.0	96.4	0.5338	403.5	2670.8	2267
100.0	99.6	0.5896	416.9	2676.3	2259
120.0	104.5	0.6987	437.5	2684.3	2247
140.0	109.2	0.8076	457.7	2692.1	2234
160.0	113.0	0.8298	473.9	2998.1	2224
180.0	116.6	1.021	489.3	2703.7	2214
200.0	120.2	1.127	493.7	2709.2	2205
250.0	127.2	1.390	534.4	2719.7	2185
300.0	133.3	1.650	560.4	2728.5	2168
350.0	138.8	1.907	583.8	2736.1	2152
400.0	143.4	2.162	603.6	2742.1	2138
450.0	147.7	2.415	622.4	2747.8	2125
500.0	151.7	2.667	639.6	2752.8	2113
600.0	158.7	3.169	676.2	2761.4	2091
700.0	164.7	3.666	696.3	2767.8	2072
800.0	170.4	4.161	721.0	2773.7	2053
900.0	175.1	4.652	741.8	2778.1	2036
1×10^3	179.9	5.143	762.7	2782.5	2020
1.1×10^3	180.2	5.633	780.3	2785.5	2005
1.2×10^3	187.8	6.124	797.9	2788.5	1991
1.3×10^3	191.5	6.614	814.2	2790.9	1977
1.4×10^3	194.8	7.103	829.1	2792.4	1964
1.5×10^3	198.2	7.594	843.9	2794.5	1951
1.6×10^3	201.3	8.081	857.8	2796.0	1938
1.7×10^3	204.1	8.567	870.6	2797.1	1926
1.8×10^3	206.9	9.053	883.4	2798.1	1915
1.9×10^3	209.8	9.539	896.2	2799.2	1903
2×10^3	212.2	10.03	907.3	2799.7	1892
3×10^3	233.7	15.01	1005.4	2798.9	1794
4×10^3	250.3	20.10	1082.9	2789.8	1707
5×10^3	263.8	25.37	1146.9	2776.2	1629
6×10^3	275.4	30.85	1203.2	2759.5	1556
7×10^3	285.7	36.57	1253.2	2740.8	1488
8×10^3	294.8	42.58	1299.2	2720.5	1404
9×10^3	303.2	48.89	1343.5	2699.1	1357

八、管子规格

1. 无缝钢管规格

公称直径	实际外径/mm	管壁厚度/mm						
		PN16	PN25	PN40	PN64	PN100	PN160	PN200
DN15	18	2.5	2.5	2.5	2.5	3	3	3
DN20	25	2.5	2.5	2.5	2.5	3	3	4
DN25	32	2.5	2.5	2.5	3	3.5	3.5	5
DN32	38	2.5	2.5	3	3	3.5	3.5	6
DN40	45	2.5	3	3	3.5	3.5	4.5	6
DN50	57	2.5	3	3.5	3.5	4.5	5	7
DN70	76	3	3.5	3.5	4.5	6	6	9
DN80	89	3.5	4	4	5	6	7	11
DN100	108	4	4	4	6	7	12	13
DN125	133	4	4	4.5	6	9	13	17
DN150	159	4.5	4.5	5	7	10	17	—
DN200	219	6	6	7	10	13	21	—
DN250	273	8	7	8	11	16	—	—
DN300	325	8	8	9	12	—	—	—
DN350	377	9	9	10	13	—	—	—
DN400	426	9	10	12	15	—	—	—

2. 有缝钢管（水、煤气管）规格

公称直径		实际外径/mm	壁厚/mm	
英寸	mm		普通级	加强级
¼	8	13.50	2.25	2.75
⅜	10	17.00	2.25	2.75
½	15	21.25	2.75	3.25
¾	20	26.75	2.75	3.50
1	25	33.50	3.25	4.00
1¼	32	42.25	3.25	4.00
1½	40	48.00	3.50	4.25
2	50	60.0	3.50	4.50
2½	70	75.50	3.75	4.50
3	80	88.50	4.00	4.75
4	100	114.00	4.00	5.00
5	125	140.00	4.50	5.50
6	150	165.00	4.50	5.50

3. 承插式铸铁管规格

低压管，工作压力≤0.44MPa					
公称直径/mm	内径/mm	壁厚/mm	公称直径/mm	内径/mm	壁厚/mm
75	75	9	300	302.4	10.2
100	100	9	400	403.6	11
125	125	9	450	453.8	11.5
150	151	9	500	504	12
200	201.1	9.4	600	604.8	13
250	252	9.4	800	806.4	14.8

续表

普通管，工作压力≤0.735MPa					
公称直径/mm	内径/mm	壁厚/mm	公称直径/mm	内径/mm	壁厚/mm
75	75	9	500	500	14
100	100	9	600	600	15.4
125	125	9	700	700	16.5
150	150	9	800	800	18.0
200	200	10	900	900	19.5
250	250	10.8	1000	997	22
300	300	11.4	1100	1097	23.5
350	350	12	1200	1196	25
400	400	12.8	1350	1345	27.5
450	450	13.4	1500	1494	30

九、常用离心泵规格（摘录）

1. IS 型单级单吸离心泵

型号	流量/(m^3/h)	扬程/m	转速/(r/min)	气蚀余量/m	泵效率/%	功率/kW		泵口径/mm	
						轴功率	配带功率	吸入	排出
IS 50-32-125	7.5 12.5 15	20	2900	2.0	60	1.13	2.2	50	32
IS 50-32-160	7.5 12.5 15	32	2900	2.0	54	2.02	3	50	32
IS 50-32-200	7.5 12.5 15	52.5 50 48	2900	2.0 2.0 2.5	38 48 51	2.62 3.54 3.84	5.5	50	32
IS 50-32-250	7.5 12.5 15	82 80 78.5	2900	2.0 2.0 2.5	28.5 38 41	5.67 7.16 7.83	11	50	32
IS 65-50-125	15 25 30	20	2900	2.0	69	1.97	3	65	50
IS 65-50-160	15 25 30	35 32 30	2900	2.0 2.0 2.5	54 65 66	2.65 3.35 3.71	5.5	65	50
IS 65-40-200	15 25 30	53 50 47	2900	2.0 2.0 2.5	49 60 61	4.42 5.67 6.29	7.5	65	40
IS 65-40-250	15 25 30	80	2900	2.0	53	10.3	15	65	40
IS 80-65-125	30 50 60	22.5 20 18	2900	3.0 3.0 3.5	64 75 74	2.87 3.63 3.93	5.5	80	65
IS 80-65-160	30 50 60	36 32 29	2900	2.5 2.5 3.0	61 73 72	4.82 5.97 6.59	7.5	80	65

续表

型号	流量/(m³/h)	扬程/m	转速/(r/min)	气蚀余量/m	泵效率/%	功率/kW		泵口径/mm	
						轴功率	配带功率	吸入	排出
IS 80-50-200	30 50 60	53 50 47	2900	2.5 2.5 3.0	55 69 71	7.87 9.87 10.8	15	80	50
IS 80-50-250	30 50 60	84 80 75	2900	2.5 2.5 3.0	52 63 64	13.2 17.3 19.2	22	80	50
IS 100-80-125	60 100 120	24 20 16.5	2900	4.0 4.5 5.0	67 78 74	5.86 7.00 7.28	11	100	80
IS 100-80-160	60 100 120	36 32 28	2900	3.5 4.0 5.0	70 78 75	8.42 11.2 12.2	15	100	80
IS 100-65-200	60 100 120	54 50 47	2900	3.0 3.6 4.8	65 76 77	13.6 17.9 19.9	22	100	65
IS 100-65-250	60 100 120	87 80 74.5	2900	3.5 3.8 4.8	81 72 73	23.4 30.3 33.3	37	100	65
IS 100-65-315	60 100 120	133 125 118	2900	3.0 3.5 4.2	55 66 67	39.6 51.6 57.5	75	100	65

2. Sh型单级双吸离心泵

型号	流量/(m³/h)	扬程/m	转速/(r/min)	气蚀余量/m	泵效率/%	功率/kW		泵口径/mm	
						轴功率	配带功率	吸入	排出
100S90	60 80 95	95 90 82	2950	2.5	61 65 63	23.9 28 31.2	37	100	70
150S100	126 160 202	102 100 90	2950	3.5	70 73 72	48.8 55.9 62.7	75	150	100
150S78	126 160 198	84 78 70	2950	3.5	72 75.5 72	40 46 52.4	55	150	100
150S50	130 160 220	52 50 40	2950	3.9	72.0 80 77	25.4 27.6 27.2	37	150	100
200S95	216 280 324	103 95 85	2950	5.3	62 79.2 72	86 94.4 96.6	132	200	125
200S95A	198 270 310	94 87 80	2950	5.3	68 75 74	72.2 82.4 88.1	110	200	125
200S95B	245	72	2950	5	74	65.8	75	200	125
200S63	216 280 351	69 63 50	2950	5.8	74 82.7 72	55.1 59.4 67.8	75	200	150

续表

型号	流量/(m³/h)	扬程/m	转速/(r/min)	气蚀余量/m	泵效率/%	功率/kW		泵口径/mm	
						轴功率	配带功率	吸入	排出
200S63A	180 270 324	54.5 46 37.5	2950	5.8	70 75 70	41 48.3 51	55	200	150
200S42	216 280 342	48 42 35	2950	6	81 84.2 81	34.8 37.8 40.2	45	200	150
200S42A	198 270 310	43 36 31	2950	6	76 80 76	30.5 33.1 34.4	37	200	150
250S65	360 485 612	71 65 56	1450	3	75 78.6 72	92.8 108.5 129.6	160	250	200
250S65A	342 468 540	61 54 50	1450	3	74 77 65	76.8 89.4 98	132	250	200

3. D型多级分段式离心泵

型号	流量/(m³/h)	扬程/m	转速/(r/min)	气蚀余量/m	泵效率/%	功率/kW		泵口径/mm	
						轴功率	配带功率	吸入	排出
D6-25×3	3.75 6.3 7.5	76.5 75 73.5	2950	2 2 2.5	33 45 47	2.37 2.86 3.19	5.5	40	40
D6-25×4	3.75 6.3 7.5	102 100 98	2950	2 2 2.5	33 45 47	3.16 3.81 4.26	7.5	40	40
D6-25×5	3.75 6.3 7.5	127.5 12.5 122.5	2950	2 2 2.5	33 45 47	3.95 4.77 5.32	7.5	40	40
D12-25×2	12.5	50	2950	2.0	54	3.15	5.5	50	40
D12-25×3	7.5 12.5 15.0	84.5 75 69	2950	2 2 2.5	44 54 53	3.93 4.73 5.32	7.5	50	40
D12-25×4	7.5 12.5 15	112.8 100 92	2950	2 2 2.5	44 54 53	5.24 6.30 7.09	11	50	40
D12-25×5	7.5 12.5 15.0	141 125 115	2950	2 2 2.5	44 54 53	6.55 7.88 8.86	11	50	40
D12-50×2	12.5	100	2950	2.8	40	8.5	11	50	50
D12-50×3	12.5	150	2950	2.8	40	12.75	18.5	50	50
D12-50×4	12.5	200	2950	2.8	40	17	22	50	50
D12-50×5	12.5	250	2950	2.8	40	21.7	30	50	50
D12-50×6	12.5	300	2950	2.8	40	25.5	37	50	50
D16-60×3	10 16 20	186 183 177	2950	2.3 2.8 3.4	30 40 44	16.9 19.9 21.9	22	65	50

续表

型号	流量/(m³/h)	扬程/m	转速/(r/min)	气蚀余量/m	泵效率/%	功率/kW		泵口径/mm	
						轴功率	配带功率	吸入	排出
	10	248		2.3	30	22.5			
D16-60×4	16	244	2950	2.8	40	26.6	37	65	50
	20	236		3.4	44	29.2			
	10	310		2.3	30	28.2			
D16-60×5	16	305	2950	2.8	40	33.3	45	65	50
	20	295		3.4	44	36.5			
	10	372		2.3	30	33.8			
D16-60×6	16	366	2950	2.8	40	39.9	45	65	50
	20	354		3.4	44	43.8			
	10	434		2.3	30	39.4			
D16-60×7	16	427	2950	2.8	40	46.6	55	65	50
	20	413		3.4	44	51.1			

4. F型耐腐蚀离心泵

型号	流量/(m³/h)	扬程/m	转速/(r/min)	气蚀余量/m	泵效率/%	功率/kW		泵口径/mm	
						轴功率	配带功率	吸入	排出
25F-16	3.60	16.00	2960	4.3	30	0.523	0.75	25	25
25F-16A	3.27	12.50	2960	4.3	29	0.39	0.55	25	25
25F-25	3.60	25.00	2960	4.3	27	0.91	1.50	25	25
25F-25A	3.27	20.00	2960	4.3	26	0.69	1.10	25	25
25F-41	3.60	41.00	2960	4.3	20	2.01	3.00	25	25
25F-41A	3.27	33.50	2960	4.3	19	1.57	2.20	25	25
40F-16	7.20	15.70	2960	4.3	49	0.63	1.10	40	25
40F-16A	6.55	12.00	2960	4.3	47	0.46	0.75	40	25
40F-26	7.20	25.50	2960	4.3	44	1.14	1.50	40	25
40F-26A	6.55	20.00	2960	4.3	42	0.87	1.10	40	25
40F-40	7.20	39.50	2960	4.3	35	2.21	3.00	40	25
40F-40A	6.55	32.00	2960	4.3	34	1.68	2.20	40	25
40F-65	7.20	65.00	2960	4.3	24	5.92	7.50	40	25
40F-65A	6.72	56.00	2960	4.3	24	4.28	5.50	40	25
50F-103	14.4	103	2900	4	25	16.2	18.5	50	40
50F-103A	13.5	89.5	2900	4	25	13.2		50	40
50F-103B	12.7	70.5	2900	4	25	11		50	40
50F-63	14.4	63	2900	4	35	7.06		50	40
50F-63A	13.5	54.5	2900	4	35	5.71		50	40
50F-63B	12.7	48	2900	4	35	4.75		50	40
50F-40	14.4	40	2900	4	44	3.57	7.5	50	40
50F-40A	13.1	32.5	2900	4	44	2.46	7.5	50	40
50F-25	14.4	25	2900	4	52	1.89	5.5	50	40
50F-25A	13.1	20	2900	4	52	1.37	5.5	50	40
50F-16	14.4	15.7	2900	4	62	0.99		50	40
50F-16A	13.1	12	2900	4	62	0.69		50	40
65F-100	28.8	100	2900	4	40	19.6		65	50
65F-100A	26.9	89	2900	4	40	15.9		65	50
65F-100B	25.3	77	2900	4	40	13.3		65	50
65F-64	28.8	64	2900	4	57	9.65	15	65	50
65F-64A	26.9	55	2900	4	57	7.75	18.5	65	50
65F-64B	25.3	48.5	2900	4	57	6.43	18.5	65	50

5. Y型离心油泵

型号	流量/(m^3/h)	扬程/m	转速/(r/min)	气蚀余量/m	泵效率/%	功率/kW		泵壳许用应力/(kgf/cm^2)	结构型式
						轴功率	配带功率		
50Y-60	12.5	60	2950	2.3	35	5.95	11	16/26	单级悬臂
50Y-60A	11.2	49				4.27	8		
50Y-60B	9.9	38				2.93	5.5		
50Y-60×2	12.5	120	2950	2.3	35	11.7	15	22/32	两级悬臂
50Y-60×2A	11.7	105				9.55	15		
50Y-60×2B	10.8	90				7.65	11		
50Y-60×2C	9.9	75							
65Y-60	25	60	2950	2.6	55	7.5	11	16/26	单级悬臂
65Y-60A	22.5	49				5.5	8		
65Y-60B	19.8	38				3.75	5.5		
65Y-100	25	100	2950	2.6	40	17.0	32	16/26	单级悬臂
65Y-100A	23	85				13.3	20		
65Y-100B	21	70				10.0	15		
65Y-100×2	25	200	2950	2.6	40	34	55	30/40	两级悬臂
65Y-100×2A	23.3	175				27.8	40		
65Y-100×2B	21.6	150				22.0	32		
65Y-100×2C	19.8	125				16.8	20		
80Y-60	50	60	2950	3	64	12.8	15	16/26	单级悬臂
80Y-60A	45	49				9.4	11		
80Y-60B	39.5	38				6.5	8		
80Y-100	50	100	2950	3	60	22.7	32	20/30	单级悬臂
80Y-100A	45	85				18.0	25		
80Y-100B	39.5	70				12.6	20		
80Y-100×2	50	200	2950	3	60	45.4	75	30/40	两级悬臂
80Y-100×2A	46.6	175				37.0	55		
80Y-100×2B	43.2	150				29.5	40		
80Y-100×2C	39.6	125				22.7	32		

注：与介质接触的且受温度影响的零件，根据介质的性质需要采用不同性质的材料，所以分为三种材料，但泵的结构相同。第Ⅰ类材料不耐腐蚀，操作温度在－20～200℃之间，第Ⅱ类材料不耐硫腐蚀，操作温度在－45～400℃之间，第Ⅲ类材料耐腐蚀，操作温度在－45～200℃之间。泵壳许用应力的分子表示第Ⅰ类材料相应的许用应力，分母表示第Ⅱ、Ⅲ类材料的许用应力。

十、 4－72－11型离心式通风机的规格

机号	转速/(r/min)	全风压		流量/(m^3/h)	效率/%	所需功率/kW
		/mmH_2O	/Pa			
6C	2240	248	2432.1	15800	91	14.1
	2000	198	1941.8	12950	91	9.65
	1800	160	1569.1	12700	91	7.3
	1250	77	755.1	8800	91	2.53
	1000	49	480.5	7030	91	1.39
	800	30	294.2	5610	91	0.73

续表

机 号	转速 /(r/min)	全 风 压 /mmH_2O	/Pa	流量 /(m^3/h)	效率 /%	所需功率/kW
8C	1800 1250 1000 630	285 137 88 35	2795 1343.6 863.0 343.2	29900 20800 16600 10480	91 91 91 91	30.8 10.3 5.52 1.5
10C	1250 1000 800 500	227 145 93 36	2226.2 1422.0 912.1 353.1	41300 32700 26130 16390	94.3 94.3 94.3 94.3	32.7 16.5 8.5 2.34
6D	1450 950	104 45	1020 441.3	10200 6720	91 91	4 1.32
8D	1450 730	200 50	1961.4 490.4	20130 10150	89.5 89.5	14.2 2.06
16B	900	300	2942.1	121000	94.3	127
20B	710	290	2844.0	186300	94.3	190

十一、列管换热器规格（摘录）

1. 固定管板式

公称直径 /mm	公称压力 /(kgf/cm^2)	公称面积/m^2 管长/m 1.5	2.0	3.0	6.0	管程数	管子数
159	25	1	2	3	—	Ⅰ	13
273	25 25	4 4	5 5	8 8	18 14	Ⅰ Ⅱ	38 32
400	10 16 25	12 10 10	16 15 14	26 24 20	52 48 42	Ⅰ Ⅱ Ⅳ	113 102 90
500	10 16 25	— — —	— — —	40 40 35	80 80 70	Ⅰ Ⅱ Ⅳ	177 172 152
600	6 16 25	— — —	— — —	60 55 55	125 120 110	Ⅰ Ⅱ Ⅳ	269 258 242
800	6 10 16 25	— — — —	— — — —	110 110 110 110	230 220 210 200	Ⅰ Ⅱ Ⅳ Ⅳ	501 488 456 444
1000	6 10 16 25	— — — —	— — —	186 170 170 170	376 350 350 340	Ⅰ Ⅱ Ⅳ Ⅳ	807 774 758 750

管子规格：碳钢 ϕ25mm×2.5mm；不锈钢 ϕ25mm×2.0mm；均为正三角形排列。

2. 浮头式

系列	壳径/mm	公称面积/m^2	公称压力/(kgf/cm^2)	管程数	实际面积/m^2	管子总数	管长/mm	流通面积/m^2		折流板总数
								管程	壳程	
F_A	325	10	40	2	13.2	76	3	0.0067	0.0202(B=150) 0.027(B=200) 0.0405(B=300) 0.0648(B=480)	16 13 10 8
	400	25	40	2	24	138	3	0.0122	0.0258(B=150) 0.0344(B=200) 0.0516(B=300)	16 13 10
	500	80	16 25 40	2 (4)	79	228 (224)	6	0.0202 (0.009)	0.0294(B=150) 0.0392(B=200) 0.0588(B=300) 0.094(B=480)	34 26 18 12
	600	130	16 25 40	2 (4)	131	372 (368)	6	0.0328 (0.0162)	0.033(B=150) 0.044(B=200) 0.066(B=300) 0.106(B=480)	35 27 19 13
	700	185	16 25 40	2 (4)	186	528 (528)	6	0.0466 (0.0233)	0.0366(B=150) 0.0488(B=200) 0.0732(B=300) 0.0117(B=480)	32 24 16 10
	800	245	25	2 (4)	245	700 (696)	6	0.0168 (0.0307)	0.0459(B=150) 0.0612(B=200) 0.0918(B=300)	34 27 19
F_B	325	10	40	2	10.1	36	3	0.00566	0.0262(B=150) 0.035(B=200) 0.0525(B=300)	11 8 5
	400	15	40	2	16.5	72	3	0.0113	0.0338(B=150) 0.045(B=200) 0.0675(B=300)	12 9 6
	500	65	16 25 40	2 (4)	65	124 (120)	6	0.01948 (0.00942)	0.0375(B=150) 0.050(B=200) 0.075(B=300) 0.12(B=480)	34 26 18 12
	600	95	16 25 40	2 (4)	97	208 (292)	6	0.03265 (0.0151)	0.045(B=150) 0.060(B=200) 0.09(B=300) 0.144(B=480)	32 24 16 10
	700	135	16 25 40	2 (4)	135	292 (292)	6	0.0495 (0.023)	0.0525(B=150) 0.070(B=200) 0.105(B=300) 0.168(B=480)	32 24 16 10
	800	180	10 16 25	2 (4)	182	388 (384)	6	0.0609 (0.0302)	0.06(B=150) 0.08(B=200) 0.12(B=300)	35 28 20
	900	225	10 16 25	2 (4)	224	512 (508)	6	0.0804 (0.0399)	0.0675(B=150) 0.09(B=200) 0.135(B=300)	35 27 20

注：1. F_A 为 ϕ19mm×2.0mm 的管子，正三角形排列，管心距为 25mm 的系列。
2. F_B 为 ϕ25mm×2.5mm 的管子，正方形斜转 45°排列，管心距为 32mm 的系列。
3. 四管程的加了括号，以便与两管程的区别。